普通高等教育农业部“十二五”规划教材

畜禽福利与畜产品品质安全

任丽萍 主编　孟庆翔 主审

中国農業大學出版社
CHINA AGRICULTURAL UNIVERSITY PRESS

内容简介

本书是我国第一部针对高等学校教育出版的畜禽福利的教材，系统介绍了有关畜禽福利的基本理论以及国内外畜禽福利方面最新的科研成果及发展趋势。本书内容分为11章，包括绪论、畜禽福利评价、畜禽的行为与福利、畜禽应激与福利、畜禽养殖与福利、畜禽运输与福利、畜禽屠宰与福利、典型的畜禽福利标准规范、畜禽产品品质与安全、畜禽福利与产品品质及安全、畜禽福利研究进展等。本书内容上具有基础性、科学性、知识性和前瞻性的特点，并注重理论与实践相结合。

本书可作为高等院校和科研院所相关专业本科生、研究生、教师和科研人员教学科研的教材或参考用书，也可作为畜禽福利审核或官员培训的参考教材，同时也可供畜禽及产品生产企业相关技术人员参考使用。

图书在版编目(CIP)数据

畜禽福利与畜产品品质安全/任丽萍主编. —北京：中国农业大学出版社，2014.9
ISBN 978-7-5655-1035-9

Ⅰ.①畜… Ⅱ.①任… Ⅲ.①畜禽-饲养管理-研究-世界-高等学校-教材②畜禽-食品加工-质量管理-高等学校-教材 Ⅳ.①S815②TS251.1

中国版本图书馆CIP数据核字(2014)第184171号

书　名　畜禽福利与畜产品品质安全(Chuqin Fuli yu Chuchanpin Pinzhi Anquan)
作　者　任丽萍　主编

策划编辑　宋俊果　潘晓丽　　**责任编辑**　潘晓丽
封面设计　郑　川　　**责任校对**　陈　莹　王晓凤
出版发行　中国农业大学出版社
社　址　北京市海淀区圆明园西路2号　　**邮政编码**　100193
电　话　发行部 010-62818525,8625　　读者服务部 010-62732336
编辑部 010-62732617,2618　　出　版　部 010-62733440
网　址　http://www.cau.edu.cn/caup　　**e-mail** cbsszs@cau.edu.cn
经　销　新华书店
印　刷　北京时代华都印刷有限公司
版　次　2014年10月第1版　2014年10月第1次印刷
规　格　787×1 092　16开本　20.75印张　513千字　彩插2
定　价　45.00元

编委会名单

主　　编　任丽萍

副 主 编　鲁　琳　杜晋平

编写人员　（按姓氏拼音排序）

崔振亮（中国农业大学）
杜晋平（长江大学）
方　雷（塔里木大学）
和立文（中国农业大学）
胡玉梅（中国农业大学）
李德勇（中国农业大学）
林　淼（扬州大学）
鲁　琳（北京农学院）
任丽萍（中国农业大学）
石彩霞（内蒙古农业大学）
石风华（中国农业大学）
魏曼琳（内蒙古民族大学）
解祥学（中国农业大学）
辛杭书（东北农业大学）
张心壮（中国农业大学）
张亚伟（中国农业大学）
周振明（中国农业大学）

主　　审　孟庆翔（中国农业大学）

前　　言

动物福利在全世界范围内得到越来越多的关注，特别是发达国家，他们为农场动物、伴侣动物、试验动物和动物园的动物提供丰富的资源和最佳的管理。严格的动物福利标准和规范已经成为欧美等发达国家从事动物科学研究、生产以及贸易所必须遵守的。欧美国家在从事动物科学研究前，必须先向相关的动物福利机构提交计划申请，得到批准后才能开始试验；从事动物科学的研究人员必须通过动物福利的有关考试才能进入研究室工作；在期刊上发表有关动物研究的论文必须声明试验中所遵守的动物福利内容；从事动物生产的有关人员必须了解动物福利的内容，并能很好地按照福利要求从事有关工作。农场动物福利问题也已经成为发达国家在国际贸易中限制畜禽产品进出口的技术壁垒。

农场动物（畜禽）为人类生存提供丰富的食品，畜禽福利水平也因与其产品品质及安全密切相关而受到更多的关注。在发达国家的学校教育中，畜禽福利早已是必修的内容，有多部相关专著和教材出版。我国进入世界贸易组织后，对畜禽福利的关注程度逐年提高，但我国有关畜禽福利方面的研究还刚刚起步，相关的知识和资料也有限。利用学校教育，将畜禽福利的有关理论知识及技术引入课堂是提高我国从事动物科学研究、生产、贸易及管理人员对畜禽福利重要性及基本概念的认识和理解的重要途径。2009 年在中国农业大学教务处的支持下，“畜禽福利与畜产品品质安全”作为动物科学专业本科生课程正式开课，该课程也是我国首次在高校开设的有关畜禽福利的课程，本教材也是我国第一部针对学校教育出版的畜禽福利的书籍。

本书是为“畜禽福利与畜产品品质安全”课程设置编写的，全书内容共分 11 章，具体内容与编写分工为：第 1 章绪论（解祥学）；第 2 章畜禽福利评价（杜晋平）；第 3 章畜禽的行为与福利（石彩霞）；第 4 章畜禽应激与福利（周振明）；第 5 章畜禽养殖与福利（李德勇、辛杭书）；第 6 章畜禽运输与福利（石风华、辛杭书）；第 7 章畜禽屠宰与福利（方雷）；第 8 章典型的畜禽福利标准规范（崔振亮、张亚伟、魏曼琳）；第 9 章畜禽产品品质与安全（林森、和立文）；第 10 章畜禽福利与产品品质及安全（林森）；第 11 章畜禽福利研究进展（鲁琳、张心壮）；附录（胡玉梅）；全书由任丽萍统稿定稿，孟庆翔主审。

感谢中国农业大学教务处、出版社、动物科技学院及同行专家对本书出版的支持和帮助；感谢孟庆翔教授拿出宝贵时间审阅本书并提出了宝贵的意见和建议；感谢丛晓红女士在本书的编写过程中给予帮助；感谢法国农业科学研究院（INRA）Isabelle Veissier 教授（欧洲农场动物福利组织主任）及肉牛中心的研究生们为本书编写提供的宝贵资料。

本书可作为高等院校和科研院所相关专业的本科生、研究生、教师和科研人员教学科研的参考用书，也可供畜禽及产品生产企业的相关技术人员和专家参考使用。由于编者水平所限，书中不足和错误之处，敬请读者批评指正。

任丽萍

2014 年 5 月于北京

目　　录

第1章　绪　　论

畜禽是指人类饲养的并为人类提供产品的动物，又称农场动物(farm animals)。畜禽福利是指畜禽生理和心理健康的状态，它可以通过畜禽的行为、生理状况、寿命和生产性能等指标进行测定(Hewson,2003)。畜禽福利科学是从动物的生理、心理以及行为等方面研究影响畜禽福利的因素以及畜禽福利与其生产性能和产品品质关系的科学。

农场动物为人类生存和发展提供了丰富的动物性产品，对人类社会生活水平和质量的提高发挥了巨大作用。随着科学技术的进步及其在畜牧领域中的应用，畜牧产业得到了飞速的发展，畜禽产品在满足人类需求的同时也引发了一系列畜禽福利及与其相关的畜产品品质和食品安全问题。进入 20 世纪，全球人口急剧膨胀，人类对肉、蛋、奶的需求量日益增加，要求畜牧业迅速发展以满足人类对畜禽产品的需要。为满足人类对畜禽产品的大量需求而发展起来的畜禽集约化生产带来了严重的畜禽福利及食品安全问题，在公众及动物保护者的努力下，世界上许多国家进行了一系列的畜禽福利立法，但因各国国情状况、经济发展水平及文化传统的不同，各国的畜禽福利立法不尽相同。西方发达国家立法较早，相对完善。东方国家如新加坡、马来西亚、泰国、日本以及中国的香港及台湾地区也都在 20 世纪完成了畜禽福利立法。

目前 WTO 条款已潜在认可畜禽福利保护在实现可持续发展目标中的重要作用，如果被滥用就可能出现新的贸易壁垒——畜禽福利壁垒。因此，研究畜禽福利并建立符合本国国情的畜禽福利制度对于保护动物、改善畜禽肉品质、提高畜禽产品利润、增强畜禽产品国际竞争力以及促进畜牧业可持续发展有着重要意义。

1.1　畜禽福利的相关术语

1.1.1　畜禽需要

畜禽需要(animal need)是指当畜禽，基于来自于环境或体内的刺激，产生对某些基本(必需的)生物性资源的需求。“需要”是动物生物学需求的表现，是对获取特定的资源、环境以及身体刺激的响应。包括维持生命的需要，即满足生存的需要；维持健康的需要，即避免疾病和受伤；维持舒适的需要，即提高生活的质量。不同需要对于动物生命的重要性是不同的，维持生命的需要为第一需要，其次是维持健康的需要，最后是维持舒适的需要。

动物需要具体内容包含：食物、饮水、空间、舒适、避免疾病以及环境多样性等。因为畜禽是在人类的掌控之下并为人类提供食物的生命，人有道德义务为动物提供条件满足动物的需要。当畜禽的需要不能得到满足时,动物会产生异常的行为,心理及生理发生应激,影响其生产性能及产品品质,甚至威胁到食品安全及人类健康。

1.1.2 畜禽应激

应激(stress)是指动物机体对外界或内部各种异常刺激而产生的非特异性应答的总和,即动物体内平衡受到威胁时所发生的生物学反应,应激又称应激反应。其中的“异常刺激”或“威胁”称为应激源(stressor)。如果应激对畜禽福利没有产生影响,称为良性应激(eustress);如果应激过于强烈,对畜禽福利产生影响,称为恶性应激(distress)。恶性应激是畜禽福利研究和关注的核心内容。有关畜禽应激的详细内容请参看本书第4章。

尽管目前对应激还没有明确而统一的定义,但对于应激反应的机理认识还比较统一。其主要的反应途径是应激源(stressor)刺激畜禽的末梢感受器,传入神经中枢,下丘脑接受从神经和体液途径传来的应激源刺激,引起下丘脑兴奋,从而调节垂体生理活动,促进促肾上腺皮质激素增加,肾上腺、糖皮质类固醇、醛固醇、肾上腺素等激素分泌增加,这些激素进入血液到达各靶细胞,调节酶与蛋白产量形成机体复杂的保护反应和损害变化。畜禽应激能影响到机体各方面的功能,对畜禽危害较大,主要造成畜禽机体免疫力下降、生产性能降低、性机能紊乱、突然死亡等,畜禽应激产生的毒素易残留于机体内,且容易形成PSE(pale,soft,exudative)及DFD(dry,firm,dark)肉。畜禽应激导致畜禽福利下降,同时给畜禽业带来巨大损失。随着集约化和工业化畜牧业的发展,养殖者力求在最小的空间内饲养更多的畜禽,在运输、饲养管理、屠宰等环节采取一定的生产工艺和技术措施,而这些生产工艺和技术措施往往背离了畜禽生理要求,造成了动物的应激,影响了畜禽福利水平,从而严重影响了动物健康和畜产品品质。因此,畜禽生产者需要在采用新技术和新工艺的过程中,要充分考虑其对畜禽福利水平的影响,最大限度地减少动物应激,保证动物健康、快乐地生长,促进畜牧业的良性发展。

1.1.3 畜禽产品品质

畜禽产品品质(animal product quality)是指畜禽产品具备一些特性和功能,包括:营养特性、加工品质、卫生质量、感官品质和保健功能等。其中,营养特性指产品中含有的营养成分及其含量,如蛋白质、脂肪、微量元素、维生素等;加工品质指动物产品深加工相关的指标,如系水力、蒸煮损失、脂肪质地等;卫生指标是指畜禽产品中卫生相关的物质含量,如微生物种类与数量、脂肪氧化产物含量、药物残留等;感官品质主要是凭借视觉、味觉和触觉等感觉对动物产品的评价,如肉色、风味、嫩度、多汁性等;保健功能主要是指畜禽产品某些营养物质对人类具有保健的特性,如富含共轭亚油酸、低胆固醇、富含维生素E等。有关畜禽产品品质在本书第9章有详细的介绍。

生产优质的畜禽产品是畜牧业发展的目标。畜禽产品品质受多种因素的影响,包括遗传、营养、饲养、环境和加工条件等,且这些因素都和畜禽福利水平有关。因此,提高人们对畜禽福利的认识,积极开展畜禽福利的科学研究,在畜禽生产过程中保证动物有良好的生存环境,满足其各种生理及行为的需要,降低畜禽的应激,提高机体抗病能力,从而使畜禽在良好的福利水平下生产出安全优质的产品。

1.1.4　动物福利与动物权利

1. 动物福利

"动物福利"(animal welfare)是指动物生理和心理健康的状态，它可以通过动物的行为、生理状况、寿命和生产性能等指标进行测定(Hewson,2003)。

上面的定义是从科学的角度出发定义的，实际上动物福利是一个包含多层含义的议题，涉及科学、伦理、经济以及政治等多个方面，既包括科学的客观价值，又包括伦理道德等主观价值。动物福利作为一个正式学科(术语)是由 Brambell 于 1965 年在英国政府报告中正式提出，并奠定了动物福利作为一门独立学科(年轻学科)的基础。研究者们也根据自己的兴趣和关注的问题进行了大量关于动物福利问题的研究。

尽管文献中报道了大量有关动物福利的研究成果，但由于研究者关注动物福利的角度和评价方法不同，至今关于动物福利的确切定义还没有完全统一。但从科学研究的角度出发，有关动物福利的定义主要有 4 种观点：第一种定义强调动物的生物学功能，认为"动物福利是动物与其所处环境协调一致的状态"。这一观点强调生物学上的"需要"(biological needs)和实现的程度。第二种观念是以动物的应激(stress)为中心，即更关注动物的心理方面，认为"动物福利是一个非常广泛的概念，包括了动物生理上和心理上的健康"。第三种观点是强调动物的天性或自然状态(natural)，认为"动物福利是动物按照其自然的天性和行为生活、发展和适应。"最后一种观点是一个比较综合的说法，包括了 4 个方面的含义：①从生理上和技术上，动物的基本需要应该得到满足，且动物应该享有自由及挑战环境的能力。②在监管方法方面，动物是一种有感知的物种，所处的条件应该与该物种的生物学需求一致，并可将其转化为法律上的概念。③在哲学方面，考虑到动物的状态(animal's status)和其在人类社会中的作用。④从动物与人类的交流方面，强调牧场主与动物的互动及其对工业化育种系统的影响。

动物福利要求使动物处于心理愉快的感受状态，包括无任何疾病，无行为异常，无心理紧张压抑和痛苦等。目前国际社会较广泛接受的观点，并不是要求人类不能利用动物，也不是一味地去保护动物，而是应该合理、人道地利用动物，要尽量保证那些为人类做出贡献和牺牲的动物享有最基本的人道对待。其特点如图 1-1 描述动物的生理、行为、感觉等得到满足，可以使动物保持康乐的状态，也能最大限度地提高生产性能和产品质量。

2. 动物权利

"动物权利"(animal right) 是指非人类动物应该与人类一样享有自己基本利益的一种思想。动物权利又称动物解放，是人发起的保护动物不被人类作为占有物来对待的社会运动。这是一种从非人类本位出发的社会思潮，其宗旨不仅要为动物争取被仁慈对待的权利，更主张动物要享有精神上的基本"人"权。比如，和人类一样免受折磨的权利，换句话说，无论是在法律层面还是精神层面，动物应该与人类被同等看待，而不仅仅被当作人类的财产或工具。目前被国际社会所广泛认同的动物权利主要包括 3 个方面：第一，所有(或者至少某些)动物应当享有支配自己生活的权利；第二，动物应当享有一定精神上的权利；第三，动物的基本权利应当受法律保障。

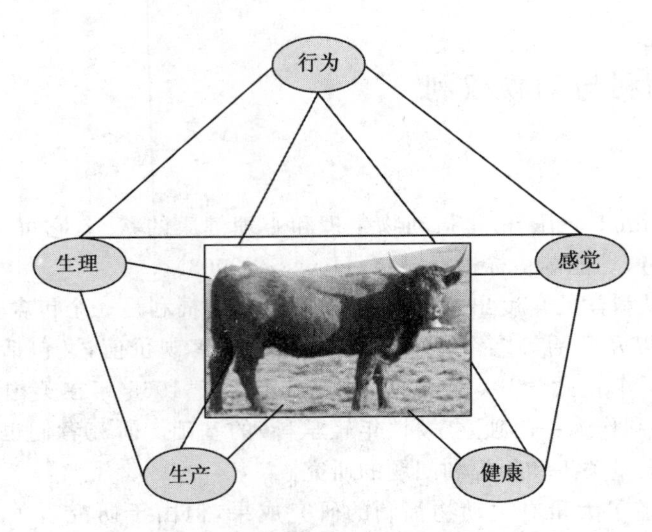

图 1-1 动物福利规律一般模式图

动物权利与动物福利是两个不同的概念，两者的出发点和涵盖的内容范围不同，有一定的区别和联系。动物权利是指从动物的利益出发，通过规定人类作为或不作为的行为，为达到使动物符合天性的生活和减少痛苦的目的而赋予动物的一系列权利。动物福利是以人的利益为出发点定义其概念的界限，主要强调两个方面：第一，动物福利的改善有利于人们对动物的利用，当福利条件满足动物康乐时，可最大限度地发挥动物的作用；第二，表明人类对动物利益的肯定，强调人类应该重视动物福利，改进动物利用中那些不利于动物康乐的激进、极端的手段和方式，使动物尽可能免受不必要的痛苦。由此可见，主张保护动物福利既不是片面地保护动物，也并不反对人类利用动物，而是主张合理、人道地利用动物。动物权利与动物福利的区别和联系见表 1-1。

表 1-1 动物权利与动物福利之间的区别和联系

项　目		动物福利	动物权利
区别	动物的地位	动物有工具价值	动物有内在价值
	研究领域	“福利”是经济学的核心概念	“权利”是政治学和法学的核心观念
	目的	减少利用动物过程中动物的痛苦	废除一切使用或者压榨动物的行为
	哲学信仰	动物福利思想较为缓和与折中	动物权利思想较为激进和超前
	对人的道德要求程度	相对较小	相对较大
联系	目的都是保护动物、减少对动物的伤害；在学术主张上有着一定的继承性和互补性；都主张人类对于动物负有义务		

摘自张术霞，王冰. 动物福利与动物权利的关系研究. 中国动物检疫，2010，27(11)：4-7。

1.1.5 畜禽福利评价

畜禽福利评价(welfare assessment)是指在一定评价体系内，采取相应评价方法对与畜禽福利相关指标进行评价，以此判定动物所处的福利水平(Duncan,2005;Fitzpatrick 等,2006)。为了评估各种生产系统中养殖现场的畜禽福利，欧洲发展了一系列福利评价体系，主要包括以动物需要为基础的动物需要指数评价体系、以临床观察及生产指标的因素分析评价体系、以畜禽舍饲设备或系统评价体系、以危害分析与关键控制点的评价体系(顾宪红,2005)。根据不同福利要求在一定的评价体系内所采取的方法也不同，主要有以消费者为基础的测量方法、以畜禽为基础的测量方法、以生产为基础的测量方法；畜禽福利评价指标主要有畜禽行为、生理状况、免疫应答、受伤害程度、疾病、生长速度、繁殖能力、平均寿命、环境因子等。对畜禽福利评价详细的介绍见本书第 2 章。

1.1.6 动物福利壁垒

随着国际贸易的发展和贸易自由化程度的提高，一些发达国家将动物福利理念引入国际贸易领域，将动物福利与贸易紧密联系在一起，并利用 WTO 相关条款，对国际贸易产生影响。动物福利壁垒(animal welfare barrier)是指在国际贸易活动中，进口国以尊重和保护动物为由，通过制定和实施一系列歧视性、针对性的法律法规和动物福利标准，限制或禁止产品进口，从而达到保护国内产品和市场目的的贸易保护手段。与传统的贸易壁垒不同，动物福利壁垒兼具技术性壁垒和道德壁垒的特征，在广受金融危机影响的当代，动物福利壁垒已经成为一些发达国家实行贸易保护主义的有效武器(刘云国,2010)。

动物福利壁垒构成有 3 个特点：①以尊重和保护动物为名义。受文化传统的影响，西方发达国家的民众普遍具有较高的动物保护意识，以尊重和保护动物为名义设置贸易壁垒就比较容易为民众所接受和支持，在一些国家里，这样的政策措施可以顺利通过国会。②以制定歧视性、针对性的动物福利法律法规和动物福利标准为手段。西方动物福利立法有较长的历史且发展较为完善，这些国家利用自己在国际上的话语权，制定出一些欠发达国家所达不到的福利标准，积极地把动物福利向国际法领域推广。制定和推行动物福利法律法规和动物福利标准已经成为发达家运用动物福利壁垒的重要手段。③以保护国内产品和市场为目的。动物福利壁垒的真正目的在于保护本国产业和市场免受进口产品的冲击，而不是保护生态环境和人类健康。因此，判断一国贸易保护措施是否属于动物福利壁垒看制定和实施这些动物福利标准的目的。如果一国制定和实施动物福利标准的目的是为了限制和禁止进口，保护国内产业和市场，则该国可以被认定为实施了动物福利壁垒(翟明鲁,2010)。

1.2 消费者对畜禽产品的要求

1.2.1 畜禽对人类的贡献

自人类社会出现以来，畜禽对人类的重大贡献是不言而喻的，其贡献与价值主要体现在：①在许多国家及地区，家畜是重要的耕作和交通运输工具，如非洲、中国的偏远地区；②某些特殊的畜禽为人类养殖和驯养以满足人们生活上及社会经济发展的各种需要，如观赏、竞技、军事、试验、药用等；③畜禽对人类最重要的贡献是为人类提供丰富的肉、奶、蛋、油脂、毛皮和羽绒等产品，尤其近10多年来，随着人类的生活水平越来越高，世界各国肉、蛋、奶的消费量大幅增加，表1-2是联合国粮农组织（FAO）统计的部分国家牛奶、牛肉及鸡肉2000—2010年的产量。

表1-2　2000—2010年世界部分国家牛奶、牛肉、鸡肉年产量　　万t

畜禽产品	美国	巴西	印度	中国
2000年				
牛奶	7 600	2 038	3 300	863
牛肉	1 100	656	98	478
鸡肉	1 394	599	87	905
2010年				
牛奶	8 746	3 166	5 030	3 603
牛肉	1 122	720	108	622
鸡肉	1 633	1 073	230	1 180

1.2.2　集约化生产对畜禽产品品质的影响

半个世纪以来，畜牧业发生了深刻的变化，畜禽养殖方式实现了散养到集约化、规模化的养殖。集约化、规模化的养殖迅速提高了畜禽产品的产量，改善了人类的膳食结构。但集约化养殖也带来了严重的畜禽产品品质及环境问题，主要体现在饲养、运输、屠宰等环节。

饲养环节对畜禽肉品质的影响，首先是育种选择。现代育种技术最大限度地提高了畜禽的生产性能，但却忽略了动物的生长发育规律，使得动物不能健康生长，福利水平低下，影响肉品质。如家禽育种中过分关注肌肉发育指标，而忽视骨骼和心血管系统指标，易造成家禽骨骼发育障碍，形成弓形腿、软骨病等腿病，易形成腹水，影响肉品质（杨红军等，2006）。其次是饲养方式，研究发现饲养方式是影响畜禽肉品风味形成的重要因素之一，散养方式可以增加畜禽肉的风味，有报道称，散养鸡的肌肉比圈养鸡的风味更好；与室内饲养的猪相比，户外饲养的猪具有更好的猪肉风味（顾宪红，2005）。畜禽的饲养环境，主要是指与畜禽生产生活关系极为密切的空间以及直接、间接影响畜禽健康的各种自然和人为的因素，包括温度、湿度、通风、光照、空气质量、饲养密度、环境设施设备条件等。

运输环节中的装载、卸载、不当的驾驶、恶劣的道路、过热过冷的气温、通风不良、装载密度高、水和饲料的缺乏等都会引起动物应激，削弱畜禽福利，降低肉品质，降低的程度取决于应激的强度和持续时间。研究发现随着运输时间及距离的增加，猪、牛、羊发生PSE和DFD肉的几率增加。

屠宰过程中的宰前休息、宰前淋浴及击晕方式均会影响到畜禽福利及肉品质。运输过程中的装载、运输、卸载会给畜禽造成相当大的应激，其肉体与内脏的微血管多数已充血，血管扩张，肌肉处于疲劳状态。因此，当动物卸载以后就立刻屠宰，PSE肉和DFD肉的发生率最高。

PÉREZ 等(2002)研究表明,3 h 的休息时间能够减少屠宰中的应激,预防 PSE 和 DFD 肉的发生,提高肉品质;Hambrecht 等(2003)研究发现,屠宰后较高的胴体温度使肉的 pH、肉色、电导率、汁液流失等肉品质指标恶化。因此,加强屠宰前淋浴不仅可以降低体温,还能缓解动物的应激,提高肉品质;畜禽屠宰前击晕可避免畜禽兴奋和焦虑,从而改善它们的福利和保证肉品质。常用的击晕方法主要有电击晕法和气体击晕法。任何击晕方法本身都会对动物产生不同程度的应激,因此,选择合适的方法,是屠宰过程中保障畜禽福利和提高肉品质必须考虑的主要问题。

1.2.3　消费者对畜禽产品品质的需求

畜禽产品满足人体新陈代谢所需的各种营养是消费者的基本需求。在满足基本营养需求后,随着经济发展,居民生活水平显著提高,膳食结构开始发生改变,逐渐由数量型转向质量型。在对畜禽产品的需求量日益增加的基础上,渐渐开始追求畜禽产品的品质及安全。胡卫中等(2010)调查发现,与商品猪肉比较,消费者愿意支付更多的费用购买农家猪肉,也愿意为无公害猪肉、品牌猪肉支付一定幅度的溢价。目前市场上的低脂肪、低胆固醇、高蛋白以及富含某些有益元素的畜禽产品越来越受到消费者的青睐。因此,生产健康、有机、品质优良的畜禽产品是未来畜禽产业的发展方向。

安全的畜禽产品也是消费者的重要要求。为了片面追求经济利益,一些不法生产者不惜损害消费者的健康来获得利益,使得世界肉品安全事件频发。1992 年 2 月发生的比利时"二噁英鸡污染事件"中发现鸡体内二噁英含量是正常限值的 1 000 倍,此次事件在世界上引起轩然大波,迫于国际压力比利时内阁集体辞职,并造成了 3.55 亿欧元的直接经济损失。2005 年发生的"肯德基苏丹红事件"、2008 年的"三聚氰胺"事件等都给消费者带来巨大的伤害。另据美国疾病控制和预防中心公布的数据显示,美国每年约有 4 800 万人患食源性疾病,其中约 3 000 人死亡;年均发生食品安全事件 350 起,每年因食品污染造成的经济损失高达 1 520 亿美元。一系列的畜禽产品安全事件触目惊心,严重影响了消费者对现代畜禽产品的信任度,消费者迫切要求生产安全的畜禽产品。

基于对人类自身健康及对畜禽福利的考虑,目前一些国家,尤其在工业化发达的国家,红肉的消费比例在下降,而鸡肉的消费比例在升高,如在美国、加拿大、澳大利亚、新西兰及英国,人均牛肉消费量下降 24%,羊肉下降 45%,而鸡肉消费量增加了 96%。猪肉的消费量几乎没有变化(Gregory,1998)。消费者对肉类品种的选择也将影响到未来畜禽产品的生产。

1.2.4　消费者对畜禽福利养殖的要求

为满足消费者对畜禽产品品质的要求及保障消费者的安全,需要改善当前畜禽产品生产的模式,提高畜禽福利水平。建立符合不同国家国情的畜禽福利制度,在育种、饲养、管理、环境等环节严格遵守畜禽福利标准,最大限度地减少动物应激,生产健康、优质的畜禽产品(Warren 等,2008;Muchenje 等,2008)。

在畜禽养殖过程中，根据消费者的要求，需要科学合理使用药物和饲料添加剂，最大限度地减少药物残留量。养殖场应根据畜禽的健康状况，制定科学合理的畜禽疫病免疫程序，控制畜禽的疫病发生，从而减少各类药物的使用。在畜禽发病时尽量不使用滞留性强且有毒的药物，推广应用高效无毒、低残留的药物，严格掌握药物的适应征，特别注意防止抗生素、激素类药物的滥用。研究表明，新型绿色添加剂如中草药制剂、酶制剂、微生物制剂、酸化剂、防霉剂、低聚糖、糖萜类、大蒜素、生物活性肽等不仅可以提高动物生产性能、改善畜禽福利水平，也可以起到改善肉品质的效果。聂国兴(2000)报道，用大蒜、辣椒、肉豆蔻、丁香和生姜等饲喂肉鸡，可以改善鸡肉品质，使鸡肉香味变浓；詹勇等(2005) 研究表明，在日粮中添加 500 mg/kg 糖萜素Ⅱ有改善肉色的趋势，能够降低肥育猪肉中胆固醇的含量，显著提高猪肉中肌苷酸的含量，改善肉的品质。

总之，畜禽福利养殖不仅是提高畜禽产品品质，增强畜禽产品国际贸易竞争力的需要，也是满足消费者要求保证人类健康的重要途径。

1.3 动物福利及其壁垒

1.3.1 动物福利的发展

1.动物福利学科的提出及其发展

动物福利作为一门正式的学科(科学概念)首次提出是在 1965 年英国政府发表的有关农场动物福利的报告中(Brambell Report，1965)。将传统的科学方法和实验，用于可控的环境条件下研究单因素对福利的影响，使得这一年轻的学科得以建立(Millman 等，2004)。不同领域的学者对动物福利内涵进行了探讨和丰富，人们对动物福利的理解逐步深入。1976 年美国人休斯(Hughes)首次提出农场动物福利的定义，他认为农场动物的福利是指“农场中饲养的动物与其环境协调一致的精神和生理完全健康的状态”。之后，很多学者对动物福利的含义发表了自己的看法。剑桥大学的布鲁姆教授认为“动物福利是动物与周围环境保持协调一致的状态”，他认为动物福利包括这样几层含义：①福利是动物与生俱来的特质，而不是被赐予的；②福利有非常差和非常好的差别；③福利可以独立于道德标准而进行科学的测量；④在处理与环境之间关系时的失败和困难都可以成为福利差的表现，人们可以通过它来了解福利到底有多差。Dawkins(1990)则认为“动物福利主要依赖于动物的感觉”。国际动物保护协会认为“所谓动物福利，不是说我们不能利用动物，而是应该怎样合理、人道地利用动物”。要尽量保证这些为人类做出贡献和牺牲的动物享有最基本的权利，如在饲养时有一定的生存空间，在宰杀时尽量减轻它们的痛苦，在做试验时减少它们无谓的牺牲。Veerasamy Sejian 等(2011)认为动物福利是动物处理生理、行为、认知及情感等方面和生理生化及社会环境协调的能力。

也有一些国内学者认为，动物福利是指为了使动物能够康乐而采取的一系列行为以及给动物提供相应的外部条件。通俗地讲，畜禽福利就是指在动物饲养、运输、宰杀过程中，要尽可能地减少痛苦，不能虐待动物。英国农场动物福利委员会(Farm Animal and Welfare Council

UK,FAWC)1992年提出,动物应该享有5项自由,这是目前被广泛接受的有关动物福利的观点。这5项自由是:①免受饥渴的自由(freedom from hunger and thirst),即保证动物有充足清洁的饮用水和新鲜饲料以保持良好的健康和精力;②免受不舒适的自由(freedom from discomfort),即为动物提供舒适的房舍或栖息场所;③免受痛苦、伤害和疾病的自由(freedom from pain,injury and disease),即保证动物不受额外的疼痛,有疾病时得到及时的诊断和适当医疗;④免受恐惧和悲伤的自由(freedom from fear and distress),即避免动物遭受各种精神上的恐惧和痛苦;⑤享有表达天性的自由(freedom to express normal behaviour),即提供足够的空间、适当的设施以及同类动物的陪伴,使动物天性不受外来条件的影响而压抑。前4种自由是保证动物没有负面症状的福利,第5种自由是保证给动物提供正面的(积极的)福利。

2.动物福利法的发展

世界上第一部与动物福利有关的法律出台于1822年,爱尔兰政治家马丁(Richard Martin)提出的禁止虐待动物的议案"马丁法令"获得通过。马丁法令是动物保护史上的一座里程碑。人们对待动物的态度从此开始发生了改变。之后还有《鸟类保护法》、《宠物法》、《动物园动物保护法》、《实验动物保护法》、《家畜运输法案》、《斗鸡法》、《动物麻醉保护法》、《动物福利法案》等,对动物进行全面有效的保护。大部分欧美国家如德国、奥地利、比利时、荷兰等在19世纪中期相继制定了反虐待动物的法律。美国的《动物福利法》于1966年制定,至1990年已进行了5次修订。瑞典也在原有的动物保护法律基础上,于1997年制定了强制执行的《牲畜权利法》。澳大利亚、加拿大等国家也颁布了自己的动物福利法。亚洲的马来西亚、泰国、新加坡、菲律宾、日本、韩国以及中国的香港、台湾地区也纷纷根据国际社会的要求建立了各自的动物福利法。如今,世界上已有100多个国家建立了较为完善的动物福利法律法规,动物福利组织在世界范围内蓬勃发展起来,WTO规则中也明确写入了动物福利条款。2001年世界动物卫生组织(OIE)首次成立动物福利工作小组,专门从事动物福利方面的工作。OIE曾把动物福利确定为2001—2005年的战略计划中的主要任务。另外,联合国粮农组织(FAO)也对饲养、运输及屠宰过程中的动物福利给予了高度重视。动物福利的提出可以说是经济、社会、人类文明进步的表现,有助于改变落后的生产方式,促进社会和谐和可持续发展,当然也为动物福利壁垒的出现奠定了基础。

1.3.2　动物福利壁垒

动物福利壁垒定义在本章1.1.6中有叙述。动物福利壁垒本身具有明显的特点,包括合理性与合法性、歧视性与隐蔽性、针对性与有效性以及复杂性与严重性。各种特点分析如下:

1.合理性与合法性

同是地球家园的一分子,动物也有情感、感知和喜怒哀乐。文明社会的人类理应提倡人道地对待动物,关注它们的生存条件,提高其福利水平。由此设置动物福利壁垒,倡导人道生产,在人们的情感上来说,便显得合情合理。另外,随着生活水平的提高,发达国家对食品的安全与卫生有着越来越严格的要求,而科学证明,畜禽福利对动物源性食品的安全有着重要的影响,于是一些国家特别是西方发达国家纷纷颁布畜禽福利法律法规,制订畜禽福利标准。如欧盟规定到2012年,每只母鸡笼养面积将由现在通行的450 cm^2 扩大到750 cm^2;在长途运输活畜时,幼崽(猪、牛、羊等)最长运输时间不能超过19 h,这其中还包括1 h的动物休息时间;成年畜禽运输时间不得超过29 h。此外,在西方国家政府以及一些动物保护组织的推动下,畜禽福利已经为国际法所接受,WTO协议中就有允许成员方采用"为保障人类、动物、植物的生命或健康的措施",由于对其内容解释比较宽泛,常常成为发达国家设置动物福利壁垒所援引的重要依据。

2. 歧视性与隐蔽性

由于各国经济发展水平差异较大,宗教文化信仰以及道德准则也有所不同,相关行业的技术发展水平也有较大差距,这就决定了其对动物保护问题的重要性的认识不同,对动物保护所采取的态度、标准及发展水平也不同。一般来说,西方发达国家的生产力水平较高,其保护畜禽福利的意识相对于发展中国家来说较早、较强,决定了其对畜禽福利标准的制定和实施更加严格。发展中国家保障畜禽福利的观念还比较薄弱,同时由于经济发展水平的限制,保障畜禽福利的资金投入也远远不及发达国家。而发达国家却总是以领先者的姿态,瞄准发展中国家的经济现实,提出过分的动物福利标准,甚至高于国内标准的双重标准,发展中国家短时间内很难达到这种标准,使发展中国家在国际贸易中处于十分被动的劣势地位。因此,相对于传统的非关税壁垒,动物福利壁垒是一种变相的歧视。动物福利标准都是发达国家根据自己的经济发展水平和技术水平制定的。这种以自己国家的动物法案为屏障,利用保护动物为由设置的贸易壁垒,还涉及社会伦理道德问题(张振华,2009)。

3. 针对性与有效性

与其他贸易壁垒相比较,动物福利壁垒具有明显的道德壁垒性质,而且相关动物福利法及其细则的规定非常明确、具体,操作程序简单,界定比较清楚,针对性强。例如,欧盟2009年开始实施"停止进口在动物身上进行过试验的化妆品的法令",从而把美国的化妆品彻底地拒之门外,因为根据美国的法律,化妆品必须首先在动物身上做试验才能上市。英国动物福利规定,农场动物的出口运输超过8 h的,必须拟订详细的计划路线。农场动物在经过漫长的8 h运输后,应当休息24 h(Broom, 2007)。出口到欧盟以外国家的猪、牛及绵羊,在出口前必须休息10 h以上。运输工具应当有足够的空间、合理的载重、新鲜的空气以及装卸不会引起动物的额外痛苦。这样严格、具体的规定,极容易把发展中国家的动物出口拒之门外。另外,由于动物福利壁垒是一种"道德壁垒",与"技术壁垒"不同,它的实施非常简便,成本很低,只要对照相关的动物福利法及其细则的规定即可,实际操作中不需要大量的技术检测设备及许多的技术人员,因此,颇受一些发达国家的青睐。

4. 复杂性与严重性

科学证明畜禽福利水平的确会影响到动物本身的健康以及人类的食品安全,但是什么程度的畜禽福利标准才是最恰当的,由于各国经济发展水平、技术水平、价值观念、习俗传统、基本国情和消费观念的差异,不同的国家对于动物享受什么样的待遇往往有不同的评判标准。在发达国家与发展中国家之间,除了贫富差距日益扩大,全球的环境问题、环保能力和社会福利水平的差距也越来越严重。对于发达国家而言,经济发展水平、社会福利水平、环保能力和立法水平较高,国内拥有良好的资源技术条件和资金保障。而许多发展中国家经济水平落后,环保能力弱小,没有完善的畜禽福利立法,畜禽福利水平较低。在发生动物福利壁垒摩擦时,各持己见,难以协调。因为动物福利壁垒所涉及的因素非常复杂,它不仅仅是一个经济问题,更与伦理道德密切相关,所以从不同的角度看待动物福利及动物福利壁垒问题,会有不同的结果甚至截然相反的答案。在一些发展中国家,在人的社会福利尚没有保障的情况下还大谈畜禽福利的问题显然是大多数人无法接受的,因此如果发达国家以自己较高的动物福利标准来设置贸易壁垒并用在对发展中国家的贸易上面,将对出口国的经济和人民生活造成巨大的不利影响,这对发展中国家而言显然是不公正的。中国在国民观念、立法进程及生产过程中与西方国家相比存在着巨大的差距,畜禽福利一旦与国际贸易相连在一起,根据目前畜禽福利的发展现状,中国极可能成为该项措施的受害国,将严重影响到相关产品的出口。目前中国畜禽已出现屡遭国际市场禁运的现象,2002 年,因水产品氯霉素残留,欧盟全面禁止进口中国畜禽产品。2003 年中国有 71%的出口企业、39%的出口产品遭遇禁运,造成约 170 亿美元的损失。动物福利壁垒将是中国畜禽产品出口的最大障碍,其带来的损失非常惨重。

1.3.3 动物福利壁垒产生的原因

动物福利壁垒在世界动物产品贸易中越演越烈,并对发展中国家造成一系列影响。动物福利壁垒的出现非偶然现象,它是在人类社会文明发展、国际贸易加强的背景下逐步形成的,产生的原因主要有以下 3 个方面。

(1)各国人们动物福利意识增强是最根本的原因。印度圣哲甘地称"从对待动物的态度可以判断这个民族是否伟大,道德是否高尚。"人道主义者史怀泽说:"伦理不仅与人,而且也与动物有关。动物和我们一样渴求幸福,承受痛苦和畏惧死亡。如果我们只是关心人与人之间的关系,那么我们就不会真正变得文明起来,真正重要的是人与所有生命的关系。"这些著名学者的言论把人们对待动物的态度直接与社会文明相连,引起人们内心深处的怜悯之情。动物是有丰富感觉的生命实体,人类和非人类动物共享这个星球,人类应该平等地考虑动物感受,他们应当受到人类的尊重。随着人们动物福利意识的觉醒,越来越多的动物福利保护组织相继出现,他们利用各种方式宣传动物保护,从动物福利的角度对国际贸易施加影响。另外,随着物质生活的不断提高,人们开始关注动物的健康与食品安全。科学证明,动物福利与动物健康有着密切联系,而动物健康与人类健康又关系密切,尤其是近几年各种疾病大面积暴发,非法添加剂使用导致的一系列重大食品安全事件,使人们对动物的生活状态更加关注。人们开始关心自己所购买的动物源性产品的安全性,他们希望了解更多有关动物福利的状况,民众的动物福利意识由此增强。不管是提倡关爱动物的人道主义思想,还是以关心人类自身健康为目的的人本主义思想,二者的共同作用推动了人们动物福利意识的增强,也为发达国家设置动物福利壁垒提供了思想基础。

(2)贸易保护主义抬头也是动物福利壁垒产生的重要原因。随着国际经济一体化的发展和贸易自由化程度的不断提高,传统的关税壁垒和技术性壁垒不断被破除,贸易保护程度总体上有下降特点,但最近几年,发达国家的经济增长速度放缓,尤其受目前金融危机的影响,各国的贸易保护主义有不断抬头之势。各国特别是发达国家为了保护本国产业或企业的利益,纷纷以各种理由采取各种贸易保护措施,以抵制国外的优势产品。发展中国家相比发达国家而言，凭借其低价劳动力和饲料，动物产品在国际市场上具有较高的竞争优势。而农业利益被认为是西方经济中最大且影响最深的利益。在希腊、法国、西班牙等农业所占比例比较重的国家，农业和农民的利益尤其重要。动物产品作为畜牧业的主要产品，在西方各发达国家必然受到特别重视(刘颖，2007)。传统贸易壁垒在贸易中已经弱化的情况下，发达国家为限制进口发展中国家的动物及动物源性商品，保护其国内动物产品生产加工企业利益，必然会采用"动物福利"作为新的贸易壁垒。实施动物福利壁垒的本质是保护本国的商业利益。所以，动物福利水平高的西方发达国家往往把动物福利作为进口的标准，对达不到其标准的产品予以拒绝，以此来保护本国的畜牧产业。

(3)国家间的动物福利差距是产生动物福利壁垒的直接原因。发达国家的动物福利壁垒之所以成为发展中国家难以逾越的屏障，就是因为发展中国家在动物福利意识、动物福利立法以及动物福利标准方面的巨大差距，致使动物性产品难以达到发达国家的要求，成为其遭遇动物福利壁垒的直接原因。从动物福利运动兴起至今，已经有 100 多个国家制定了有关动物福利的法律、法规，但是由于各国经济发展水平、行业技术水平和理念以及消费者的消费需求等诸多因素的不同，导致各国有关动物福利的立法水平也有较大差异。其中，英国是世界上最早进行动物福利立法的国家，早在 1911 年就有动物保护法、野生动植物及乡村法、宠物法、斗鸡法、动物遗弃法等。美国的《动物福利法案》更是对人应该给动物什么样的生存环境做出了非常具体的规定。德国甚至赋予动物以宪法权利。在一些发展中国家，动物福利立法还不普及，有的国家还没有专门的动物福利法。

1.3.4 动物福利壁垒效应

动物福利壁垒在国际贸易中的应用产生了两方面的效应，即积极效应和消极效应。

1. 积极效应

动物福利的关注及相关规定的执行有利于提高畜禽产品品质、促进畜牧业健康的发展、改善人们饮食健康、促进人类社会文明发展。按照国际贸易中关于动物福利的要求饲养、运输、管理及屠宰动物，可以减少非法添加剂、抗生素的摄入、保证动物在良好的环境中进行生产，动物内在的行为和生理需求均能得到满足，减少动物应激，从而提高畜禽产品品质。研究畜禽与人、环境的互作关系，关注畜禽福利要求，让人、畜禽、环境关系达到和谐统一，促进畜牧业健康可持续发展；现代科学研究已证实动物福利能通过影响畜禽产品品质影响人类健康。动物福利壁垒的积极作用有以下几个方面：①可以把一些有可能影响人身体健康的动物源性食品拒绝于国门之外，以保护本国的公共健康。②可以引起在国际贸易中遭受动物福利壁垒的国家对动物福利问题的重视，采取措施来改善本国的动物福利，从而使这些国家的公共饮食健康得到提高。③对那些没有遭遇到动物福利壁垒的国家也是一种警示作用，为了防止本国遭遇到动物福利壁垒，积极地采取一些提高动物福利标准的措施，从而提高了本国的公共饮食安全；动物福利的价值理念，既具有普遍性，也具有独特性。普遍性的价值理念是由共同的或者类似的生活或生产方式决定的；而独特性的价值理念是由有关国家或地区特殊的经济、社会、文化发展状况与传统决定的。从动物福利价值理念的普遍性角度看，一个漠视生命价值的国度，即使在虐待动物的过程中获得了巨额的物质财富,它也很难获得国际文明社会的尊重。美国人伯格认为:"残酷地对待活着的动物,会使人的道德堕落,一个民族若不能阻止其成员残酷地对待动物,也将面临危及自身和文明衰落的危险。"然而,人类对待动物的实际情形却与人们的道德共识相去甚远。动物福利壁垒能够唤醒人类曾被遗忘的怜悯仁爱之心。当人们都能心怀仁爱时,文明社会的目标便不再遥远了。

2.消极效应

动物福利壁垒也会产生不利于全球贸易自由化、不利于发展中国家经济发展的消极作用。动物福利壁垒的构成要件之一就是以保护国内产品和市场为目的。而作为一个国际贸易组织,WTO旨在于消除贸易障碍,促进贸易自由化,建立一个统一的、更富有活力和持久性的多边贸易体制。当一个国家以动物福利壁垒为工具,来限制别的国家出口,保护本国产业的时候,贸易自由化的原则便被动物福利壁垒所挑战。与传统的贸易壁垒不同,动物福利壁垒具有合法性的外衣与隐蔽性的特点,发展中国家不仅不容易逾越,而且此类贸易争端解决起来极为复杂。不仅如此,动物福利壁垒所具有的"道德壁垒"特征与一国的历史传统紧密相关,没有动物福利传统的发展中国家想建立符合发达国家要求的动物福利标准非一朝一夕所能为,所以,动物福利壁垒对全球贸易自由化的不利影响是深远的。

发展中国家的首要任务是发展本国的经济,提高本国人们的生活水平。对于发展中国家尤其应当强调其发展权,而发展权的核心是发展经济。当前发达国家在贸易中的优势地位加强,发展中国家的劣势地位加剧。实施动物福利壁垒的国家多为发达国家,他们通过设置较高的动物福利标准,限制动物产品进口,维护了本国相关生产者的利益,保护了本国动物相关产业市场。而发展中国家大多数生产养殖技术落后,动物及其相关产品达不到发达国家制定的动物福利标准,因此,或是被拒之门外,或是加大额外成本投入,导致国际竞争力下降。又由于发展中国家动物福利立法不健全,在与发达国家进行贸易谈判时处于不利地位,发展中国家的贸易条件会进一步恶化。这样动物福利壁垒就拉大了发达国家和发展中国家之间的差距,而损害了发展中国家的经济利益,阻碍了其经济发展。

1.3.5 发展中国家应对动物福利壁垒的措施

发展中国家面临动物福利壁垒,一方面原因是发展中国家动物福利自身存在问题,动物福利观念和立法落后;另一方面是一些国家以动物福利为借口滥用动物福利壁垒。因此,发展中国要突破面临的动物福利壁垒,就要针对问题,积极提高自身动物福利水平和动物产品国际竞争力,同时反对以贸易保护主义为目的的限制性壁垒。发展中国家应对动物福利壁垒的措施主要有5个方面:

(1)加快动物福利立法建设。长期以来,一些国家关于动物福利的立法落后,这严重阻碍了动物福利水平的提高。应当建立完善动物福利法律法规和动物福利执行标准,加强动物福利法规执行力度,确保动物福利法规得以实施。如1999年非洲的纳米比亚实施纳米比亚畜禽肉品质保证计划(FANMEAT),增强本国畜禽动物福利的执法力度,提高本国的肉品质,现在80%的牛肉主要用来出口,是非洲最大的牛肉出口国,主要出口欧洲及英国,并占据了英国牛肉总进口的3%(Meat and Livestock Commission,2003)。

(2)加强文化建设,强化动物福利宣传。目前世界动物卫生组织(OIE)愈来愈突出动物福利在国际贸易中的作用,一些国家面临动物福利壁垒主要原因是动物福利水平低下,虐待动物现象严重。为此,切实提高本国动物福利水平是解决问题的关键。需要进一步加强文化宣传,提高国民动物福利意识,真正改善饲养、运输和屠宰过程中的动物福利水平。目前在泰国虽然对动物福利不是很强调,但泰国在1999年实施了关于农场动物福利的准则,并且认识到实施动物福利,在出口中可以获得更高畜禽产品附加值,泰国的畜禽产品主要出口日本和欧洲(Bowles,2005)。

(3)建立动物福利壁垒应对体系。当前许多发达国家建立了完善的动物福利壁垒体系,发展中国家要结合国际现状,根据国内实际情况,加强对动物福利壁垒的研究,为企业提供动物福利壁垒信息和向导,建立动物福利壁垒预警机制,加强国际合作与交流,反对以贸易保护为目的的动物福利壁垒。

(4)扶植龙头企业,实行标准化饲养,提高动物产品出口竞争力。要提高动物产品出口竞争优势,必须改革畜牧业生产方式,培植龙头企业,实行产业化经营,提高动物福利标准。中国目前畜禽产品出口的企业主要是大中型企业,这些企业符合ISO 9002和食品安全管理体系(HACCP)的标准,目前肉鸡每年出口量为45万t,主要出口国是日本。但是由于动物福利及畜禽疫病等原因,影响到了中国畜禽产品的出口。

(5)成立行业协会,发挥畜禽行业协会部门的功能。行业协会的发展状况对企业在国际市场上的竞争力有着很大的影响。一方面,行业协会可以监督行业内动物福利标准的执行,加强行业自律。另一方面,行业协会可以通过各种渠道收集国际动物福利政策信息,建立相应的信息咨询服务网络,及时向企业和生产者提供经营决策依据。此外,在面临动物福利壁垒摩擦时,行业协会可以代表整个行业与贸易国进行磋商,必要时进行申辩和国际诉讼,解决贸易争端。阿根廷1985年成立了农业有机生产部门,及时了解并参与欧洲联盟及国际农业有机生产联盟。现在新西兰、英国及德国是其主要的肉鸡进口国。2003年阿根廷的有机奶大幅增加,并在有机肉牛群体下降的情况下,有机牛肉出口增加到270 t (Bowles,2005)。

综上所述,动物福利壁垒对发展中国家畜禽等动物性产品出口贸易的不利影响已经越来越明显。发展中国家应重视动物福利壁垒研究,完善动物福利相关法律法规,并加强执法力度,推广合适的饲养模式,扶持与帮助中小型畜禽企业,改善饲养管理、运输、屠宰及环境等各方面条件,力争与国际社会要求接轨,切实提高畜禽福利水平,努力提高畜禽产品的出口竞争力,同时应加快建立动物福利壁垒应对体系,加强行业协会的作用,提高应对动物福利壁垒的能力(王金环,2011)。

1.4 畜禽福利与畜禽养殖经济

1.4.1 疾病给畜禽养殖业带来的损失

近几年来,禽流感、口蹄疫、疯牛病等疫情的大范围暴发,给畜禽养殖业带来了巨大损失。在2003—2004年间,禽流感暴发,仅亚洲地区就造成了1.5亿只鸡死亡,经济损失超100亿美元。同时英国暴发的疯牛病也造成了超过100亿美元的经济损失。消费者越来越深刻认识到畜禽福利、畜禽健康及畜产品安全的重要性。一些发达国家都相继建立了畜禽福利标准,并通过立法来保证这些标准的实施。发展中国家在畜禽福利上也进行了相关研究,但明显在各个环节都比较滞后,这是由多方面原因造成的。畜禽福利政策和措施的实施是为了保护畜禽和人的健康安全,促进生态和谐发展,如果合理利用,从长远来看有一定积极的意义。但是,畜禽福利的实施也对发展中国家畜禽生产带来一定压力。

1.4.2 畜禽福利对贸易的影响

不可否认,畜禽福利是否实施对发展中国家畜牧业走向世界有着至关重要的作用,西方发达国家主要贸易对象都对畜禽福利有严格和明确的标准,越来越多的国家要求出口方必须能提供动物在饲养、运输、屠宰过程中没有受到虐待和生境良好、健康的证明;发展中国家动物源性食品在国际市场上就多次遭遇到因不能满足进口方的畜禽福利相关标准要求,导致出口受阻或者出口数额急剧下降。如欧盟一个畜产品进口商曾准备在中国黑龙江正大企业进口一批数目巨大的活体肉鸡,最后因畜禽福利没有达到欧盟的标准而使项目放弃;另从中国商务部数据获悉,2002年以前,中国冷冻鸡出口量在40 000万美元以上,2002年以后冷冻鸡出口量直线下降,到2004年下降至10 000万美元,直至2009年,其出口量仍未提升。活家禽和兔肉的出口量自2000年以来也一直呈现下降趋势。活家禽由2000年出口10 411万美元减少至2009年出口2 608万美元,出口额减少了近1/4。究其原因,动物福利壁垒起到很大影响。由于产品达不到发达国家畜禽福利标准而受到出口限制已成为制约发展中国家动物产品出口贸易的瓶颈。而泰国从1999年实施严格的畜禽福利制度后,其畜禽产品出口一直处于上升趋势,图1-2显示了泰国肉鸡1996—2003年间出口欧洲的情况。

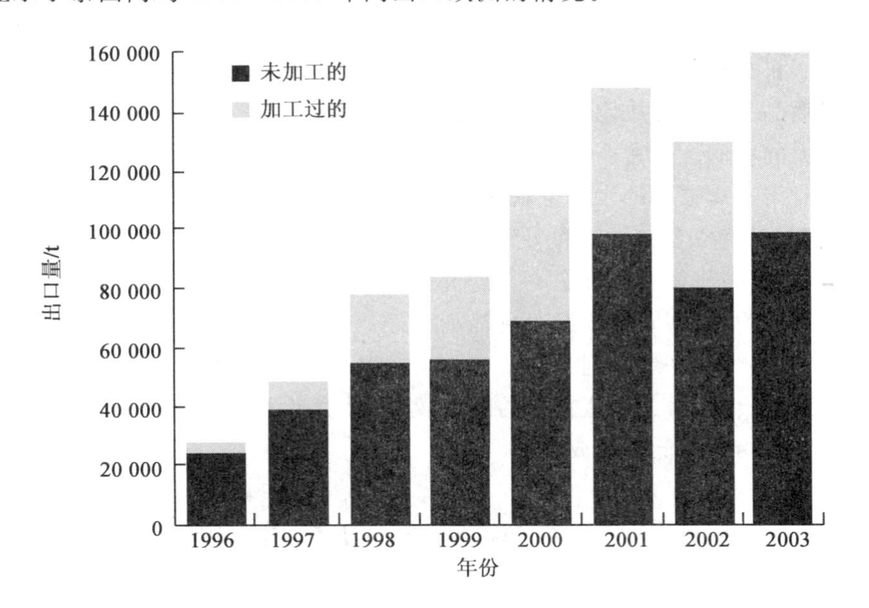

图1-2 泰国肉鸡出口欧洲情况

中国大部分畜禽产品生产属于劳动密集型，成本比较优势是中国禽畜产品出口的主要竞争优势。中国肉类中仅鸡肉出口价格高于国际市场平均水平，猪肉、牛肉和羊肉的出口价格均低于国际市场平均价格，且低幅达30%以上。另外，禽蛋出口价格比国际市场价低50%（刘学文，2001）。但是，进口国家设置畜禽福利标准后中国畜禽产品由于质量达不到进口国的畜禽福利标准而受限制，其价格比较优势难以发挥，这样畜禽产品国际竞争优势大大减弱。正是因为没有善待动物，没有关注到动物的福利，不仅使发展中国家本国国民身体健康受到危害，也阻碍了自身经济发展的稳定和可持续发展，因此实施畜禽福利制度，改善饲养、运输、屠宰等各方面的条件，有助于提高发展中国家畜禽产品的国际竞争力。

1.4.3 畜禽福利对企业经济效益的影响

实施畜禽福利不可避免地会增加生产成本的投入，但畜禽福利高的畜禽产品的价格要高于不实施畜禽福利的产品，如自由的饲养方式所生产的动物产品，可以贴上“自由方式生产”等标签，一般来讲，“自由方式”的鸡蛋，在市场上的售价一般比笼养鸡蛋高出20%～30%，高价格出售可以抵消一部分因畜禽福利水平提高带来的生产成本；中国畜牧业有一个优势，就是中国的肉产品价格要相对低于国际市场价格，如猪肉比国际市场价格低约60%，牛肉约80%，羊肉约50%。在WTO贸易规则下，日本、韩国、欧盟等会进一步开放其市场，只要中国的畜禽福利水平满足进口国的要求，利用这种价格绝对差别，不仅可以补偿因畜禽福利而增加的生产成本，还可以促进畜牧业的发展，加快中国畜禽产品走向世界的步伐（刘云国，2010）。

实施畜禽福利会增加成本投入。改善畜禽福利，提高了畜禽生产的技术效率，如产奶量、日增重、蛋重等，但不一定提高生产效率。畜禽生产需考虑生产成本，如为了改善禽类的福利，将蛋鸡的饲养密度从每笼6只减少到每笼4只，鸡的福利改善了，但鸡的生产成本也由每只60元上升到90元；1995年荷兰高福利所生产的牛奶要比同成分的传统牛奶价格高出15%（顾宪红，2005），畜禽福利的实施会增加养殖成本、人力成本和加工成本的投入。

消费者对商品有着最终决定权，在市场经济的自由竞争中，只有满足消费者的需求，生产者才能获得最大的利润。畜禽产品的品质和安全问题越来越受到消费者和全社会的关注，因此畜禽生产者对于畜禽福利的水平也就成为现代社会的焦点问题，但是由于高福利的畜禽产品往往价格较高，而消费者又希望购买到品质好而价格又能承受得起的畜禽产品，如果单纯地追求高福利，这类产品往往在市场中不具有价格竞争力。因此，生产者需要权衡好消费者需求和经济利益之间的关系，即要权衡好畜禽福利和经济利益之间的关系。畜禽生产者在保证畜禽福利的前提下，为了较好地控制生产成本，需要实行标准化动物生产模式，提高养殖效益；发展生态型畜禽养殖模式，努力创造良好的经济效益、社会效益和生态效益；同时要加强饲养管理、优化成本结构，相对降低饲养成本。

1.5 世界各国有关畜禽福利的规范发展

随着人类社会文明不断发展，可持续发展的理念逐步为人们所接受，动物作为自然界重要的组成部分，其合理需求与权利需要得到满足。世界各国动物保护运动的蓬勃发展及相关动物保护组织的不断涌现,为畜禽福利的实现起到了巨大的推动作用。各国相继为畜禽福利相关行为给予界定并进行立法,保证了畜禽福利实施,促进了人与自然的和谐发展。

1.5.1 西方国家畜禽福利的规范发展

20世纪两次环境危机的出现使伦理学家们开始反思人和大自然的关系,提出人以外的自然物也具有内在价值而将其纳入伦理关怀的范围,反对以往认为动物没有内在价值而只有工具价值、只有人才是唯一道德代理的人类中心主义伦理观,提出扩展了道德关怀范围的非人类中心主义伦理观,主张把道德关怀范围扩展到人以外的动物、生物甚至整个生态系统。动物保护行为逐步发展,其中英国进行最早,于1822年通过禁止虐待动物法律《马丁法令》,它使虐待动物本身成为一种犯罪,但是仍然把动物看作是财产,而没有考虑动物本身应该享有的权利,忽略了动物的内在价值。而且该法令对动物范围的限定十分狭窄,仅适用于大家畜,而把猫、狗和鸟类排除在外。在1835、1849年和1854年三项增补法案中将保护动物的范围扩大到所有人类饲养的哺乳动物和部分受囚禁的野生动物。20世纪,特别是第二次世界大战以后,为动物立法的道德动机伴随着各种社会思潮比如生态运动、女权运动的发展而不断扩展,逐渐演化为尊重动物基本福利的思想,因此动物立法的实践又有了极大发展。英国于1911年制定较完善的包含物福利内容的法规——《动物保护法》。保护动物的范围扩大到"任何家养或获猎的动物",权利内容也有所扩展,规定禁止虐待动物及饲养、看管、运输、屠宰动物等一般福利要求,并对违法行为规定了相应的惩罚措施,包括罚款和监禁。在后来的多次修正案中,又对畜禽福利内容进行完善,增加了娱乐动物的福利、再犯者取消其看管动物资格、禁止残酷拴系动物、处置或屠宰的补充规定等内容,并于1995年颁布《动物福利法》。此外还专门制定了一系列专项法律,如《鸟类保护法》、《野生动植物及乡村法》、《动物园动物保护法》、《实验动物保护法》、《家畜运输法案》、《宠物法》、《斗鸡法》、《动物麻醉保护法》、《动物遗弃法案》、《动物寄宿法案》、《兽医法》以及《动物园许可证法》等。《动物福利法》于2006进行了修订,目前英国的畜禽福利法体系日趋完善,能够对动物进行全面、有效的保护。

美国第一个关于动物福利的规则是由清教徒于1641年制定的,即《马萨诸塞湾自由典则》,其中规定了"任何人不得对任何寻常家养为人用的动物施以凶残及虐待;倘若任何人因某一缘由驱其牲畜自某一地至远方某一地,其牲畜若疲惫、饥饿,或不利于行,可在任何非农田牧场或特殊保留为某种用途来让动物休养"。1866年4月,政治家出身的亨利·柏格(Henry Bergh),创立了美国第一个动物保护组织——美国防止虐待动物协会(American Society for the Prevention of Cruelty to Animals,ASPCA);1866年4月19日,纽约立法当局通过了一项禁止残酷对待所有动物的法案,即《防止虐待动物法》,这部法律意义重大,其意义甚至超过了《马丁法案》,因为它禁止残酷对待所有动物,包括家养动物和野生动物。在实践中,这项法律主要用于家养动物,特别是工作动物。纽约州颁布的这一法案后来为其他州制定类似法案时所仿效。1958年6月,在休伯特·汉弗莱(Hubert H. Humphrey)参议员的强烈支持下,美国国会通过《联邦人道屠宰法案》。该法案明确地规定了屠宰必须以一种人道的方式进行,必须将痛苦减到最小,在将牲畜进行捆绑吊起和屠宰之前必须使其处于无意识状态。因一系列实验动物事件,推动了1966年美国通过《实验动物福利法》,该法案后来改名为《动物福利法》。《动物福利法》的初衷是管理实验室里动物的照料与使用,它成为美国唯一一部管理动物在实验、展示、运送与买卖时应如何对待的联邦法律。其他法律、政策与准则,也包含了另外的物种,或是关于动物照料与使用的说明,但是所有的法律都引用《动物福利法》作为最低限度可接受的标准。这部法案经历过5次修改(1970、1976、1985、1990、2002年)逐步形成了较完备的动物福利体系,并且还在不断地更新与发展。

欧盟条约中也附加了畜禽福利内容,从欧盟整体角度贯彻畜禽福利原则。目前在畜禽福利立法方面,欧盟是体系最健全、水平最高的。1999年欧共体条约附加条款中关于畜禽福利的草案迫使欧洲机构在起草和执行共同体法律时充分考虑畜禽福利问题,即制定新的共同体政策时必须包含对畜禽福利的考虑。进入20世纪80年代以来,欧洲各国的畜禽福利立法进入了快速发展时期,瑞典1988年公布了《动物福利法》并于2002年进行了修订,丹麦1991年实施了《动物福利法》,1993年德国也实施了《动物福利法》并于1998年进行了修订。近些年来,欧盟的动物福利法体系得到不断的加强和完善,尤其是关系到国际贸易的农场动物方面。蛋鸡最低保护标准(99/74/EC)、动物运输保护(91/629/EEC)、动物屠宰和处死时的保护(93/119/EC)等指令对饲养过程和运输过程中容易造成动物应激的各种情况以及屠宰过程中的关键点做出了详细规定。在控制动物疫病进行的扑杀中,欧盟也制定了许多指令加以规范。欧盟的各项指令每年都根据需要进行一次修改。其各个委员会、大学及非政府组织经常就畜禽福利的某一方面进行科学研究,并向立法机构提出立法建议,保证畜禽福利立法的科学性、可行性和即时性。

1.5.2 亚洲各国畜禽福利法规发展

亚洲的新加坡、菲律宾、日本、韩国、泰国、印度等国以及中国的香港、台湾地区都在20世纪仿照西方国家制定了各自的畜禽福利法规。

香港于1935年制定的《防止残酷虐待动物条例》对动物的定义范围较广泛,包括"任何哺乳动物、雀鸟、爬虫、两栖动物、鱼类或任何其他脊椎动物或无脊椎动物,不论属野性或驯养者"。此外,香港于20世纪70年代还制定了《公共卫生(动物)(寄养所)规例》、《公共卫生(动物及禽鸟)(展览)规例》以及动物饲养条例、猫狗条例和野生动物保护条例等保护动物的法规。1999年,香港政府对《防止残酷虐待动物条例》进行补充修订,还颁布了修改后的《防止残酷对待动物规例》,增加了禽畜等的进出口以及对猪和家禽的规定。韩国于1991年制定的《动物保护法》将动物定义为"牛、马、猪、犬、猫、兔、鸡、鸭、山羊、绵羊、鹿、狐狸、水貂及农渔业部指定的动物"。此外,韩国与畜禽福利相关的法律还有《家畜生产和卫生法》、《食品卫生法》和《野生动物保护法》。日本《动物保护管理相关法》规定受保护动物包括"牛、马、猪、绵羊、山羊、犬、猫、家兔、鸡、家鸽和家鸭以及其他哺乳动物和鸟"。可见,东南亚各国的畜禽福利法对受保护动物的范围限定普遍较宽,能够保障大多数动物的福利,个别地区的法律制度也在补充或相关法规的制定中得到了完善。新加坡1965年颁布的《畜禽法》将动物定义为"任何野生或经驯养之兽、鸟、鱼、爬行动物或昆虫"。另外,中国台湾1999年制定的《动物保护法》对动物的定义范围是最实用的,将动物定义为"犬、猫及其他人为饲养或管领之脊椎动物,包括经济动物、实验动物、宠物及其他动物",并明确规定"农委会"为主管机关,农委会依据《动物保护法》陆续发布了《动物保护法施行细则》、《农委会动物保护委员会设置办法》、《农委会实验动物伦理委员会设置办法》、《宠物登记管理办法》等八项法规和六项重要行政规定,对宠物管理、实验动物和经济动物管理工作进行落实，并取得一定成果。

中国大陆现有法律中有保护动物利益的一面，保护动物的思想散见于与动物相关的法律之中。如《中华人民共和国野生动物保护法》、《中华人民共和国动物检疫法》。其中值得一提的是《中华人民共和国畜牧法》，第八条规定“国务院畜牧兽医行政主管部门应当指导畜牧业生产经营者改善畜禽繁育、饲养、运输的条件和环境”。第三十九条规定了“畜禽养殖场、养殖小区应当具备的条件”。第四十二条规定“畜禽养殖场应当为其饲养的畜禽提供适当的繁殖条件和生存、生长环境”。第四十三条规定“从事畜禽养殖，不得有下列行为：禁止违反法律、行政法规的规定和国家技术规范的强制性要求使用饲料、饲料添加剂、兽药；使用未经高温处理的餐馆、食堂的泔水饲喂家畜；在垃圾场或者使用垃圾场中的物质饲养畜禽；法律、行政法规和国务院畜牧兽医行政主管部门规定的危害人和畜禽健康的其他行为”。第五十三条第一款规定“运输畜禽，必须符合法律、行政法规和国务院畜牧兽医行政主管部门规定的动物防疫条件，采取措施保护畜禽安全，并为运输的畜禽提供必要的空间和饲喂饮水条件”。这些规定已与西方农场动物福利法的内容十分相似。在地方性的实验动物福利保护立法之中，北京市 2004 年修订的《北京市实验动物管理条例》尤其令人瞩目，在国内产生了广泛的影响。在从事实验动物工作的单位和人员方面规定，“从事实验动物工作的单位，应当配备科技人员，有实验动物管理机构负责实验动物工作中涉及实验动物项目的管理，并对动物实验进行伦理审查；从事实验动物工作的单位，应当组织从业人员进行专业培训，未经培训的，不得上岗”。这些规定，不仅大大丰富和发展了《实验动物管理条例》对人员资格、培训和安全的要求，更是首次在国内提出“对动物实验进行伦理审查”的要求。《北京市实验动物管理条例》在内容上吸收了欧盟的实验动物立法的部分成果，而且在全国首次明确承认了“动物福利”，因此受到社会各界的广泛好评。

虽然近年来中国新增许多动物保护内容的立法，但这些与西方已经形成完备体系的动物福利法相比，目前的法律内容、细节规定、惩罚措施等都过于粗略，不够详细；对某些动物群体，中国尚无法律加以保护。中国法律对动物的保护主要集中在实验动物、农场动物、野生动物和娱乐动物，而伴侣动物和工作动物的保护在立法上是空白的。为了促进畜牧业可持续发展，切实保护动物这一自然界的组员，中国迫切需要建立一套完整的与畜禽福利相关的法律法规，以期提高畜禽福利水平(秦思，2006)。

思考题

1. 论述动物权利(animal right)和动物福利(animal welfare)的区别？两者在什么情况下是一致的？在什么情况下是对立的？

2. 实施畜禽福利为什么可以改善畜禽品质？

3. 针对世界各国畜禽福利的发展进程，如何看待中国畜禽福利现状及今后发展方向？

4. 畜禽福利对动物养殖有什么经济影响？

5. 何谓畜禽福利壁垒？如何理性看待国际贸易中的畜禽福利壁垒？

6. 简述畜禽福利与人类健康的关系。

参考文献

1. 顾宪红. 畜禽福利与畜产品品质安全. 北京：中国农业科学技术出版社，2005.

2. 刘颖. 动物福利壁垒及其对我国出口贸易的影响（硕士论文）. 青岛：中国海洋大学，2007.

3. 刘学文，王文贤. 加入 WTO 对我国鸡肉加工业的影响及对策. 食品科技，2001，6:4-5.

4. 刘云国. 养殖畜禽动物福利解读. 北京：金盾出版社，2010.

5. 聂国兴. 新型饲料添加剂的研制与应用效果. 江西饲料，2000，1:21-22.

6. 秦思. 动物权利研究（硕士论文）. 长春：吉林大学，2006.

7. 杨红军，时建忠，顾宪红. 畜禽应激、福利与肉品质. 中国畜牧兽医学会家畜生态学分会2006 年学术会议论文集，2006:41-47.

8. 王金环. 动物福利壁垒对我国出口贸易的影响研究（硕士论文）. 保定：河北大学，2011.

9. 翟明鲁. WTO 框架下的动物福利壁垒法律问题研究（硕士论文）. 哈尔滨：东北林业大学，2010.

10. 詹勇，黄磊，沈水昌，等. 糖萜素Ⅱ对猪屠宰性能和肉质影响. 中国畜牧杂志，2005，41(3):30-32.

11. 张术霞，王冰. 动物福利与动物权利的关系研究. 中国动物检疫，2010，27(11):4-7.

12. 张振华，曹滨，赵欢. 谈动物福利制度对我国国际贸易的影响和对策. 生产力研究，2009，10：96-98.

13. Bowles D, R Paskin, M Gutiérrez, et al. Animal welfare and developing countries: opportunities for trade in high-welfare products from developing countries. Rev. Sci. Tech. Off. Int. Epiz, 2005, 24 (2):783-790.

14. Brambell Report. Report of the Technical Committee to enquire into the welfare of animals kept under intensive livestock husbandry systems. Her Majesty's Stationery Office, London, UK, 1965.

15. Broom M A. Domestic Animal Behavior and Welfare. Cambridge: Cambridge University Press, 2007.

16. Dawkins M S. From an animal's point of view: motivation, fitness and animal welfare. Behav. Brain Sci., 1990, 13: 1-61.

17. Duncan I J H. Science-based assessment of animal welfare: Farm animals. Rev. Sci. Tech. Int. Epiz., 2005, 24: 483-492.

18. Fitzpatrick J, M Scott, A Nolan, Assessment of pain and welfare in sheep. Small Ruminant Res, 2006, 62: 555-619.

19. Gregory N G. Animal welfare and meat science. Cambridge University Press, 1998.

20. Hambrecht E, J J Eissen, M W Verstegen. Effect of processing plant on pork quality. Meat Sci., 2003, 64(2):125-131.

21. Hewson C J. What is animal welfare? Common definitions and their practical consequences. Can. Vet. J, 2003, 44(6): 496-499.

22. Meat and Livestock Commission (MLC). MLC Statistics MLC. Milton Keynes. United Kingdom,2003.

23. Millman S T,Duncan I J H,Stauffacher M, et al. The impact of applied ethologists and the International Society for Applied Ethology in improving animal welfare. Appl. Anim. Behav. Sci,2004,86:299-311.

24. Muchenje V,K Dzama,M Chimonyo,et al. Meat quality of Nguni,Bonsmara and Aberdeen Angus steers raised on natural pasture in the Eastern Cape,South Africa. Meat Sci, 2008,79: 20-28.

25. Pérez M P,J P Palacio,S García-belenguer. Influence of lairage time on some welfare and meat quality parameters in pigs. Vet. Res,2002,33:239-250.

26. Veerasamy Sejian,Jeffrey Lakritz,Thaddeus Ezeji,et al. Assessment Methods and Indicators of Animal Welfare. Asian J. Anim. Vet. Adv,2011,6: 301-315.

27. Warren H E,N D Scollan,G R Nute,et al. Effects of breed and a concentrate or grass silage diet on beef quality in cattle of 3 ages. Ⅱ: Meat stability and flavor. Meat Sci, 2008,78: 270-278.

第2章 畜禽福利评价

畜禽福利评价(welfare assessment)是指在一定的畜禽福利评价体系内,采取相应的评价方法对与动物福利相关的指标进行评价,以此评价动物所处的福利水平。因此,建立相应的评价指标、评价方法和评价体系是实施畜禽福利评价的前提。畜禽福利近50年在世界范围内得到了广泛的关注。但由于畜禽福利关注的不仅仅是畜禽生理方面,还同样重要地关注畜禽的心理,尽管人类利用科学的手段可以对动物的生理指标进行检测,但因为人与动物在沟通方面的障碍,使得人类不能直接地了解动物的心理感受,从而使得畜禽福利的全面评价存在很大的难度。为了能够比较客观全面地评价畜禽的福利,研究者们首先要了解什么是动物的良好福利,即动物的福利水平能否用一些可以测得的指标来衡量?动物福利研究者们提出了良好福利的标准以及从动物的生理状况、行为、免疫、伤害和疾病、繁殖性能和寿命等方面评价畜禽福利的指标,建立了相应的评价方法。由于目前对动物福利还没有完全统一的理解,不同国家的研究者应用的畜禽福利评价体系、评价指标以及评价方法等都具有不同的特点。本书仅对目前报道比较多的评价体系和技术方法进行介绍。

2.1 良好畜禽福利的标准

2.1.1 畜禽福利的五大自由

良好的畜禽福利是为了让动物在无痛苦、无疾病、无心理紧张压抑的状态下生长发育和生活,也有人提出畜禽福利就是让畜禽健康愉快地活着,无恐惧和无痛苦地死去。英国农场动物福利委员会(FAWC)提出必须保证家畜享有“五大自由”的权利。

畜禽福利的五大自由是保护畜禽福利的一系列目标和简单而理想的框架,为分析畜牧业体系中的福利问题提供了一套具有逻辑而全面的指导。五大自由作为畜禽福利评价的基础已被广泛认可,许多欧洲的福利条例是以动物的五大自由为依据制定的。五项自由的内容相互交叉。例如,如果动物感觉饥饿,它会去寻找食物,这是正常的行为。如果动物找不到食物,或客观环境不允许它表现正常的觅食行为,动物就会变得很沮丧。因此,如果动物不能免受饥饿,不能自由表达其天性,也就无法避免沮丧。动物的五大自由是一种非常理想的状态,让动物达到这样一个理想的状态是不现实的。一只动物对这5项自由中的每一项可能会有不同的满足水平,一些方面可能会很好,而另一些方面可能会比较差。如现代化的农场动物,在满足饥渴方面的福利非常好,但在表达天性方面却比较差。有时五大自由之间也会相互冲突,若要确保动物免受疾病困扰,有时需要对动物进行治疗,而治疗处置过程会引起动物恐惧。农场动物保定时不可避免地会引起动物恐惧，但为了给动物免疫、修蹄或治疗疾病，保定活动是必需的。显然，保定动物引起的恐惧应当减到最少，但不管操作人员如何熟练和小心，一些动物还是比其他动物更为敏感。在农场和野生环境中完全提供这 5 项自由是不可能的，有时满足动物的这些自由也不是人们所希望的。例如，如果犬可以自由表达天性，就应该允许犬去追赶并捕杀羊或猫，但犬这种天性的表达不是人们所希望的，因为它的这一天性表达将会引起羊和猫的恐惧和受伤。

2.1.2　动物的康乐

David Fraser 等（1988）认为主张畜禽福利的目的就是在极端的福利与极端的生产利益间找到平衡点。畜禽福利的基本原则是保证动物康乐（well-being），即动物身体健康和心里愉快，包括无疾病、无损伤、无异常行为、无痛苦、无压抑等方面。从理论上讲，动物康乐的标准是对动物需求的满足。Hurnik 和 Lehman（1985）提出，动物的需求分为 3 个层次：第一层次是维持生命需要（life-sustaining），第二层次是维持健康需要（health-sustaining），第三层次是维持舒适需要（comfort-sustaining）。不同层次的需求对于动物来说重要性是不同的，食物和饮水是生命最基本的需求，健康是动物康乐的保证，而舒适的重要性就较为其次。即 3 个需求的重要性为：维持生命＞维持健康＞维持舒适。在生产实践中，为了提高生产效率，人们往往只重视前两个条件，而最大限度地满足第三个条件才是保证良好的畜禽福利的关键。

2.1.3　畜禽的 3 种感受

动物福利专家还从 3 个不同的侧面，提出 3 个不同但又相互交叉的有关畜禽福利指标设定的依据，这一观点现今也已被广泛接受（Fraser 等，1997；Robert 和 Frans，2001）：第一方面是基于生物功能感受（biological function or physical）的标准，根据动物的生物系统的功能是否处于正常或满意的状态而定，即动物各项功能正常，包括健康、生长、生理功能和行为系统均良好；第二个方面是基于精神感受的标准，强调动物的情感经验（affective experiences）及动物的精神状态（mental），即避免动物长期处于强烈的恐惧、痛苦及其他负面状态中，并且处于舒适、满意和正常愉悦状态时所获得的良好感受；第三方面是基于自然生活（natural）的标准，强调动物生活环境的自然性以及随环境的生存能力，即动物可以通过发挥其适应环境的能力过着自然的生活。

决定畜禽福利好坏不取决于人的主观判定，而是来自对福利的客观评价，这种评价是建立在科学依据之上的。

尽管目前对良好畜禽福利的标准有不同的观点，但各种观点的基本内涵是相同的。在用科学的方法评价畜禽福利方面，有些观点也得到大家一致的认同：①疾病是福利恶化最明显的标志，对此学术界绝无争议。因为疾病的过程是痛苦的，这一点无论是人还是动物都有相近的病理过程。②损伤是福利恶化的标志。无论是人为造成，还是动物自身或同伴所导致的身体损伤都是福利恶化的明显标志。因为损伤与痛苦是关联的，动物不仅能够感受到损伤的痛苦，其生产性能也会受到影响。③应激是判断畜禽福利状况很好的指标。应激是动物身处逆境所表现的生理反应,如呼吸、心跳、血压、体温及血液指标等的改变,虽然有些应激对动物而言是有益的,但有些应激过程带有痛苦,所以说可以用其作为判断标准之一。但具体哪个(些)生理指标更具代表性尚无定论,因为生理指标受各种因素的影响,极不稳定,可靠性差。④行为异常也可作为判断福利恶化的手段之一。行为异常与动物的心理感受有关,而有些异常行为会导致动物的身体损伤,有的是因心理紧张、压抑、沮丧所导致的。另外,异常行为既与畜禽的社会环境有关,也与其所处的生理状态有关。

Vanhonacker 等(2010)介绍了欧洲福利质量工程(European Welfare Quality Project)所描述的畜禽福利的 12 个指标,归为 4 类,见表 2-1。

表 2-1 畜禽福利划分的 4 类 12 个指标

类别	标准
饲喂良好	免于长期饥饿;免于长期口渴
畜舍条件良好	周围环境适宜休息;温度适宜;可以随意活动
健康良好	免于伤害;免于疾病;免于痛苦(由管理引起的)
行为适当	能表达社会行为;能表达其他行为;人畜关系和谐;没有恐惧

摘自 Vanhonacker 等. Journal of Agricultural and Environmental Ethics (2010)。

根据 Vanhonacker 等(2010)所述,良好畜禽福利的标准包括以下方面内容:①饲料组成多样(非单一),营养充足,质量好,口味适合(根据动物种类调整),不添加化学合成物和抗生素;②饲喂制度固定(既不多也不少),同时保证经常有清洁的饮水;③畜舍设计保证有充足的空间(利于运动),群饲时密度适度,各区分开(休息区、饲喂区等),畜舍和地板卫生状况良好;④环境因子方面,可以自由选择在舍外或者舍内,新鲜空气,有自然光照和声音;⑤健康,包括身体健康和生理健康。前者包括无预防性治疗(患病动物单独治疗),自然生长速率,不受伤害(阉割、断喙等),有活力等;后者包括良好的感觉,无恐惧,无应激,有玩具(分散注意力的东西,使其不感觉无聊)等;⑥自然行为,包括社会行为,母性行为(仔畜和母畜在一起),自然出生(率);⑦人畜关系,处置动物时要尊重它们,建立单个的农场主-动物联系,满意的工作条件,对动物的个别关注;⑧运输和屠宰,最短的运输时间和距离,装载和卸载程序(方式的规划、避免伤害动物)、每次运输的数量、饲料和饮水供给,不要过早屠宰等。

总之,良好的畜禽福利贯穿整个畜禽生产的各个环节,只有生产中提高管理者畜禽福利意识、了解良好畜禽福利的指标内容,积极推进符合畜禽福利要求的标准化生产,改变不符合畜禽福利要求的做法,才能真正达到提高畜禽福利的目的。

2.2 畜禽福利的评价指标

畜禽福利的科学研究在最近 15 年发展很快,已建立了许多评价畜禽福利的方法(Sejian 等,2011)。这些评价包括:与伤害、疾病、营养不良相关的动物功能障碍;动物需求和情感状态(如饥饿、痛苦、恐惧)相关的动物生理、行为和免疫机能的改变。从而推动了对畜禽福利标准和评价指标的建立。

判定畜禽福利优劣的指标很多，如生理评价指标、行为评价指标、生长繁殖和平均寿命评价指标等，这些指标是制定科学评价方法的重要依据（李伟等，2009）。行为和生理指标长期用于评价畜禽应对饲养环境的能力（Fraser 和 Broom，1990）。受伤或患病的动物比正常动物的福利差，程度从轻微到严重不等；如果生长或繁殖受到抑制、削弱，或者平均寿命降低，意味着动物的福利差。动物可以采用很多方法应对逆境，当不能应对时就会出现很多后果，如发生疾病、精神抑郁等。评价动物福利时采用多指标很重要。如动物没有表现出临床症状和异常行为，却可能表现出生理变化，表明动物难以应付环境，其福利就差。再如，动物可能生长正常，但行为明显异常，也表明其福利差。因此，研究者应尽力识别和测量畜禽痛苦的各种指标或福利差的其他方面的指标，尽力设计或改善畜舍和管理系统，努力研究对动物重要的外界条件和因素。对畜禽生物系统功能的研究是直接认识动物福利水平以期决定其需要的最重要手段（顾宪红，2005）。

一些因素（如痛苦、疾病、攻击性、异常行为及慢性应激）对动物来说属于消极经历。相反，有些因素（如休息、睡眠、食物、照料及梳理）将会给动物以积极的经历。行为、行为改变、应激反应、生理变化和健康状况都能通过客观的观察和测量，从而了解畜禽福利的具体情况。因此，这些指标或其变化在评价畜禽福利时都是重要的（单一或结合的）指标。在某一给定的环境下评价畜禽福利时，应该以动物反应的客观测量为基础。另外，对畜禽来说，判断什么样的福利水平是可接受或不可接受，则属道德层面的范畴（Hugo 等，2001）。图 2-1 给出了直接反映农场动物福利状态的指标。本书介绍研究者评价动物福利时使用比较多的指标有行为指标、生理指标、免疫指标、伤害和疾病指标、生产繁殖及寿命指标。

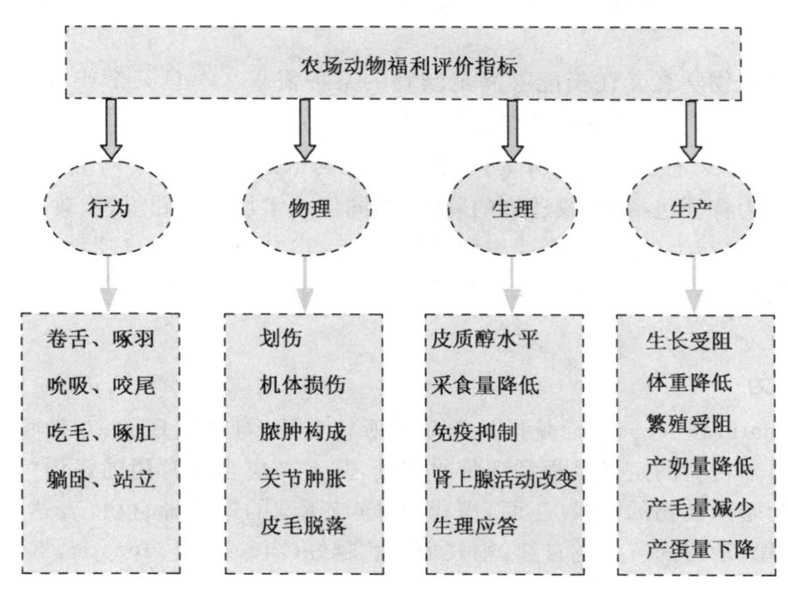

图 2-1　农场的动物福利评价

摘自 Sejian. Asian Journal of Animal and Veterinary Advances (2011)。

2.2.1 行为学指标

动物行为是指可看得见的动物行动(Hurnik 等,1995),通常是动物考虑了所有内外刺激后做出选择的结果。内部因素和外部因素都可以使动物行使特定的行为模式,也可以使动物停止行使某种行为。这些因素影响动物行使行为的动机。

李如治(2010)认为行为学是评价动物福利的基础。动物的感受是动物福利研究的核心问题,布兰贝尔委员会(Brambell Committee)明确指出:"动物从不错误地表现疼痛、疲劳、恐惧及行为受挫所导致的痛苦感……"因疾病和损伤所导致的痛苦比较容易鉴别,而动物心理上的痛苦却很难观察到,只有借助行为表现来判断,这就确定了动物行为学在动物福利研究中的地位。通过观察畜禽的行为,研究者可以判断畜禽的环境状态和心理感受。比如,当某一动物被限制在一个狭小的空间时,该动物的部分行为表现受到抑制,即使在没有疾病和身体损伤的情况下,也会因其某些需要得不到满足而心理会产生压抑感;如果出现异常行为或规癖行为,则表明客观条件无法满足畜禽的心理或生理需要,此时的个体是痛苦的。

畜禽的行为异常或规癖是不良环境作用的结果。如何判断行为是异常还是正常呢?对于一个缺乏实践的人来说不是个简单的事情。要想知道异常,首先要了解什么是正常。任何物种或品种都有其行为特点,即符合该物种进化或品种选育的行为表现范畴。脱离该范畴的行为一般情况下可视为异常。一般来讲,一个生理和心理正常的个体是不表现异常行为的,只有非正常的个体才有可能表现异常。如长期关养在笼子里的野生动物多会表现异常行为。同样,限位饲养的母猪、笼养的蛋鸡和长时间拴系在厩舍内的马都会有异常或规癖行为的发生。因此,如果想要了解动物在特殊环境中的行为表现是否异常,首先要观察该物种或品种在正常环境的行为表现。

动物行为的生物学意义在于能够满足动物的某种需求。一旦某个或某些行为得不到表现,或有异常行为的发生,动物则很难保持愉快的状态或身体健康。亚罗米尔弗兰克(Frank Hurnik)将与身体状态有关的行为分为两类:一类是与舒适有关,一类与健康状态有关。与舒适程度有关的行为特征包括:寻找适当的刺激(如同伴)、增加兴奋和沮丧、攻击性增大、转移行为、规癖行为和真空行为的增加、惰性增加、习得性无奈和嗜睡症等;与动物身体健康有关的行为特征包括:寻找需要像水、食物这样的资源,增加可用资源的竞争度,身体极度虚弱,极易感染疾病和死亡等。

1.自然行为

自然行为(natural behavior)是指某类动物所特有的、自然表现的、对动物而言是自发而愉悦的行为。自然行为的定义是福利评价的基础,其定义应当与常用的术语"自然"和"行为"一致。自然行为暗示动物的积极(正面)福利,亦即与所谓的第 5 种自由(表达自然的行为)一致,作为一般规律,动物的行为越自然,则其福利就越好(Bracke 和 Hopster,2006)。但这一说法在评价动物福利时存在争议。

一些行为,例如猪用鼻子拱土(rooting in pigs),禽类的沙浴(dust-bathing),牛的采食牧草(grazing)都是所谓的特定动物行为的例子,也即行为或多或少都具有典型的种类特征。以特定种类的行为对自然行为进行定义适合于一般的应用,但对于福利评价来说并不实用。某些行为,例如玩耍、走路、伸展四肢、翻转和正常起卧,并非某种动物特有,但对动物福利来说却是极其有利的。事实上,在最初进行 5 种自由的定义时,就已用了很多这样的例子,并就其对动物福利的重要性达成了广泛的认知。其他行为,例如猪表情僵硬和咬尾,禽类的啄羽,牛的卷舌,虽然是特定动物具有的,但却暗示着福利水平的降低。

"自然"这一术语应该理解为动物行为是以自然的方式表现而非人为或高科技环境下的表现。与此对应,高度集约化环境下的动物福利与自然环境下动物福利不同,但并非所有的非自然条件都暗示动物福利的降低。电视机、飞机和电脑,包含了"非自然"的人类的活动,但对动物的福利来说却是积极的因素。反之,某些自然行为,如逃避捕食者、与极端气候抗争、侵害及疾病等,却暗示着福利水平的降低。因此,自然行为对于动物某些需求来说(行为越自然,则其福利就越好),并不适合。

"自然"还应当理解为动物的行为是自愿的,如母猪的筑窝(nest-building)和母鸡的沙浴。这些行为主要受内部生理,即激素的控制。其他行为,如争斗、打斗和体温调节,主要是外部激励,即由于外部的刺激而产生的。然而,正如 Jensen 和 Toates(1993)指出的那样,对福利来说,重要的不是行为是否是动物自愿的,而是该行为需求是否失败或得到满足。这意味着评价福利时,行为的内部动机并非是最实用的。

"自然"行为广义上的理解应该是动物愿意去完成的行为,因为对动物来说是愉悦的。从这个意义上讲,自然行为不包括诸如疾病行为和恐惧等负面的动机行为,也不包括非动机的、反射性的行为,因为这些行为对动物来说不是愉悦的。

大多数动物的正常行为有一些共同点,主要的表现为:有警觉性(alertness)、好奇心(curiosity)、有一定的活动范围(range of activities)、与群体中其他动物有互动(interaction with other members of the herd/flock)、与人类有互动(interaction with humans)、有玩耍(play)等。有研究者认为,动物的玩耍行为是评价动物福利水平的重要指标(Oliveira 等,2010),并提出了玩耍行为的 5 个标准:①行为并非完全是功能性的;②玩耍是发自内心的、自愿的,且动物感觉愉悦的;③从空间或时间上看,玩耍与动物行为学中那些特定的行为表现不同;④行为可重复但并非一成不变;⑤动物处于放松状态(如饱腹、安全、健康)时会出现行为。最后一点是与动物福利相关的玩耍行为的主要考虑方面。

2. 观察的行为指标

不同的研究者对动物行为的观察指标不同,在动物福利学研究中,人们普遍认可的指标有 5 个方面:行为谱(ethogram)、选择与偏好(choices and preferences)、动物为获取资源而采取的行动(work that an animal will do to gain a resource)、动物为逃避不良刺激而采取的行动(work that an animal will do to escape unpleasant stimuli)、与自然行为的差异(deviations from normal behaviour)。表 2-2 列举了各种行为指标及观察内容。

表 2-2 动物行为指标与观察内容

行为指标	观察内容
行为谱	表现出的所有行为模式列表和描述、时间分配(自然或受限条件)、改变受限条件后行为
选择与偏好	给动物提供多种不同的选择,测量动物进行选择的时间,在不同选择项使用的时间,访问不同选项的频率

续表 2-2

行为指标	观察内容
动物为获取资源而采取的行动	动物为获得奖励而做的工作和工作量
动物为逃避不良刺激而采取的行动	动物为逃避不良刺激而做的工作及其努力程度
与自然行为的差异	观察动物的异常行为并与其正常行为比较

摘自 D M Broom. Domestic animal behavior and welfare. 4th edition，2007。

2.2.2 生理学指标

畜禽的生理状态是与其内在的福利状况密切相关相连的，差的福利将会引起动物身体和生理状态的变化，会发生一系列的生理反应，从而引起生理学指标的变化。生理学指标的测定分为急性测定指标和慢性测定指标。急性测定指标是指动物在受到差的福利待遇时，某些生理指标在短时间内就会发生变化，常检测的急性生理指标有心率、呼吸频率、儿茶酚水平及肾上腺皮质激素。其中心率、血压、呼吸频率、儿茶酚水平等指标可以直接测定，肾上腺皮质激素需要间接测定。慢性测量指标是指动物受到长期差的福利对待时才能观察到的一些指标，通常是指动物的一些病理上的变化，如血压或某些器官的病变（表 2-3）。

表 2-3　常见测定指标与其生理学机制（反应）

指　标	测定时间	福利水平
心率	急性测定	受到突然的刺激时，动物自身会产生反应，从而引起心率的变化。心率增加，表明动物主动反应，主动应对刺激；心率减慢，被动反应，只能被动应对刺激。有时会引起心律不齐
血压	慢性测定	血压升高预示着差的福利水平
呼吸频率	急性测定	呼吸频率增加预示着差的福利水平
儿茶酚	超急性测定 慢性测定	肾上腺素分泌多由心理刺激引起，去甲肾上腺素分泌多由生理刺激引起。慢性测定主要是观察动物的长期适应
肾上腺皮质激素	急性测定	激素水平升高预示着动物经历着急性疼痛应激

摘自 D M Broom. Domestic animal behavior and welfare. 4th edition，2007。

从进化的角度看，自然选择使得动物对于危险的环境具有相同的反应，例如当其处于饥饿应激时，动物具有天生的捕食识别功能。即动物遇到应激时，有些生理指标会发生变化，表 2-4 是动物受到短期福利问题时相应的生理学指标的变化情况。

表 2-4　动物发生短期福利问题与其生理学变化

应激原	生理学上的变化
剥夺食物	游离脂肪酸升高，β-羟基酪酸盐升高，葡萄糖降低，尿素升高
脱水	渗透压升高，总蛋白升高，白朊升高，细胞压积升高
身体过度劳累	肌酸酶升高，乳酸脱氢酶同工酶 LDH-5 升高，乳酸盐升高
恐惧/惊醒	皮质醇升高，心率增加，心率异常增加，呼吸频率增加，乳酸脱氢酶同工酶 LDH-5 升高

续表 2-4

应激原	生理学上的变化
晕车/晕船	垂体后叶荷尔蒙升高
极度愤怒，强的免疫学应答	急性相蛋白，如结合珠蛋白，C-反应性蛋白质检验，血清蛋白体-A
体温过高或过低	身体和表皮温度变化，泌乳激素

摘自 D M Broom. Domestic animal behavior and welfare. 4th edition，2007。

目前人们认为，当动物免于遭受伤害、不舒适的环境或应激时，就是保证其具有良好的福利，由于测定动物福利的生理指标受限，最近提出了一种评估动物愉悦的方法（Volpato 等，2007）。该方法假定动物根据它们所利用的生存空间或保持与内部状态一致的活动能力来做出自身的决定。

2.2.3　免疫学指标

免疫防御机制对动物维持健康十分重要（Bonizzi 和 Roncada，2007）。无论何种原因干扰了免疫功能，动物都会变得易感。采用免疫参数指标有助于确定不同应激原（如差的卫生条件、不当的饲养管理方法、高传染性压力）对免疫应答的影响。对免疫功能受抑制的动物来说，其先天的免疫参数，如溶菌酶、血清杀菌活性（Serum Bactericidal Activity，SBA）和补体等都会发生改变。先天性免疫反应与适应性免疫反应间的联系很重要，这促使人们对生物反应调节的研究以增强动物的先天和适应免疫。而且免疫参数有助于评估养分和细胞因子（如 alpha-IFN）对免疫反应的影响，这会减少对家畜进行药物处置的需求（Griebel 等，2003；Agazzi 等，2004；Stelletta 等，2004）。

“福利”这一术语指研究其与环境的关系时动物个体的状态。尽管可以进行测定，但理解其相关的应对机制却很困难。动物遭受痛苦和福利差通常同时发生，但动物并没有遭受痛苦也可能福利很差，因而福利不能仅依赖主观经验进行评判。动物福利差的指标包括：寿命短、生长和繁殖受阻、身体受损、疾病、免疫抑制、肾上腺活动及行为异常等。动物免疫受到抑制及肾上腺活动异常均表示其福利差。在这方面，蛋白质组学或许可以作为一种有效的工具来检测和验证这些参数，以提供动物福利的新的生物标记，并对稳态机制的机理进行解释。事实上，血清是一种分析蛋白质组学的合适的生物矩阵。而且，芯片技术对于识别那些涉及福利和免疫系统稳态反应的基因来说也是极其有用的（Bonizzi 和 Roncada，2007）。

福利与免疫之间的关系是长期存在的，并受到遗传、年龄、营养和经历的影响。暴露在极端环境条件下的畜禽，其疾病的发生率提高。例如，用船运输的牛容易得呼吸道疾病。有研究表明，动物在受到应激处置时，可能引起动物血液的白细胞增多、皮质醇浓度增大以及淋巴细胞增殖等免疫指标的变化。目前研究检测的与动物福利有关的免疫指标有：血浆白细胞、嗜曙红细胞/淋巴细胞比率及淋巴细胞。

2.2.4　伤害和疾病指标

伤害和疾病是评价畜禽福利的重要指标。在猪福利的研究中发现，由其他猪、人或直接接触的物理环境引起的伤害可以量化。Koning (1983)提出一种方法量化母猪身体上的伤害。伤害的程度通常根据伤口的深度和长度来测量。伤害的测量通常还考虑痊愈需要的时间和治愈后伤痕的明显程度。猪研究上经常量化的另一种伤害是咬尾引起的伤害。虽然猪咬尾的动机可能是探究、操纵或饲料的原因而非好斗，但对被咬的猪，后果却是严重的，被咬伤的尾巴可能吸引更多的啃咬。

所有的疾病都会导致福利低下，所以评定畜禽疾病的方法对其福利研究特别重要。疾病的重要性不仅取决于疾病的发生率或危险性，还取决于疾病的持续时间和患病动物体验的疼痛或不适的程度。当比较饲养系统生产实践时，传染病的发生率是相关的测量指标。当考虑福利与舍饲环境和管理实践的关联性时，与生产相关的疾病和福利的关系很大。这方面最主要的疾病是引起跛残的腿病或蹄病、泌尿器官感染、生殖系统失调、乳房炎和其他影响哺乳的疾病、心血管的紊乱和一些关节病。在每一种病例中，对疾病的严重性进行临床分析，再结合该病发生的频率和严重性可对生产系统进行评价(顾宪红，2005)。表 2-5 为黏液囊炎的发病率与畜禽躺卧地面舒适度的关系，从表 2-5 数据可以看出，舒适的条件(厚稻草)发病率最低(42%)。若没有稻草，发病率会急剧上升，完全是木条结构，发病率高达 84%。结果说明，环境的舒适度与疾病发生率有关。

表 2-5　黏液囊炎的流行发病与畜禽躺卧地面的舒适度

躺卧地面	疾病流行率/%	躺卧地面	疾病流行率/%
厚稻草+硬地板	42	无稻草，硬地板	54
疏稻草+硬地板	44	全部装木板条	82
部分装有木板条	52		

摘自 Mouttotou N, Hatchell F M, Green L E. *Veterinary Record*, 1998, 142:109-114。

疾病对畜禽福利很重要，因为很多情况下疾病都与动物的负面经历(如疼痛、不舒适、悲苦)相联系(Fregonesi 和 Leaver, 2001)。就农场水平来看，畜群的患病率和某种健康问题的强度可能是福利评价的指标之一(Capdeville 和 Veissier, 2001)。这可以通过临床诊断来进行，进一步的疾患情况可以通过和牧场主交谈获得。表 2-6 描述了奶牛福利评价的健康指标。

表 2-6　奶牛福利评估中的健康指标

身体部分	诊断参数	与福利的相关性
一般外貌	体况评分	差的体况可以引起长期的身体不适，增加由于不平衡免疫竞争导致的疾病易感性。表明奶牛的代谢功能混乱、适应能力较差
皮肤	寄生虫感染 皮肤感染 压力性溃疡	瘙痒性的皮肤疾病会引起长期的不舒适以及增加自身二次感染的风险(如乳头)。皮肤损伤和感染引起急性和慢性的疼痛。提供了关于畜舍、管理和潜在疾病方面存在的问题信息
腿	跛腿 蹄护理	跛腿说明动物腿有疼痛并影响其行动自由和行为性能；生长过大或变形的蹄子表明由于蹄子的不正常引起疼痛和不舒适。腿的这种疾病变化可以引起慢性关节损伤

续表 2-6

身体部分	诊断参数	与福利的相关性
乳房	乳头病变 乳房炎	乳头病变会导致急性和慢性的疼痛，并且会因每天泌乳过程而加重，乳房炎的频繁发生导致动物疼痛和不舒适
系统疾病	一般情况 临床疾病	临床疾病典型的表现是疼痛和不舒服，对福利的影响根据疾病的强度和持续的时间而变化。并且福利的一般情况也受到影响
死亡率	淘汰动物的案例记录	死亡率的信息指出了牛群中存在的具体问题，提供解决严重的健康问题的细节

摘自 Sejian. Asian Journal of Animal and Veterinary Advances，2011。

2.2.5　生长、繁殖和平均寿命指标

生长速度、生产性能、繁殖能力和动物的平均寿命也是评价畜禽福利的重要指标。通常情况下，畜禽应该具有正常的生长速度、一定的生产性能、繁殖能力和平均寿命。在一定环境和饲养条件下，畜禽生产缓慢、生产性能低、成年动物繁殖能力低下以及寿命比较短等均表示畜禽福利处于较差的水平。

2.3　畜禽福利评价方法

畜禽福利评价对于动物管理、福利监控、法律法规执行及福利标签（welfare labeling）都很重要。科学评价福利是减少人们对畜禽福利争议的重要途径，对保持评价的客观性具有一定的益处，尽管用科学的方法在进行心理健康评价时仍然比较困难。

已发展起来的畜禽福利评价的科学方法有很多种，包括外貌、行为、生理、生产性能和疾病等，福利评价方法的多样性反映出畜禽福利的复杂性。到目前，科学界并不能提供一种福利评价的黄金标准方法（gold standard measure）。事实上，这样的黄金标准评价方法可能只是人们一种美好愿望，但缺少黄金标准却是福利测量有效性的主要限制因素之一。

畜禽福利测定必须满足有效、可靠、方便易行等主要特性，其中有效性是最重要的，许多人认为，有效性测量结果才会是可靠的。但实践中能测量什么和应该测量什么之间有时不完全一致，测定技术和费用也是很关键的。英国家畜福利委员会主张在没有很好和有效的测定方法之前，先采取务实的测量方法进行福利测定，这个原则在进行心理健康测量方面更为重要。通过多年的评价实践，研究者们提出了多种有关畜禽福利评价的框架。应用这些框架要求具有相关的动物健康、生产及特定种类行为的知识。特定种类畜禽行为的知识可以通过研究野生种类的生活方式获得（Broom，1991；Dawkins，2003）。

学者们一直在寻找比较实用有效的评价方法，报道比较多的评价方法有：聘请 35 位专家（必须包括兽医），对畜禽群体进行为期半天参观，提出存在的福利问题，根据专家们提出的看法和对相应的福利进行评价；还有一种是采用计算机模型的方法，应用可获得的科学数据对 15 个不同畜舍系统中妊娠母猪的福利进行预测。这种方法通常会获得大量但不完整的有关

牧场动物或实验动物福利的数据，但来自伴侣动物（即宠物）的资料很少。应用比较普遍的评价动物福利的方法有3种，包括3个不同的方面：自然方面、功能方面和主观经验。表2-7描述了动物福利的概念及3种评价角度的特点比较。

表2-7 3种评价动物福利角度的特点比较

项目	研究角度		
	自　然	功　能	主观经验
定义	福利是指动物能表现种属的自然行为，并尽可能以自然方式生活	福利是与动物生理和行为过程中的正常功能相关的	福利是由动物的感觉（苦难、疼痛、愉悦）所决定的
概念	动物应饲养于自然环境中且允许以自然方式表达其行为	集中关注动物生物功能	动物生理康乐作为主观体验
研究方法	研究野生或半野生动物的行为，然后与同类的家养动物比较	测定生长、生产、繁殖； 兽医调查流行病学病理； 测定免疫力	控制条件下进行实验； 喜好试验； 生理康乐的行为测定； 僵硬、刻板； 争斗行为
优点	符合目前流行观点（动物应饲养于自然环境）	更容易科学表述生物功能的改变	对动物行为学家来说，理解动物的主观经验是一项更大的挑战和艰难的工作
缺点	认识到自然环境，但忽略了动物能适应人工环境的事实	生物功能与福利间的联系并非总是很明显。不同测定得到对生物功能不一致时很难得出关于福利的结论	如同亚原子粒子移动一样，动物的情感不能直接观察

摘自 Veerasamy Sejian. Asian Journal of Animal and Veterinary Advances，2011，6(4)：301-315。

Broom (2007)等总结了一般的评价福利方法和内容（表2-8）。大多数指标有助于说明动物所处状况时的福利情况，包括福利好到福利非常差。有些方面与短期问题密切相关，如人类处置（动物）和短暂的恶劣环境，有些方面却与长期问题关系更密切。

表2-8 福利评价一般方法及作用

一般方法	评价内容
福利差的直接指标	如何差
逃避试验	动物不得不生活于其中但试图逃避该刺激的程度
积极意愿试验	动物有强烈意愿以图获得的程度
测定动物完成正常行为或其他生物功能的能力	重要的正常行为、生理或解剖发育能或不能发生的程度
福利好的其他指标	如何好

摘自 Broom 等. Domestic Animal Behaviour and Welfare，2007。

实际测量的内容可包括：①愉悦的生理指标；②愉悦的行为指标；③强烈的意愿行为能表现的程度；④正常行为表现或抑制的种类；⑤正常生理过程或解剖发育可能发生变化的程度；⑥厌恶行为表现的程度；⑦试图应对的生理（表现）；⑧免疫抑制；⑨疾病率；⑩试图应对的行为（表现）；⑪行为病理学；⑫大脑变化；⑬身体伤害率；⑭生长发育能力强弱；⑮寿命

长短。

应用上述某些评价内容可以获得动物积极或消极情感的征兆。如同有些人的情感不能确切获知，对其他种类动物的情感获得也只是个估测。因而福利评价时，采用更多的是直接指标，其中一些是对动物痛苦的测定。对动物意愿的测定用于理解哪些因素导致动物好的或差的福利，以此来改善房舍条件和管理方法。

SAC在家畜研究纪要中报道了一种新的评价畜禽福利的方法称之为身体语言(body language)(Research Note，SAC，reference number 621033)。身体语言是对整个动物的描述：动物如何控制自己、如何运动、如何与周围环境互作等。例如，动物可能表现出平静、焦虑、紧张、放松、抑郁等行为。科学家已经发展了一种方法来对诸如此类的表达状态进行评价。基于食品科学发展而来的自由选择分析(free choice profiling)技术能指导观察者产生自己的描述项目，然后应用这些项对动物的表达进行定性。采用该技术对猪和奶牛的研究表明：即便他们具有不同的背景(农场主、兽医、动物保护主义者)，观察者认为他们对动物身体语言的评价是可靠的。这一评价与其他的行为定性测定间存在显著相关，这进一步为动物身体语言判定的有效性提供了支撑。该技术的效果取决于从事动物研究者的实践经验和知识，以及给予正规的测定基地。

2.3.1 生理测定

福利差的某些迹象可以由生理测定(physiological measures)获得，如心率增加、肾上腺活动增强。肾上腺活动增强暗示动物比那些无变化者福利差，意味着必须对动物进行照料。动物活动增加如求爱、交配等都会引起皮质或皮质酮的增加，这意味着下丘脑—垂体—肾上腺皮质(Hypothalamic-Pituitary-Adrenal，HPA)活动增强。如果我们的目的是辨识动物对紧急情况的反应程度，那么需要考虑为何动物会出现HPA反应。通常一个反应是由于潜在的危害或由于性伴(求爱)所导致是很明显的，当动物被迫走更多的路或奔跑时，糖皮质激素测定可以作为动物对这些紧急情况反应的评价。

某些情况下大脑的生理变化似乎与好的福利相关。当给予人们娱乐图片时，大脑皮层前区一侧的磁共振成像活动加强，杏仁核活动减弱。发现脑部许多区域在悲伤期间进行着活动，但普通情况下并没有这些活动。

血液中某些指标的变化也预示着动物的某些情感体验。某些高兴事件会引起血液中催乳素浓度增加，例如哺乳动物给幼仔喂乳时，血液中的催乳素浓度上升。催乳素不仅与分泌乳汁有关，而且与愉悦的情感有关。

随着动物活动和活动感知的需要，动物心率会发生改变。这种反应相对快，通常在1～2 min内。如果一只猫从站立到走路，再到奔跑，它的每次活动的改变都引起心率增加，这些改变中该猫的心率增加形成叠加。只要心率变化能够作为动物(如猫)的应对反应，它就是一种有用的短期福利问题评价指标。如动物进入新群体中时，其心率增加14～30次/min。当我们评价动物在运输或其他相对短期处置的福利时，可以进行多种方式的测量，这些测量可以参见前面表2-3内容。

2.3.2 行为测定

行为测定(behavioural measures)对福利评价具有特殊意义。动物强烈逃避某目标或事件提供了其情感和福利的信息,当某目标出现或某事件发生时,逃避的倾向越强烈则福利越差。某动物完全不采用通常所喜欢的体位姿势,则意味着比采用该体位姿势的福利差。其他异常行为如僵硬、自我断肢、猪的咬尾、蛋鸡啄羽或过分侵害(别的动物)行为都暗示福利很差。

研究者也可以通过测量动物在某些特定环境下不能实行的一些行为来评价其福利状况。如母鸡不愿被关在笼中,更愿意不时拍打翅膀;小牛和某些实验动物为使自己不被关在小笼或其他设备中而极力撞击。

福利评价中应考虑动物努力应对恶劣条件时不同个体间的差异,以及考虑恶劣条件对该动物的影响。猪被限制于狭小空间或拴系,某些个体表现僵硬,其他个体不活跃或呆板。当然,随着动物继续处于该条件下,行为表现异常的动物会在数量和类型上发生一些变化。对于空间受限的动物来说,积极者表现出强烈的打斗和攻击性,消极者表现顺从。对处于竞争环境中母猪的适应性研究表明,某些母猪极具攻击性且获得成功,部分母猪对于攻击积极防御,另一些母猪则尽量避免遭受攻击。这些动物的肾上腺反应存在差异。因此,必须认识各种测量方法是如何与(动物出现)问题严重性相联系的。表 2-9 列出了畜禽几种自然行为对评价的重要性。

表 2-9 畜禽几种自然行为对评价的重要性

评价	畜禽自然行为						
	家禽抓搔	猪拱土	母猪社会联系	奶牛放牧	公猪社会联系	奶牛自然繁育	犊牛和仔猪断奶
强度	很高	很高	高	中等	中等	中等	中等
持续时间	很长	很长	很长	很长	很长	短	短
发病率	高	高	高	高	高	低	低
房舍系统差异	大(笼舍系统)	大(稻草少系统)	大(单独房舍系统)	大(没有放牧)	小(孤独)	适中	适度、高
生物学意义	高	高	相当高	高	低	中等	中等
负面福利表现	啄羽	咬尾、僵硬	孤僻、行为异常	没异常行为、跛行	无	轻微不安	轻微不安
主观评价	很重要	很重要	重要	相当重要	中等重要	不重要	不重要

摘自 Bracke 和 Hopster. Journal of Agricultural and Environment Ethics,2006。

2.3.3 疼痛测定

疼痛是福利差的一种。但对于动物疼痛测量(measures of pain)仍然是科学上没有解决的难题。用于人类疼痛研究的方法主要是自我陈述,或检查人的行为或生理变化。对动物(除人外)疼痛相关的研究存在一些问题,因为动物不能诉说其是何时开始疼痛及疼痛的程度等。

长久以来,采用了很多方法来认识和评价非人类疼痛。但由于动物种类不同,疼痛的行为反应也不同,即使同一类动物,个体对疼痛的敏感程度也存在很大的差异。目前,识别某种动物对疼痛反应的行为表现是疼痛准确测定的关键。对动物的疼痛研究存在两个层次的伦理学问题。第一层次,研究者必须遵守伦理学委员会的规定,确保动物是在正常的生理状态。如果动物处于痛苦和紧张状态,一些植物性神经系统反应增强,这样作为生理学的要求实验难以取得有效的科学观察数据。所以,无论是道德方面还是科学方面,都必须遵守伦理规则。第二层次是专门针对疼痛研究的伦理学规则。在生物医学研究中,实验者应把动物看成有感觉的生物。当一些实验是为了在动物身上复制慢性综合征时,伦理委员会明确指出这类研究方案应尽量减少动物数量或避免疼痛。

2.3.4 疾病、伤害、运动和生长测定

疾病、伤害、运动困难及生长异常都暗示畜禽福利差。假设2个畜舍系统都在各自实验条件控制很好的情况下进行比较,某个畜舍中动物的患病率高,则该系统中畜禽福利就差。患病的福利比没患病福利差,大多数时候通过疾病可以了解畜禽福利的情况,但却很少知道不同疾病对畜禽福利影响的程度。死亡和发病率是传统的福利测定方法,尽早发现患病动物并进行隔离治疗更有力于保护动物的福利。

有些生产系统可能会阻碍动物的福利。动物被拴系、置于空笼中不能完成正常的行为,则动物自然会产生焦虑。如怀孕母猪拴系、小犊牛置于条板箱中、蛋鸡置于鸡笼中都表示有该种焦虑。舍饲会导致畜禽福利下降,如在对母鸡的研究中发现,那些因为长期关在笼子中而缺少充足锻炼翅膀和腿的母鸡,比能锻炼的母鸡的骨骼更脆弱(Knowles 和 Broom,1990)。同样,Marchant 和 Broom(1996)发现,拴系母猪腿骨强度只有圈舍猪的65%。骨头脆弱意味着动物应对环境的能力下降,如果这些动物骨头破裂,则可以想象会出现的疼痛程度及差福利。

以动物产品为基础的测量提供了福利的直接评价,且现在已形成共识,即在任何评价中这都是必需的。然而,只测量动物产品难有说服力。因为动物(生产)产品通常是以健康状况、行为、临床疾病症状为基础的,而对积极性测量(例如社会联系和玩耍)则很难标准化和评价。另外,评价行为需求时,通过对资源输入量(如空间、群体大小、环境条件及粪污等)的评估来进行更为容易。因此,福利评价需要结合动物可获得资源和动物产品两方面来进行。表2-10总结了布里斯托尔大学(Bristol University)一项研究项目的结果(Whay 等,2003),对53个奶牛场中个体奶牛的一系列健康和福利参数进行了评估,结果可以将农场分为分值相等的5类,每类代表20%的农场,从A到E表示从“最好”到“最差”的农场。每栏左侧与右侧的两个数字分别表示该类农场中的最低与最高值。重要的一点是要认识到本研究中的畜禽福利问题反映了被评估农场的范围,受到所选择农场的影响。这些是比较重要的工具,但数据的解释必须小心谨慎(Whay H R,Main D C J,Green L E,Webster A J F,2003)。

表 2-10　53个牛场奶牛健康与福利评估

测定指标	信息来源	测量单位	得分等级(每行为20%)									
			A		B		C		D		E	
健康与生产、营养												
年平均产奶量	Est	L	10 500	8 300	8 200	7 789	7 652	7 118	7 000	6 500	6 313	4 275
瘦的母牛(BCS<2)	Obs	%	0	5.6	6.3	11.1	13.3	21.4	21.7	31.3	33.3	61.1
肥胖母牛(BCS>3.5)	Obs	%	0	0	0	0	0	0	1.4	5	5.1	27.6
瘤胃鼓气	Obs	%	0	0	2.6	6.5	6.7	16.7	17.5	24.1	25.0	46.7
空心瘤胃	Obs	%	0	6.3	7.4	13.8	14.7	20	20.8	31.3	32.1	82.4
产褥(乳)热 病例	Est	100头奶牛/年	0	0	0	0	0	0	1.1	1.1	1.3	30.6
其他疾病	Est	100头奶牛/年	0	2.7	3.0	4.4	4.7	6.9	7.3	9.5	1.3	19.1
繁殖性能												
初配受胎率	Est	%	80	68	66	60	59	56	55	49	47	28
助产数量	Est	100头奶牛/年	0	0	0	0	0.9	1.1	1.1	4.8	4.9	40
乳腺炎												
乳腺炎病例	Rec	100头奶牛/年	0	9	11.5	20.7	21.3	34.5	40.8	46.2	46.8	120
乳腺炎病例	Est	100头奶牛/年	2.8	13.3	14.8	18.9	20	32.7	33	46.7	46.8	89.1
肢跛												
跛足母牛数量	Obs	%	0	13.6	13.8	18	19.5	23.5	23.6	29.6	29.8	50.0
跛足	Rec	100头奶牛/年	0	0	0	0	2.2	4.1	4.3	11.0	11.5	42.3
跛足	Est	100头奶牛/年	3.2	8.7	9.2	14.7	14.9	20.7	21.3	34.8	34.9	54.4
脚趾过长	Obs	%	0	11.8	12.5	25	26.7	34.4	35	46.2	46.4	76.5
差的脚趾修形	Obs	%	0	0	0	0	3.3	7.1	7.4	16.7	17.9	37.5
没有具体疾病/死亡率												
呆滞/病	Obs	%	0	0	0	0	2.2	3.3	3.6	6.3	6.7	20
突然死亡/意外伤亡	Est	100头奶牛/年	0	1.0	1.1	1.7	1.8	2.8	3.1	4.1	4.3	15.6

注:Est,农场主估计;Obs,寻访时观察;Rec,农场记录;福利水平以A、B、C、D、E的顺序降低。

2.4 畜禽福利评价体系

畜禽的福利、健康及管理的好坏是关系到畜禽产品能否在市场上获得成功、能否被消费者接受的关键因素，因此非常有必要对各种生产系统中畜禽的福利、健康及管理水平进行客观地评价。畜禽福利水平较高的欧洲，针对各种生产系统中养殖现场，并考虑到特定的舍饲和管理方式的优缺点及对畜禽福利的影响，发展了多种评价体系，以期准确地描述畜禽福利的水平。在评价体系中，畜禽福利指标的选择必须建立在科学的研究和应用的基础上。每一个指标的比重都是根据福利评估目标而主观设定的，但都要有科学依据。因此，畜禽福利的评价不可能完全客观，只有通过多种手段尽量做到客观评估（Duncan 和 Fraser，1997）。不同的评价体系可能由于衡量标准的不同而对同样的福利状况做出不同的评估结果，如从兽医治疗角度得出的结论肯定和从应激角度得到的结论不同，同样的，以动物为中心出发与以人类为中心出发评估得到的结果也不同。

目前国内外报道和使用较多的畜禽评价体系有：以层次分析法和模糊集理论（analytic hierarchy process and fuzzy set theory）构建畜禽福利评价体系；决策支持系统（Decision Support System，DSS）评价畜禽福利体系；动物需要指数（Animal Needs Index，ANI 或者 Tier Gerechtheits Index，TGI）评价体系；实用伦理学视角（a practical ethics perspective）对现有知识的整合（integrating existing knowledge）—自由选择分析模型（Free Choice Profiling model，FCP）；可持续监测系统（sustainable monitoring systems，SMS）—定性的利益相关者分析；牧场保障计划福利评价（welfare assessment in a farm assurance scheme）；动物行为的定性评价（Qualitative Assessment of Behaviour，QAB）；因素分析（factor analysis）评价体系；危害分析与关键控制点（Hazard Analysis and Critical Control Point，HACCP）评价体系等。本文将对上述各体系进行简要介绍。

2.4.1 基于层次分析法和模糊集理论的评价体系

基于层次分析法和模糊集理论的评价体系构建畜禽福利问题评估方法和指标体系的原则是：①可操作性，即评估方法和指标体系要易于操作；②集成性，即要从各个层面、各个环节、各个要素综合进行考虑；③定性和定量相结合；④可参与性，即畜禽场内部相关人员都可以参与畜禽福利评估。基于层次分析法和模糊集理论的畜禽场畜禽福利问题评价方法的构建分为下面几个步骤（耿爱莲等，2009）。

（1）分解畜禽场畜禽福利问题，并建立机构图。将畜禽场内存在的各种畜禽福利问题进行分解，并建立结构图。耿爱莲等（2009）采用 AHP 方法建立种猪畜禽场福利问题的分解体系（图 2-2）。

（2）确定每种福利问题的权重及相关评价指标。不同的评价人员采用不同的方式确定每种福利问题权重。如用经验丰富的专业或牧场管理人员进行现场考察打分或针对某个福利问题聘请匿名专家打分等。针对某个福利问题需要用具体的指标进行衡量，因此，要建立相应的指标并确定其在评估时的权重。表 2-11 是耿爱莲等（2009）建立的种猪场畜禽福利问题评估指标体系。

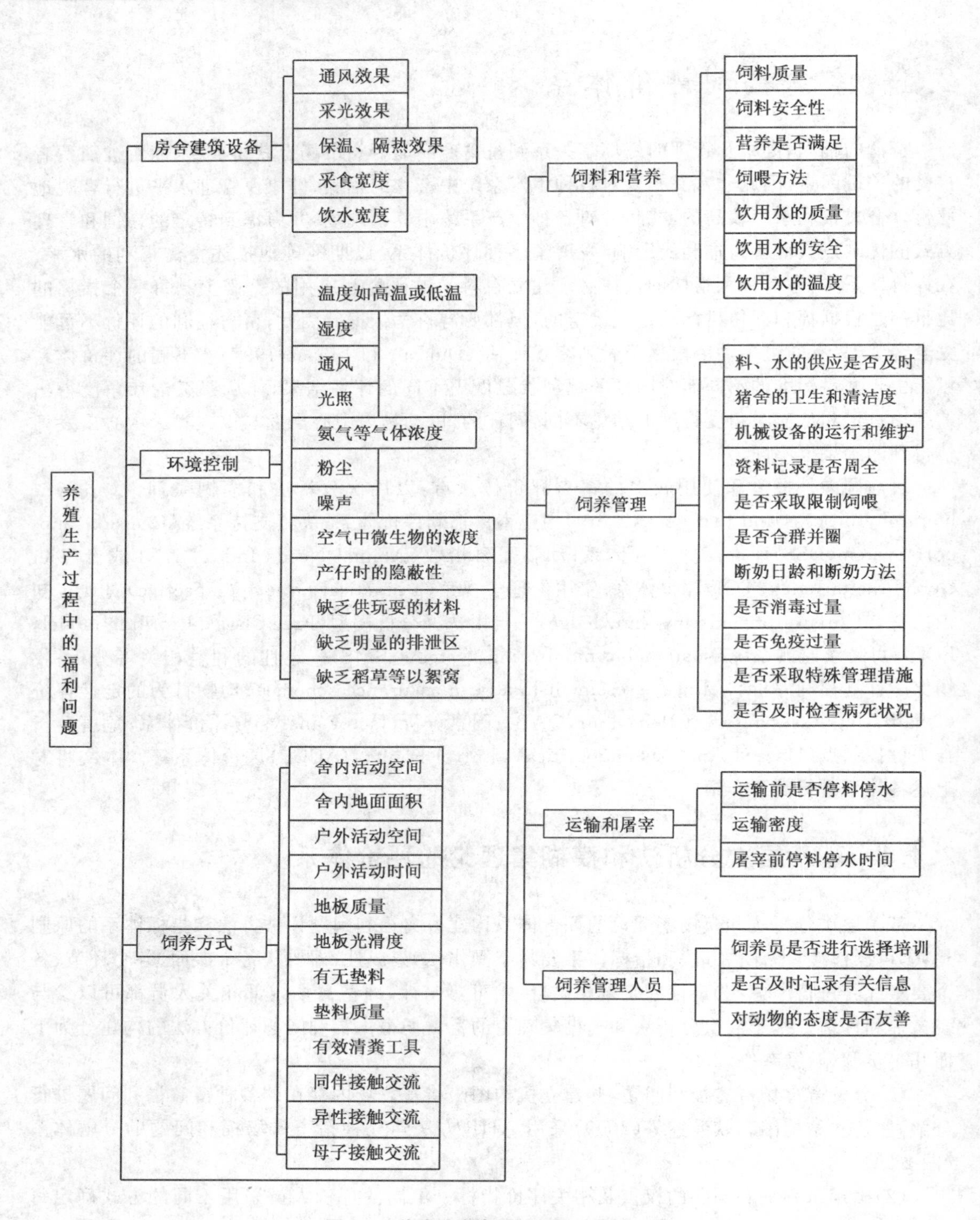

图 2-2 种猪场畜禽福利问题分解结构

摘自耿爱莲等.中国农业大学学报,2009,14(1):19-25。

表 2-11　种猪场畜禽福利问题评估指标体系

福利问题分类	指　标	指标代码	权重系数
(1)畜舍建筑设备			0.095 1
通风效果	最大通风量	C11	0.023 6
采光效果	平均每天采光时间	C12	0.012 9
隔热效果	隔热能力	C13	0.019 5
采食宽度	个体平均采食面积	C14	0.023 4
饮水宽度	个体平均饮水面积	C15	0.015 7
(2)环境控制			0.303 7
温度	最高温度和最低温度范围	C21	0.063 6
湿度	最大湿度和最小湿度范围	C22	0.031 5
通风	平均通风量	C23	0.050 4
光照	光照强度	C24	0.014 9
有害气体	NH_3 平均质量浓度	C25	0.029 8
粉尘	平均粉尘含量	C26	0.013 9
噪声	每天噪声持续时间	C27	0.009 6
空气中微生物	总细菌数	C28	0.016 2
产仔时的隐蔽性	隐蔽、安静	C29	0.018 4
探究行为	刨食、磨牙、啃咬行为发生率	C210	0.022 4
排泄行为	排泄区面积	C211	0.020 8
母性行为	絮窝行为发生率	C212	0.012 3
(3)饲养方式			0.209 2
活动空间	活动空间面积	C31	0.038 9
地面面积	地面活动面积	C32	0.032 9
户外活动空间	活动空间面积	C33	0.008 5
户外活动时间	活动时间	C34	0.007 4
地板质量	摩擦系数	C35	0.023 5
地板光滑度	地板光滑度	C36	0.015 0
垫料	有无垫料	C37	0.012 5
垫料质量	垫料质量	C38	0.014 8
清粪设备	清粪设备的配备	C39	0.021 9
同伴接触交流	同伴接触交流可能性	C310	0.014 4
异性接触交流	异性接触交流可能性	C311	0.006 6
母子接触交流	母子接触交流可能性	C312	0.012 7
(4)饲料和营养			0.117 3
饲料质量	饲料质量	C41	0.014 0
饲料安全性	微生物、重金属元素	C42	0.019 6

续表 2-11

福利问题分类	指 标	指标代码	权重系数
饲料营养	饲料营养是否满足其需要	C43	0.023 2
饲喂方法	定时定量饲喂还是自由采食	C44	0.008 8
饮用水的质量	是否达到用水标准	C45	0.024 2
饮用水的安全	微生物等的检测	C46	0.019 7
水温	是否进行控温处理	C47	0.007 9
(5)饲养管理			0.177 0
料、水的供应	每天检查采食、饮水设备次数	C51	0.035 3
猪舍的卫生和清洁度	平均每天清扫次数	C52	0.036 2
设备的运行和维护	维护周期	C53	0.011 6
资料记录	是否周全	C54	0.010 6
是否采取限制饲喂	是否采取限制饲喂	C55	0.006 4
是否采取合群并圈	是否采取合群并圈	C56	0.007 7
断奶日龄和断奶方法	断奶日龄和断奶方法	C57	0.017 9
是否消毒过量	是否消毒过量	C58	0.006 5
是否免疫过量	是否免疫过量	C59	0.006 9
是否采取特殊管理措施	去势、断牙、断尾等	C510	0.021 9
是否及时检查病死状况	平均每天检查猪群次数	C511	0.016 0
(6)运输和屠宰准备			0.032 9
运输前是否给猪停料停水	运输前是否给猪停料停水	C61	0.010 1
运输密度	运输密度	C62	0.015 1
屠宰前停料停水时间	屠宰前停料停水时间	C63	0.007 8
(7)饲养管理人员			0.064 7
饲养员是否进行选择并培训	饲养员是否进行培训	C71	0.020 2
是否及时记录有关信息	饲养员是否及时记录信息	C72	0.012 5
对动物的态度和行为	是否积极、友善	C73	0.032 0

摘自耿爱莲等.中国农业大学学报,2009,14(1):19-25。

(3)为提高评估精确性,将所有指标归一化、模糊聚类以及排序处理。这部分涉及比较多的数学处理,在此不详述。本书仅对系统的思路进行简单介绍。

(4)对关键福利问题进行排序。依据畜禽场实际情况,对关键的福利问题进行排序,从畜禽场长期的发展出发制定解决关键福利问题的有效措施。

2.4.2 决策支持系统

决策支持系统(Decision Support System,DSS)是一个交互式的、能灵活适应计算机基础的信息体系(Computer Based Information System,CBIS),特别适合解决非结构性管理问题,以改善所做出的决定。对于结构性问题,如医学上的标准化诊断程序,可以通过建立专家体系来解决，但对一个非结构性问题，灵活的适应性就显得很重要了，需要 DSS 来解决。福利属于非结构性问题，因为对如何系统而客观地评价福利状态所知甚少。因此，当对福利评价问题使用信息技术时，发展 DSS 似乎较为合适。

目前，对实践中如何评价福利的各个方面仍然不是很清楚。主要的问题之一是福利难以界定(in-defined)。已有许多关于构建实践中福利模型的工作，一般都认为应该考虑很多因子，但是关于不同参数的权重问题依然没解决。福利模型可能包括许多参数，并应用复杂的计算规则。现代信息技术的发展使得数据收集和管理以及采用各种模型进行福利评价的计算过程更容易。鉴于此，Bracke 等(2001)建立了用于畜禽福利评价的决策支持系统，该系统能随着新知识而更新，并且能帮助终端用户(政治家、农场主、动物福利组织等)对畜禽福利做出决定。

使用决策支持系统时通常采用演化式原型方法(evolutionary prototyping method)(Turban，1995)。首先建立一个原型以处理次级问题或简化所有问题，包括基于用户及时反馈基础上的软件版本的多次改进。每次循环都包括概念分析、设计和构建、测试、评估及升级几个步骤，这可以增强 DSS 适应信息需求所带来的改变。随着时间的推移，有关福利评价的观念也会推陈出新，要求 DSS 能灵活地适应这些改变。根据 Bracke 等(2002)，用 DSS 评估动物福利的主要有 6 个步骤：①明确模型范围，即模型所适用的动物种类和畜舍系统；②对福利定义并将其分解为各功能因素，即与模型范围相关的生物需要；③以科学表述的形式收集资料(facts)；④确定福利相关的属性(attributes)，即对不同福利的优缺点具体化；⑤确定基于福利生产性能标准基础上的各属性相互间的权重；⑥归纳，确定加权后总的福利状况。决策支持系统需要处理舍饲系统、科学知识及福利概念等方面的问题。图 2-3 显示了该系统的福利评价过程。

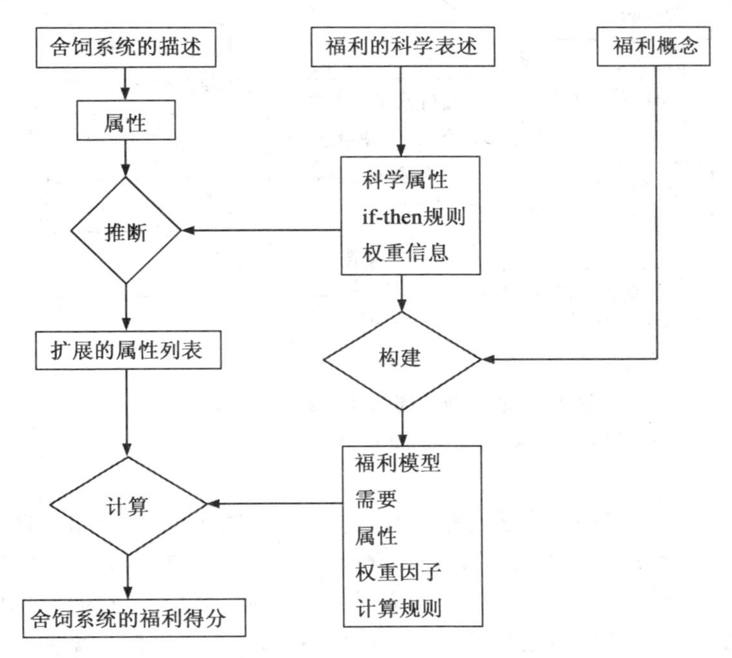

图 2-3　动物福利评价流程图

摘自 Bracke 等. Journal of Agricultural and Environmental Ethics，2001。

从图 2-3 可以看出，该模型需要 3 方面的信息输入，第一方面是舍饲系统的信息，这是构成评价系统的基础信息。舍饲系统包括畜舍和管理方面的内容，也包括动物生产性能标准。舍饲系统需要对动物的生存条件具体化，并以此得出科学的结论。第二方面信息是实证研究，科学描述和对舍饲系统的描述共同构成了福利评价的客观基础。这部分信息包括从科学研究论文中收集的资料和来自专家的访谈。科学表述常用来构建模型，也用于推断关于舍饲系统属性的新的假设。第三方面是与福利概念相关的信息。福利可从多方面进行定义（详见第 1 章），每种定义均可给出自己的福利模型。将福利模型中客观测量参数作为评价系统中福利参数。以上 3 方面内容（舍饲系统、科学知识和福利）是构建决策支持系统原型的基础。

决策支持系统模型以舍饲及管理系统的描述为输入量，以福利得分为输出量。为描述舍饲系统，用户必须填好输入形式，使舍饲系统的属性（如可获得的空间和社会条件等）具体化并以表格的形式存在数据库中。主要的表格有：①科学事实列表；②动物需求列表；③属性；④权重分类；⑤以各自属性来描述的舍饲系统。还有两种次级表格为：①属性和需求间的链接；②属性水平、权重分类水平、类型及科学表述间的链接（图 2-4）。福利模型由储存于前 4 种主要表格中的信息来构建，包括属性、属性水平、属性得分及权重因子。舍饲系统的不同属性在第 5 个主要表格中描述，模型将分配属性得分和权重因子，并以属性得分的加权均值来计算福利得分。

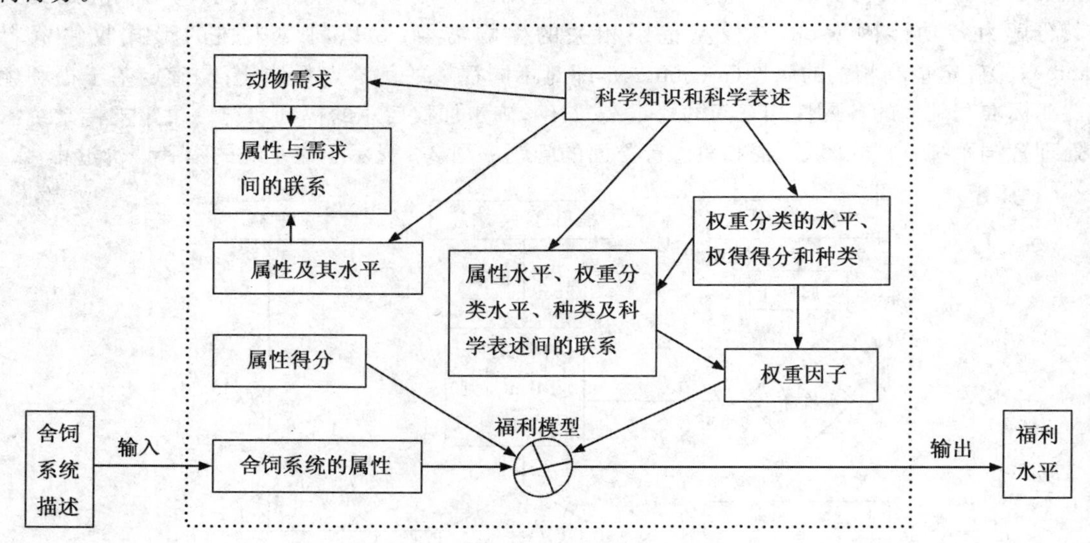

图 2-4　农场动物福利评价的决策支持系统

摘自 Bracke 等. Journal of Animal Science，2002。

当施行一种明确而正式的程序进行福利评价时，应当对原型进行界定，此系统严格界定为一个舍饲系统（以舍饲系统中妊娠母猪福利状况评价为例），并包括部分科学描述（Bracke 等，2001）。原型包括两部分，第一部分为舍饲管理系统的描述，第二部分为科学描述（猪的行为、生理、健康、生产性能），两部分中包含了舍饲系统的特征和属性水平。属性是舍饲管理系统的描述符。每一个属性有两个或以上水平。对任何一个舍饲系统来说，每个属性只有一个水平代表真实情况，因此其特性就具体化了。该模型包括 37 个属性，这些属性决定了动物需要得到满足的程度（表 2-12）。

表 2-12　模型中各属性列表

标识号	属性	最好水平	最差水平	该属性水平	MR	权重因子	效应
1	每圈空间	>6 250 m^2	1～1.5 m^2	8		25.8	1.73
2	健康和卫生状况	高	低于均值	3	x	23.8	1.60
3	饲养水平	高	低	4	x	23.0	1.54
4	寒冷情况	供暖装置	户外	3	x	22.0	1.48
5	粗饲料及容积	放牧	仅喂精料	4		21.8	1.46
6	每头母猪空间	>10 m^2	1～1.5 m^2	4	x	21.4	1.44
7	社会稳定性	家族群	动态	4		20.4	1.37
8	社会联系	3～7 头	听觉隔离	7		18.6	1.25
9	可采食饲料	自由采食	竞争采食	4	x	17.8	1.19
10	鼻拱	>5 cm	鼻环	4		15.4	1.03
11	运输和分栏	无	有	3		14.8	0.99
12	处置和恐惧	愉悦	不愉快	3	x	14.6	0.98
13	痛苦	无/很少	有些	3		13.2	0.89
14	同步性	同时	先后	4		13.0	0.87
15	饮水	自由	食后无水	2	x	12.6	0.85
16	分开休息	分开	不能	4		11.8	0.79
17	受热	最小	仅厚稻草	3	x	11.2	0.75
18	刮伤	蹭伤	拴伤	3		10.4	0.70
19	休息舒适度	软	硬	2		9.4	0.63
20	空气质量	同户外	差	4	x	9.4	0.63
21	混合管理	无(家庭式)	板条小圈	6		9.0	0.60
22	日粮配合	单独	不能补足	3		8.0	0.54
23	活动节律	二段式	非二段式	3		8.0	0.54
24	饲料适口性	高	低	3		7.2	0.48
25	运动舒适度	好	滑(湿)	2	x	7.0	0.47
26	休息窝	有	无	3		7.0	0.47
27	休息和消纳空间	充足	很少	3		6.2	0.42
28	社会联系阻断	无	可能	3	x	5.8	0.39
29	每周新奇事	至少 3 个	0～0.25 个	3		5.4	0.36
30	能看到的分离区	至少 2 个	0	3		5.2	0.35
31	饲喂次数	3	1	3		5.0	0.34
32	光线	亮	暗	3		5.0	0.34

续表 2-12

标识号	属性	最好水平	最差水平	该属性水平	MR	权重因子	效应
33	相互扎堆	是(能)	无	2		4.8	0.32
34	泥浴	泥池	无	2		4.6	0.31
35	休息时能观察	是	否	3		4.4	0.30
36	单独采食和消纳区	有	无	3		3.8	0.25
37	单独休息和采食区	有	无	2		2.4	0.16

注:MR,Attributes that have a minimum-requirement level are denoted with "x"。
摘自 Bracke 等. Journal of Animal Science,2002。

模型中的属性有的是以环境为基础(如每只猪的空间),有的以动物(如健康和卫生状况)或相关的管理(如混合管理)为基础。模型属性包括 2～8 个水平(平均 3.9),这些水平是相互排斥的,以确保计算的福利得分可以作为平均权重得分。除了水平间相互排斥,在定义模型属性时也尽可能使其相互排斥以避免重复计算。属性和水平都必须符合舍饲系统的实际情况及目前的科学状况。

特定舍饲系统中动物的需求得分通过其属性得分和权重因子计算而来,所有福利得分均以相似的方式通过计算。表 2-13 为舍饲系统中动物对饲料需要的各属性权重因子及其属性得分计算。

表 2-13 舍饲系统中动物对饲料需要的各属性权重因子及属性得分计算

属性	权重因子	属性水平	属性得分	房舍系统
料粒大小	1	可自由采食	10	
		远小于可自由采食	0	0
相位变化	1	二相(每天 2 次活动高峰)	10	10
		单相(每天 1 次活动高峰)	0	
白天活动	1	白天活动	10	10
		无白天活动	0	
规律	1	有规律	10	10
		没有规律	0	
僵硬(刻板)	7	无	10	
		有	0	0
条件	1	好	10	10
		差	0	
采食意愿	1	低	10	
		高	0	0
总计	13			40

摘自 Bracke 等. Journal of Agricultural and Environmental Ethics,2001。

2.4.3 动物需要指数评价体系——ANI 35体系和TGI体系

动物需要指数(Animal Needs Index,ANI;或者Tier Gerechtheits Index,TGI)最早在奥地利出现,迄今已经有20多年了,主要是为达到如下两个目的:①在农场水平上作为独特而决定性的工具对所有动物的生产系统、生产方法和地理位置进行评价,以满足市场要求和监管需要;②随着社会进步,基于逐步改善畜禽福利的目的,就畜舍条件下动物康乐的不同标准进行分级(Bartussek,1999)。表2-14为该体系的发展过程。

表2-14 ANI 35发展历史

时间	ANI 35发展简介
1985	首次发表了施蒂里亚(Styrian)动物福利监管概念(简短版本,ANI 35 S)
1988	ANI 35在Natur gemaBe Viehwirtschaft,Ulmer Verlag,Stuttgart出版(ANI 35 S)
1990	工作组在118个有机农场对ANI 35进行了应用测试(ANI 35 S)
1991	首次出现ANI 35的长版本(ANI 35 L),包括牛和猪
1992	在Vorarlberg出版的ANI 35 L(牛)中,关于执行动物福利的法律中出现了官方对ANI 35的介绍
1994	ANI 200出现
1991—1999	几种ANI 35 L得到授权
1995—1999	奥地利广泛应用和进一步发展
1999	ANI在家畜生产科学(Live Stock Production Science)上出版并得到发展

摘自Bartussek. Livestock Production Science,1999。

ANI 35指标体系发展中的9个原则如下:①在农场水平上根据畜禽福利对房舍条件进行评价;②根据得分划分房舍条件:好的房舍条件得到更高的分值,差的得更低的分值;③得分之和为ANI值;④满足最低需求情况下,通过好的条件来弥补差的条件;⑤尽可能通过避免动物遭受伤害、受伤及恶性的应激来达到最低需求;⑥按照ANI值划分福利等级;⑦在某个一般评价体系中,要包含实际生产中畜牧系统的所有方面以及应用的所有动物种类和形式;⑧根据试验(包括误差)给予权重以达到上述目标;⑨涉及的各方通过广泛协商完成指标体系的制定。

目前,ANI 35 L(即ANI 35的长版本)已应用于奶牛、肉牛、犊牛、蛋鸡、育肥猪(包括仔猪)及妊娠猪生产系统中。ANI 35 L体系对畜禽福利评价包括5个功能区域:①活动的可能性;②社会联系;③地板对动物的躺卧,站立及行走的影响;④气候(包括通风、光线和噪声);⑤人类照料的程度和质量。每个功能区内,对特定动物采取多个标准进行打分以划分等级。那些被认为能带给动物更舒适机会以满足其行为需求或者能改善其福利的环境条件,给予了更高的分值。各分值的总和就是ANI值。某一功能区内较差的条件可以通过其他区内更好的条件得到补偿。但如果对动物来说明显的是必须的条件不能得到满足,则该ANI值认为无效,除非在适当的时机该不足条件被排除掉。此限制性条款是该评价体系不可缺失的组成要素。表2-15列出了产蛋鸡ANI 35 L体系(1995)评价其福利的结构。

表 2-15 产蛋鸡 ANI 35 L 体系结构

影响领域	特征	分数范围:最小到最大
活动的可能性	每个动物的地面面积	−0.5～1.5
	用于放置动物排泄物的面积比例	−0.5～1.5
	修建的可栖息设备	0～1.0
	每个动物的栖息面积	−0.5～1.0
	每年动物户外运动的天数	0～1.5
	每个动物的草地面积	0～1.5
	草地的最远距离	−0.5～1.5
社会联系	每个独立群体的动物数量	0～1.5
	每个动物的地面面积	−0.5～1.0
	重要设备的可利用性	−0.5～1.5
	栖息设备的可利用性	0～1.0
	群体中的公鸡数量	0～1.0
	出口的宽度	−0.5～1.0
	到出口的平均距离	−0.5～1.0
	场内设备	0～1.0
气候条件(通风、光照和噪声)	鸡舍的光照	−0.5～1.5
	鸡舍内的空气质量	−0.5～1.5
	就巢区的通风	−0.5～1.0
	机械噪声	−0.5～1.5
	每年户外活动的天数	0～1.5
	每天户外活动的时间(小时)	0～1.0
	草地中的阴凉状况	−0.5～1.5
管理人员的照料	鸡舍的清扫	−0.5～1.5
	机械设备的状况	−0.5～1.5
	鸡舍内的尸体情况	−0.5～1.0
	羽毛情况	−0.5～1.5
	皮肤的状况	−0.5～1.5
	相关资料的记录	0～1.0
	动物健康	−0.5～1.5
地板质量	每只动物的栖息设备长度	−0.5～1.0
	栖息设备质量	0～1.0
	冲粪设备的类型	0～1.0
	垫料的类型或数量	0～1.0
	垫料的状况	−0.5～1.5
	就巢区的地板类型	−0.5～1.5
	活动区的地板状况	−0.5～1.0
	草地状况	−0.5～1.0
各项总和	绝对值 35 分	−11.5～46.5

摘自 Bartussek. Animal needs index for laying hens，TGI 35 L，1995。

ANI 指标体系尽量与英国家畜福利委员会提出的动物的 5 种自由内容衔接。图 2-5 列出了 ANI 35 的 5 个功能区域与 5 种自由间的关系。

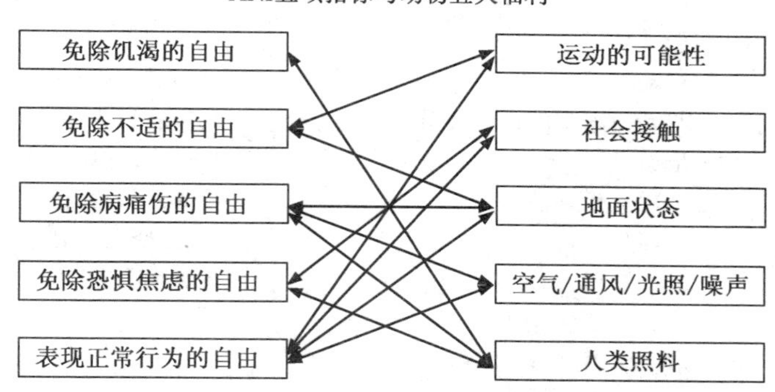

图 2-5　ANI 35 的 5 个功能区域与 5 种自由间的关系

摘自 Bartussek. Livestock Production Science，1999。

为了把 ANI 分值划分为不同的等级，该体系提出了代表畜禽福利不同水平的 6 个范围，如表 2-16 所示。

表 2-16　基于 ANI 35 L 评价体系的等级范围

ANI 总分	畜禽福利条件指标	分数百分比范围	等级	直观等级	标志
＜11	不合适	＜35	5	不充足	无标志
11～16	几乎不合适	35～44	4	充足	*
16.5～21	有点合适	45～54	3	满意	**
21.5～24	基本合适	55～62	2	好	***
24.5～28	合适	63～70	1	很好	****
＞28	很合适	＞70	E	相当好	*****

摘自顾宪红等. 畜禽福利与畜产品品质安全，2005。

Tier Gerechtheits Index（TGI）评价体系也是基于动物需要。Bartussek（1985）提出了 TGI 的概念，后经不断地发展和完善，形成现在应用的 TGI 35 L，该体系更多地注重房舍系统中的技术需要，如空间大小与地板质量等，涉及 30～40 个标准，也有相应的评分。在 TGI 35 基础上，Sundrum 等（1994）进一步发展并提出了 TGI 200 畜禽福利评价体系。该体系从运动、采食、社会行为、休息、舒适、卫生和人畜关系 7 个功能区域进行评估，每个功能区记录相应内容，包括 60～70 个指标，根据使用手册打分。所有分数总和为 TGI 200 的评价得分，因其最大值为 200 分，故称 TGI 200 体系。TGI 35 与 TGI 200 的区别见表 2-17。

表 2-17 TGI 35 与 TGI 200 的区别

	TGI 35	TGI 200
分值范围	最大 46.5 范围 −11.2～46.5	最大 200 范围 0～200
功能分类	运动 与其他动物的社会接触 地面设计 舍内气候条件 饲养员照料程度	运动 采食行为 社会行为 休息行为 舒适行为(住排便或母鸡筑巢) 卫生 照料
标准	30～40	60～70
重点	舍饲技术:允许补偿	完成目标定向行为的先决条件 畜禽健康
指标的解释	根据得分评估为: 福利差 福利好	能在舍饲系统之间比较 不足之处形成文件 强调优点
用户	澳大利亚的国家法律 咨询材料 有机农业组织 管理机构 >20 000 个农场	对咨询专家的培训 咨询材料 有机农业组织

摘自:Anderson,1998。

2.4.4 畜禽福利评价新框架

过去数年或数十年间,已经对畜禽福利进行了很多研究,这些研究多是直接对畜禽福利进行评估。某些情况下,这些研究的目的是确定某个单独的(或附加的)福利指标,如身体测量。一些人认识到畜禽福利用一个参数很难确定,因此发展了很多复杂的系统,如前述的 DSS 和 ANI(TGI)体系。在这些多因子评估体系中,权重的计算过程很重要,因为这决定了在多大程度上因子可以参与到评估中来,而且这也决定了对动物福利来说,哪些方面是极重要而需考虑的。例如在 TGI 体系中,需要知道哪些能满足动物需要和确保动物康乐,将这些方面进行评分。但大多评价的是根据先前经验所认定的房舍系统对畜禽福利的影响,而不是畜禽福利本身。

在 DSS 和 ANI(TGI)体系中需要解决的难题似乎是分析的出发点。如果在好的和差的评分参数间找到补偿成为可能的话,则直接观察动物然后给群体福利打分,比测定非直接参数然后将其得分相加来评价福利得分会更好。基于此考虑,Stefan 等(2006)提出一个新的动物福利评价框架(a new framwork):实用伦理学视角(a practical ethics perspective)对现有知识的整合(integrating existing knowledge)。该方法不进行实际测定,只对行为进行定性而不量化，这称为自由选择分析模型(FCP)(F Wemelsfelder 等，2001)。该方法假定人们通过观察动物并理解其行为和一般表现，就能容易地判断动物的福利状态。Wemelsfelder 等应用 FCP 进行的研究证实，在同一时间对相同动物的观察，农场主、兽医及福利行动者所看到的情况基本上是一致的。该方法可以看作不同利益相关者对其所做的结果的科学解释：即仔细观察动物，进而得出结论。因此，该方法直观、简洁且有前景。但该方法对于存在的问题并不给出或者只给出很少的解释，从而不能作为立法的依据。

该框架的目的是提出逐渐改善畜禽福利的途径，而不是发展一个如何确定并测量畜禽福利的科学兴趣，因此，该方法属于伦理范畴，但以实践形式体现。其基本构成要素有 3 个：第一个是基于环境参数的经典分析，针对房舍系统，采用现存的福利评价工具来完成(功能评价)；第二个是利益相关者的评价；第三个是 FCP 技术的应用。

(1)房舍系统。房舍系统是该方法的第一个要素。该框架的主要目的是改善动物生存环境，而非依据动物的福利得分对不同房舍系统划分等级，根据计算所得的最终得分就不是很重要。但不同的分析步骤、次级分析和次级得分必须清楚地表示。

(2)利益相关者。利益相关者是第二个重要因素，他们的态度对分析来说是一个关键因子。如果想要得到包括所有专业知识在内的信息，就需要咨询所有的与畜禽福利相关的利益相关者，即所谓的专家咨询法。对第一个因素的分析并不是给利益相关者提供所有的分值，而是给他们一些目前存在的问题以及相关的反馈。

该部分的相关指标包括记录保存、设备保养、建筑现况、动物进入建筑的反应及关于动物行为学的知识。也可以包括另外的指标，这取决于手头的资料，这些指标都应该是有意义的、易用的、对利益相关者提供反馈是有帮助的。

(3)动物 FCP 技术的实施是第三个，也是最后一个因素。动物福利分为好、差和一般。为避免选择偏倚，在进行第三个因素评估时应对群体而非个体来完成。将不同人对同一动物的评估结果以图形(图 2-6)的形式表示出来，在此以两个主轴表示：主动—被动轴和快乐—悲伤轴。图中白色区域(+)表示福利好，黑色区域(—)表示福利差，灰色区域表示存在某些福利问题。

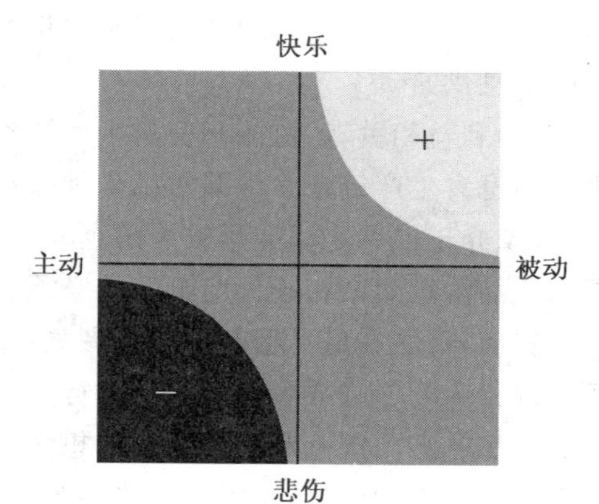

图 2-6 FCP 技术的结果图

摘自 Stefan. Journal of Agricultural and Environmental Ethics，2006。

当整体结果位于图的灰色区域时，存在福利问题，需要整治；如果分值位于左下角的黑色区域，存在严重的福利问题，要进行原因分析；如果不存在明显的福利问题(位于右上角)，则可根据要求，可以通过对房舍环境或利益相关者的评价计划进行进一步的优化。

该框架在实践中很实用，可以被不同的群体(需要处理畜禽福利问题的人)接受，且与直观的福利含义紧密联系，便于其在更广范围的公众间进行交流，因此可以作为畜禽福利的科学支持评价(scientifically supported evaluation)。

2.4.5 农场动物福利的可持续监测系统的发展

可持续监测系统(Sustainable Monitoring Systems,SMS)由荷兰科学家 Bracke 和 Hoster 于 2005 年提出,是通过定性的利益相关者分析(Qualitative Stakeholder Analysis,QSA)来对农场动物福利进行评价的一种体系。该体系所指的利益相关者,包括银行业(投资者)、饲料供应商、系统设计者、动物生产者、肉品加工者、食品工业、销售商、消费者、政策制定者以及科学家。这些人群对如何监测畜禽福利有着不同的利益和观点,该监测系统主要关注的是其体系是否有效或可行。

多年来对畜禽福利的关注都侧重于生物学方面的研究,只是最近才对产业链条中消费者及其他利益相关者的重要性进行了研究。目前来讲,关于特定社会参与者(利益相关者)所关注的农场畜禽福利的目标和需求的信息仍然很少,他们的接受与否将成为畜禽福利可持续监测系统能否实现的瓶颈。通过发展 SMS 将有助于改善畜禽福利,并采用市场调节以减少公众对这些问题的关注。SMS 系统包括以下内容:

(1)方法与程序。首先要完成项目计划书,其过程包括以下几个方面:①描述利益相关者的看法,并以自身作为福利科学家的背景设计一个规划;②咨询社会科学家,就我们(Bracke 等)所提出的观点进行评论;③电话采访利益相关者;④对最初的想法进行更新,制定出新的发展规划,包括对应答者表述的分类及草稿送于访谈者以获取评论;⑤最后版本的形成。

项目计划书完成后,进行访谈。访谈对象包括利益相关者和专家,并提出相关的问题(如作为本利益群体的代表,你如何看待畜禽福利和它的监测?你在该监测系统的作用是什么,如何实现?等等),这些问题涵盖了利益相关者的想法、利益、信息需求以及关于畜禽福利和其监测的信息供给。

(2)利益相关者、监测和畜禽生产链条的分析。包括:①畜禽生产链条中福利监测的分析。现今的畜禽生产链条为沙漏形结构(hourglass shape),包括众多的、相对独立的生产者和消费者,以及介于二者之间数量较少的企业(食品和饲料工业、销售厂家)。链条中不同的利益相关者和产品阶段紧密相连。监测系统必须能提供不同阶段的信息流,即从畜牧场收集信息,提供给零售商,反之亦然。②利益相关者关系分析。利益相关者就是任何一个群体或个体,他(们)受系统行为的影响或影响着系统的行为。在进行福利监测时,对利益相关者进行两类分组,第一类为福利相关规范和关于福利的想法,第二类为信息需求和信息供给。该部分分析又包括以下几个方面的内容:实践中监测经验收集;不同利益相关者关于福利的想法;与福利相关的规范;信息的提供;信息需求等。

(3)发展计划。与利益相关者的访谈是构建发展计划的基础。在进行畜禽福利的可持续检测系统时,发展计划包括以下 11 个过程:①启动和计划;②概念和方法的定义;③知识库的审查;④参数的选择;⑤知识整合、指标构建;⑥牧场应用;⑦政府认证和标签(带可追溯系统);⑧牧场采取措施进行调整;⑨激励和制裁制度;⑩交流;⑪建立在可监测信息基础上的产品交易。发展计划中包括监测系统构建者和系统运行者,不同利益相关者在各自行动中发挥着不同的关键作用。通过访谈,所有应答者的行动都用来形成重要的表述。这些表述不是确切的公式,而是在访谈时利益相关者告诉作者(Bracke 等)的理解和看法。具体到上述 11 个过程,每个都有详细的解释和操作说明，鉴于篇幅，在此不详细介绍，有兴趣的读者可以参考 Bracke 和 Hoster(2005)的文章。

(4)总结。监测系统最重要的方面就是最终能够真正开始处理畜禽福利问题，并且恢复利益相关者间的相互信任。其最终目的是提高人们的认知水平(透明度、教育)，改善道德和政策规范的制定，减少社会对畜禽福利的关注，提供给生产者执照(特别是销售执照)，并改善动物在这些经历中的福利水平。

利益相关者会从他们的特定立场出发来描述畜禽福利。生产者考虑福利时会与生产过程联系，其先决条件是动物有很高的生产效率，同时福利条件也不差；消费者(也包括畜禽福利保护倡导者)对畜禽福利的观点(包括他们的情感在内)是建立在自身对福利看法的基础上，认为传统的畜牧生产方式和自然条件是较好的；科学家最终判断畜禽福利好坏的基础是他们可以定性测定的那些指标；其他的群体，如零售商和政府对福利的观点是与上述描述的观点相联系的。所有的利益相关者都赞同动物生命经历的方式最终决定了其福利，该共识是发展畜禽福利监测系统的基础。

在发展监测系统时，所有的利益相关者都需要给予一个保障系统，并且应该是有效的、可行的和简洁的。设计监测系统文本时，必须征询科学家、消费者和生产者的观点，因为这些群体的观点是畜禽福利的基本的(主要的)部分。考虑到生产系统的复杂性、环节的多方位性、利益相关者的利益点相异性(图 2-7)，并且由于经济和心理方面的制约，短期内完成畜禽福利可持续监测系统是不现实的。建立起一个可靠的、可持续的畜禽福利监测系统需要在接下来的数年时间里继续努力。

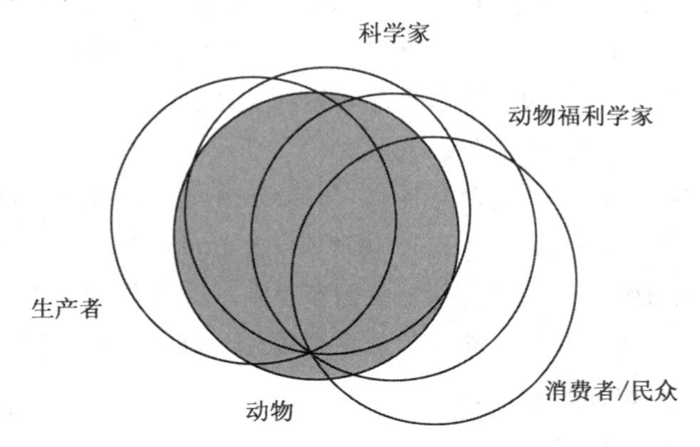

图 2-7　利益相关者对动物福利看法的不同及交叉

摘自 Bracke 和 Hopster. Journal of Agricultural and Environmental Ethics，2005。

低投资成本和高生产效益在畜禽生产未来竞争中非常重要。但未来畜禽福利和健康、产品安全和消费者的接受程度变得越来越重要，畜禽福利评估的概念最终可提高畜禽的福利并惠及相关的各方。虽如此，每一种评估方法或体系都有其优缺点，并随所评估项目引入的特定目标而变。养殖现场的福利评估不得不与畜禽如何感知其社会和技术环境的科学知识相结合。不同学科(如心理学、病理学)的基础研究有助于确立更好的评估参数，解释在现场看到的情况。畜禽福利、健康管理和经济性、消费者的接受程度以及环境的保护是相互影响的，畜禽福利已成为可持续畜禽生产质量确保项目的一个重要部分。

2.4.6 其他评价体系简介

1.牧场保障计划福利评价体系

牧场保障计划中福利评价(welfare assessment in a farm assurance scheme)是基于训练有素的监察员对牧场的参观而进行的。计划书中要提供指导说明,牧场认证前,牧场主必须配合给出计划的技术标准且取缔不一致的做法。在信誉良好的计划(评价)中,根据国际标准EN45011(ISO Guide 65),监察员作为独立的认证机构进行工作,以确保专业、公平和可重复。正常情况下,畜禽福利的技术标准需要符合法律法规或福利标准的指导方针;某些情况下标准要高于法律的最低要求。尽管单独的监察结果并不能形成文件,却可从牧场的认证情况推断出是否符合计划书的要求。通常对不一致做法的制裁是对牧场认证符合亮红牌,如果继续如此,则取消认证。

放心食品标准(the Assured Food Standards,AFS)计划是英国采用的主要计划,包括牛(肉牛和奶牛)、绵羊、猪及家禽。牧场定期接受福利和其他方面的检查,也包括对生产过程各环节的检查。特别对于猪,除了认证机构的年度监察外,每季度还要接受经验丰富的兽医评价,这种高频率的审查目前只有英国做到。

如同法律制定一样,畜禽福利保障计划标准一般都是通过将必要条件具体化后给出框架。所有的放心食品标准畜禽计划规定牧场必须接受检查者监督,而后根据它们的条件得出结论。就保持和改善畜禽福利标准来看,这些计划成功与否,很大程度上取决于福利评价测量方法的优劣,因此在计划中发展评价方法越来越引起人们的关注。

在皇家防止虐待动物协会(Royal Society for the Prevention of Cruelty to Animals,RSPCA)基金赞助的研究项目中,对安全食品计划(freedom food scheme)的评估,以及英国环境、食品和粮食农村事务部(Britain Department for Environment,Food and Rural Affairs,Defra)基金项目中对获得有机食品草案的研究中,英国布里斯托大学已经发展并出版了关于牛、猪和蛋鸡福利评价的草案,这些草案是以动物的表现结果为基础,即身体条件、病变和创伤、疾病临床表现、情感状态的某些指标(如恐惧)等。

2.行为定性评价体系

Francoise Wemelsfielder 博士提出并发展了行为定性评价(Qualitative Assessment of Behaviour,QAB)动物福利的体系。该体系中的许多行为测量被欧洲福利质量工程(EU welfare quality project)所采用,使用范围比较广泛(F Wemelsfelder,2000)。

行为定性评价体系是基于大量来自观察者记录或没有记录的利用传统的方式观察到的动物与环境相互作用的行为信息,把这些信息赋予一定的分数形成数据库,利用 Generalized Procrustes Analysis(GPA)对数据进行统计分析,最后得出相关的评价。

尽管行为定性评价所提供给人们的并非全是科学的东西,如通过身体语言了解动物内心感受是很困难。但通过多次工作和重复证实,行为定性评价有效且易于理解。鉴于发展福利的有效测量中存在的固有困难,行为定性评价提供了一种很好的模式。

3.因素分析评价体系

因素分析(factor analysis)评价体系是以一系列影响畜禽健康和生产指标的因素的权重为基础,利用多变量技术,分析各种畜禽福利指标间的相关性,从而能够发现无法估量的潜在关系。该评价体系是一种比动物需要指数评价体系更直接的福利评估方法,可用来选择评价畜禽福利的指标以及确定这些指标在不同方面所占的客观比重(Sharma,1996)。

首先要从动物群体中收集栏舍、管理和健康方面的资料数据。由同一个专业人员(如兽医)每年的4月份或10月份考察畜禽场一次,记录所需资料。关于农场栏舍系统和管理的具体资料可以通过直接观察,或通过采访农场主而得到;关于健康状况的资料是通过临床观察得到,每次观察的群体不少于30头(只);关于兽医治疗和生产指标的记录可从畜禽生产管理部门的数据库中获得。

随后运用SAS统计系统中的因素分析程序,采用最大方差旋转法设计一个多元方程,方程的每个指标代表不同的方面。计算出群体的平均因子值,并用SAS统计系统中的PROC CORR来计算相关系数。

4.危害分析与关键控制点评价体系

危害分析与关键控制点(HACCP)最先是作为一个微生物安全系统发展起来的,以确保食品的安全。它是根据工程原理—故障、指令和结果分析检测系统操作中每一阶段可能存在的错误、原因和结果(Mortimore 和 Wallace,1998),然后运用有效地控制机制以避免潜在错误的发生。HACCP从食品安全的角度,检测各种危险因素,成为许多国家食品安全和卫生方面立法的必要条件。HACCP原理已延伸运用到畜禽健康管理策略中,进行过程控制(控制总的和特定的疾病危险因子)和产品控制(用特定疾病试剂检验畜禽及其产品),以此提高畜禽的健康。近年来,福利科学家采用HACCP概念来维护畜禽的福利(Grandin,2000)。HACCP原理的一个主要内容是记述潜在的危险,建立关键控制点,以确保产品的安全。用于福利评估,则为了维护畜禽生产过程中的福利,每一个经过认证的关键控制点的限定都必须包括一个可测量的参数。

过去几十年,大量有关农场动物福利及评价方法的研究。随着对畜禽行为认识的不断深入及科学技术的不断发展,建立有效可靠的畜禽福利标准和评价方法是研究者追求的目标。

思考题

1.判断畜禽具有良好福利的标准有哪些?

2.评价畜禽福利好坏常用的指标有哪些?

3.试述动物行为在畜禽福利评价中的重要性。

3.比较福利不同评价方法的各自内涵。

4.畜禽福利评价是一个复杂的过程,如何理解?

5.动物需要指数评价体系主要侧重于哪个方面?

6.实用伦理学视角评价畜禽福利侧重于哪个方面?与动物需要指数评价体系各有何优缺点?

7.通过学习本章内容,并查阅资料,了解有关畜禽福利评价方法和体系的最新进展。

参考文献

1. 耿爱莲,李保明,陈刚,等. 基于层次分析法和模糊集理论的畜禽场动物福利问题评估方法构建. 中国农业大学学报,2009,14(1):19-25.

2. 顾宪红. 畜禽福利与畜产品品质安全. 北京:中国农业科学技术出版社,2005.

3. 李伟,尹红轩,张光辉,等. 我国动物福利存在问题及对策研究. 家畜生态学报,2009,30(6):159-160.

4. 李如治. 家畜环境卫生学. 北京:中国农业出版社,2010.

5. Agazzi A, Cattaneo D, Dellorto V, et al. Effect of the administration of fish oil on some aspects of cell mediated immune response in periparturient dairy goats. Small Ruminant Research, 2004, 55: 77-83.

6. Bartussek H. Animal needs index for laying hens, TGI-35L, November 1995. Federal Research Centre for Alpine Agriculture, Gumpenstein, Austria, 1995.

7. Bartussek H. A review of the animal needs index ANI for the assessment of animals' well-being in the housing systems for Austrian proprietary products and legislation. Livestock Production Science, 1999, 61: 179-192

8. Bonizzi L, Roncada P. Welfare and immune response. Veterinary Research Communications, 2007, 31(Suppl. 1): 97-102.

9. Bracke M B, Hopster H. Qualitative stakeholder analysis for the development of sustainable monitoring systems for farm animal welfare. Journal of Agricultural and Environmental Ethics, 2005, 18: 27-56.

10. Bracke M B M, Hopster H. Assessing the importance of natural behavior for animal welfare. Journal of Agricultural and Environmental Ethics, 2006, 19: 77-89.

11. Bracke M B M, Metz J H M, Dijkhuizen A A, et al. Development of a decision support system for assessing farm animal welfare in relation to husbandry systems: strategy and prototype. Journal of Agricultural and Environmental Ethics, 2001, 14: 321-337.

12. Bracke M B M, Spruijt B M, Metz J H M, et al. Decision support system for welfare assessment in pregnant sows A: Model structure and weighting procedure. Journal of Animal Science, 2002, 80: 1819-1834.

13. Broom D M. Animal welfare: concept and measurement. Journal of Animal Science, 1991, 69: 4167-4175.

14. Broom D M. Domestic Animal Behaviour and Welfare. 4th Edition. General Library System, University of Wisconsin-Madison, 728 State Street, Madison, WI 53706-1494, USA, 2007.

15. Capdeville J, Veissier I. A method of assessing welfare in loose housed dairy cows at farm level, focusing on animal observations. Acta Agric. Scandinavica Section A: Anim.

Sci. ,2001,51:62-68.

16. Dawkins M S. Behaviour as a tool in the assessment of animal welfare. Zoology, 2003,106:383-387.

17. David Fraser,Phillips P A,Thompson B K. Initial test of a farrowing crate with inward-sloping sides. Livestock Production Science,1988,20(3):249-256.

18. Duncan I J H,Fraser D. Understanding Animal Welfare: In: Animal Welfare,Appleby,M. and Hughes B. (Eds.). CAB International,Wallingford,1997.

19. Fraser D,Veary D M,Pajor E A. A Scientific Conception of Animal Welfare that Reflects Ethical Concerns[J]. Animal Welfare,1997,6:187-205.

20. Fregonesi J A,Leaver J D. Behaviour,performance and health indicators of welfare for dairy cows house in strawyard or cubicle systems. Livestock Production Science,2001, 68:205-216.

21. Grandin T. Effect of animal welfare audits of slaughter plants by a major fast food company on cattle handling and stunning practices. JAVMA,2000,216:848-851.

22. Griebel P J,Brownlie R,Manuja A, et al. Bovine tool-like receptor 9: a comparative analysis of molecular structure,function and expression. Veterinary Immunology Immunopathology,2003,108:11-16.

23. Hugo F A,Mette V,Erik S K. Does organic farming face distinctive livestock welfare issues? -a conceptual analysis. Journal of Agricultural and Environmental Ethics,2001, 14:275-299.

24. Jensen P,Toates F M. Who needs behavioural needs-motational aspects of the needs of animals. Applied animal behaviour science,1993,37:161-181.

25. Hurnik J F,Lehman H. The philosophy of farm animal welfare: A contribution to the assessment of farm animal well-being. In Second European symposium on poultry welfare: Report of proceedings,1985.

26. Koning R. Results of a methodical approach with regard to external lesions of sows as an indicator of animal well being. In: Indicators Relevant to Farm Animal Welfare Ed. D. Smidt,Curr. Top. Vet. Med. Anim. Sci. ,23. The Hague: Martinus Nijhoff,1983:155-162.

27. Oliveira A F S,Rossi A O,Luana F R S. Play behaviour in nonhuman animals and the animal welfare issue. Journal Ethol,2010,28:1-5.

28. Sejian V,Lakritz J,Ezeji T. Assessment methods and Indicators of animal welfare. Asian Journal of Animal and Veterinary Advances,2011,6(4):301-315.

29. Sharma S. Applied Multivariate Techniques. John Wiley and Sons,Inc. New York, USA,1996: 493.

30. Stefan A,Lips D,Spencer S,et al. A new framework for the assessment of animal welfare: integrating existing knowledge from a practical ethics perspective. Journal of Agricultural and Environmental Ethics,2006,19:67-76.

31. Stelletta C, Cuteri V, Bonizzi L, et al. Effect of levamisole administration on bluetongue vaccination in sheeo. Veterinaria Italiana, 2004, 40(4): 635-639.

32. Vanhonacker F, Van Poucke E, Tuyttens F, et al. Citizens' views on farm animal welfare and related information provision: exploratory insights from Flanders, Belgium. J Agric Environ Ethics, 2010, 23: 551-569.

第3章　畜禽的行为与福利

动物行为是可以看得见的动物行动，是动物对环境条件刺激所表现出的一系列有利于它们自身生存和繁衍后代的活动或反应。当畜禽生活的环境条件发生改变时，它们会通过行为的变化，来缓解条件改变造成的生理和心理压力。但畜禽的适应能力有一定限度，如果环境变化超出其适应限度，畜禽往往会出现不适，严重的表现为行为异常，如咬尾、咬栅栏、啄羽、异食癖、自残和互残等。一般认为异常行为的出现意味着福利状况的恶化。因此，畜禽的行为表现是评价其福利状况的重要指标。通过对畜禽行为的了解和研究，掌握畜禽的生活习性，在生产过程中创造符合畜禽生活习性的条件，满足其健康生长的福利要求，能够及早预防和避免动物异常行为的出现，这对发挥畜禽的最大遗传潜力，改善畜产品品质，提高动物的生产效率，增加养殖的经济效益，促进畜牧业的健康生产和可持续发展具有重要意义。

3.1　畜禽的日常行为

畜禽的行为多种多样，不同的畜禽行为表现不同，同一种畜禽在不同时间、不同地点，行为表现也不尽相同。按照畜禽行为的功能，畜禽的日常行为可分为10类，即采食行为、排泄行为、睡眠行为、性行为、母性行为、社会行为、欲求行为、完成行为、本能行为和学习行为。

3.1.1　采食行为

畜禽的采食行为又称摄食行为，包括获取、处理和摄入营养物质的所有活动。采食是动物获得自身营养物质的最重要的一种行为。正常采食是动物健康的标志。动物对饲料的采食包括觅食、识别、定位感知、食入、咀嚼和吞咽等一系列过程。饲料进入动物体内被不断地消化、吸收，以满足动物生理活动、生长发育以及繁殖后代的需要。

采食行为包括摄食与饮水行为。动物体内的能量和营养物质被消耗完以后，畜禽体内环境出现不平衡，这种不平衡为大脑所感觉，饥饿感促发采食行为。在自然环境中，动物的采食行为往往受机会、环境温度高低、食物的适口性等因素影响，附近有捕食者或竞争者存在，也会影响采食行为。许多动物定时采食，某一时间或某几个时间段是其采食的高峰期，这取决于它们的生物钟；有些小型哺乳动物及小型鸟类因能量消耗很大，因而终日进食。采食行为在很大程度上是本能行为，但后天学习对动物的采食行为也具有重要作用，尤其是高等动物。许多动物的幼体一出生便会寻找食物，如哺乳动物的幼体降生后就会吮乳，但许多采食技能是后天学会的，如猛兽的幼仔通过游戏学会许多捕食本领。观察同类动物其他个体如何获取食物也是采食行为的一种学习。动物吃过味道不好或引起身体不适的食物后，下次遇见便能认出并避开；许多动物遇到未曾见过的食物，往往先尝一点儿，几小时后无反应再取食。

无论动物的采食行为是先天获得还是后天学习获得，不同动物食性不同，表现出的采食行为也不同。

1.猪的采食行为

拱食是猪采食行为的一个突出特征，即使日粮被充分粉碎，它依然表现出拱食的特点。猪的鼻子是高度发育的器官，嗅觉灵敏，在拱土觅食时起着决定性的作用。家养猪采食时如果食槽易于接近，有些猪会钻进食槽中像野猪一样用吻突拱食。

猪是杂食类动物，能采食大多数的植物，有时也能采食蚯蚓等小动物。然而在现代化畜牧业生产中，猪通常采食配合饲料，它每天花费 15 min 左右，就能采食到足够的配合饲料。

猪的采食量受多种因素的影响。饲料的适口性是影响猪采食量的重要因素。研究发现猪喜爱吃甜食，它们通常喜欢采食含有糖、酵母、鱼粉、小麦以及大豆等组分的饲料，而肉粉、盐、脂肪和纤维素等成分在饲料中含量太高会使猪的采食量降低。饲料的性状也影响猪的食欲。颗粒饲料和粉状饲料相比，猪爱吃颗粒饲料；干料与湿料相比，猪爱吃湿料，且花费时间也较少。

在多数情况下，饮水与采食同时进行。猪的饮水量与其体重和环境有关。通常情况下，成年生长猪每天饮水量为 8 L，怀孕母猪每天饮水量为 10 L，哺乳母猪每天的饮水量能达到 30 L。猪的饮水量受环境温度的影响很大，环境温度升高，饮水量增加。

猪是高度社会化的动物，在采食方面具有明显的社会性。猪群体内有明显的等级性，强壮的猪占有优势地位，是优胜劣汰自然法则的体现，优势序列一旦形成，对维护猪群安定和谐有重大意义。猪在非自由采食并且群饲的情况下，出现强者抢食的行为是正常的，不能用驱赶强者的办法来维护弱者，而应当增加料位或调整猪群结构。

2.牛的采食行为

牛的主要采食器官是舌。牛缺乏上门齿，在放牧时不能啃食短草，但舌很长，舌面粗糙，灵活而有力，能伸出口外卷草入口，送至下颌齿和上颌齿龈间锉断，或借头部的运动扯断饲草，散落的饲料用舌舔取。

牛采食是间歇的，一天有 4 个采食高峰期，为日出前不久、上午的中段时间、下午的早期及接近黄昏时期。

反刍动物采食一般都比较匆忙，可以在短时间内采食大量的饲料，特别是粗饲料，但大都未经充分咀嚼就吞咽进入瘤胃，经过瘤胃液浸泡和软化一段时间后，在安静的场所把食物又逆呕回口腔，再经过仔细咀嚼重新咽入瘤胃，这一过程称为反刍。反刍是牛采食和消化饲料的一个重要特点。反刍时间的长短由饲草的数量和质量决定，饲草质量好，用于吃草的时间长，反刍的时间短，反刍时间与吃草时间的比值（R：G 值）低；反之，如果饲草质量差，吃草的时间变短，反刍的时间变长，R：G 值升高。一般情况下，R：G 值在（0.5～1）：1。

对于放牧的牛，其采食行为还与牧草的高度有关，表 3-1 为两种高度的牧草在放牧情况下肉牛的采食行为。牛的采食时间与生产系统以及饲料的种类有关。放牧牛的采食时间在 10～14 h；在舍饲散养情况下，饲喂干草和青贮饲料，其采食时间每天约 5 h，并且随着粗饲料比例的减少，精饲料比例的增加，采食时间会减少。

牛的饮水量取决于它采食的饲草类型、采食量、生产性能和环境等因素。在温暖天气，牛通常每天饮水 1～4 次，在热天或饲料中精料比例较高时，饮水次数增加。

表3-1　牧草高度对肉牛放牧行为的影响(Broom,1981)

放牧特点	矮草	高草
平均采食草的长度/cm	13.0	30.0[a]
放牧时间/(h/24 h)	7.9	6.9[a]
行走时间/(min/24 h)	56.0	30.0[a]
平均采食次数/(次/min)	51.0	47.0[b]
平均反刍次数/(次/100次采食)	30.0	38.0[a]
低头行走的距离/(m/min)	2.5	1.9[a]

注：[a] $P<0.01$，[b] $P<0.02$。

3. 羊的采食行为

绵羊和山羊靠舌和切齿采食。绵羊的上唇有裂隙，口唇灵活，便于啃食较短的牧草；山羊喜欢登高采食和采食树叶。羊的味觉发育很好，对苦的、酸的、咸的和甜的食物非常敏感，饲料的适口性对它们的采食量影响非常大。

羊和其他草食动物需要花费大量时间用以采食，放牧条件下，每天采食9～11 h，反刍时间为8～10 h。让绵羊在磨碎较细饲料和长纤维饲料间进行选择，它选择后者的比例较大，因为足量的长纤维是瘤胃发挥正常功能的先决条件。

羊的饮水依靠嘴吸，每天饮水1～3次。日饮水量与其生产性能、日粮组成、采食量和环境温度等有关。

4. 禽的采食行为

家禽的采食行为与家畜不同，有其固有的特点。啄食和吞咽是家禽的主要采食行为。饲料的结构和颗粒大小对其采食有重要的刺激作用，颗粒饲料或谷物等小粒状饲料符合其自然采食习性。群养鸡在采食方面存在优势等级，即“采食顺位”，采食时基本按等级顺序依次进行，体质较弱的鸡，采食的时间短，导致其采食量下降。鸡的采食具有昼夜节律，在黑暗中不能正常采食，在弱光中采食量大大减少，在强光或白昼采食量显著增加。但不同品种的鸡，采食规律也有所区别，如产蛋鸡在傍晚采食比非产蛋鸡多，非产蛋鸡早晨是采食高峰期。日粮的能量水平是影响鸡采食量的主要因素。随着日粮能量浓度的增加，鸡的采食量随之减少；而当日粮能量水平下降，其采食量则会迅速增加。采食量与生产性能也有关。一般生产性能越高，采食量越大。产蛋鸡的产蛋行为和采食行为不能同时进行，因此应合理安排喂饲时间和喂食量，既要让鸡群充分采食，又要避开鸡群的产蛋高峰期，以免影响鸡群的正常产蛋。

肉鸡和蛋鸡每天饮水很频繁，日饮水30～40次。饮水量与其日龄、采食量、环境温度和湿度、日粮组成和营养成分、群体健康和生产管理有关。幼小的鸡体内水分比例比成年鸡高，对缺水也更敏感，缺水会很快导致脱水。刚出壳的1日龄雏鸡，由于可以利用体内卵黄，48 h内不吃料没有生命危险，但须及时补充水分。随着鸡的不断长大，通过各种途径排出的水分增多，饮水的绝对量增加，产蛋鸡比非产蛋鸡需要更多的饮水。环境温度升高，鸡从体表、粪尿、呼吸丢失大量的体液，必须通过增大饮水量补充。饮用温度高的水比温度低的水饮水量要大一些。饮水量也可能受到饥饿和应激周期的影响。日常耗水量可以作为鸡群健康状况的早期预警参数，反映饲养管理的潜在问题。

3.1.2 排泄行为

排泄是指动物把一些代谢产物、过多的水分及某些有毒物质排出体外的过程，在行为学上主要指粪尿的排泄。有窝巢的动物一般不会在窝内排泄，无窝巢的动物通常随地排泄。

1. 猪的排泄行为

猪是家畜中最爱清洁的动物，在条件允许的情况下，猪不在采食和休息的地方排泄，这是遗传本性，野猪为避免敌兽发现，不在窝边排泄粪尿。

在良好的管理条件下，猪在栏内远离睡床的固定地点排泄粪尿，以保持睡床干燥整洁。猪排泄粪尿具有一定的时间和区域，一般在食后饮水或起卧时，选择阴暗潮湿或污浊的角落排泄粪尿，并且受邻近猪的影响。据观察，生长猪在采食过程中不排粪，饱食后约 5 min 开始排粪 1～2 次，多为先排粪后排尿；在饲喂前也有猪排泄，但多为先排尿后排粪；在两次饲喂的间隔期间，猪多为排尿而很少排粪。夜间猪一般排粪 2～3 次，早晨的排泄量最大。

2. 马、牛、羊的排泄行为

马、牛、羊等草食家畜原本都是逐水草而游牧的动物，只有临时的休息场所，无所谓窝巢，所以它们都是随地排泄，并不在乎对所处环境的污染。

牛排泄没有固定的模式。牛在行走或俯卧中也能排粪，但排泄多发生在站立时或由俯卧起立之后。公牛采用正常站立姿势排尿，行走中也能排尿，母牛则不能，只能偶尔在俯卧中排尿。健康的牛在排泄时总能保持身体清洁，不沾染粪便。如果后肢、尾根或肛门附近沾有粪便，多数是下痢或其他疾病的征象。

牛在正常情况下一天平均排尿 9 次，排粪 11～13 次。排泄次数和排泄量受品种、采食饲料的种类和数量、环境温度、饲养密度、产奶量以及个体大小的影响。吃青草比吃干草的牛排粪次数多；产奶牛比干奶牛排泄多；在高湿环境中，牛排尿次数明显增加。

马的排粪姿势与牛相似，但不能在行走或采食时排泄。公马排尿时两后腿向后伸展，背部稍凹，尿完之后，总要闻一闻，然后抽打尾巴离去，排粪后也经常闻闻粪堆。带驹的母马比较注意保持皮肤和乳房的洁净，排尿时后肢分开。体弱的马排泄次数较多，放牧的马喜欢在场地周围排粪，而且公马有用粪便划分领域的习性。

绵羊在跑动中也能排粪，排粪时尾巴左右摇摆，但它多在站立时排尿。公山羊在繁殖季节有向自己身体前部排尿的行为。

3. 家禽的排泄行为

鸡、鸭等禽类排泄无固定场所。鸭的粪便比鸡鹅的含水多。抱窝的禽类能长时间积蓄粪便，待下窝以后一次排净。

3.1.3 睡眠行为

睡眠是指动物长时间处于不动状态，对外界刺激反应迟钝或完全没有反应的现象，是广泛存在于动物界的一种行为。近年来应用脑电图并结合动物行为所进行的研究表明，猪、鸡、牛、羊等家畜每天至少一次躺卧休息或者睡眠。通过休息和睡眠，家畜体力恢复，新陈代谢复原，饲料能量转化为机体能量，这对维持家畜的生存至关重要，也在家畜机体代谢调节过程中占有很高的地位。

动物一生中很大一部分时间在睡眠。睡眠有两种不同形式，即脑睡眠（慢波睡眠或安静睡眠）和奇异睡眠（非典型睡眠或快眼活动睡眠）。在慢波睡眠时，其脑电图显示高压和低水平电活动。在非典型睡眠时，脑电图显示低压和快活动电波，与清醒状态时相似，但肌肉的活动性很弱，与慢波睡眠相比，动物更难唤醒。在奇异睡眠或非典型睡眠时，眼肌频频收缩，因此称为快眼活动睡眠。快眼活动睡眠似乎是睡眠的重要或必要组成部分，因为在所调查的各种家畜中，快眼活动睡眠可以防止异常行为的发生。

1. 猪的睡眠行为

猪的行为有明显的昼夜节律，活动大多在白昼，睡眠通常在夜晚。在温暖季节和夏天，夜间也有活动和采食，遇上阴冷天气，活动时间缩短。猪昼夜活动因年龄及生产特性不同而有差异，仔猪一昼夜睡眠时间平均占60%～70%，种猪占70%，母猪占80%～85%，肥猪占70%～85%。猪的睡眠高峰在半夜，清晨8时左右休息最少。

哺乳母猪睡卧时间随哺乳天数的增加而逐渐减少，走动次数逐渐增多，走动时间由短变长，这是哺乳母猪特有的行为表现。哺乳母猪睡卧休息有两种形式，一种是静卧，另一种是熟睡。静卧休息姿势多为侧卧，少数时候为伏卧，呼吸轻而均匀，虽闭眼但容易惊醒；熟睡常为侧卧，呼吸深长，有鼾声且常有皮毛抖动，不易惊醒。

仔猪出生3 d内，除哺乳和排泄外，其他时间几乎都熟睡不动。随着日龄的增长和体质的增强，仔猪活动量逐渐增多，睡眠时间也相应减少。但至40日龄后，饲料采食量逐渐增大，睡眠时间又有所增加，饱食后一般都安静地睡眠。仔猪活动与睡眠一般都效仿母猪。出生后10 d左右便开始同窝仔猪群体活动，单独活动很少，睡眠休息主要表现为群体睡卧。

2. 马的睡眠行为

马是多次睡眠和休息的家畜，95%的马一天休息和睡眠2次或更多次。马每天卧着的总时间大约为两个半小时，随年龄和管理条件不同略有变化。胸卧时间为侧卧时间的2倍，正常成年马连续侧卧的时间很少超过30 min，平均为23 min。

一匹健康的马，当人们接近它的时候，很少仍然卧着，这很可能是站着的马能更好地逃跑或进行自卫。有趣的是，马群中领头的公马总是首先卧下，然后随从马再卧下。马可以打盹，甚至在站立时可以依靠后肢的独特支持进行慢波睡眠。然而在快眼活动睡眠时，它们几乎都是卧着的。

在白天，马80%以上的时间是醒着的和警惕着的。在夜里，马60%的时间是醒着的，但是在几段相隔的时间里，大约共有20%的时间为打盹状态。马房里的马，每天有4～5段时间是躺着的，总共躺卧2 h。小马每天躺卧5 h，驴子甚至休息更长的时间。

3. 牛的睡眠行为

在一个昼夜的时间里，反刍动物大部分时间保持清醒状态，睡眠时间要少于非反刍动物。牛羊处于清醒或半睡的时间约占全天的85%，而猪只占67%。

白天牛反刍时通常以胸卧姿势休息，这种休息每天需要5 h左右。它们也可能躺着休息而不进行反刍。当牛不积极啃食牧草时，也可能站着休息而不反刍来消磨时间。这种“闲荡”时间长短不定，但健康牛通常很短暂。牛白天每次侧卧休息的时间很短，全部时间可能不到

1 h,这可能与睡眠周期有关。反刍动物在长时间的反刍过程中通常伴有打盹,甚至达到浅睡,以后常转入短时间的沉睡状态。在打盹期间,它们常采取胸卧姿势。牛在每次睡眠之前都处于打盹状态,尔后进入睡眠。每天牛有 20 多次打盹,总的时间为 7～8 h。反刍时间与睡眠时间成反比关系,随着消化道的发育,睡眠时间减少;随着日粮中粗饲料百分比的增加,牛胸卧姿势休息的时间增加而睡眠时间减少。

3.1.4 性行为

有性繁殖的动物达到性成熟后,在繁殖期两性之间会表现出一系列的特殊行为,最终导致精子和卵子的结合,产生新的生命。在此过程中,一系列与繁殖有关的行为统称为动物的性行为,也称为繁殖行为。性行为主要包括雌雄两性动物的识别、占有繁殖的空间、求偶、交配及保持配偶关系等。动物性行为的目的是生儿育女、繁衍后代,是动物最基本的本能行为。

性行为一般在早期生长阶段并不表现,到性成熟后才开始显露。不同动物发情行为有相似之处,也有不同之处,表 3-2 为一些农场动物的发情表现特点。在性行为中求偶是前提,交配是焦点,生产是目的。

表 3-2 农场动物的发情表现特点(Broom 和 Fraser,2007)

动物	典型发情行为
马	反复作假排尿姿势,尾根不断抬起,尿液少量排出,阴蒂暴露,阴唇松软;有其他马跟随;对公马摆动尾部或静止站立
牛	烦躁不安,尾根抬起或抽动;弯腰弓背,漫游鸣叫,爬跨其他牛或站立接受其他牛爬跨,其他牛嗅闻其阴户
猪	表现不安,特别是发情前期到发情期的晚上;用手压其背部母猪站立不动,可被其他猪爬跨;一些品种的猪表现出耳朵刺痛
绵羊	兴奋不安,向公羊求偶,在发情期母羊寻找并接近公羊,可能离群,当羊群被驱赶时仍旧和公羊在一起
山羊	在发情前期表现不安,在发情盛期最明显的行为包括反复高叫,兴奋,快速摇尾,一天食欲不振

1.猪的性行为

发情母猪主要表现为卧立不安,食欲忽高忽低,发出特有的音调柔和而有节律的哼哼声,爬跨其他母猪,或等待其他母猪爬跨,频频排尿,尤其是公猪在场时排尿更为频繁。发情中期,性欲高度强烈时期的母猪,当公猪接近时,调其臀部靠近公猪,嗅闻公猪的头、肛门和阴茎包皮,紧贴公猪不走,甚至爬跨公猪,最后站立不动,接受公猪爬跨。管理人员压其背部时,立即出现呆立反射,这种呆立反射是母猪发情的一个关键行为。

公猪一旦接触母猪,会追逐它,嗅其体侧肋部和外阴部,把嘴插到母猪两腿之间,突然往上拱动母猪的臀部,口吐白沫,往往发出连续的、柔和而有节律的喉音哼声,有人把这种特有的叫声称为“求偶歌声”,当公猪性兴奋时,还出现有节奏的排尿。

有些母猪表现明显的配偶选择,对个别公猪表现强烈的厌恶,有的母猪由于激素内分泌失调,表现性行为亢进或不发情和发情不明显。公猪由于营养和运动的关系,常出现性欲低下或公猪发生自淫现象,群养公猪常造成稳固的同性性行为的习性,群内地位低的公猪多被其他公猪爬跨。

2. 牛的性行为

母牛在出生后 8～10 月龄即出现初情期，有了性行为，表现为在放牧中游走（民间俗称跑栏）、哞叫、爬跨其他牛、尾根举起、站立不动并接受公牛爬跨。随之生殖器官有了变化，外阴部、阴唇红肿，有大量透明黏液流出，阴道壁充血，子宫颈口开张，卵巢出现发育卵泡，此时母牛虽然有性行为，但是不一定能排出成熟卵子，应在初情后的 3～4 个发情期后再配种，这样受胎率高，在配种时间安排上以迟配 1 d 为宜。

3. 羊的性行为

大多数绵羊品种的发情具有明显的季节性，多为春季和秋季。绵羊早熟品种初配年龄为 9～15 月龄，晚熟品种为 1.5～2.5 岁，山羊早熟品种为 6～12 月龄，晚熟品种为 1.5 岁。实际生产中，主要依据个体生长发育及体重来确定。在良好的饲养管理条件下，体重达成年羊的 70%时即可配种。公羊一般在 1.5～2.5 岁配种，但若生长发育良好，1 岁左右即可参加配种。

绵羊的发情周期平均 16.5 d(14～20 d)，山羊平均 19 d(18～21 d)。绵羊发情持续期为 26 h 左右(24～48 h)，山羊为 28 h 左右(24～72 h)。发情季节的旺季，发情周期最短，以后逐渐延长。羊营养水平高，发情周期较短；营养水平低，发情周期较长，肉用品种比毛用品种稍短。绵羊的发情周期长短与年龄有关，当年出生的母羊较短，老年的较长。公、母羊经常在一起混合放牧可缩短母羊发情周期。绵羊和山羊的典型发情行为见表 3-3。

表 3-3　绵羊和山羊的典型发情行为(Broom 和 Fraser，2007)

项　目	平均值	范围	特征
绵羊			
首次发情年龄/月	9	7～12	当生长状况良好时，通常在第一个秋天发情
发情周期/d	16.5	14～20	间隔时间很长通常是发生了安静发情
发情的持续时间/h	26	24～48	
产后第一次发情	春季或秋季		一些母羊在泌乳期间就显示出发情
周期类型	季节性		根据品种不同每个季节发情 7～13 次，安静发情高于明显发情
育种年限/年	6	5～8	希尔母羊育种年限较短
繁殖季节	在一年中白天最短之前，但地区不同、品种不同会发生变化		北方品种(如黑面羊)比南方品种(如萨福克羊、美利奴羊)繁殖季节更短，南方品种每年能配种 2 次
山羊			
首次发情年龄/月	5	4～8	小山羊出生在春季，发情在同年秋季
发情周期/d	19	18～21	不育周期(4 d 并不罕见)短，在热带地区为短周期
发情的持续时间/h	28	24～72	很少低于 24 h
产后第一次发情		秋季	热带品种有时在泌乳期间就能配种
周期循环类型	季节性		8～10 次发情期
育种年限/年	7	6～10	热带品种最短
繁殖季节	大约在秋分时开始		在北半球在 9 月到翌年 1 月，在热带地区大部分季节都可以

3.1.5　亲代抚育行为

亲代抚育行为也称母性行为，是指亲代个体对后代的一系列护理行为。动物一旦产卵或产仔，就会面临亲代抚育的问题。在动物界，亲代抚育并不是一个普遍存在的现象，因为亲代抚育所付出的代价往往会超过从中所获得的好处。亲代抚育的主要好处是可以提高后代的存活机会，代价却是要消耗资源，在保卫后代时还会增加自身遭到捕食的风险，但亲代抚育对物种的生存和延续是非常重要的。在哺乳动物中，育幼的责任一般落在雌性一方，因此也称之为"母性行为"。母性行为包括对生育地点的选择、筑巢、产仔、清理仔畜、对仔畜的辨别、哺乳以及保护等一系列行为。不同的畜禽其母性行为有其自身的特点。

1.猪的母性行为

自然状态下，母猪在分娩前一两天开始衔取干草或树叶等筑巢。如果是在土地上，则会用嘴拱出一小块足够卧下的凹坑，并在里面铺上干草等柔软材料。如果在舍内，它会用垫草塞住周围的漏洞，有时甚至用草把水槽遮盖。如果栏内是水泥地面，没有垫草，母猪会用蹄子刨地。

分娩一般是在乳头能挤出乳汁的 24 h 内发生，分娩多在下午或晚上。临产前母猪的叫声变得更低，更加不安，反复变换站姿和趴卧姿势，呼吸加快，皮温上升。分娩期间，母猪快速地摇动其尾巴，腹部用力。整窝仔猪产出的平均时间随仔猪大小和其他因素而异，平均为 3 h。经产母猪分娩比初产母猪快，散放母猪比舍饲母猪分娩快。

母猪在整个分娩过程中，自始至终都处于放奶状态，并不停地发出哼哼声，母猪乳头饱满，甚至有奶水流出，使仔猪容易吸吮到。母猪有两种哺乳方式(图 3-1)，一种是母猪自身发出呼唤，主动哺乳；另一种是由仔猪主动发出求乳呼唤，被动哺乳。母猪分娩后以充分暴露乳房的姿势躺卧，形成热源，引诱仔猪挨着母猪乳房躺下，授乳时常采取左倒卧或右倒卧姿势，一次哺乳中间不转身。一头母猪授乳时母仔猪的叫声，常会引起同舍内其他母猪也哺乳。仔猪吮乳过程可分为 3 个阶段：开始仔猪聚集乳房处，各自占据一定位置；以鼻端拱摩乳房，吸吮，仔猪身体向后，尾紧卷，前肢直向前伸，此时母猪哼叫达到高峰；最后排乳完毕，仔猪又重新按摩乳房，哺乳停止。分娩初期，母猪主动哺乳较多，当小猪吃奶时，母猪会尽力亮出乳头，以利小猪吃奶。

图 3-1　母猪哺乳

母猪和仔猪之间是通过嗅觉、听觉和视觉来相互识别和相互联系的。猪的叫声是一种联络信息，例如哺乳母猪和仔猪的叫声。根据其发声的部位（喉音或鼻音）和声音的不同可分为嗯嗯声（母仔亲热时母猪叫声）、尖叫声（仔猪的惊恐声）和鼻喉混声（母猪护仔的警告声和攻击声）3种类型。根据不同的叫声，母仔互相传递信息。

母猪非常注意保护自己的仔猪，在行走、躺卧时十分谨慎，不踩伤、压伤仔猪，当母猪躺卧时，选择靠栏的三角地不断用嘴将仔猪排出卧位后，慢慢地倚栏躺下，以防压伤仔猪，一旦遇到仔猪被压，只要听到仔猪的尖叫声，马上站起，再重复一遍防压动作，直到压不住仔猪为止。

带仔母猪对外来的侵犯，先发出警报的吼声，仔猪闻声逃窜或伏地不动，母猪会张合上下颌对侵犯者发出威吓，甚至进行攻击。刚分娩的母猪即使对饲养人员捉拿仔猪也会表现出强烈的攻击行为。这些母性行为地方猪种表现尤其明显。现代培育的品种，特别是高度选育的瘦肉猪种，母性行为有所减弱。

2.牛的母性行为

分娩前母牛会离群，寻找安静的地点等待分娩。如果分娩受到干扰，会推迟数小时。分娩前几天或几小时，母牛表现不安，不断徘徊走动，不吃不喝，不时弓背做排尿状，时而舔舐自己的腹侧或摇动尾巴。

母牛产出小牛后会舔舐犊牛，在舔舐犊牛的过程中母牛会产生印记，且母牛和犊牛进行声音交流，建立母子关系。犊牛在生后几分钟内就可建立母子关系；如果母子联络延迟5 h，约有50％的母牛会拒绝接受犊牛；分离超过24 h以上，母牛不再辨认自己的犊牛。母牛哺乳见图3-2。

图3-2　母牛哺乳

3.羊的母性行为

母羊分娩前表现不安，转圈发出叫声，用前蹄刨地或用鼻子嗅地，时站时卧，停止进食，完全停止反刍。母羊分娩前喜欢离群和寻找隐蔽场所，但不同品种存在差异。刚刚出生的羔羊，往往对离自己最近的物体，尤其是移动的物体产生印记，因此母羊独自分娩最有可能成为羔羊印记的唯一物体。

图3-3　母羊哺乳

母羊和羔羊的联系通过视觉、触觉、听觉和嗅觉等获得的信号建立，最早期起主要作用的是嗅觉，后期是视觉和听觉。如果把白色的羔羊染黑，母羊会不认识羔羊，母羊剪毛后，羔羊也不认识母羊。山羊在产后母子接触5 min就建立紧密的母子关系，但产后分开1～2 h就不再相认，而绵羊分开6 h仍然能够相认。

羔羊出生后，很快就能站立行走，并能主动寻找乳房。虽然羔羊出生后能够持续站立1 h，但要找到乳房可能要花费2～3 h。在寻找乳房的过程中，母羊的帮助起一定的作用。山羊哺乳见图3-3。

图 3-4 母鸡抱窝

4.鸡的母性行为

母鸡在产蛋前就开始寻找隐蔽的场所做窝，一般选择结实、封闭、光线暗淡和感觉安全的地方做窝。当母鸡在同一窝里产 4～8 枚蛋之后，就巢的习惯就养成，之后母鸡会在同一地方产蛋。

抱窝(图 3-4)是母鸡的繁殖本能，此时母鸡停止产蛋，食欲下降，安静地伏在蛋上，用体温维持蛋温不变，另外，母鸡还会不时用嘴翻蛋，避免蛋内发生粘连，以利于孵化。大约经过 21 d 小鸡即可孵出。

小鸡出生后便能走、能听、能看，并能调节体温和排便。小鸡孵出后母子双方很快便能互相印记，结伴同行不会走散。母鸡带着刚孵出不久的小鸡觅食时(图 3-5)，发现可吃的食物，母鸡会咕咕地叫唤，啄起食物再放下，让小鸡采食。带仔母鸡时刻都保持警惕，有其他鸡或动物来抢食或接近小鸡时，母鸡会立即迎上来，翅膀略微张开，发出咯咯的警告声，甚至把它们啄远。休息时母鸡会半蹲，让小鸡挤在它的翅膀下，以保护小鸡(图 3-6)。

图 3-5 母鸡带领小鸡觅食

图 3-6 小鸡躲在母鸡翅膀下休息

3.1.6 社会行为

家畜家禽是群居动物，群体的大小由品种和饲养管理决定。动物个体与个体之间存在着一种相互联系、相互交往的行为，这种行为称为社会行为。畜禽的社会行为主要包括交流行为、争斗行为、友好行为和游戏行为。

1.交流行为

交流是社会行为的基础，信号发出者将信息传递给接收者，诱发特定的个体或集团按信息的暗示做出相应的反应。动物之间交流的形式包括模仿、注视、接触、个体识别、等级识别、地位信号、求食与给食、修饰活动、警告、威胁及屈服等。畜禽间的交流可以通过听觉、视觉、嗅觉以及触觉来进行。

(1)听觉交流。声音交流是动物社会信息联络中最常见的形式。一般动物的听觉十分灵敏,如猫在睡眠的时候将耳朵靠在地面,能够听到周围行走的老鼠发出的动静。动物可以根据不同的情况,发出不同的声音。

畜禽在声音交流方面很发达。母猪、母牛和母羊能发出引起其仔畜注意的叫声。小鸡孵化后几天内可以与母鸡建立声音交流,通过听取母鸡的叫声来识别母鸡,但母鸡却全凭视觉来识别自己的小鸡。公鸡也能利用叫声传递信息,例如性成熟的公鸡发现食物后,会发出一连串短促音呼唤母鸡前来,俗称"让食",其实属于求偶行为。

(2)视觉交流。视觉是动物识别同类或识别物种的主要方式。视觉交流主要依靠视觉器官接收信号在个体间传递信息,包括物体移动、形态、颜色等。鹿生性胆小,警惕性高,觅食行走时经常左右观望,观察周围的环境,确信没有敌害和危险后才继续采食,一旦发现危险,迅速逃离。在逃跑时经常会将臀斑显露出来,一是向同伴报警,二是迷惑捕食者。

(3)嗅觉交流。家畜能够分泌多种分泌物,大多数分泌物是针对其他物种,但有些分泌物是对物种内的。母畜通过仔畜身边的气味来识别自己的子女和非子女,在生产实际中,常用于仔猪的寄养。羔羊一出生,即可利用嗅觉来辨认母体,这种化学感应在出生前就形成了。新生羔羊对由乳房附近的腺体分泌的蜡状物的气味非常敏感,这有利于羔羊寻找母羊乳头。发情母畜生殖道会分泌黏液,有利于公畜的识别交配。

(4)接触交流。接触交流不会给彼此造成身体上的伤害,是一种交际手段而非攻击行为,包括触摸、舔舐、挨挤、梳理被毛和羽毛等,如母子间的游戏、家畜的相互舔舐、狗对主人表示亲热等。

2.争斗行为

畜禽群体生活有许多好处,但是由于群体生活所需要的共同资源是有限的,因此群体动物的个体之间为了获得某种有限的资源,就会发生相互竞争,产生敌对行动。动物为了获得或保护资源,如食物、栖息地或伴侣等,所表现出的威胁、格斗等行为称为争斗行为。

引起争斗的原因很多,如同种内顺位关系的确立和维持、性关系的保持、子女的安全受到威胁、食物的争斗等都会引起动物间的争斗。争斗的类型和表现有多种形式,分为积极争斗和消极争斗。积极争斗表现为威吓、进攻、防御、逃避、追赶等行为;家畜的消极争斗一般仅表现为威胁和屈服,没有攻击和追赶,一方低头并转移视线,消极争斗结束。

3.友好行为

在畜禽群体行为中,除了争斗行为,还存在着友好行为,在牛、猪表现为舔舐、嗅等,鸡表现为用喙整理羽毛等。在顺位关系中,下位动物对上位的友好行为较多。

畜禽友好行为有其自身的意义。畜群中不同的个体通过友好行为的表达,避免或减少争斗行为的发生概率。畜群中个体间通过舔舐、理羽等友好行为,能够清除皮肤寄生虫和污物,清洁毛发,增加个体间的交流和友谊。

影响友好行为的因素是多方面的。在家畜中出现友好行为的往往有亲缘关系,雌性母畜对未成年子女表达友好行为较多,母畜拥有子女越多,未成年个体获得友好行为的概率越低,年龄越小的个体,往往获得友好行为的机会越大。性别不同,表现也不一样。雌性家畜一般表达友好行为的次数要多于雄性家畜,公、母混养的畜群,一般母畜嗅、舔公畜或为公禽理羽。与未成年家畜相比，成年家畜群体中出现友好行为的机会要多。畜群中处于下位的个体对上位个体表达友好行为的次数要多，上位个体对下位个体表达的次数较少。

4.游戏行为

畜禽的游戏行为是其在幼龄时期，没有明确的顺位关系时存在的一种活动方式。行为类型包括模拟争斗、追赶、模拟性行为等。游戏行为能够促进畜禽身体的生长发育，刺激大脑发育，增强对环境的确认能力和运动能力，促进血缘关系，维持社会关系。

3.1.7 欲求行为和完成行为

动物的行为或简单或复杂，但复杂行为通常可以明显分为两个阶段，即欲求行为阶段和完成行为阶段。欲求行为也称为寻找行为，是动物对内部刺激的反应，是完成行为目的的前导部分。欲求行为能够导致完成行为的发生，有利于满足机体的需要，如家畜在饥饿时会变得非常活跃，到处寻找食物等。完成行为是完成某一行为目的终止阶段的行为活动。完成行为是相对比较简单又非常定型的行为序列，如采食、交配、产卵等。

欲求行为是完成行为的前提，完成行为是欲求行为的最终目的。如采食，首先是动物饥饿，先由机体内部的生理条件发生变化产生内部刺激，再由内部刺激引发动物产生觅食行为；欲求行为就是去寻找食物或捕获动物的过程，找到食物后欲求行为完成，就会导致完成行为的产生，即进食。动物吃饱后，机体的需要得到满足，觅食的目的完成，整个行为结束，整个行为过程包括觅食与进食。即采食行为＝觅食行为(欲求行为)＋ 进食行为(完成行为)。

3.1.8 本能行为和学习行为

一般情况下，高等动物适应环境主要有两种方法。首先是靠神经系统先天的正确反应，这种反应是动物通过遗传获得的部分。如蜜蜂生来就有飞向花朵和寻找花蜜的行为趋向。通常人们就把这种先天反应称为本能。达尔文是第一个科学地给本能行为下定义的人，他把本能看成是可遗传的复杂反射，这种反射是同动物的其他特征一起通过自然选择进化而来的。如蜘蛛结网、鸟类筑巢、蜜蜂酿蜜和哺乳类幼仔吮吸乳汁等都是来自遗传，是生来就会不需要后天学习的行为，而且这种本能在个体之间没有差异。其次是靠后天的学习适应环境。学习是动物在成长过程中借助于经验的积累而改进自身行为的努力。动物在实践中可以判断什么样的反应对自己最为有利，并能据此改变自己的行为。本能和学习都能使动物的行为适应环境。前者是在物种进化过程中形成的，而后者是在个体发育过程中获得的。

1.本能行为

本能行为是指不必学习便能做出的有利于个体或种族的适应性行为。如母鸡产蛋后，就会出现“抱窝”孵蛋的本能，表现为体温升高、不爱进食、趴在窝里不肯出来，即使身下没有蛋也照孵不误。动物园中的候鸟，虽已无法迁徙，但到了迁徙季节，仍会在笼中躁动不安，这些都是动物的本能行为。

不同动物表现出的本能行为不同，但本能行为有共同的特点。首先表现为一种天赋的固定行为，它不是通过学习得来的，不依赖于动物的经验。例如，雄三刺鱼在繁殖期间最爱攻击其他雄鱼的红色腹部，甚至攻击一切红色物体。本能的另一个特点是它不会完全由外界刺激所支配，而是由动物的内部状况来决定的，这说明了本能的内源性。例如，繁殖方面的本能取决于动物体内性激素的水平。本能行为的形式主要是由遗传性所决定。同一个物种不同个体的表现大致相似，例如，同一种蜘蛛的结网方式及形状都很相似。本能行为只需要一定的刺激来“引发”，在行为过程中并不需要用刺激来维持。例如，抱窝中的母鸡看到窝外的蛋，会用喙的下部把蛋勾回两腿之间，当这种本能行为被引发后，即使中途把蛋拿走，勾取动作仍然进行到底。

2.学习行为

学习行为是动物借助于个体生活经历和经验，使自身的行为发生适应性变化的过程，是高等动物生存中最重要的行为之一。学习可以使动物对环境条件的改变做出有利于自身生存的反应。学习行为是后天的行为，因此个体之间差异较大。

动物学习行为的类型很多，但常用的主要有印记、模仿、习惯化、条件反射和玩耍等几种类型。印记是指动物在生命早期牢记某种共同生活的客观事物，该事物此后成为一种信号刺激的学习行为。印记只发生在动物出生后较短的一个时期内，但印记一经建立就非常牢固，并影响成年后的若干行为。如幼龄动物出生后，通常将首先看到的动物或人当作自己的母亲，并在以后相当长的一个时期中仅仅跟随母亲行动。许多鸟类和哺乳动物在幼龄时都是靠印记行为与双亲生活。模仿是通过观察和仿效其他个体的行为，而改进自身技能和学会新技能的一种学习类型。如鹦鹉、园丁鸟等很多鸟类都能通过模仿学会其他鸟类的鸣声和其他动物的叫声，甚至能学会人的语言。习惯化是指当刺激连续发生或重复发生时，反应所发生的频率和持久性会渐次衰退。动物的习惯化是一种简单的学习类型。习惯化的意义显而易见，如果动物对无害刺激总是重复地做出反应，那么就会浪费许多时间和能量。但动物对有害刺激不会产生习惯化。条件反射是动物个体生活过程中适应环境变化、在非条件反射的基础上通过学习而建立起来的快速反应。条件反射与获取食物和防御敌害等紧密相连。例如，食物的味道、颜色、形态、存放地的场景等都有可能成为食物的信号，引起动物与取食有关的反射。同样，当天敌伤害动物本身或其同伴时，敌害的形态、气味、叫声、步行声、折断树枝的声音等也会成为敌害伤害性刺激的信号，这些信号都会引起动物避敌或准备战斗的反射，使御敌的本领大大提高。

玩耍也是动物的一种学习行为，是在没有障碍需要克服，没有天敌需要躲避，也没有猎物需要猎取的情况下，跑跳撒欢，友好打斗，而且多是幼年动物对成年动物行为的模仿，但自由度更大更夸张，次序更随意。幼龄动物通常都有玩耍的欲望，会积极寻找机会玩耍。玩耍通常发生在放松的环境下，缺乏目的性，动作夸张、重复、无序。活动的参与者通常心情愉悦，避免伤害同伴。玩耍的伙伴经常改变他们的角色，例如玩格斗游戏时的角色。玩耍通常都伴随着特定的信号或以特定信号为先导。如果以无生命的物体或其他品种的个体作为稳定的玩伴表明缺乏特异性刺激。玩耍有助于提高动物的力量、耐力和肌肉的协调性，可以帮助动物学习特殊的技能或改善整体感知能力，有助于发展群体的凝聚力和确立个体在群体中的地位，很多肉食动物的优势等级就是在幼年的玩耍时确立的。因此，玩耍行为对动物的生命活动是至关重要的，特别是对动物的正常发育非常重要，是决定动物福利的一个基本因素。

3.2 畜禽的异常行为

正常行为是指动物在环境条件能够满足其各种需要的前提下(无应激、无剥夺、无疾病)的行为表现。当生存环境发生改变时,动物可以通过调节行为活动、在一定程度上缓解环境变化给个体造成的心理和生理压力,但动物的行为适应能力有限,如果环境改变超出一定限度,动物通过正常的行为反应,无法适应这一环境时,则会表现出异常行为。异常行为(abnormal behaviour)是在能充分表达行为的条件下,表现出与其所属物种的大多数动物在行为方式、频率和内容上不同的行为。大多数的异常行为对自身或其他个体有明显的伤害,如马吃木材和猪咬尾等行为。但并不是所有偏离正常范围的行为都属于异常行为,构成异常行为至少应满足以下 3 个条件:明显偏离一个物种或品种的行为规范;不能满足明显的生存或生活需要;导致自身或其他个体的损伤。常见的异常行为有行为规癖、异嗜癖、自残、互残等。

3.2.1 行为规癖

行为规癖(stereotyped behaviour)是畜禽在限制饲养环境下表现出的一种没有目的和功能的行为。行为规癖的特点是反复性、持续性和没有目的性,如在固定的路径上重复踱步。它是动物在行动受到限制(在笼子里或圈里),不可能得到社会同伴、性伴侣、食物或其他资源的情况下形成的,如表 3-4 所示。它往往反映出动物的行为需求得不到满足,处于应激或心理痛苦状态,是福利水平低的表现。

表 3-4 导致母鸡踱步的因素(Duncan 和 Wood Gush,1972)

项　目	30 min 内日常踱步规癖的平均次数
缺乏食物,提供食物	13.3
不缺乏食物,不提供食物	18.7
缺乏食物,阻止获得食物(食物在有机玻璃盖下)	161.0

在集约化饲养方式下,畜禽的行为规癖表现得比较频繁。不同种类的动物在不同环境下其行为规癖的表现形式各不相同(表 3-5)。畜禽的行为规癖主要表现为在固定的路线上踱步,转圈咬尾,不停地摇动、摩擦、抓或踢畜栏,吸风、摇头或点头、转动眼球、无食咀嚼、卷舌、舔舐、咬栏(图 3-7),反复按压饮水器等。

表 3-5 限制饲养条件下,不同动物表现出的行为规癖

动物种类	行为规癖	动物种类	行为规癖
母猪	无食咀嚼、咬栏、犬坐	马	咬槽、吸风、摇头、运动
肉用犊牛	频繁转动眼球、卷舌、舔舐、咬栏	拴系饲养猎狗	空跳
肉仔鸡	踱步 、非营养性啄癖、啄饮水器	老鼠	咬笼
产蛋母鸡	踱步 、啄空		

图 3-7　犊牛啃咬护栏

动物的行为规癖不是突然出现的，在形成行为规癖之前，一般都要经过一个发展过程，最终形成的行为规癖强度决定于这个行为的重复程度。行为规癖一旦形成，它就不再依赖于最初导致它形成的环境条件，能在不同的情况下反复出现。幼年动物比成年动物更容易产生行为规癖，并且规癖形成以后就很难消除；但动物成年后形成的行为规癖能通过改善动物生存环境而减弱甚至消除。

3.2.2　异常性行为

繁殖现象与性行为对环境因素极为敏感。在人工饲养条件下，动物生活的环境条件发生大的改变，常常产生异常性行为。

性行为异常与畜禽的性别有关。雄性的异常性行为常表现为同性恋、自淫、性欲过强等。在按性别分群饲养的公畜群，易发生同性恋现象，群体内地位较低者被强行爬跨，牛、羊、猪皆可见。公马或动物园内的灵长类雄性动物会产生自淫行为，除环境因素外，自淫行为与日粮中蛋白含量过高以及缺乏运动有关。在非自然条件下雄性动物还表现为爬跨异种动物，或对形状与高低适合的物体如假台畜，进行爬跨等性欲过强的行为。

雌性的异常性行为常表现为慕雄狂和安静发情。慕雄狂是指性兴奋亢进，表现为持续、频繁的强烈发情，并且有吼叫、扒地、追随和爬跨公畜的行为，以奶牛较多见，严重者尾根部隆起，乳槽增大，其原因多与卵巢囊肿有关。在动物养殖过程中，安静发情的发生率比较高，是家畜繁殖中的一个难题。动物发情时表现不明显，易错过配种时间，母猪与母牛若多次失配可能被淘汰，其原因可能与营养不良、精神压抑有关。因此，在畜牧生产中，后备种畜的饲养应照顾到其社群性，减少异常行为的产生。

3.2.3　异常母性行为

任何导致初生畜死亡或受伤的母性行为都属于异常母性行为。异常母性行为主要包括缺乏母性、母性过强和食仔 3 种类型，见表 3-6。缺乏母性的母畜常表现为遗弃或拒绝接受仔畜或延迟母性照顾开始时间。其原因有的是妊娠期间或分娩后受到了各种应激因素的刺激；有的是母畜初产，没有经验；还有的是母畜在育成期缺乏学习的机会。母性过强往往表现为窃占别窝的仔畜。食仔的母畜表现为攻击或杀死自己的新生儿，初产母畜多见。其原因有的是遗传因素导致，有的是母畜奶水不够或受到外来惊扰，母畜的逃走冲动与保护仔畜冲动产生分歧，导致母畜杀死自己的新生儿。

表 3-6 异常的母性行为

类型	行为表现
缺乏母性	兔子在产前不做窝，不拔毛，不在窝内分娩；母羊或母牛产后不授乳；母猫不常给小猫舔抚，甚至长时间离窝，不照顾小猫
母性过强	有的母绵羊在产前过早出现母性行为，窃夺别的母羊所产羊羔，造成羊羔过多，成活率下降；有的母猪产后过于兴奋，不停地站立或躺下，容易压死仔猪
食仔	母畜在产后几天内有时会攻击并且杀死自己的新生幼畜，如个别母猪吃掉亲生仔猪，有的一窝吃几个，有的整窝吃光。有些母狗会吞食自己的幼仔，有的刚生出来就吃掉，有的过一两天才吃掉

3.2.4 异嗜癖

动物在食物成分比较完善的情况下，随着能量的摄取与消耗，一般能保持正常的食欲。但如果食物中缺乏某种特殊的营养物质，则可能导致动物食欲异常，专爱摄取食物以外的某种东西，如纸屑、墙皮、煤渣、泥土、玻璃等，直到满足其所缺的营养成分为止，这种特殊的行为称为“异嗜癖”。例如，严重缺乏蛋白质营养时，草食动物可能吃肉；缺乏磷的牛常采食含铁钉的垃圾；营养不平衡的猪会吃煤渣、木屑；产蛋的禽类缺钙时会食蛋等。

猪异嗜多以消化不良开始，随后出现味觉异常和异嗜。猪会舔食、啃咬、吞咽被粪便污染的食物及垫草，舔食墙壁、食槽、砖瓦块、煤渣、破布等。仔猪和架子猪还相互啃咬，主要表现为咬尾、咬耳、咬外阴及关节等部位，以咬尾最为突出。

牛羊异嗜癖的突出表现为精神异常，容易兴奋，食欲减退，挑食现象明显，对毫无营养价值或不应该吃的物品情有独钟。常见的有舔食被粪尿污染的垫草，啃咬墙土、朽木、煤渣、腐烂绳头、破布，有时舔食被毛、胎衣、羊水等。

禽类异嗜多表现为啄羽、啄趾和食蛋。啄羽是禽类啄击同伴羽毛的一种非积极争斗性的异常行为。鸡啄羽没有特殊部位的选择，颈、胸、背、尾及翅膀等部位均可，这种行为经常导致羽毛严重受损，生产性能下降，影响养殖业经济效益。有研究发现，羽毛受损的鸡为了维持正常体温，采食量要增加20%～30%。啄趾主要发生在雏鸡的早期阶段，是与采食活动有关的异常行为。多数鸡表现为啄同伴的脚趾，个别鸡啄自己的脚趾，一般不会导致脚趾损伤，但个别用力过大，致使破损、出血。禽类产生异嗜的原因很多，有营养因素、遗传因素、环境因素、管理因素以及心理因素等。

3.2.5 自残行为

在自然条件下，某些动物存在自残行为，如蜥蜴断尾，海参抛肠，节肢动物（如蟹类和直翅目昆虫)弃足等。自残的目的是保全性命,被舍弃的器官作为转移掠食者注意力的一种诱饵,自身则乘机摆脱追捕。自残作为特殊的求生策略,被舍弃的器官通常过一段时间还能再生。有些食肉动物如狼、狐等,被猎人的饵夹套住后,为了逃生被迫咬断被夹住的腿,通过自残而保住生命,这是求生的本能。但在人工饲养条件下,饲养管理不能满足畜禽的需求,在缺乏安全感的情况下,畜禽情绪焦虑,使得它们机械地重复舔舐、理毛和梳羽等动作,导致畜禽出现舔舐部位红肿、脱毛、掉羽这样的实质性损伤,引起不同程度的自残。如家禽会啄拔自己身上的羽毛;宠物猫会过度舔舐身上的毛而造成局部的斑秃;母羊会轻咬自己或其他新生羔羊的尾巴或蹄子,如果用力过猛,会将尾巴或蹄咬断;个别马匹啃咬侧腹导致自身损伤或局部被毛的破损。

3.2.6 异常反应

动物活动和反应水平太低或太高也是行为异常的表现,就如人在某些情况下会特别无精打采或极度敏感,家畜也是如此。究其原因,少部分是由于特定的神经功能障碍导致,但大部分是饲养条件或圈舍条件不适合,尤其是缺乏社会关系造成。常见的动物异常反应有动物长时间不活动、处于强直状态、反应迟钝、反应过度或歇斯底里。

Wiepkema 等(1983)报道,农场动物一动不动地坐着、站着或躺着都是异常行为。导致动物长时间不活动的因素很多,但处于封闭空间的动物活动会减少。兽医院的护士、医生和猫的主人常发现医院笼子里的猫不活跃,常常躺在笼子的后面,尽可能地远离人类,并对刺激反应很小,经常长时间保持闭眼状态,而对环境适应良好的猫则表现更活跃,警惕性更高。Jensen(1980)报道,拴养的猪白天68%的时间是躺着的,而在林地或牧场放养的猪白天50%的时间用于觅食,躺卧的时间很短。长时间躺着不动会引起猪尿路神经肌肉失调。

强直状态作为一种行为问题,是指身体处于躺卧或僵硬状态。它的典型特点是对刺激反应异常低,虽然这些刺激足以使动物改变位置或姿势。如果一只小鸡或成年家禽被人触摸后再放到地上,并且头被盖住几秒钟,它有几秒或几分钟会表现出强直状态。青年鸡强直反应持续的时间与受到的威胁和以前的经验有关。

动物的活动水平能被精确地测量,但活动降低是否意味着福利水平低下则很难判断。Wiepkema 等(1983)强调行动受限的母猪可能对它周围的事情没有反应,也不活跃。Broom(1986d,e,1987a)研究了栏养猪对3种不同刺激的反应,录像记录表明所有的猪对与食物供给有关的刺激都有反应,但当它们清醒地躺着的时候,对陌生人站在面前或将200 mL室温的水倒到它们背上几乎没有反应。相对而言,舍饲群养的猪很可能注意到了陌生人,当刺激出现的时候,会坐起或站立并完成其他活动。这项研究表明圈养猪对刺激反应异常迟钝。

动物显示出强直反应或惊吓反应时,动物装卸往往非常困难,但这两者都是不必要的异常反应。马有时会极度胆小、踌躇不前或突然静止不动,可能需要戴眼罩或避免潜在的惊吓情形出现。其他的家畜也会出现极端的恐惧反应,这种行为在家畜面对威胁时是正常的反应。但当个体因为它们高度的反应伤害自己或影响其他动物做出相同的行为时,问题就产生了。高密度舍饲的动物和高密度放牧的动物能向其他动物或人类传递反应过度危险。放牧的动物突然被干扰，即使被一个无害的物体如风吹起的纸张干扰，也可能蜂拥逃窜，在逃窜期间它们由于相互碰撞或跌倒而受伤。

家禽大范围的发生惊恐反应通常被称为歇斯底里。环境不同、年龄段不同，家养鸡表现出的神经质和歇斯底里类型不同。笼养鸡歇斯底里的特点是突然乱飞，大声鸣叫，试图躲藏。圈养鸡歇斯底里的发生率比笼养鸡更高。每栏养 40 只鸡歇斯底里的发生率为 90%，而每栏养 20 只鸡歇斯底里的发生率仅为 22%。即使笼养鸡出现歇斯底里，每笼包含 3～5 只母鸡的鸡群比大群鸡歇斯底里的发生率更低。虽然歇斯底里能在层架式鸡笼间进行传播，但毫无疑问，笼养能在一定程度上控制家禽的歇斯底里。伴随着歇斯底里的发生，家禽往往出现后背皮肤撕裂，采食量和产蛋量下降。

3.3 影响畜禽行为的因素

畜禽行为是动物本身的遗传、后天经验、外来刺激、当时的生理状态所形成的多种因素的集合。各种因素相互关联，并非单独对动物行为起作用，但影响动物产生行为的主要因素有以下 3 类。

3.3.1 遗传因素

畜禽行为有些是与生俱来的，由遗传物质所决定，称为先天行为或本能。先天行为是一种天赋的固定行为，它不是通过学习得来的，不依赖于动物的经验，例如觅食、自卫和生殖等。先天行为的形式主要由遗传所决定，同一个物种不同个体的表现大致相似，例如同一种蜜蜂的跳舞语言都很相似，但不同物种之间由于遗传的差异，其先天行为存在明显差异，它可以用于种属鉴定。先天行为不由外界刺激所支配，而是由动物体内的状况来决定，例如动物的繁殖本能取决于动物体内性激素的水平。先天行为只需要一定的刺激来“引发”，在行为过程中并不需要用刺激来维持，例如抱窝中的母鸡看到巢外的蛋，会用喙把蛋勾回两腿之间，当这种本能行为被引发后，即使中途把蛋拿走，勾取动作仍然会进行。

3.3.2 环境因素

畜禽的行为是机体在一定环境条件下表现出来的综合性的反应。当畜禽生活的环境发生变化时，它们会调节自身的行为来适应环境。由于环境是不断变化的，因此动物在成长过程中也不断地对其行为进行修正，朝着有利于种群和身体健康的方向发展。例如，猪在炎热的夏季，喜欢在泥水中打滚，而在阴冷的冬季，则蜷缩伏卧，这些行为和姿态都有利于体温的调节。但动物适应环境的能力有限，一旦环境的变化超出了限度，会给动物造成负担或使动物感到痛苦，影响动物的正常行为习性，严重时会引起行为反常，生产性能下降，甚至引起疾病发生。生存空间是影响畜禽行为的重要因素，蒋志刚(2001)等研究圈养空间对麋鹿行为的影响时发现，圈养在围栏中的麋鹿(密度 59 只/km^2)比圈养在小圈中的麋鹿(密度 1 467 只/km^2)表现出更多的行为(表 3-7)。

表 3-7　圈养空间对麋鹿的行为种类的影响(蒋志刚等,2001)

行为类别	观察到的行为种类		
	小圈(1 467 只/km^2)	围栏(59 只/km^2)	行为弹性
生存行为	51	60	0.85
摄食行为	10	16	0.63
排遗行为	5	5	1.00
调节温度行为	6	7	0.86
休息行为	6	6	1.00
运动行为	11	12	0.92
杂项行为	13	14	0.93
繁殖行为	25	30	0.83
发情行为	12	14	0.86
交配行为	3	5	0.60
分娩行为	6	6	1.00
育幼行为	4	5	0.80
社会行为	28	44	0.64
对抗行为	19	21	0.90
沟通行为	5	11	0.45
分群行为	4	12	0.33

3.3.3 营养因素

营养因素也是影响畜禽行为的重要因素。各种畜禽生理阶段不同,生产目的不同,对各种营养物质如能量、蛋白质、维生素和微量元素的需求都不相同。如果营养物质供应不足或不平衡,对畜禽的生长发育将产生极为不利的影响,进而影响畜禽的行为表现。如饲料中钙含量不足,会引起畜禽发生佝偻病和软骨病,导致畜禽体型异常和步态异常;饲料中能量过高或过低,不仅影响畜禽正常的生长发育,而且其发情、交配和繁殖活动也受到严重的影响;饲料中微量元素缺乏,可引起畜禽异嗜癖或啄癖等行为。相反,营养充足且平衡的饲料可以促进畜禽身体健康,减少异常行为的发生。如适当提高母猪日粮的纤维水平能减少母猪因采食动机不能得到满足而表现的行为规癖;在奶牛饲料中添加食盐可以减少奶牛的异嗜癖等。因此,营养水平直接影响着畜禽的行为表现,在畜牧生产上应根据畜禽的行为表现及时调整饲料配比,满足畜禽对各种营养物质的需要,以促进其生长发育和生产性能的发挥。

3.4 畜禽行为与福利

家畜家禽的行为多种多样,正常行为是为了维持其生存、健康、生产、繁殖或满足其舒适的需要,无论剥夺哪种行为,对动物个体都会产生一定的影响。对其行为进行观察和研究,了解其行为的动机和习性，有利于改善畜禽福利水平，提高畜禽的生产性能和产品品质。

3.4.1 行为的观察

传统的行为学观察通常是利用人工将实验动物置于某种特殊的装置上，记录其各种反应作为行为学指标。这种做法极易造成实验动物紧张，若只了解动物简单的运动功能指标此方法尚可使用，但对于了解精细的行为学指标，此方法则不可避免地严重干扰了指标的可靠性和客观性，特别是在针对应激性精神创伤等方面的研究中，很容易造成实验动物的二次应激，增加不确定因素，给数据结果的统计和分析带来困难。如果将实验动物放置在一个相对自由的环境内，实验人员利用摄像机、监视器等影像设备，对动物的各种姿态变化和运动轨迹进行遥感观察记录，并结合计算机辅助分析取得的各种行为学指标，可极大地减少实验过程本身对实验动物的干扰，目前该方法得到了越来越广泛的应用。但不管采用何种手段进行观察，都应遵循以下原则：第一，在动物没有察觉的情况下观察；第二，消除人为主观因素的影响；第三，坚持长期跟踪观察；第四，必须对动物个体进行鉴定和识别。

3.4.2 行为的记录

对家畜行为的记录要求观察者做到精确、真实、详尽、客观，即要求观察者在观察某种动物时，将这种动物的行为不加夸张地如实记录，即见到什么就记下什么。在研究动物行为的初期，这种记录工作几乎全部由观察者去做。随着现代电子技术和计算机技术的发展，人们研制出了各种自动化传感记录装置，利用数字化视频图像等记录动物的行为活动，使得对动物行为的观察更为全面和准确。通常在观察动物行为的时候至少需要记录 6 个方面的内容：①行为的发出者；②行为的接受者；③行为发生的顺序；④如果是事件性行为，要记录发生的频率；⑤如果是状态性行为，要记录行为发生的时间；⑥记录行为的起始和结束时间。

3.4.3 行为的测量

行为测量是指研究者通过对被试对象外显行为的观察或运用各种指标对被试对象外显行为进行评估来获得其思维过程的方法。通过对观察数据或行为指标的分析，往往可以推测被试对象的内在思维过程。

行为测量的方式大致可分为 3 种，即肉眼定性观察、肉眼半定量观察和仪器测定。肉眼定性观察即描述法，它是一种传统的方法，优点是方法简单、快速，动物不需特殊处理和训练，但是对观察者要求较高，需要有较广的知识、丰富的实践经验和准确的判断力。肉眼半定量观察主要是评分法，它是将双人或多人记录评分的总和进行平均，以尽量减少实验观察的主观偏差。这种方法虽然较粗糙，易受主观因素干扰和影响，但是从国际文献上看仍在大量应用。仪器测定是利用特定的仪器对动物的行为进行定量研究，如利用电脑对动物进行全方位监控。其优点是获取的信息量大、客观准确，并能测定许多过去不能定量或不能自动记录和分析的行为。但仪器的性能和水平相差很大，会对测定产生影响。

行为测量的内容主要有以下几点，即典型行为的出现和缺乏，在观察期间每一种活动发生的频率，每个活动持续的时间，每个活动发生的强度，活动出现的潜在因素，后续活动的时间和性质，生理变化和行为变化的时间和性质等。

3.4.4 畜禽行为与福利

畜禽行为与福利是相辅相成、相互依赖的。畜禽福利的好坏不取决于人的主观判定，而是来自对福利的客观评价，这种评价是建立在科学依据之上的。布兰贝尔委员会(Brambell Committee)明确指出："动物从不错误地表现疼痛、疲劳、恐惧及行为受挫所导致的痛苦感。"因疾病和损伤所导致的痛苦比较容易鉴别，而动物心理上的痛苦却很难观察到，只有借助行为表现来判断。因此，畜禽行为表现是检验其福利最直接的证据。观察畜禽的行为，了解畜禽的适应性和现代畜禽品种生存所需要的条件，也为改善畜禽福利提供了客观依据。

国内外越来越多的报道和资料表明，许多动物行为学的新理论、新观点在畜牧业生产中得到了发展、验证和广泛的应用，推动了畜禽福利和畜牧业的发展。例如在现代养猪生产中，妊娠母猪一般在水泥地面或地板上饲养，不铺设垫草，使得母猪产仔前后的絮窝行为动机得不到满足，导致母猪出现行为规癖。当在妊娠母猪圈栏内放置干草和碎布条时，母猪表现出强烈的絮窝行为，行为规癖的发生率也相应减少。在自然条件下，犊牛有很强烈的吸吮母乳的动机，它可以通过这样的行为来获取所需的养分。而在现代畜牧生产中，犊牛通常刚出生就与母牛分离，无法吸吮母牛的乳房，犊牛常表现出吸吮同圈栏或相邻圈栏的犊牛。早期认为这种行为与饥饿相关，但是行为研究显示，犊牛在获得乳汁后比获得乳汁前有更强的吸吮动机，而且多出现在饲喂时段内。根据这一行为特点，用乳头式饲喂器饲喂犊牛，并且将喂奶的时间固定，可以满足犊牛在吃奶过程中吸吮的需求，减少犊牛的互吮现象。然而当犊牛对乳头式饲喂器存在竞争时，仍然发生互吮现象，但可以通过提供更多的饲喂器或者固定饲喂位置来解决。在自然状态下和人工散养的管理方式下，产蛋鸡在产蛋及繁殖期，产蛋的巢穴是相对固定和有选择的，如果在短时间不能找到其本身经常产蛋和自己喜欢的窝巢，将推迟产蛋或窝外产蛋。利用蛋鸡的这一行为特点，给平养蛋鸡提供充足的并安放在较暗位置的产蛋箱，有利于鸡群的产蛋和确保蛋品的质量和卫生。

总之，加强对动物行为的研究和认识，可以使我们在动物生产过程中更了解它们的需求，从而提高饲养管理水平，为动物提供舒适的生活环境和营养平衡且充足的饲粮，改善其福利状况，这对保证畜禽的健康，提高它们的生产力具有重要意义，也对我国畜牧业健康发展具有重要意义。

思考题

1. 解释动物行为的概念，并简述按动物行为的功能，可以将行为划分为哪几种类型？
2. 了解畜禽的采食行为对提高饲养管理水平和改善畜禽福利有何意义？
3. 家畜的母性行为有哪些表现？
4. 简述本能行为与学习行为的区别和联系。
5. 简述动物性行为的作用。
6. 影响畜禽行为的因素有哪些？

7. 阐述异常行为产生的原因和特点。

参考文献

1. 包军. 家畜行为学. 北京:高等教育出版社,2008.

2. 陈小麟. 动物生物学. 北京:高等教育出版社,2005.

3. 陆承平. 动物保护概论. 北京:高等教育出版社,2009.

4. 蒋志刚,李春旺,彭建军,等. 行为的结构、刚性和多样性. 生物多样性,2001,9 (3):265-274.

5. (英) N G Gregory,Temple G. 动物福利与肉类生产. 顾宪红,时建忠,译. 北京:中国农业出版社,2008.

6. Broom D M. Biology of Behaviour. Gambriolge: Cambridge Univ. Press,1981.

7. Broom D M. Responsiveness of stall-housed sows. Appl. Anim. Behav. Sci,1986b,15:186 (Abstr.).

8. Broom D M. Applications of neurobiological studies to farm animal welfare. Anim. Sci,1987,42:101.

9. Broom D M,A F Fraser. Domestic Animal Behaviour and welfare. Cambridge: Cambridge University Press,2007.

10. Dawkins M S. Behavioural Deprivation: A Central Problem in Animal Welfare. Applied Animal Behavioural Science,1988,20: 209-225.

11. Dellmeier. Motivation in Relation to the Welfare of Enclosed Livestock. Applied Animal Behavioural Science,1989,22: 129-138.

12. Duncan I J H,D G M Wood-Gush. Thwarting of feeding behaviour in the domestic fowl. Anim. Behav,1972,20: 444.

13. Fraser A F,M W Fox. The Effects of Ethostasis on Farm Animal Behaviour: A Theoretical Review. International Journal of Study on Animal Problem,1983,4:59-70.

14. Fraser A F. Animal Behaviour Theory: The Keyboard of the Maintenance Ethosystem. Applied Animal Behavioural Science,1982,22: 177-190.

15. Fraser A F. The Behaviour of Suffering in Animals. Applied Animal Behavioural Science,1984,13:1-6.

16. Fraser A F. Ethology of Farm Animal. Amsterdam: Elsivier,1985.

17. Friend T. Reconizing Behavioural Needs. Applied Animal Behavioural Science,1989,122: 151-158.

18. Jensen P. An ethogram of social interaction patterns in group-housed dry sows. Appl. Anim. Ethol,1980,6:341-350.

19. Wiepkema P R. Abnormal behaviors in farm animals: A report to the Commission of the European Communities. Report 1. Commission of the European Communities,1983.

第 4 章　畜禽应激与福利

“应激”一词经常用于标识、解释或评判畜禽生产系统。环境因子作用于畜禽后畜禽发生疾病及生产损失都被归结为畜禽应激。当环境或外界发生变化时，动物的生理和心理都会产生相应的反应，当这种变化超过了动物的适应范围时，动物机体需要动用机体的其他物质或能量来应对，使其生理功能减弱或心理抑郁，严重的刺激会导致畜禽产生疾病、不育或生长受阻，甚至威胁生命，从而影响到动物的福利。因此，应激常常与差的动物福利相联系着。随着对应激认识的深入，人们意识到应激对动物福利的重要性，并将应激作为评价动物福利水平的重要因素。

4.1　应激的概念及其类型

4.1.1　应激及应激源的概念

应激(stress)是指当动物的体内平衡受到威胁时所发生的生物学反应(G. P. Moberg, 2005)。其中的威胁又称应激源(stressor)。应激源可以是来自动物机体内部也可以来自机体外部。

应激概念起源于杰出的内分泌专家，内科医生 Hans Selye 博士的医学研究。他发现患有各种不同疾病的病人都显示相同的病人综合征状(syndrome of being sick)，Selye 采用不同的应激源如剧烈运动、毒物、寒冷、高温及严重创伤等因素处理实验动物，发现尽管应激源的性质不同，但他们所引起的全身性反应却很相似，即这些全身性反应具有非特异性。Hans Selye 博士于 1936 年夏季在英国自然期刊杂志上首次提出了全身适应综合征(General Adaptation Syndrome，GAS)，后来称为应激综合征(the stress syndrome)，并指出应激是个体对作用于自身的内外环境刺激做出认知评价后，引起的一系列生理与心理紧张性状态的过程，各种疾病的产生都是起源于不能适应来自于环境的刺激。Hans Selye 博士的应激理论为后来的应激研究奠定了基础。为此，Hans Selye 博士被称为应激研究领域之父。

尽管应激在生物学领域应用非常广泛，但没有确切的定义。在生理学范畴内，应激是指机体在受到各种强烈因素(即应激源)刺激时所出现的以交感神经兴奋和垂体-肾上腺皮质分泌增多为主的一系列神经内分泌反应以及由此而引起的各种机能和代谢的改变。任何躯体的或情绪的刺激，只要达到一定的强度，都可以成为应激源，例如创伤、烧伤、冻伤、感染、中毒、发热、放射线、出血、缺氧、过冷、过热、手术、疼痛、体力消耗、饥饿、疲劳、情绪紧张、忧虑、恐惧、盛怒、激动等。不同的应激源所引起的应激，其生理反应和变化都几乎相同，因此，应激的一个重要特征是其非特异性(nonspecific nature)。而心理学家认为，生理学的应激观不够全面与完整，应激还包括心理方面，是个体的整体反应，包括造成紧张的刺激物（应激源）、特殊的身心紧张状态、对应激源的生理和心理反应等。

应激源也称为压力源或紧张源，能够引起应激的内外环境刺激均为应激源，应激源可以是一种物质、一个事件、一种经历或是一种环境。应激源的分类一直没有统一的说法，不同的研究领域，研究重点不同，应激源的分类方式或名称也不同。以动物有机体为界的分类法，把来自于动物有机体内环境的刺激称为内部应激源，来自动物有机体外的刺激称为外部应激源。从生理学、心理学等领域也都有其对应激源的划分。

在现代应激概念中，应激反应的目的是动员机体的防御机能，克服应激源的不良作用，保持机体在极端情况下的稳态。然而这种“稳态”的维持常常需要机体付出惨痛的代价（Buller，2003；Lozovaya 和 Miller，2003）。当应激过于持久或强烈，超过机体自身调节范围，就会引起神经、内分泌、免疫系统功能紊乱。随着科学技术的迅猛发展，对应激的研究越来越受到人们的关注。应激已成为许多学科研究的重要课题，包括生理学、生物学、生物化学、免疫学、医学、心理学、人类学、社会学、工效学等。

4.1.2 应激的类型

当动物受到不同的应激源或处于不同的状态和环境时，发生的应激反应也不同，因此，了解应激的类型、不同类型的特点，会更利于处理或应对各种应激。通常研究者讨论的应激的类型是根据不同的研究领域划分的，此处仅对比较常见的应激类型进行简单介绍。

1. 良性应激与恶性应激

应激是一种全身性的适应性反应，在生理学和病理学中都有非常重要的意义。从心理学的角度看，应激既可以对人有利，也可以对人有害。根据作用效果不同将应激分为良性应激与恶性应激。良性应激，也称正应激或顺应激。良性应激是一个心理学概念，由内分泌学家 Hans Selye 定义为压力的一种，是令人愉快和具有建设性的压力，并促进人们追求其预期目标。有些专家指出，恰当量的良性应激会促进动物机体健康、增强肌肉力量、改善心脏功能、提高思维敏捷性，甚至能提高机体免疫力。恶性应激，当应激源过于强烈，可以引起心理或病理变化，甚至死亡，此类称为恶性应激，或逆应激。当动物处于恶性应激状态时，无论其内部或是外部，都发生了变化。如处于恶性应激状态的人会在情绪、身体、消化道以及心血管系统发生变化，如：生气、头疼、胃反酸以及突然血压升高等。一般认为，不会对动物机体产生不良影响的应激为良性应激，对有机体产生负面影响的应激为恶性应激，恶性应激是通常研究的重点内容。

2. 急性应激、间歇性应激和长期应激

根据应激产生的方式和持续的时间，应激又可分为急性应激、间歇性应激、慢性应激。①急性应激（acute stress）是一种发生突然、刺激强度大并且持续时间短的应激。在各种类型的应激中，急性应激是最广泛的，少量的急性应激会引起兴奋，大量的急性应激则会导致精疲力竭，严重的急性应激会发展为恶性应激，但因急性应激作用的时间短，通常情况下不会形成对机体的损伤，在大多数情况下是可以处理和控制的。②间歇性应激（episodic stress）是在生物个体一直处于连续不断的各种急性应激的状态下形成的应激，又称为间歇式急性应激，间歇

性应激会影响生物体的健康。③长期应激(chronic stress)是指长期处于某一个事件或不能控制的环境下形成的,对动物体有负面的影响。长期应激往往导致情绪上一些变化,如失望、无助、痛苦等。情况严重时就形成了恶性应激,会出现高血压、体重异常、溃疡、肿瘤、性功能障碍、过敏、自杀念头、厌食、心脏病等生理上的问题。

3. 内部应激和外部应激

应激是在应激源的刺激下产生的,根据应激源的不同,应激又分为内部应激和外部应激。动物的内部应激(inner stressor)是指动物遗传种质(品种、类型)固有的生理不协调性的应激,例如在畜禽生产中的高产应激,快大型肉鸡(躯体和心肺生长差引起的应激),蛋鸡的产蛋高峰期以及奶牛的泌乳高峰都是因为其生产性能与其固有的生理特性不协调而引起的应激。外部应激(out stressor)是环境变化引起的应激,如对于畜禽来说,圈养方式、房舍温度、湿度的过高或过低、动物管理中的分群、断奶、驱赶、捕捉、剪毛、去势、修蹄、断尾、运输;兽医防治中的采血、检疫、预防、接种、消毒;饲养中的日粮类型、营养水平、给水、给料方法的突然变化等都是来自外部环境的应激源。

不同的研究领域关注点不同,对应激的划分也不一致。如根据动物生理表现,在医学研究领域有临床应激(clinical stress)和亚临床应激(subclinical stress)的区别。心理学研究领域根据应激源不同将应激划分为躯体性应激(physical stress)、心理性应激(psychological stress)、社会性应激(social stress)、文化性应激(cultural stress)等。目前对畜禽应激的关注点主要集中在外部环境方面。

4.2　应激反应的机理

应激的发生过程及其机制是十分复杂的,作为有机整体,动物在应激状态,通过神经-内分泌系统,几乎动员了所有的器官和组织,以应对应激源的刺激,这是机体对抗损伤性刺激的措施,机体通过复杂的神经体液调节,以保持体内生理生化过程的协调与平衡,并建立新的稳定状态。当刺激的作用超出动物的自身调节能力,机体平衡被破坏,动物进入亚病理或病理状态。

4.2.1　应激反应的阶段(模型)

应激是由一系列生理和心理反应过程组成的,是有机体在面对不同刺激时的生理和心理上的自我防御过程。Moberg 提出了动物应激生物学反应模型,该模型将应激反应划分为3个阶段,即警觉期、抵抗期和衰竭期。不同的阶段,生物体内发生的生理和心理变化不同。

(1)警觉期(alarm stage)。应激反应的第一阶段,即惊恐反应阶段,亦称应激源识别阶段或动员阶段。在应激源作用后迅速出现,警觉期的神经内分泌改变以交感-肾上腺髓质系统的兴奋为主,并伴有肾上腺皮质激素的增多。这些变化使机体处于最佳状态,有利于机体的战斗或逃避。警觉期持续时间较短。

(2)抵抗期(resistance stage)。如果应激源持续作用于机体,在产生警觉期反应之后,机体将进入抵抗或适应阶段,此时,以蓝斑-交感-肾上腺髓质轴兴奋为主的一些警觉期反应将逐步消退，而表现出以肾上腺皮质激素（如糖皮质激素）分泌增多为主的适应反应，机体的代谢率增高，炎症免疫反应减弱，胸腺及淋巴组织缩小。机体在表现出对特定应激源适应、抵抗能力增强的同时，也伴随着防御储备能力的消耗，因而对其他应激源的非特异性抵抗力下降。

(3)衰竭期(exhaustion stage)。机体在经历了持续、强烈的应激源作用后，其防御储备及适应能力被耗竭。警觉期的反应表现再次出现，肾上腺皮质激素水平持续升高，但糖皮质激素受体的数量和亲和力下降，机体内环境明显失衡，出现应激反应的负效应，如应激相关疾病、器官功能衰竭甚至休克和死亡现象。这是应激反应的最后阶段，Moberg 将其称为应激反应的结果。这一时期决定应激对动物及其福利影响的大小。

需注意的是，上述的 3 个期并不一定都依次出现，多数应激源只引起第一、二期的变化，只有少数严重的应激反应才进入第三期。图 4-1 为 Moberg 提出动物应激的生物学反应模型。

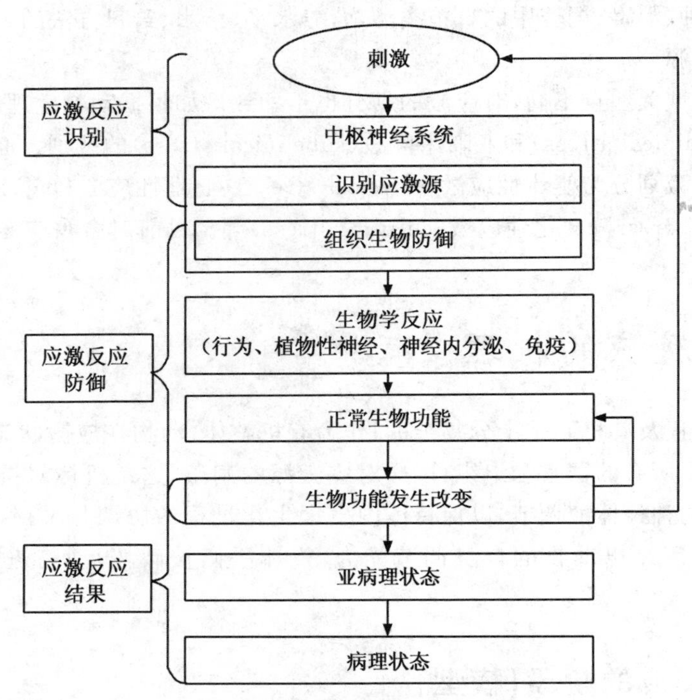

图 4-1 动物应激的生物学反应模型(Moberg,1999)

4.2.2 应激反应的生物学表现

由 Moberg 应激反应的生物学模型看到，动物受到应激源的作用后，会发生一系列的应激反应以避免或调节应激刺激。当中枢神经系统感受到威胁后，动物机体将从行为、植物神经系统、神经内分泌系统以及免疫系统等生物学方面发生反应。图 4-2 为一般动物应激生物学反应类型及顺序。

(1)动物应激的行为学反应。动物受到应激源威胁后，首先在行动上做出反应，如回避

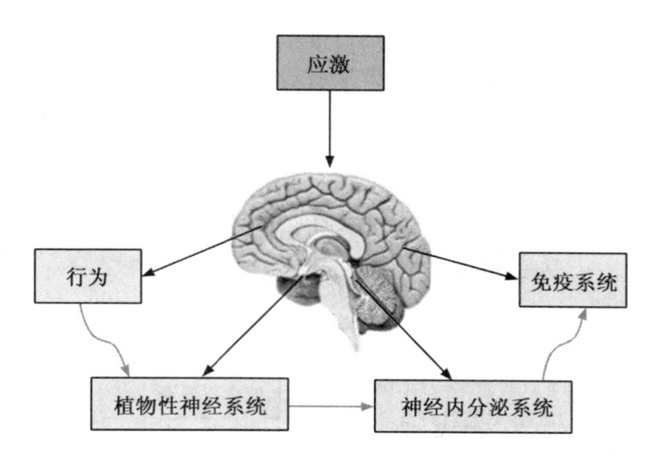

图 4-2 动物应激的生物学反应(G P Moberg,2000)

行为、攻击行为等都是动物对抗应激的行为表现。有研究表明,在多种应激方式下动物都可能产生行为障碍,且随应激时程的长短而有不同表现,急性应激期动物行为活动增多,而慢性应激期活动减少。动物随应激源刺激时程的延长,其行为表现为由兴奋、焦虑状态转为抑制、抑郁状态。仲庆镇等(2012)研究了热应激条件下鹅的行为学反应,发现鹅在热应激时的行走时间、采食时间、饮水时间、卧息时间、理毛时间及蘸水理毛时间等都发生了变化(表 4-1)。

表 4-1 热应激不同时间阶段鹅的行为变化

时间/h	处理	行走时间/min	采食时间/min	饮水时间/min	卧息时间/min	理毛时间/min	沾水理毛时间/min
1～2	应激	29.36±3.26[A]	2.78±0.78[A]	6.59±1.16[A]	—	45.94±4.35[a]	36.33±4.12
	对照	6.13±1.97[B]	6.32±1.24[B]	4.35±0.89[B]	47.4±6.25	55.62±6.14[b]	—
3～4	应激	41.68±5.36[A]	—	3.42±0.79	—	33.20±4.21	41.71±5.13
	对照	3.48±0.54[B]	—	—	77.12±6.74[B]	39.05±4.15	—
5～6	应激	3.37±0.14	—	—	58.34±4.51[a]	53.42±3.67[A]	4.88±0.71
	对照	4.02±0.46	1.65±0.24[B]	3.19±0.35	77.55±7.12	39.59±3.98[B]	—
7～8	应激	20.90±1.97[A]	—	13.90±1.85[A]	33.18±2.63[a]	43.32±6.35	8.69±1.24
	对照	3.35±0.38[B]	2.15±0.05[B]	3.5±0.39[B]	68.38±6.25[B]	42.53±3.25	—
9～10	应激	0.37±0.02[A]	—	—	92.45±8.75[A]	25.23±1.16[A]	1.95±0.11
	对照	2.03±0.06[B]	2.18±0.21[B]	1.58±0.04	65.74±6.18[B]	48.48±3.26[B]	—

* 同一时间段同列数据肩标小写字母不同表示差异显著($P<0.05$),大写字母不同表示差异极显著($P<0.01$)。

(2)应激的植物性神经系统反应。动物应激时植物性神经系统作用于心血管系统、胃肠道系统、外分泌腺及肾上腺髓质,使动物的心率、血压、胃肠道活动等发生改变。由于植物性神经系统只特异性地作用于以上几种功能系统,且作用时间较短,目前用植物性神经系统的反应表现来评价动物应激反应水平非常困难,研究者对应激的植物性神经系统反应关注相对较少。

(3)应激的神经内分泌系统反应。应激时动物神经内分泌系统的反应如图4-3所示。交感神经和肾上腺髓质反应最显著的特征是儿茶酚分泌升高。下丘脑-垂体-肾上腺皮质反应使促肾上腺皮质激素和糖皮质激素的分泌明显增多。动物应激时体内主要激素及神经递质的变化见表4-2(王建枝,2013)。

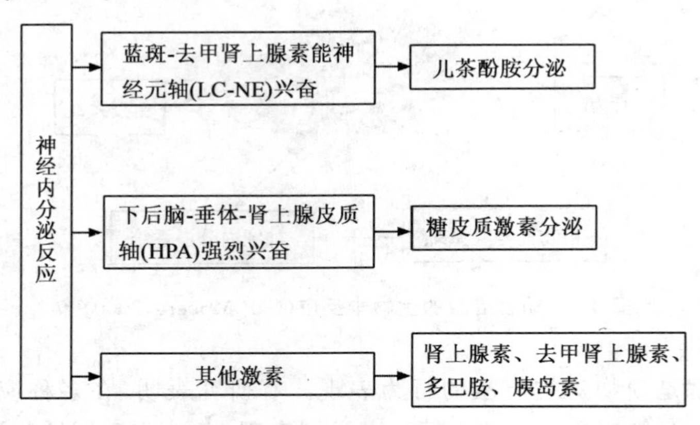

图4-3 应激的神经内分泌反应

表4-2 动物应激时体内主要激素及神经递质的变化

名称	分泌部位	变化
儿茶酚(catechol)	肾上腺	升高
糖皮质激素(glucocorticoid)	下丘脑	升高
β-内啡肽(endorphin)	腺垂体等	升高
加压素(vasopressin)	下丘脑(室核)	升高
生长素(growth hormone)	腺垂体	急性↑ 慢性↓
醛(aldehyde)	肾上腺皮质	升高
胰高血糖素(glucagons)	胰岛 α 细胞	升高
催乳素(prolactin)	腺垂体	升高
胰岛素(insulin)	胰岛 β 细胞	降低
促甲状腺激素释放激素(thyrotropin-releasing hormone)	下丘脑	降低
促甲状腺激素(thyroid-stimulating hormone)	垂体前叶	降低
三碘甲状腺原氨酸 T_3 四碘甲状腺原氨酸 T_4	甲状腺	降低
促性腺激素释放激素(GhRH)	下丘脑	降低

(4)应激的免疫系统反应。与应激有关的免疫调节是近些年科学家和临床工作者非常感兴趣的研究领域。该领域关注于中枢神经系统、内分泌系统及神经系统之间的相互作用以及对动物健康的影响。免疫系统改变是应激时的重要变化之一。应激时神经内分泌变化对免疫系统有重要调控作用;免疫系统对神经内分泌系统也有反向调节作用和影响。参与应激反应的大部分内分泌激素及神经递质的受体都已经在免疫细胞上发现。表4-3列出一些应激反应

的主要神经内分泌因子对免疫系统的调控作用，表 4-4 为免疫细胞产生的神经内分泌激素(王建枝，2013)。

表 4-3 神经递质和内分泌激素的免疫调节作用

激素	作用效应
糖皮质类固醇	抑制抗体、细胞因子的生成及 NK 细胞活性
儿茶酚胺	淋巴细胞转化
乙酰胆碱	增加淋巴细胞和巨噬细胞数
性激素	抑制或增强淋巴细胞转化
β-内啡肽	增强/抑制抗体生成、巨噬细胞、T 细胞的活性
甲硫脑啡肽	增强 T 细胞活化
强啡肽	增强植物凝集素刺激的 T 细胞转化
甲状腺素	增强 T 细胞转化
催乳素	增强巨噬细胞活性，IL-2 的产生
生长激素	增强抗体合成，巨噬细胞活性，IL-2 的调节
催产素	增强 T 细胞转化
血管活性肠肽	增强细胞因子产生
褪黑激素	增强混合淋巴细胞培养反应、抗体产生
ACTH	增强/抑制抗体、细胞因子的生成、NK、巨噬细胞的活性
生长抑素	抑制/增强淋巴细胞对分裂源反应
促肾上腺皮质释放因子	增强/抑制生长激素分泌

摘自 Khansari D N. Immunol Today，1990，11(5)：170-175。

表 4-4 免疫细胞产生的神经-内分泌激素

免疫细胞	生成的激素
T-cell	ACTH、内啡肽、TSH、GH、催乳素、IGF-1
B-cell	ACTH、内啡肽、GH、IGF-1
巨噬细胞	ACTH、内啡肽、GH、IGF-1、P 物质
脾细胞	LH、FSH、CRH
胸腺细胞	CRH、LHRH、AVP、催产素

4.2.3 动物应激与机体代谢

动物应激时体内的物质代谢也发生相应变化，且应激的强度与代谢物的变化具有正相关性。Elsasser 认为，应激对机体代谢的影响是应激改变了组织获取和利用养分的优先性。图 4-4 是应激时机体中蛋白质、糖及脂肪的代谢变化(王建枝，2013)，表 4-5 为应激时机体代谢与功能的变化(郑世民，2009)。

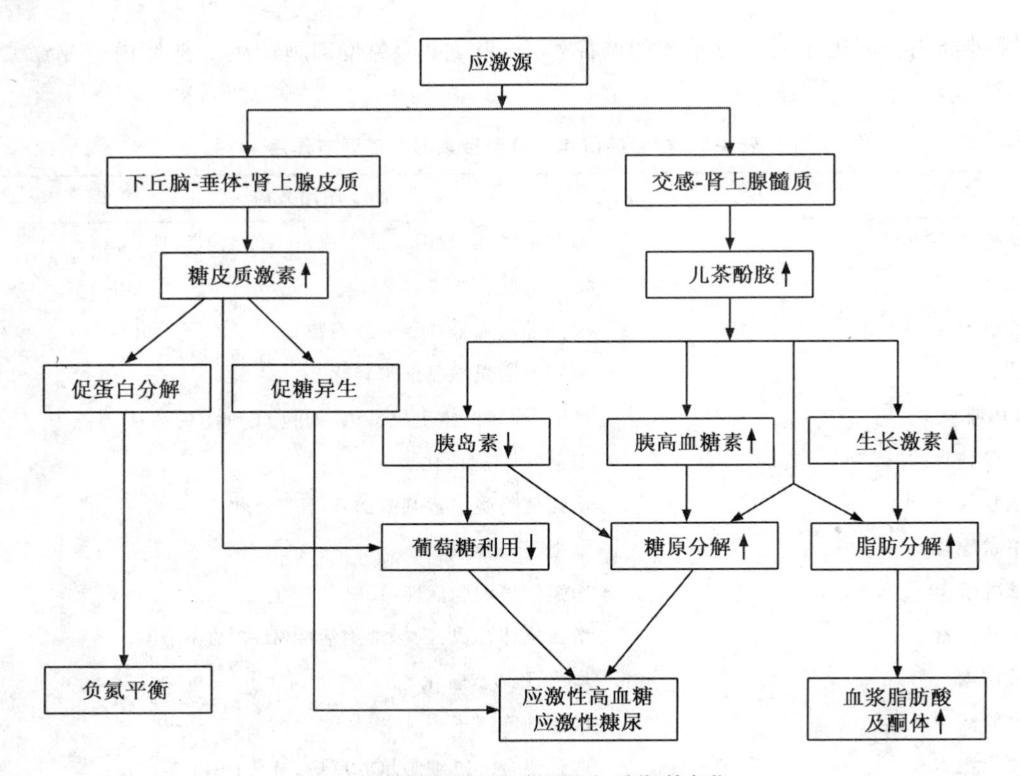

图 4-4　应激时糖、脂肪及蛋白质代谢变化

表 4-5　应激时机体的功能代谢变化

系统	适度应激	应激过度
中枢神经系统	紧张，专注程度升高，维持良好情绪及认知学习能力等	焦虑、害怕、愤怒及抑郁等
免疫系统	免疫功能增强（吞噬细胞数目增多，活性强等）	免疫抑制免疫功能紊乱
心血管系统	心率加快、心肌收缩力增强，心输出量增加，血压升高等	易诱发心律失常等
消化系统	食欲降低等	厌食症，应激性溃疡等
血液系统	白细胞及凝血因子增多等	贫血等
泌尿生殖系统	尿少，水钠排泄减少等	月经紊乱，或闭经，泌乳减少等

4.3　人和畜禽互动与畜禽应激

4.3.1　人与畜禽互动

饲养人员的态度和行为对农场畜禽的恐惧、福利和生产性能具有重要的影响。在畜牧业生产中，家畜是依靠饲养人员的饲养和管理生长发育的，受人的控制与使用。因此，人与畜禽的关系是畜牧业生产中最基本的关系。这种关系可以直接影响农场动物的福利与生产性能。

大量研究表明，在人与畜禽的关系中，饲养人员的行为对农场动物的福利和生产性能有重要的影响（李凯年，2012）。图 4-5 是 1998 年 Hemsworth 提出的饲养员与畜禽相互作用模型，反映了饲养员与畜禽相互作用对动物福利及生产性能的影响。饲养员对待畜禽的态度与畜禽行为之间是存在相互关联的，恐惧和行为表现是动物对饲养员行为的反应。例如，对饲养员有恐惧感的猪，通常是很难处置的。

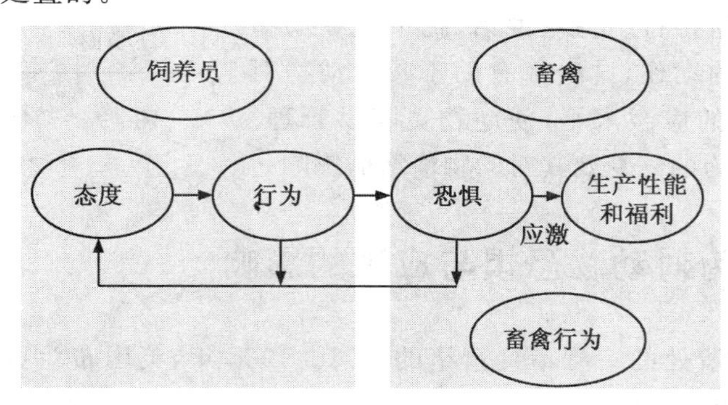

图 4-5　人与畜禽互作模型（Paul Hemsworth，1998）

由于动物是由人控制、管理和使用的，因此，在人与畜禽的关系中具有不对称性的特征。研究者可通过许多试验评估人与畜禽的关系。这些试验包括行为学试验，例如逃避距离反应、对静止人的反应、对行动人的反应、对实际操作的反应。生理学试验，例如心率和皮质酮（应激）反应等。饲养员的态度及行为与动物的行为存在明显的互作（表 4-6，Hemsworth，2000）。从表中可以看出，如果饲养员的日常行为引起奶牛恐惧，那么饲养员与奶牛就不能友好相处，奶牛的愉悦程度低、难管理、负面的行为表现突出，在奶牛良好行为管理方面得分会较低。

表 4-6　为饲养员的态度与行为相关性分析

态度因素	饲养员的行为[a]						
	POS	NEG1	NEG2	NEG12	INTERACT	NEG12%	NEG2%
奶牛表现特性							
容易相处	0.02	−0.01	−0.06	−0.02	−0.01	−0.05	0.06
负面态度	−0.12	−0.06	0.02	−0.05	−0.11	0.10	0.12
动物愉悦	0.22*	−0.06	−0.04	−0.06	0.09	−0.28**	−0.13
易于管理	0.07	−0.10	−0.04	−0.09	−0.03	−0.10	−0.09
负面特性	0.00	0.00	0.07	0.02	0.02	0.01	0.03
行为上的表现							
良好的行为	0.26**	−0.03	−0.27**	−0.12	0.07	−0.24**	−0.37**
容易处置	−0.04	−0.17*	−0.10	−0.10	−0.05	−0.15	−0.14

POS 正面作用；NEG1 中等强度的负面作用；NEG2 恐惧强度的负面作用；NEG12 总的负面作用；INTERACT 总的作用；这些项目的得分越高，代表正面态度越好。*，** 分别表示差异显著（$P<0.05$）和极显著（$P<0.01$）。

能够引起动物发生特定反应的人的行为可以定义为正面行为和负面行为两种。饲养人员的负面行为，例如抽打、击打、快速移动、吆喝和噪声等，这些都会增加动物的恐惧，造成躲避、应激和管理困难。负面行为可以引起应激，显著加剧动物的皮质醇反应。饲养人员的正向行为，例如轻轻地拍打、抚摸、说话、把手放在动物的背上、缓慢而谨慎的动作，这些都有助于减少动物对人的恐惧，降低动物的应激水平，使动物更容易管理。图 4-6 为动物对人行为的感受及其对动物情绪的影响。

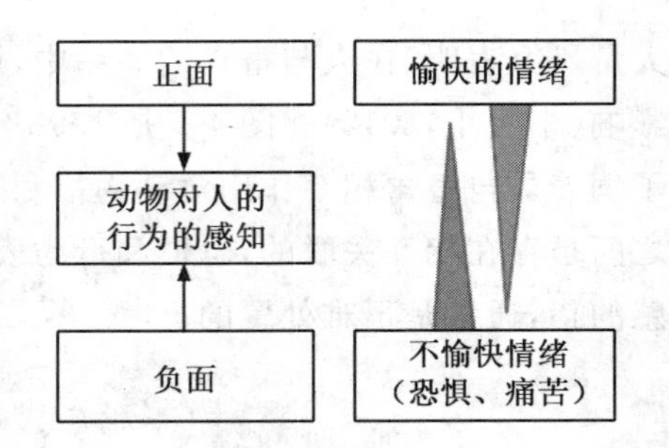

图 4-6 动物对人行为的感受及动物情绪反应

4.3.2 负面行为对动物恐惧与应激的影响

恐惧是人和动物所处的一种不良情绪的状态。1965 年，英国布兰贝尔委员会（Brambell Committee）把恐惧、疼痛、挫折及疲劳都列入了痛苦的范畴，提出了关于保障动物福利免于恐惧的建议。Breurer 等（2003）通过研究考察了人的负面行为对奶牛的行为、恐惧与应激生理反应。表 4-7 为小母牛对来自人的正面行为和负面行为所做出的行为学反应。

表 4-7 正面和负面的行为对小母牛接近和回避刺激物的影响（标准人刺激试验）

变量	处理方式		P	LSD
	正面	负面		(P=0.05)
远离刺激的距离/m	2.16	4.55	0.001	0.83
母牛移向标准人靶时，与工作人员的距离/m	7.05	10.40	0.001	2.2
母牛移动到与刺激物 1 m 内的时间/s	1.79(120.8)	2.19(165.1)	0.001	0.21
母牛移动到与刺激物 2 m 内的时间/s	94.1	138.9	0.001	29.09
母牛距刺激物 1 m 范围内的时间/s	0.57(22.9)	0.16(1.7)	0.001	0.26
母牛距刺激物 2 m 范围内的时间/s	0.87(36.0)	0.43(6.8)	0.01	0.31
与人刺激物互动的次数	0.27(2.42)	0.03(0.08)	0.001	0.12

不同种类或性别的动物受负面行为所引起的恐惧与应激程度不同。Keer-Keer（1996）研究表明，蛋鸡比肉鸡更容易对恐惧和应激采取回避的行为。

4.3.3 负面行为对动物生产性能的影响

大量研究证实，负面处置不仅能引起动物恐惧和应激，并直接影响到动物的福利和生产性能。Breuer（2000）研究了负面处置对奶牛应激、福利及生产性能的影响，发现负面处置显著降低了牛的逃离距离（−2.78 m）和产奶量（−1.3 kg/d），增加了牛的跛足数量（+42%）。Hemsworth（2006）总结了 6 个有关负面行为对猪应激及生产性能的影响研究结果（表 4-8，Moberg，2005）。从表 4-8 中可以看出，对猪进行负面处置，猪因恐惧而产生长期的应激反应，肾上腺和游离皮质醇浓度升高，严重限制了生长速度。

表 4-8　接触处置对猪的生产性能及生理应激的影响

试验和参数	正面处置组	最小程度处置组	负面处置组
Hemsworth 等(1981a)			
日增重(11～12 周)/(g/d)	709^{b}	—	669^{a}
游离皮质醇浓度/(ng/mL)^{*2}	2.1^{x}	—	3.1^{y}
Gonyou 等(1986)			
日增重(8～18 周)/(g/d)	897^{b}	881^{a,b}	837^{a}
肾上腺皮质/mm^2	23.2^{a}	24.9^{a,b}	33.1^{b}
Hemsworth 等(1986a)			
母猪妊娠率/%	88^{b}	57^{a,b}	33^{a}
游离皮质醇浓度/(ng/mL)^{*2}	1.7^{a}	1.8^{a,b}	2.5^{b}
Hemsworth 等(1987)			
日增重(7～13 周)/(g/d)	455^{b}	458^{b}	404^{a}
游离皮质醇浓度/(ng/mL)^{*2}	1.6^{x}	1.7^{x}	2.5^{y}
Hemsworth 和 Barnett (1991)			
日增重(从 15 kg 体重开始,持续 10 周)/(g/d)	656	—	641
游离皮质醇浓度/(ng/mL)^{*2}	1.5	—	1.1
Hemsworth 等(1996 a)			
日增重(从 63 kg 体重开始,持续 4 周)/(g/d)	0.97^{a,b}	1.05^{b}	0.94^{a}
肾上腺重量/g	3.82^{x}	4.03^{x}	4.81^{y}

注:a,b 和 x,y 分别表示 $P<0.05$ 和 $P<0.01$ 的显著水平;^{*2}表示从 8:00 到 17:00,每间隔 1 h 遥控采血一次。

4.3.4　不同处置行为对动物健康的影响

动物受到应激时,抑制了免疫反应的抗体产生,造成健康水平下降。管理员对畜禽的作用不仅会影响到动物的生产性能,负面处置比较严重时会加剧动物对恐惧的应激,并会进一步影响动物的福利与健康。如原发性高血压、动脉粥样硬化、冠心病、溃疡性结肠炎、支气管哮喘等都被认为是与应激相关的高发疾病。Lensink 等 (2000)研究了不同处置行为对小牛的生产性能及健康的影响,发现给予正面作用的小牛比对照组具有更高的日增重和糖原潜力,更低的溃疡发病率(表 4-9)。

表 4-9　处置方式对小牛的生产性能和健康的影响

指标	对照	正面处置	P
日增重/(kg/d)	1.21	1.19	0.50
溃疡发病率	36.4^{b}	0.0^{a}	0.05

4.3.5 改善人与畜禽的关系,提高动物福利

饲养人员在建立人与畜禽之间的正向关系并进而提高农场动物的福利和生产性能过程中起着非常重要的作用。由上面的内容可知,饲养员与动物的互作模式直接影响到动物的恐惧、应激、福利、健康及生产性能,改善饲养员处置畜禽的方式是降低畜禽应激,提高其福利的重要途径之一。从前面的分析可知,饲养员处置畜禽的方式或行为受到其态度的影响,也与饲养员对其行为对结果影响重要性的认识有关,因此,可以通过选择合适的饲养员,并对其进行有关动物福利知识和处置动物技术等培训来培养他们对待畜禽的良好态度和行为,从而提高畜禽的福利水平。

饲养人员素质是保障良好动物福利的关键,称职的饲养员应该具有的素质包括:①热爱饲养畜禽的工作,愿意善待动物;②能识别畜禽是否处于良好的健康状态,动物行为改变的原因,何时需要进行兽医治疗;③了解农场动物的福利需求;④掌握良好处置畜禽的知识和技术。

对于不具备基本知识和素质的饲养员应该进行相关的职业培训,通过培训,饲养员对待畜禽的态度和行为都会改善,从而有利于提高动物福利。Hemsworth 等(2002)报道了对饲养员进行培训,饲养员的态度及行为发生的变化(表 4-10)。

表 4-10 职业培训对饲养员对待动物的态度和行为的影响

项目	处理		LSD
	对照组	培训组	(P=0.05)
饲养员的态度			
抚摸量	19.6^{b}	23.6^{a}	3.37
努力量	38.2^{b}	42.1^{a}	4.07
饲养员的行为			
负面行为/%	77.1^{y}	47.3^{x}	13.91
严重的负面行为/%	12.2^{y}	2.4^{x}	7.47

Hemsworth 等(2002)还进行了一些有关饲养员培训方面的研究。研究考察了在奶牛场进行认知-行为培训对动物生产性能的影响。测量的主要变量为饲养人员的态度、饲养人员的行为、动物对人的恐惧以及奶牛的生产性能。这项研究证实,培训显著改善了饲养人员的态度,降低了饲养人员对奶牛的负面行为,降低了乳皮质醇水平,增加了产奶量,增加了乳蛋白和乳脂肪含量也。

4.4 常见畜禽应激

随着畜牧业高度集约化发展,生产者为了最大限度地提高畜禽生产水平、降低生产成本、增加经济效益,采用的生产工艺和技术措施,甚至畜禽品种本身所具备的生产能力等往往会背离畜禽适应了的环境条件和畜禽的正常生理机能,造成畜禽应激。畜禽应激不仅影响畜禽的生长发育,同时还影响动物的行为,产生应激综合征,导致生长发育缓慢,生产性能、免疫力、产品品质的下降,甚至引起疾病或死亡,给畜牧业造成巨大损失。目前畜牧业生产过程中比较容

易发生和受到广泛关注的畜禽应激有运输应激、冷热应激、免疫应激等。了解各种应激产生的原因及对畜禽健康及生产性能的影响，对于改善畜禽生产过程中对待畜禽的行为，提高畜禽福利有重要的指导作用。

4.4.1 运输应激

运输应激(transport stress)是指在运输过程中的禁食/限饲、环境变化(混群、密度、温度、湿度)、颠簸、心理压力等应激源的综合作用下，动物机体产生本能的适应性和防御性反应，是影响动物生产的重要因素之一(Fazio 和 Ferlazzo，2003)。集约化养殖的畜禽在进出养殖场、转群、集中屠宰前都需要运输，运输过程不可避免地伴有运输应激，这会导致动物的生理、心理状态和代谢过程发生相应地变化，严重时会给畜牧业生产带来巨大损失。运输应激条件下，动物往往表现为呼吸、心跳加速，恐惧不安、性情急躁，体内的营养、水分大量消耗，并最终影响动物的生产性能、免疫水平及畜产品品质。因此，采取积极的应对措施以缓解运输应激导致的动物生产性能和产品品质下降尤为重要，同时对动物福利的改善也有重要借鉴意义。

1. 运输应激对畜禽内分泌、代谢的影响

应激可引起机体非特异性的反应，通过神经(激素)—免疫(抗体等)—内分泌网络(内分泌物)的共性通路，改变机体的内稳态，启动细胞信号传导途径，引起多种细胞学效应，对机体产生广泛而严重的影响，严重时会发生生理功能紊乱和应激性损伤。运输距离、时间、季节、性别、年龄、生理状况、性情、有无运输经历、人的处置方式、司机的驾驶技术以及运输工具和地面等因素都是潜在的应激源。Zhong(2011)报道了陆地运输对不同年龄绵羊血清代谢酶活性及激素水平的影响(表 4-11)。运输组与对照组(不运输)及年龄对血清碱性磷酸酶、肌酸激酶、乳酸脱氢酶、谷草转氨酶的活性和三碘甲状腺氨酶浓度差异显著并有互作。各项指标数值上都是月龄越大，数值相应也高。

表 4-11 陆地运输对不同月龄绵羊血清代谢酶活性及激素水平的影响($n=12$)

项目	对照组			运输组			SEM	P		
	6月龄	12月龄	24月龄	6月龄	12月龄	24月龄		处理(T)	月龄(A)	互作T×A
碱性磷酸酶/(IU/L)	146.3[ab]	177.3[a]	90.6[bc]	69.2[a]	70.6[a]	73.3[a]	13.7	<0.001	0.007	0.010
肌酸激酶/(IU/L)	129.8[b]	183.3[b]	103.5[b]	180.5[b]	225.2[ab]	332.8[a]	33.3	<0.001	0.147	0.009
乳酸脱脂酶/(IU/L)	381.3	356.3	284.2	281.3	329.0	357.8	29.6	0.624	0.900	0.007
谷草转氨酶/(IU/L)	77.3[ab]	85.0[ab]	79.8[ab]	67.0[b]	76.3[ab]	115.5[a]	10.1	0.497	0.043	0.040
谷丙转氨酶/(IU/L)	17.3	22.3	17.3	16.7	17.7	20.2	2.39	0.671	0.457	0.299
三碘甲状腺氨酶/(nmol/mL)	1.85[a]	2.68[a]	2.94[a]	2.44[ab]	2.09[bc]	2.76[a]	0.13	0.589	<0.001	<0.001
甲状腺素/(nmol/mL)	93.7[b]	133.4[a]	147.3[a]	89.9[b]	127.7[a]	141.8[a]	7.02	0.381	<0.001	0.989
皮质醇/(nmol/mL)	0.89[c]	1.94[ab]	2.33[a]	1.00[bc]	2.68[a]	2.23[a]	0.24	0.213	<0.001	0.197
胰岛素/(IU/mL)	2.9[bc]	14.8[abc]	18.8[ab]	12.7[c]	20.7[a]	19.6[a]	1.43	0.062	<0.001	0.085

* 同行平均值肩标不同为差异显著($P<0.05$)。

2. 运输应激对畜禽机体免疫力的影响

运输应激能够改变机体的免疫功能，但影响呈复杂的关系，应激刺激的性质、强度、持续时间、应激时间、动物的品种、年龄等都会影响到作用的结果。吕琼霞(2009)探讨不同运输时间应激对猪免疫机能的影响及其相关细胞因子的调控作用，研究表明，经 1 h、2 h、4 h 的运输应激后，猪血清对 T、B 淋巴细胞转化能力均有影响，都是先升高，并以 1 h 运输猪血清的刺激能力最强($P<0.05$)，随后开始下降，到 4 h 时降到最低。血清 IL-2、IL-6、IL-10 的含量变化均是在运输后 1 h 时达到最高，随后开始下降并在 4 h 时降到最低。运输对猪免疫功能的影响受众多细胞因子的调控，特别是 IL-6 和 IL-10 是调节运输猪免疫功能的重要细胞因子，且 IL-6 可作为猪运输后免疫功能变化的标志物。Stanger(2005)研究了运输应激对成年瘤牛免疫性能的影响，测定了运输前 48 h，运输 72 h 后和停止运输 6 d 后牛血液中的免疫指标。结果显示，总的白血球、红细胞数量、PHA 刺激的淋巴细胞增殖等在 72 h 运输后显著降低，6 d 后恢复到运输前的水平，说明在这段时间内，瘤牛容易受到感染的危险。家禽在运输过程中更容易产生严重的应激，甚至造成死亡。Voslarova(2007)等总结了捷克 1997—2004 年期间，运输距离和季节对运输中家禽死亡数(表 4-12)。

表 4-12 运输距离与运输过程中鸡的死亡率的影响

运输距离 /km	运输鸡的数量		运输过程中死亡的数量		死亡百分数/%	
	mean	sd	mean	sd	mean	sd
<50	1 799 200	220 898	10 843	11 465	0.592	0.575
51～100	1 428 420	453 389	10 369	2 703	0.764	0.213
101～200	1 448 841	244 687	15 285	8 241	1.053	0.547
201～300	604 339	185 386	9 720	5 084	1.638	0.952
>300	356 773	400 810	4 009	4 667	0.911	0.879
总和	5 637 573	572 905	50 226	19 562	0.925	0.479

mean：平均值；sd：标准差。

3. 运输应激对畜禽生产性能的影响

运输应激常会导致动物的生产性能下降。牛运输过程中减重是非常突出的问题。从表 4-13 可以看出，运输会增加牛的减重，并随着运输时间的延长，减重损失增大。

表 4-13 处置条件对牛减重损失的影响 %

处置条件	减重	处置条件	减重
8 h 干地站立	3.3	8 h 的卡车运输	5.5
16 h 干地站立	6.2	16 h 的卡车运输	7.9
24 h 干地站立	6.6	24 h 的卡车运输	8.9

摘自 Alabama Cooperative Extension System. Alabama Beef Cattle Pocket Guide，ANR-1323。

4. 运输应激对畜产品品质的影响

应激是影响畜禽产品品质的重要因素，尤其对肉品质的影响受到了广泛的关注。在运输过程中畜禽很容易发生应激反应使机体分泌大量的肾上腺素，分解体内的肝糖原和肌糖原，从而影响屠宰后肉品的酸化速度和程度，对肉品产生不利影响。如果应激时间长，肌糖原消耗过大，就会导致肉色暗且干硬(Dark，Firm and Dry，DFD)。如果应激是在接近屠宰或正在屠宰时发生，糖酵解加剧就会导致产生肉色淡、组织松软、液汁渗出的肉(Pale，Soft，Exudative，PSE)。Hambrecht 等(2005)研究了运输后对屠宰猪肌肉品质的影响，发现长时间和不平坦道路的运输会增加肌乳酸浓度，降低肉糖酵解潜力，降低肉色的红度及黄度，增加了肌肉的电导率，降低系水率，pH_{24} 有升高的趋势(表 4-14)。他们还考察了应激水平对肉品质的影响(表 4-15)，从表 4-15 中可以看出，应激水平对各项肉品指标都有极显著的影响。

表 4-14　运输时间及路况对猪肉品质的影响

项　目	运输情况		Pooled SE	P
	短时间(50 min)、平坦路	长时间(3 h)、不平坦路		
胴体数量	174	184		
观察的数量	348	368		
糖酵解潜力/(μmol/g)	92.4	96.0	1.10	0.002
乳酸盐/(μmol/g)	59.7	63.5	0.79	0.001
糖原/(μmol/g)	16.4	16.2	0.41	0.853
亮度值(L^* value)	46.4	46.1	0.12	0.110
红度值(a^* value)	21.8	21.6	0.09	0.002
黄度值(b^* value)	4.9	4.7	0.067	0.001
pH_{24}	5.82	5.85	0.020	0.075
电导率/mS	8.2	8.6	0.27	0.039

* 糖酵解潜力、乳酸盐及糖原为鲜样基础，糖酵解潜力＝2 糖原＋乳酸盐。

表 4-15　应激水平对猪肉品质的影响

项　目	应激水平		Pooled SE	P
	低	高		
胴体数量	176	181		
观察的数量	352	362		
糖酵解潜力/(μmol/g)	97.4	91.0	1.11	0.001
乳酸盐/(μmol/g)	54.7	68.5	0.80	0.001
糖原/(μmol/g)	21.4	11.2	0.41	0.001
亮度值(L^* value)	46.5	46.0	0.12	0.008
红度值(a^* value)	21.8	22.0	0.11	0.006
黄度值(b^* value)	5.0	4.6	0.07	0.001
pH_{24}	5.77	5.90	0.020	0.001
电导率/mS	7.0	9.8	0.28	0.001

* 糖酵解潜力、乳酸盐及糖原为鲜样基础，糖酵解潜力＝2 糖原＋乳酸盐。

5. 减少运输应激的措施

(1)畜禽品种的选育是减少运输应激的重要措施之一。减少运输应激对动物生产的影响，从长远看应进行抗应激品种选育，淘汰胆小易惊恐、抗逆性差的品种。许多动物的性格受基因控制，如奶牛的性情特征是可遗传的，性格温顺的奶牛比性格暴躁的奶牛更容易适应新环境影响而减少应激，在装载运输等过程中，性情温和的牛的应激反应小，所受到的应激损伤也低于性格暴躁的奶牛，这已经成为现代奶牛选育的一个重要指标。

(2)改善运输环境是目前减少运输应激备受关注的福利议题。运输前要对动物畜舍环境、运输工具、畜禽健康等进行检查；装卸过程中装卸人员的行为、装载密度；司机驾驶风格、运输时间、中间休息及饮水和饲料供给等方面都可改善以降低运输应激。

(3)调整日粮组成。使用抗应激添加剂也是降低应激反应的措施之一。日粮中添加镁可以减轻运输应激对猪肉品质的不利影响，降低屠宰后肌肉的糖酵解潜值，宰后肌肉 pH 值较高。在育肥猪的日粮中添加镁可以降低运输造成的肉品质损伤，而添加维生素 C 和维生素 E 则可以改善肉的颜色。铬作为葡萄糖耐受因子(GTF)的活性成分，它可以通过改变肉质醇的产量和胰岛素的活性而影响动物的应激反应，减轻运输和转运过程中的应激作用，增加肌肉中糖原贮量。减少 PSE 和 DFD 肉的发生。Al-Mufarrej 等(2008)研究了日粮中添加铬对运输应激羔羊的血液生化指标和免疫应答的影响，发现铬能显著降低运输过程中羔羊体温和提高免疫球蛋白滴度，说明日粮中添加铬可以提高羔羊的应激免疫力。

4.4.2 热应激

热应激(heat stress)是指动物机体处于高温环境中所做出的非特异性生理反应的总和。在众多的环境因子中，温度是一个非常重要的因素。畜禽在消化食物过程中会产生大量热量，这些热量多数通过汗腺和皮肤散发，不同畜禽有着不同的适宜温度，即等热点。正常情况下，畜禽在采食和生理消化过程中产生的体增热通过汗腺和皮肤散发，产热与散热处于平衡状态。一旦环境温度持续超过畜禽的等热点，产生的热量不能及时散发出去，畜禽就会发生热应激反应。不同的畜禽发生热应激所表现的症状不完全一致，有些现象是大多数畜禽在热应激时所表现的，比如，动物聚集在阴凉地方、气促喘息、过多的唾液、口吐白沫、张着口呼吸、缺乏协调性及战栗等。热应激可从很多方面对畜禽产生影响，包括行为、内分泌与代谢、采食量、体增重、生产性能、疾病的易感性等，严重时甚至造成畜禽死亡。

1. 等热区(thermoneutral zone)和热感指数(heat index)

等热区(thermo neutral zone，TNZ)是指恒温动物主要借助于物理调节，维持体热平衡的环境温度范围。在等热区内，动物不需进行任何物理调节即能维持体温正常，动物的代谢水平最低，该温度区域又称为舒适区。等热区的范围受许多因素的影响，包括动物因素(年龄、体重、生理阶段、群体大小等)和环境因素(环境温度、湿度、风速、地板类型和辐射热等)。等热区的上限与下限分别称为临界温度上限(upper critical temperature，UCT)与临界温度下限(lower critical temperature，LCT)。等热区与临界温度在畜牧生产中有着重要的意义，一般在等热区内，动物机体为维持体温恒定所付出的代价最低，家畜的生产性能、饲料利用率都较高，饲养家畜较为经济有利。图 4-7 为环境温度对畜禽生理与代谢的影响(Brody，1945)。热应激是指畜禽所处的环境温度长时间超过本品种要求的等热区上限时，导致畜禽体温调节及生理机能紊乱而引起机体发生的一系列异常反应。由于畜禽种类和年龄的不同，它们对环境温度的要求和对高温的适应性也有所差异。表 4-16 为畜禽在不同的生理阶段的等热区。

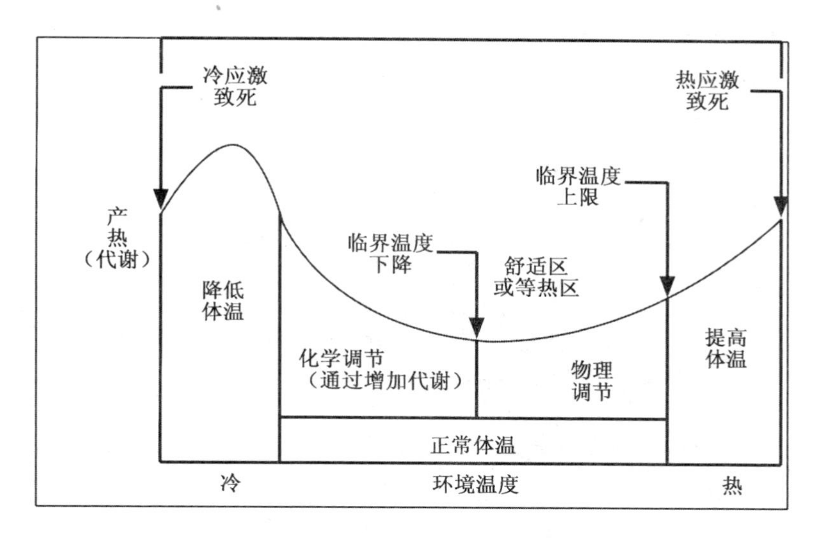

图 4-7 环境温度对畜禽生理及代谢的影响

表 4-16 部分畜禽的等热区

畜禽种类	等热区/℃	参考文献
1 周龄肉鸡	32～33	The Management of Heat Stress Through Nutrition, 2008, avitech technical bulletin
5～7 周龄肉鸡	18～22	
蛋鸡	19～22	
28～24 kg 猪	18～27	Richard D Coffey, ASC-147
34～68 kg 猪	16～24	
＞68 kg 猪	10～24	
牛	5～20	Livestock Nutrition, Husbandry, and Behavior, National Range and Pasture Handbook.（190-vi, NRPH, September 1997）
小牛	10～20	
羊	21～31	
羔羊	10～20	

热感指数(heat index, HI)是一种将实际温度和相对湿度结合起来计算的指数,从而计算出动物真正感受到的温度,也称为"体感温度"。图 4-8 反映了环境空气的湿度和温度对牛体感温度及机体耐受力的影响(Copyright © NADIS 2014, www. nadis. org. uk)。当牛处于无热应激区域时,体感舒服,不会产生应激;当 THI 达到 72 时,牛开始感觉不适,当 THI 达到 80 时,牛处于严重的热应激状态,当 THI 达到 100 时,热应激会引起牛的死亡。不同的畜禽对环境的适应能力不同,THI 图也不同。

2. 热应激对畜禽内分泌、代谢和免疫的影响

畜禽遭受热应激后体内的内分泌、代谢和免疫能力都会受到影响。研究表明,热应激会引起畜禽体内氧化代谢增加,导致过氧化物增加、膜系统损伤;加强甲状腺和肾上腺的功能;使机体内物质代谢加快,免疫力降低;打乱体内水和电解质平衡,导致排尿增加,离子丢失增加。

温湿指数(THI)									
									相对湿度/%
℃	20	30	40	50	60	70	80	90	100
22	66	66	67	68	69	69	70	71	72
24	68	69	70	70	71	72	73	74	75
26	70	71	72	73	74	75	77	78	79
28	72	73	74	76	77	78	80	81	82
30	74	75	77	78	80	81	83	84	86
32	76	77	79	81	83	84	86	88	90
34	78	80	82	84	85	87	89	91	93
36	80	82	84	86	88	90	93	95	97
38	82	84	86	89	91	93	96	98	100
40	84	86	89	91	94	96	99	101	104

无热应激　适中热应激　强烈热应激　死亡牛数

图 4-8 热感指数(牛)

影响的程度与畜禽的种类、遗传因素等有关。Melesse 等(2011)研究了长期热应激对商业蛋鸡体内主要酶活性和 T_3 水平的影响。研究选用的 5 种基因类型的商业蛋鸡,分别给予常温(18～20℃)和高温(30～32℃)两个处理。在 3 个年龄段分别采血测定谷丙转氨酶(GPT)、天冬氨酸转氨酶(GOT)、肌酸激酶(CK)、乳酸脱氢酶(LDH)及三碘甲状腺氨酸(T_3)水平。结果表明,在所有的试验动物及阶段热应激能显著提高血液谷丙转氨酶水平(GPT);在 22 周时,热应激显著提高肌酸激酶(CK)的水平;热应激显著降低了所有试验动物的三碘甲状腺氨酸(T_3)水平(41%),并指出三碘甲状腺氨酸(T_3)水平可以作为热应激的指示指标。图 4-9 为热应激对不同基因型商业鸡血液 T_3 水平的影响。

蔡亚非等(2005)研究表明,热应激会影响奶牛的外周血淋巴细胞凋亡和 bax-α 基因表达。热应激明显诱导奶牛外周血淋巴细胞凋亡(图 4-10),细胞可能通过不断增殖来维持淋巴细胞数目的稳定,以减弱动物的热应激反应,bax-α 基因表达在热应激状态下表达量最高。

3. 热应激对畜禽生产性能和产品品质的影响

热应激对畜禽生产性能的影响有过很多报道,集中在热应激对畜禽采食量、日增重、产奶量、产蛋量等生产指标以及产品品质的影响。应激对生产性能的影响结果对不同的畜禽不尽相同,但总体影响基本一致,即热应激状态下,采食量降低、增重、产奶/蛋量降低。图 4-11 为环境温度对育肥猪生产性能的影响(Richard D Coffey, ASC-147)。表 4-17 比较了处于等热区和热应激状态及日粮不同能量供给条件下,4～7 周龄肉鸡的增重、采食的能量、胴体脂肪比例以及死亡率。从表 4-17 中数据可以看出,在各种能量供给条件下,热应激均显著降低了体增重和能量采食量,提高了胴体脂肪比例和死亡率。

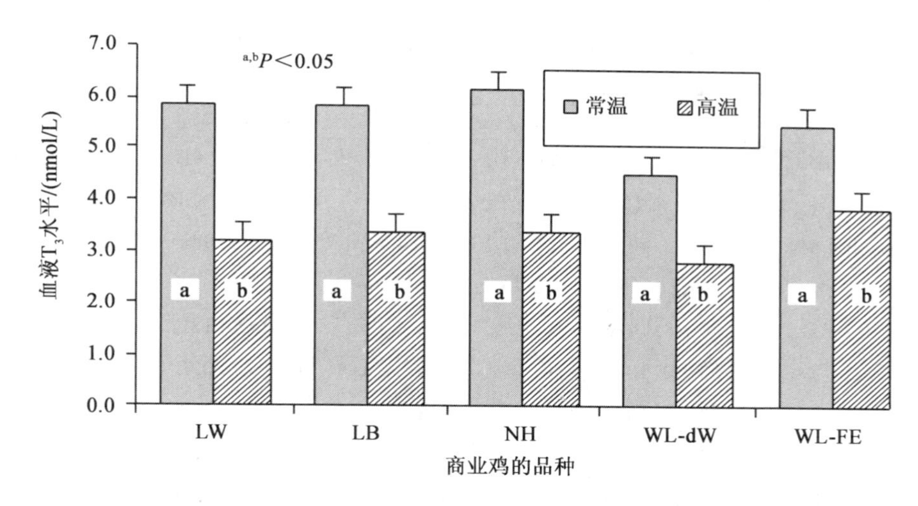

图 4-9 热应激对不同基因型商业蛋鸡血液 T_3 水平的影响

注：LW：Lohmann White；LB：Lohmann Brown；NH：New Hampshire；WL-dw：Dwarf White Leghorn；WL-FE：White Leghorn，selected for improved feed efficiency。

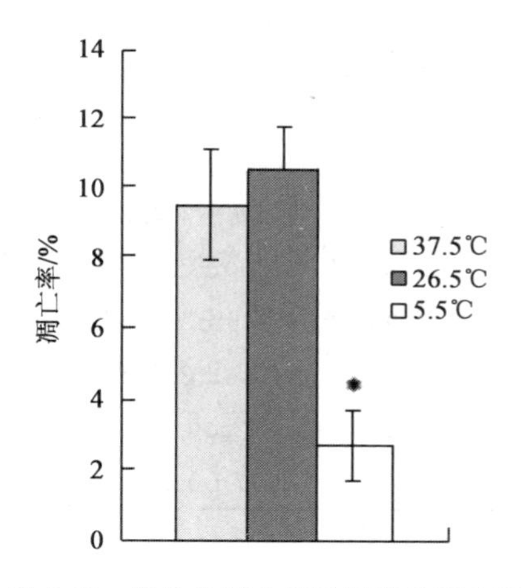

图 4-10 奶牛外周血淋巴细胞的凋亡率

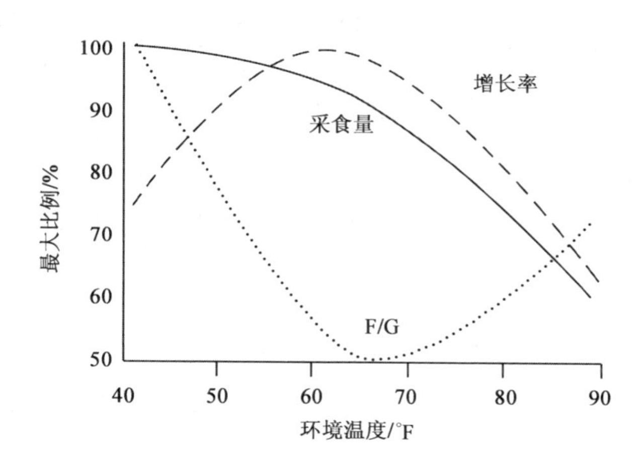

图 4-11 环境温度对生长育肥猪生产性能的影响

表 4-17 肉鸡在等热区(TNZ)和热应激状态(HT)下的生产性能

日粮能量/(kJ/kg)	增重/g		采食能量/kJ		胴体脂肪/%		死亡率/%	
	TNZ	HT	TNZ	HT	TNZ	HT	TNZ	HT
11 831.9	1 151	947	31 392.6	27 013.2	12.2	13.0	2.0	8.0
13 397.8	1 294	998	35 252.9	29 945.0	13.1	13.7	3.0	4.0
14 963.6	1 301	997	44 258.7	33 825.2	14.2	14.9	5.0	20.0

Renna 等(2010)研究了 2003 年(高温)与 2004 年(等热区)高山牧场上两个品种奶牛的生产性能及乳成分，发现与 2004 年相比，热应激状态(2003 年)下奶牛的干物质采食量、产奶量、乳蛋白和乳脂肪产量都显著降低(表 4-18)；奶脂肪中胆固醇、总饱和脂肪酸和单和多不饱和脂肪增加(表 4-19)；研究还发现，在等热区更有利于发挥品种的优势。

表 4-18　温度对奶牛生产性能和乳成分的影响

指标	ARP		P	ABP-AC		P
	2003(n=42)	2004(n=42)		2003(n=42)	2004(n=42)	
milk yield(kg/(h·d))	10.29±4.39A	11.14±3.64A	**	7.83±3.06B	7.28±2.15B	ns
DMI/(kg/(h·d))	13.73±1.23A	14.22±1.28A	**	12.95±0.85B	12.79±0.80B	ns
4% FCM/(kg/(h·d))	9.75±3.80A	10.81±3.52A	**	7.74±2.98B	6.97±2.21B	ns
fat/%	3.80±0.68	3.88±0.72	ns	3.89±0.69	3.71±0.67	ns
fat yield/(kg/(h·d))	0.38±0.14A	0.42±0.14A	**	0.30±0.12B	0.27±0.10B	ns
protein/%	0.33±0.13A	0.38±0.11A	ns	0.27±0.09B	0.26±0.07B	ns
protein yield/(kg/(h·d))	0.33±0.13A	0.38±0.11A	**	0.27±0.09B	0.26±0.07B	ns
SCC/(n* 1 000/mL)	215.06±80.76	190.07±104.79	ns	179.51±76.75	263.27±104.40	ns

同行星号表示不同年间统计学上显著差异(*** $P<0.001$；** $P<0.01$；* $P<0.05$；ns：不显著)，同行间不同的字母表明：同年，品种之间统计上的显著差异(A，B：$P<0.001$；a，b：$P<0.01$；α，β：$P<0.05$)。缩写：milk yield：产奶量；DMI：干物质采食量；FCM=脂肪校正乳；fat：脂肪；fat yield：脂肪产量；protein：蛋白质；protein yield：蛋白质产量；SCC=体细胞计数。

表 4-19　在 2003 年(热应激)，2004 年两种放牧牛乳中脂肪酸组成

指标	ARP		P	ABP-AC		P
	2003(n=42)	2004(n=42)		2003(n=42)	2004(n=42)	
HSFA	37.99±3.05α	41.92±3.85α	***	36.50±3.22β	40.03±3.19β	***
SMCFA	43.25±3.29	47.24±4.04a	***	41.84±3.71	45.00±3.48b	**
LCFA	56.76±3.29	52.77±4.03b	***	58.17±3.72	55.00±3.48a	**
Total SFA	55.08±2.85	59.83±3.23a	***	53.68±3.90	57.46±3.64b	***
Total MUFA	39.29±2.94	35.16±2.95b	***	40.30±3.79	37.13±3.13a	***
Total PUFA	5.63±0.73b	5.01±0.70β	***	6.03±0.80a	5.42±0.84α	**
SFA/UFA	1.23±0.14	1.51±0.20a	***	1.17±0.18	1.37±0.20b	***

1 值表示为平均值±均值标准偏差；同行星号表示不同年间统计学上显著差异(*** $P<0.001$；** $P<0.01$；* $P<0.05$；ns：不显著)，行间不同的字母表明：同年，品种之间统计上的显著差异(A，B：$P<0.001$；a，b：$P<0.05$；α，β：$P<0.05$)。缩写：HSFA=高胆固醇饱和脂肪酸；SMCFA=短期和中链脂肪酸；LCFA=长链脂肪酸；SFA=饱和脂肪酸；MUFA=单不饱和脂肪酸；PUFA=多不饱和脂肪酸；UFA=不饱和脂肪酸。

4.热应激对畜禽繁殖性能的影响

雄性畜禽睾丸的温度比机体温度低 2～8℃以保证精子正常生产(Masashi Takahashi，2012)。一般情况下，公牛睾丸的温度不能超过 34.5℃，否则会引起热应激。研究表明，高温能降低公牛、公羊和公猪精液的质量；睾丸暴露在高温下，不仅降低精液的质量，还会降低胚胎的质量以及胎儿的发育。热应激对雄性畜禽繁殖的负面影响包括生殖细胞损失、形态畸形、精子质量下降、异常的 DNA 及染色体结构；有些研究表明，热应激对 X、Y 精子的影响不同，处于热应激状态下的公鼠与母鼠交配后的胚胎更多为雌性(Perez-Crespo 等，2008)。高温还能提高牛精浆中氧化标志的 TBARs 和降低抗氧化酶(谷胱甘肽过氧化酶，GPx)的水平(Nichi 等，2006)。

热应激对雌性畜禽繁殖性能的影响涉及母性繁育的每个阶段。热应激可降低奶牛的发育

欲望和持续时间，增加不发情和隐性发情，降低爬跨次数，降低怀孕率；热应激能降低母牛和母羊多种激素水平，包括促黄体生成素、卵泡刺激素、黄体酮及雌二醇，还能改变人的黄体期和排卵期。热应激会显著抑制奶牛卵泡的繁育和卵母细胞的质量并降低其数量，而对母牛影响不显著(Hansen 等，2001)。热应激能降低受精的母牛、母鼠、母猪的胚胎质量和数量，并抑制胎儿发育，诱导牛胚胎凋亡。受精后的母体暴露在高温下，在胎盘形成之前引起胚胎死亡，降低怀孕率。热应激能减缓山羊的胎盘形成、降低其大小，降低母牛胎盘激素水平，减缓胎儿的发育，以至于降低胎儿体重。

5.减少热应激的措施

畜禽热应激是畜牧业生产过程中非常重要的议题，美国 2003 年报道，奶牛、肉牛、猪和家禽每年由于热应激的经济损失高达 24 亿美元(Chase，2003)。降低畜禽热应激是保护动物福利、提高生产效率的重要环节。目前采用的减少畜禽应激的措施主要在饲养管理(物理降温)、营养调控以及抗应激品种的选育方面。

在饲养管理方面采取一些措施降低太阳辐射或降温是减轻畜禽热应激最经济和有效的手段。如利用自然的阴凉处或给畜禽建设遮阳棚以降低太阳的直接辐射，给畜禽舍增加通风或控温设备以降低环境温度，还可以通过给畜禽喷淋，增加表面皮肤热量蒸发以降低体温，从而避免发生热应激。

营养调控也是降低畜禽热应激的措施之一。畜禽处于健康的状态可提高其抗应激能力，因此必须提供优质的粗饲料和能量饲料。畜禽处于热应激状态时，最直接的表现就是采食量下降。为满足畜禽在热应激状态时能够摄取足够的营养物质，必须提高畜禽日粮的营养浓度以满足营养需要，能量和蛋白对畜禽抗热应激具有重要作用，因此，必须提高畜禽日粮中能量和蛋白水平，其中添加脂肪是最直接、有效的能量补充方式。添加脂肪既可以提高日粮能量浓度又能减少动物的体增热，还能够改善日粮的适口性，增加采食量。在畜禽日粮中添加维生素和微量元素也可以缓解热应激对畜禽造成的危害。科研工作者也在努力研制具有抗应激作用的饲料添加剂，如：谷氨酰胺(Gln)和 γ-氨基丁酸(GABA)、维生素 C、女贞子、五味子和四君子汤等中草药以及大蒜素等都是非常有效的家禽抗热应激饲料添加剂(吴宇春，2011)。也有报道，缓冲盐、酵母也可以提高畜禽的抗应激能力。

改变饲喂模式也可在一定程度上降低畜禽的热应激，常用的方法有日饲喂模式(applying diurnal feeding patterns)、自选模式(self-selection strategies)、饲喂粗饲料日粮(feeding coarser diets)和湿喂法(wet feeding)。

对于同样条件下的热应激，不同畜禽的抵抗能力不同，即便是同种畜禽，不同品系和个体的抵抗能力也有所不同。近几年来研究发现，畜禽对热应激的敏感性与畜禽的遗传基因有关。根据畜禽热耐受指标，利用遗传育种的方法培育抗应激畜禽群体，建立抗热应激种群，也是解决热应激问题的途径之一。

4.4.3 冷应激

冷应激(cold stress)是指当畜禽受到持续低温刺激所表现的机能障碍和防御反应。从畜禽等热区的角度看，当环境温度低于畜禽的临界温度下限时，畜禽将处于冷应激状态。畜禽产生冷应激除了与环境的温度、湿度、风速、地面的清洁度有关外，还与自身体况有关。

牛的体毛覆盖度和长度会影响其体感温度，从而影响其临界温度下限和冷应激的状态。表 4-20 列出了不同肉牛的体毛状况及其临界温度下限，表 4-21 为牛的体毛对冷应激的影响。

表 4-20 肉牛的体毛状况与临界温度下限

体毛状况(coat description)	临界温度下限 /(°F)(lower critical temperature)
湿或夏季体毛(wet or summer coat)	60
干的秋季体毛(dry fall coat)	45
干的冬季体毛(dry winter coat)	32
干的厚的冬季体毛(dry heavy winter coat)	9

摘自 http://www.wxforecastnow.com/wxbase/index.php? option=com_content&view=article&id=12&Itemid=18。

表 4-21 牛体毛对风寒冷应激水平的影响

牛体毛	日期	冷应激指数		
		轻微	适中	强烈
干冷冬天	1.1～3.30	19～10	9～0	<0
干燥春天	4.1～4.30	45～32	31～18	<18
干燥夏天	5.1～10.15	59～46	45～32	<32
干燥秋天	10.16～11.30	45～32	31～18	<18
干燥冬天	12.1～12.30	32～20	19～7	<7
潮湿	1 年	59～46	45～32	<32

冷应激反应的生理机制几乎涉及所有组织和器官，能量代谢、神经内分泌、生产性能和行为等均发生改变。其中，中枢神经系统在调节过程中起主导作用。调节体温的基本中枢位于下丘脑，当外界环境温度低于体温阈值时，机体冷敏神经元兴奋，增加神经冲动频率，引起皮肤血管收缩、骨骼肌紧张性增加等，促使产热增加；同时，热敏神经元兴奋性降低，抑制机体散热，从而保持体温和内环境的相对稳定。

1.冷应激对畜禽机体代谢及生理功能的影响

动物在受到应激时生理代谢发生变化以获得能量、氨基酸和矿物质。在应激过程中，动物分解自身组织以生成能量，并把这些能量定向地用于特定组织，同时也减少供应于其他组织的能量。这个能量产生、分配和利用的过程受激素的调控。激素通过改变控制代谢途径调节酶的活性而使许多代谢过程有机地发生变化。

张子威等(2012)研究了冷应激对鸡肝脏脂肪代谢的影响，研究结果表明，冷应激可通过脂联素-PPARa-AMPKa 途径调节鸡肝脏脂质代谢，并引起 ALT 活性增加，伴有肝脏炎性基因(PGE synthase、Cox-2、NF-kB，TNFa、iNOS、HO-1)表达量的增加和 HSP70、GRP78、HSP60、HSP90 表达上调，表明冷应激可致鸡脂质代谢紊乱、肝脏损伤，并伴随着炎症相关基因和热休克蛋白基因的上调。

冷应激可引起脾脏和淋巴结对刀豆素以及植物血凝素 A 的反应性减弱，自然杀伤细胞的杀伤活性下降，对靶细胞的攻击力下降；抑制淋巴细胞特别是 T 淋巴细胞的有丝分裂和 DNA 合成；损伤浆细胞，阻碍免疫球蛋白的合成和分泌；抑制巨噬细胞对抗原的吞噬和处理，从而对机体的免疫功能造成一定的影响。有研究报道，冷应激可抑制肿瘤坏死因子及巨噬细胞吞噬作用，使干扰素产生量减少，抑制 T 细胞的增殖，降低辅助性 T 细胞和抑制性 T 细胞的细胞百分数。袁学军等(2002)研究冷应激对伊褐红公雏鸡外周血淋巴细胞数目变化的影响，结果发现，急性冷应激期间，雏鸡外周血 T 淋巴细胞数目明显减少，表明冷应激可引起细胞免疫水平下降；冷应激 10 d 后，T 淋巴细胞明显增加，但淋巴细胞总数明显下降，表明雏鸡整体免疫水平降低。

冷应激对动物血液中部分生化指标也有影响：血液中存在很多激素，如糖皮质激素、ACTH、T_3、T_4 等，随着机体的生理调节，这些激素浓度会发生变化。当机体遇到冷应激时，会激活 HTP，导致促甲状腺激素释放激素分泌增加，引起 THS 分泌增强，进而引起血中 T_3、T_4 水平升高。

冷应激可改变机体的抗氧化功能，诱发氧化胁迫，导致体积内自由基增多，对机体造成损伤。研究发现，冷应激可通过黄嘌呤氧化酶活性的升高及髓过氧化酶活性的降低，使机体产生过多的自由基，导致脂质过氧化作用增强，诱发氧化损伤。Kaushik(2003)等研究发现将大鼠暴露在 7～8℃ 环境中 3 周，其大脑、心脏、肾脏、肝脏及小肠器官的 MDA 水平都显著增加；Venditti(2004)研究发现，在低温下暴露 2 d，大鼠肝脏、心脏和骨骼肌中的蛋白键合的羰基化合物显著升高，低温下暴露 10 d，组织中蛋白质和脂肪也会发生相同水平的氧化。

2.冷应激对畜禽生产性能和产品品质的影响

冷应激对畜禽生产性能的影响涉及畜禽生产的各阶段。采食、消化率、能量和蛋白质贮留以及营养物分配等各个方面都受寒冷影响。Praks 总结了畜禽在遭受冷应激时可出现的表现，增加或提高的指标有干物质采食量、反刍次数、肠道蠕动频率、食糜在瘤胃和消化道流速、基础代谢和维持能量需要量、机体氧气消耗量、心搏输出、肾上腺素水平、胆固醇水平、生长激素水平、脂质分解、糖原合成与分解、肝葡萄糖输出；降低或减弱的指标有瘤胃容积，干物质消化率，胰岛素对糖的反应，皮肤、耳朵和腿的体温，也有研究表明，冷应激会影响畜禽产品品质。

冷应激对畜禽采食量和消化率的影响比较明确。寒冷时动物的采食量会增加，但消化率却会降低。Ipek 等(2006)研究冷应激对肉鸡生产性能的影响(表 4-22)，结果显示，冷应激能显著提高 3～5 周龄肉鸡的饲料消耗，降低 1～3 周龄肉鸡的日增重。

表 4-22　冷应激组和对照组肉鸡的平均体重、饲料消耗、累积饲料消耗、饲料转化率

变量	处理	初体重	周数			
			1	3	5	6
		NS	**	**	*	NS
体重/(g/只)	对照	41.6±0.35	138.7±9.30	778.6±27.42	1 851.9±54.62	2 300.18±64.21
	冷应激	41.2±0.29	111.1±5.81	562.5±20.13	1 760±49.54	2 260.73±65.20
			**	**	**	**
生长速率/(g/只)	对照	—	97.1±4.77	639.9±15.42	1 073.3±19.76	448.1±11.21
	冷应激	—	69.9±4.42	451.4±11.69	1 198±22.35	499.4±14.24
			*	**	**	*
饲料消耗/(g/只)	对照	—	101.8±6.59	764.3±28.44	1 967.2±71.23	1 071.5±38.86
	冷应激	—	115.7±7.62	812.4±30.12	2 082.6±74.51	1 120.8±42.47

续表 4-22

变量	处理	初体重	周数			
			1	3	5	6
				**	**	**
累积饲料	对照	—	—	866.1±41.47	2 833.3±84.75	3 904.8±125.26
消耗/g	冷应激	—	—	928.1±49.13	3 010.7±94.26	4 131.5±133.15
			**	**	*	**
饲料转化率	对照	—	1.05±0.08	1.19±0.04	1.83±0.47	2.39±0.17
	冷应激	—	1.65±0.14	1.80±0.33	1.74±0.44	2.24±0.13

列间无*和**表示没有不同(** $P<0.01$,* $P<0.05$)。

冷应激对畜禽产品品质的影响报道较少。McBnroe 和 Christopherson(1984)对母羊暴露在寒冷环境中产奶性能及乳成分研究表明,暴露 4~7 周后产奶量及总产奶量降低(表 4-23),乳脂肪、乳蛋白及乳中脂肪酸的含量也发生变化。

表 4-23 对照组和暴露在寒冷环境中奶牛的产奶量

泌乳阶段/周	产奶量/(g/d)⁺	
	对照组(5)≠	寒冷组(5)
4	753±61	719±1 018
5	677±56	516±110
6	657±95	602±110
7	662±102	630±121
8	605±104	636±102
总平均值	671±37	616±47

⁺值表示为平均值±标准误差;≠ 括号里数字代表每个处理组动物数量。

3. 减少冷应激的措施

改善环境条件是降低畜禽冷应激经济有效的措施。因地制宜地建造适合不同地区气候的畜禽舍,加强防风保暖性能。对于北方寒冷地区,应设计科学的畜舍。如通向运动场的门可采用弹簧门,家畜出入时可自行关闭。

不同品种、品系的个体对寒冷应激的敏感性不同,这与遗传基因有关。例如,三河牛是由内蒙古自治区培育的乳肉兼用优良品种牛,主要分布在呼伦贝尔市,抗寒暑能力强(－50~35℃),根据地域环境气候情况,培育耐寒的畜禽品种也是降低畜禽冷应激的一项措施。

改善畜禽生产的饲养管理,加强营养调控是提高畜禽抗冷应激能力的关键环节。如在应激畜禽中用油脂代替部分碳水化合物,可使动物获得较高的生产净能;在日粮中添加抗应激添加剂是一条消除或缓解应激对畜禽危害的有效途径。包玉清(2011)等研究表明,甘露寡糖对冷应激引起的雏鸡肠道 NO 的代谢具有一定的调节作用。许月英(2010)等研究表明,在冷应激状态下在鸡日粮中添加中草药、复合添加剂、营养成分和生理调节剂能够调节其生理状态,改变血液生化指标和影响生长发育,其中添加中草药添加剂缓解冷应激和促进生长的效果最佳。另外，饲料中添加维生素 C、维生素 E 及微量元素等也能缓解畜禽的冷应激情况。表 4-24 添加维生素 C、维生素 E 对蛋鸡冷应激及蛋品质的作用效果[O. KUCUK, Vet. Med. - Czech, 48, 2003 (1-2): 33-40]。

表 4-24　在低温条件下添加维生素 C 和维生素 E 对蛋鸡蛋品质的影响

参量	处理				
	C	维生素 C	维生素 E	维生素 C+维生素 E	标准误差
蛋重/g	56.3[c]	57.8[b]	57.4[b]	58.9[a]	0.1
比重	1.082 6[c]	1.086 3[b]	1.086 4[b]	1.086 8[a]	0.002
蛋壳厚度/μm	320.0[d]	343.1[c]	337.3[b]	358.8[a]	0.32
蛋壳重/g	5.01[d]	5.28[c]	5.26[b]	5.60[a]	0.02
蛋内部品质，HU**	81.4[b]	82.3[b]	82.1[b]	83.6[a]	0.2

a,b,c,d 表示同行内有不同肩标的数值显著差异($P<0.05$)。

* C=对照组(基础)日粮；维生素 C：对照组日粮+250 mg *L*-抗坏血酸/kg；维生素 E：对照组日粮+250 mg α-生育酚/kg；维生素 C+E：对照组日粮+250 mg *L*-抗坏血酸/kg+250 mg α-生育酚/kg。

** HU=哈氏单位。

尽管我们不能控制气候，但只要我们合理地做每一件事情，就能降低寒冷天气对畜禽的影响，降低耗费，进而提高生产效率。下面是法国农业与食品部 2013 年针对牛抗冷应激推荐的措施(http://www.omafra.gov.on.ca/english/livestock/beef/facts/07-001.htm#effects)：

● 检测环境温度。检测温度并在冷的天气时增加饲喂次数。当温度低于临界温度下限(最后的 3 个月)时牛需要增加谷物饲料。

● 保护动物免受风吹。风可显著降低体感温度，增加畜禽冷应激。

● 提供良好的垫床。提供足够的干垫床可显著提高牛抗冷应激的能力。

● 保持牛只清洁干燥。潮湿的皮毛极大地降低其绝热性能，并使牛容易产生冷应激。泥泞的毛也能降低牛毛的绝热性。

● 提供更多的饲料。饲喂更多的干草和谷物。若是湿饲料，确定饲料没有冰冻。

● 提供水。确定牛有充足的饮水。饮水不足会限制其采食量，从而不能满足牛的能量需要。冷冻的水槽和过冷的水严重限制牛的饮水。

思考题

1. 什么是应激？应激的类型有哪些？
2. 动物应激反应分成哪几个阶段？各阶段的特点是什么？
3. 运输应激对动物机体的影响有哪些？如何减少动物的运输应激？
4. 热应激对动物机体的影响有哪些？如何减少热应激？
5. 如何改善人与畜禽的关系？提高动物福利的措施有哪些？

参考文献

1. 冯焱,杨小军,姚军虎. 免疫应激对营养需要量及代谢调控机制的影响. 中国畜牧兽医,2009.

2. 李凯年. 饲养人员行为对农场动物福利与生产性能的影响. 中国动物保健,2012.

3. 刘大荣,朱留荣,代启树. 畜禽免疫应激的预防. 四川畜牧兽医,2011.

4. 田树飞,金曙光. 寒冷应激对动物的影响及其预防. 河北北方学院学报(自然科学版),2005.

5. 王建枝,殷莲华. 病理生理学. 8 版. 北京:人民卫生出版社,2013.

6. 张林,张海军,岳洪源,等. 运输应激对畜禽的影响及其应对措施. 家畜生态学报,2009.

7. 张庆伟,刘顺猛. 家畜应激的机理、分类及过程. 养殖技术顾问,2012.

8. 郑世民. 兽医病理生理学. 3 版. 北京:高等教育出版社,2009.

9. Moberg G P, Mench J A. 动物应激生物学,卢庆萍,张宏福,主译. 北京:中国农业出版社,2005.

10. Breuera K C, Hemsworthb P H. Colemana G J. The effect of positive or negative handling on the behavioural and physiological responses of nonlactating heifers. Applied Animal Behaviour Science, 2003(84):3-22.

11. Buller K M. Neuroimmune stress responses: reciprocal connections between the hypothalamus and the brainstem. *Stress*, 2003, 6:11-17.

12. Fazio E, Ferlazzo A. Evaluation of stress during transport. *Vet Res Commun*, 2003, 27 Suppl 1:519-524.

13. Hansen P J, Drost M, Rivera R M, et al. Adverse impact of heat stress on embryo production: causes and strategies for mitigation. Theriogenology, 2001, 55:91-103.

14. Hemsworth P H. Human-animal interaction in livestoch production. applied animal behaviors Science. 2003(81): 185-198.

15. Humphreys R E, Hillman G G, von Hofe, et al. Forcing tumor cells to present their own tumor antigens to the immune system: a necessary design for an efficient tumor immunotherapy. *Cell Mol Immunol*, 2004, 1:180-185.

16. Keer-Keer S, Hughes B O, Hocking P M, et al. Behavioural comparison of layer and broiler fowl: measuring fear responses. Applied Animal Behaviour Science, 1996 (49): 321-333.

17. Lozovaya N, Miller A D. Chemical neuroimmunology: health in a nutshell bidirectional communication between immune and stress (limbic-hypothalamic-pituitary-adrenal) systems. *Chembiochem*, 2003, 4:466-484.

18. Nichi M, Bols P E, Zuge R M, et al., Goovaerts IG, Barnabe RC, Cortada CN. Sea-

sonal variation in semen quality in Bos indicus and Bos taurus bulls raised under tropical conditions. Theriogenology, 2006,66:822-828.

19. Perez-Crespo M, Pintado B, Gutierrez-Adan A. Scrotal heat stress effects on sperm viability, sperm DNA integrity, and the offspring sex ratio in mice. Mol Reprod Dev, 2008, 75:40-47.

20. Wright K J, Balaji R, Hil C M, et al. Integrated adrenal, somatotropic, and immune responses of growing pigs to treatment with lipopolysaccharide. *J Anim Sci*, 2000, 78: 1892-1899.

第 5 章　畜禽养殖与福利

随着畜牧业的发展，福利已经给现代畜禽养殖带来冲击，公众对集约化生产给畜禽福利造成影响的疑虑，已经促使许多国家进行了畜禽福利的立法，在这方面西方国家走在了世界的前列。在评价畜禽养殖系统对畜禽福利的影响时，不同国家采用的标准有所不同。欧洲国家畜禽福利的评价标准主要采用英国家畜福利委员会(FAWC)提出的“五大自由”。评价的角度主要包括畜禽管理人员、饲养环境及畜禽自身的因素。因每一种畜禽自身的特点不同，存在的福利问题也不一样，目前对福利关注比较多的畜禽种类主要涉及饲养量较大的猪、鸡、牛及羊等动物，欧洲有些国家也颁布了火鸡、马、兔子、鸭子、鱼等动物的福利标准。通过对养殖系统与畜禽福利关系的探讨，不断吸取有关这方面的经验，将有助于人类在选择和发展现代养殖体系时少走弯路，保证畜牧业的健康可持续发展。

畜禽养殖过程中涉及很多的福利问题，其中最重要的两个因素是人与环境。人畜互作和养殖环境都直接影响到畜禽的福利水平。

5.1　人畜互作与畜禽福利

人畜互作(interaction between human and animal)无论是在传统的畜禽养殖还是现代养殖生产系统中都是非常重要的生产因素。在畜禽养殖中，人和动物处在一个有规律而且关系紧密的环境中。随着科学技术的进步，现代生产系统中自动化程度越来越高，但是还需要饲养人员有规律地监管动物的状况，并改善日常饲养管理。因此，动物与饲养人员依然会经常接触并互相影响。研究表明，人与动物的互作给畜禽带来益处的同时，也会给畜禽造成不同程度的应激，影响其健康和福利，进而影响其各项生产性能的发挥。Hemsworth 概括了畜禽生产系统中人与动物互作的模式(图 5-1)。

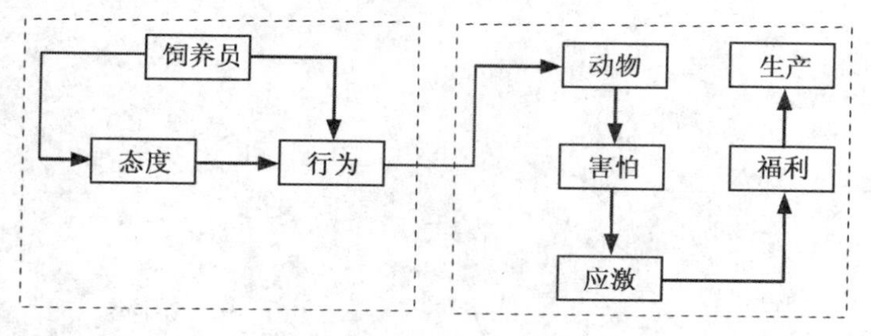

图 5-1　畜禽生产系统中人-动物关系的模式(Hemsworth，2000)

饲养人员的不规范行为会给动物带来恐惧感，动物进而产生各种应激反应，例如逃跑、皮质醇水平升高等。日常生产中，管理者需根据动物的反应来评判饲养人员的行为是否规范，并通过适当的培训机制来改善饲养人员的态度和行为，从而保证动物的生产性能和福利。

5.1.1 畜禽的害怕反应

一般来讲，害怕或恐惧(fear)是指个体在面临并企图摆脱某种危险情境而又觉得无能力摆脱时产生的情绪体验。恐惧发生时常有退缩或退避的动作并伴有异常激动的表现和生理反应。对动物而言，这些紧张的表现与侵害动物福利的一系列刺激有关，也与动物由此而产生的一系列行为和生理反应有关(Coleman 等，1998)；这些反应使动物对危险源产生相应的应激反应。

影响畜禽害怕反应的因素有很多方面，包括来自畜禽自身的、自然环境的、其他动物以及人类造成的刺激源。通过对畜禽行为的观察，畜禽的害怕反应通常表现为退缩、躲避、发呆或寒冷发抖状、蹲伏状等(Jones，1987；Mills 等，1990)。动物害怕反应的一个重要特征是种间特异性，即同一种刺激源对不同畜禽所造成的害怕反应的程度具有明显的特异性。但是，种间特异性可能只表现在某些特定的刺激源上(Murphy，1976)。有研究证明，动物对人的行为的害怕反应可能只针对人类所带来的刺激，而并非对所有刺激源都表现一致。

动物的害怕反应直接影响到动物的生产性能、健康和福利。许多研究表明，在人突然出现时，害怕人的动物比不太怕人的动物表现出较强的急性应激反应。Hemsworth 等(1994)研究了与人有过不同程度接触的肉鸡对来自人类的刺激的行为反应和肾上腺皮质反应。结果表明，很少接触人的家禽与经常接触人的家禽相比，当实验人员走近时，前者有逃避行为的家禽所占比例明显增加，并在人走近的 12 min 内，前者血浆皮质酮水平增加幅度较大。Barnett 等(1994)发现，增加成年蛋鸡跟人的接触，特别是视觉接触，可以减少该鸡群对人的躲避行为，也可以降低人突然出现时该鸡群的皮质酮水平，从而改善鸡的健康状况。Breuer 等(1998)对初产奶牛进行为期 5 周、每天 2 次的积极或消极处理后发现，经过消极处理的初产奶牛对实验员的躲避程度增加，同时皮质类固醇浓度升高。Verkerk 等(1998)研究认为，牛奶中皮质类固醇浓度的变化可能反映了神经内分泌轴的活动状况。游离皮质类固醇在血浆中极易扩散，因此乳中皮质类固醇浓度可以作为血浆中较敏感的检测指标。Hemsworth 等(1986，1987)试验也表明，怕人的猪在人出现时也表现出相似的急性应激反应。

动物对人的恐惧除了表现出急性应激反应，也有研究报道畜禽机体内游离皮质酮或皮质类固醇浓度持续增加，即说明动物也可能表现出慢性应激反应。Barnett 等(1998)发现，与经历过积极处理的后备母牛相比，每天 2 次且持续 5 周的消极处理可使后备母牛游离皮质醇浓度持续升高。Barnett 等(2003)对奶牛的试验得到了相同的结果。在研究中，每天对奶牛进行积极或者消极操作 5 min，连续 5 周后观测奶牛对人的躲避程度(以逃避距离计)、急性皮质醇反应(实验人员出现之后的 5 min) 以及空腹游离皮质醇浓度。结果表明，与接受消极操作的奶牛相比，接受积极操作的奶牛的逃避距离和逃避时间都要短很多，同时发生急性皮质醇反应的程度也更轻微。另外的研究也表明消极操作使得奶牛第二天早晨空腹的游离皮质醇浓度升高。Hemsworth(1981)等研究表明，经过定期消极处理后，猪对人的害怕程度增加，游离皮质类固醇浓度升高。另有研究表明，应激激素，特别是皮质固醇类，可通过破坏蛋白质代谢和繁殖内分泌来影响动物的生长和繁殖(Clarke 等，1992)。同时，神经内分泌轴的长期激活状态可造成畜禽的免疫抑制(Toates，1995)、降低畜禽代谢效率，从而降低其生产性能、损害免疫能力，并且降低其繁殖性能。表 5-1 总结了有关动物恐惧反应的一些研究进展。

表 5-1 动物恐惧反应的研究进展

研究者	试验动物	研究内容
Hemsworth (1994)	肉鸡	肉鸡行为、肾上腺皮质反应
Hemsworth (1981)	猪	游离皮质类固醇浓度
Barnett (1994)	蛋鸡	躲避行为、皮质酮水平、健康状况
Barnett (1998,2003)	奶牛	躲避行为、皮质类固醇水平
Barnett (1998)	后备母牛	游离皮质醇浓度
Hemsworth(1981,1987)	猪	皮质类固醇浓度
Verkerk (1998)	奶牛	牛奶中皮质类固醇水平
Clarke (1992)	猪	繁殖性能
Toates (1995)	猪	免疫抑制
Hemsworth(1999)	猪	生长性能
Hemsworth(2000)	奶牛	逃避距离、皮质醇反应

5.1.2 饲养员的行为及其对畜禽福利的影响

根据动物的特定反应,饲养员(人)与动物的互作行为可以分为消极行为(负向行为,或负面行为)和积极行为(正向行为,或正面行为)。饲养人员的消极行为,例如抽打、击打、快速移动、吆喝和噪声等,这些都会增加动物的恐惧,造成躲避、应激和管理困难;另外,消极行为还可以引起应激,显著加剧动物的皮质醇反应。饲养人员正向的行为,例如轻轻地拍打、抚摸、说话、把手放在动物的背上、缓慢而谨慎的移动,这些都有助于减少动物对人的恐惧,降低动物的应激水平,使动物更容易管理,免受恐惧应激。牧场中饲养员对畜禽的消极/负面行为是普遍存在的。图 5-2 表述了 66 个牧场中,饲养员对奶牛的消极行为发生的频率。

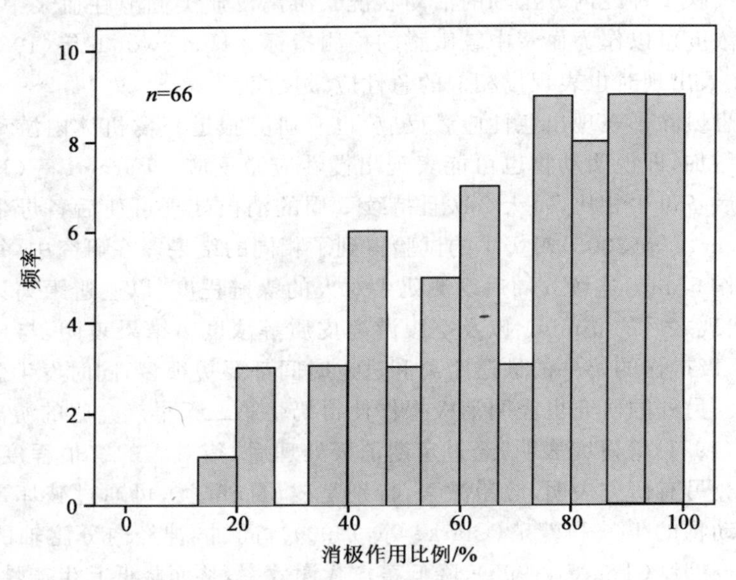

图 5-2 奶牛场饲养消极行为发生的频率(Hemsworth 等,2000)

饲养人员的消极行为与动物对人的恐惧程度之间存在着很强的相关性，表 5-2 列出了一些关于饲养员行为与动物恐惧程度之间的研究报告（互作时间越长，动物对饲养员的恐惧程度越大）。从表 5-2 中的 6 个试验结果可以看出，饲养员的负向作用引起动物恐惧，从而延长了动物与人的互动时间。

表 5-2　饲养员的负向作用对猪恐惧的影响

研究者	与饲养员作用时间/s		
	积极行为	最少互动	消极行为
Hemsworth 等(1981)	119	—	157
Gonyou 等(1986)	73	81	147
Hemsworth 等(1986)	48	96	120
Hemsworth 等(1987)	10	92	160
Hemsworth 和 Barnentt(1991)	55	—	165
Hemsworth 等(1996)	52	79	145

饲养员的行为直接影响畜禽福利，进而影响其生产性能。用生长猪进行的研究表明，负向操作可以加重猪的恐惧反应，引起血液中的皮质醇浓度升高，生产性能下降。表 5-3 为接受 4 种不同处理的生长猪与人的互作时间、皮质醇浓度及日增重。研究结果表明，与正向行为和对照组比较，负向行为显著增加了动物与人的互作时间、提高了皮质醇浓度、降低了日增重。对猪进行疼痛处理的研究表明，猪对来自人的短暂触觉刺激非常敏感。例如，只要猪接近或来不及躲避时，给猪短暂电刺激或瞬时拍击，结果在随后的试验期间，猪接近人的次数减少（Gonyou 等，1986；Hemsworth 等，1986，1987，1991；Paterson 等，1989）。短暂而重复的触觉刺激使猪的害怕程度提高，应激反应加剧，最终显著降低了其生长性能。相反，如果猪接近时给予抚摩，则可减少其害怕反应。除了在实验室中进行的研究外，大量在商品饲养场进行的研究也证实了操作与动物恐惧之间的关系。在荷兰和澳大利亚大型养猪场中进行的观测试验表明，按照饲养场的平均水平计算，从每头母猪每年生产的仔猪数方面考察，母猪对人的恐惧与繁殖性能之间存在显著的负相关（Hemsworth 等，1981，1989）。

表 5-3　不同处理方式对生长猪日增重和皮质醇浓度的影响（Hemsworth，1987）

测定指标	处理方式			
	正向处理	对照组	反复无常处理	负向处理
与饲养员建立互动所需时间/s	10^{a}	92^{b}	175^{c}	160^{c}
日增重/(g/d)	455^{b}	458^{b}	420^{ab}	404^{b}
皮质醇浓度/(ng/mL)	1.6^{x}	1.7^{x}	2.6^{y}	2.5^{y}

在奶牛生产中也发现饲养员的操作行为与恐惧反应和生产性能之间的关系。研究表明，进行令奶牛厌恶的操作可以增加奶牛对人的恐惧和减少奶牛的产奶量（Rushen 等，1999；Breuer，2000；Breuer 等，2003）。而且，奶牛对人的恐惧与其产奶量之间存在显著的相关性（Breuer 等，2000；Paul Hemsworth 等，2000；Waiblinger 等，2002）。还有研究表明负向操作造成的对人的恐惧感还与犊牛的损伤和肉品质有关（Lensink 等，2001）。表 5-4 数据表明，负向行为显著增加了逃避距离，同时降低产奶量，增加跛足的发病率。在肉牛研究中得到类似的

结果(表 5-5、表 5-6)。

表 5-4 互作类型对奶牛产奶量和应激反应的影响(Breuer,2000)

测定指标	处理方式	
	负向处理	正向处理
产奶量/(kg/d)	16.7[a]	18.0[b]
逃避距离/m	4.74[b]	1.96[a]
跛足率/%	48[b]	6[a]

表 5-5 互作类型对肉牛生长性能和肉品质的影响(Lensink 等,2000)

测定指标	处理方式		P 值
	对照组	正向处理	
日增重/(kg/d)	1.21	1.19	0.50
犊牛溃疡发病率/%	36.4[b]	0.0[a]	0.05
糖原潜能/(μmol/g)	154.1[a]	172.6[c]	0.03

表 5-6 饲养员行为对肉牛运输应激及肉品质的影响(Lensink 等,2001)

测定指标	饲养员行为			
	积极处理	消极处理	SEM	P 值
装载过程的行为[a]	0.45	0.59	0.01	0.02
装载过程中的心率/(次/min)	199.9	206.0	18.4	0.03
正常心率/(次/min)	185.6	193.0	22.7	0.03
胴体重/kg	114.2	114.8	4.9	0.85
胴体颜色[b]	14.5	23.0	—	0.02
存放 24 h,SM 肉的 pH[c]	5.42	5.45	0.001	0.07

[a] 装载过程的行为=运输人员推打、吼骂动物的频率与牛栏到卡车距离的比值。

[b] 根据 4 分制评选出来的粉红色或深粉色肉(不希望的颜色)占所有肉的比例:1=白色;2=浅粉色;3=粉红色;4=深粉色。

[c] SM 肉=半膜肌。

人与家禽的互作试验得到了类似的研究结果。Barnett 等(1994)研究发现,增加正向行为可以显著提高产蛋鸡在笼子前的时间和日产蛋率,同时降低皮质酮的浓度(表 5-7)。Paul Hemsworth 教授报道,大量跨畜种的研究证实,应激与负向操作之间存在着强烈的相关性,毫无疑问,负向操作可以引起应激反应,影响动物的福利和生产性能。

表 5-7 正向行为对产蛋鸡应激反应和产蛋率的影响(Barnett 等,1994)

测定指标	正向行为频率	
	最小限度	额外增加
笼前平均徘徊时间/(min/只)	1.22[y]	2.12[x]
产蛋率/%	83.1[b]	89.4[a]
皮质酮浓度/(nmol/L)	11.7[b]	7.9[a]

有关饲养员行为影响畜禽健康的研究报道相对较少，但由于饲养员的负向行为会引起畜禽的应激反应，而应激又与疾病密切相关，因此，人的负向行为会一定程度上影响畜禽健康得到国内外研究人员的公认。在家禽养殖中，人的负向行为引起家禽受伤和疾病的情况相对家畜较多，主要原因是家禽自身较为脆弱。例如，在抓捕鸡的过程中通常会造成肉鸡的擦伤、脱臼或骨折、腿和翅膀的折断以及内出血等。Gregory 等(1989)在屠宰前对蛋鸡进行抽样检查时发现，有1/3的蛋鸡有不同程度的骨伤。一项研究表明，与社会化(指那些适应了与人接触的母鸡)程度较高的母鸡相比，社会化较差的母鸡损伤比例和死亡率更高，饲料转化率更低，整体健康水平也比较差(表5-8)。Paul Hemsworth 教授认为，这是由于动物在受到应激时，抑制了其免疫反应的抗体产生，造成健康水平下降(表5-9)。这些问题对于母鸡可能更为严重，因为脱钙使母鸡的骨头更脆，更容易骨折；如果伴随着长途运输，这种疼痛更加剧烈，严重降低了动物的福利水平(Kristensen 等，2000)。

表5-8 社会化对母鸡损伤率、死亡率和免疫反应的影响(Gross 和 Siegel，1981)

母鸡处理方式	大肠杆菌应答反应		抗体滴定度
	损伤率	死亡率	
未社会化	60[b]	31[b]	5.4[a]
社会化	44[a]	6[a]	7.0[b]

表5-9 社会化对母鸡抗体水平的影响(Gross 和 Siegel，1981)

处理方式	抗体反应	
	HA 抗体	LA 抗体
社会化组	8.4[c]	4.9[a]
对照组	7.7[b]	5.0[a]
受惊组	7.0[a]	5.5[a]

Breuer 等(1998)发现，在产奶期前8周，接受消极处理的后备母牛有44%是瘸的，而经过积极行为处理过的只有11%。对奶牛进行短期人为或机械拍打，奶牛很快就会表现出逃避反应，而奶牛的逃避距离与跛行发生率密切相关。在一项对36头乳用小母牛进行的研究中发现，逃避距离4.74 m(与人的距离)的小母牛48%存在跛行问题，逃避距离1.96 m的母牛只有6%表现跛行症状(表5-4)。当犊牛遭到拍打而又无法逃避时，就可能减少与饲养员接近的次数(Munks 等，1995)。表5-10为小牛卸载和入圈时，正向行为和负向行为对事故发生率和小牛心率的影响。

表5-10 不同行为方式对运输过程中犊牛的影响(Lensink 等，2001a)

测定指标	行为方式		*P* 值
	正向行为	负向行为	
事故发生率			
卸载时	0.60	0.67	0.60
入圈时	0.79	1.15	0.007
心率/bpm			
卸载时	185.6	193.0	0.03
入圈时(+5 min)	147.8	149.2	0.63

5.1.3 人-畜关系的评估

在人-畜关系中，由于动物是由人控制和管理的，因而使人-畜关系具有一定的不对称性。饲养人员的态度和行为是人-畜关系中的决定性因素，对畜禽的生产性能和福利有着重要影响(Hemsworth 等，1998，2004；Waiblinger 等，2006)。因此研究并评估人对畜禽的态度和行为是保证畜禽福利和提高畜禽生产水平的重要内容。

科学上评估人-畜关系是通过一定的试验来完成的，报道比较多的有行为学试验和生理学试验。行为学试验主要是通过测试畜禽的逃避距离、对静止人的反应、对行动人的反应、对实践操作的反应等来实现；生理学试验则是通过测量畜禽心率、皮质酮(应激)反应和皮质醇水平等指标来评估。

5.1.4 改善人畜互作关系

由于饲养人员对农场动物的态度和行为直接关系到畜禽的生产性能及福利，因此改善人畜互作关系是畜禽养殖过程中的重要环节。从保证畜禽福利和人类利益的角度出发，饲养人员对动物的管理应当遵循两个基本原则：①满足人类利益及心情愉悦的需求；②满足畜禽福利需求。

改善和规范畜禽养殖人员对畜禽的态度和行为是一件很复杂的事情。饲养员日常的不良行为和态度往往是习惯性的、无意识的，有些是在长期的生产中形成的，而有些是由其他养殖人员传授的，从而使推荐和建议的一些改善负向行为的方法难见效果。改善人畜关系通常需要进行以下几方面的工作。

1.挑选职业素质高的饲养员

饲养人员职业素质是保证畜禽福利的关键所在，称职的饲养人员应能识别动物是否处于良好的健康状态、动物行为改变的原因以及何时要进行兽医治疗，并能很好地了解动物的福利需求。对人与动物互作关系的研究表明，饲养员的个性与动物生产性能密切相关。研究表明，在规模性的牧场中，饲养员对仔猪友好的态度有助于提高仔猪的存活率；而饲养员的守旧、粗鲁、多疑、紧张和多变性则会导致仔猪死亡率的升高(Hemsworth，2003)。另外，有工作经验的饲养员能够很好地保证动物的福利及生产力(Ravel 等，1996)。

动物福利科学中心(Animal Welfare Science Centre，AWSC)对此也进行了一些研究，考察了如何通过选择饲养人员来提高畜禽福利水平。雇主在雇用饲养人员之前可以对其性格进行测评，以了解他们的职业素质和态度。通过对猪场养殖人员的态度及行为的研究发现，如果养殖人员个人的态度是积极的，那么他们对动物的态度和行为大多也是积极正向的。因此，在挑选养殖人员时，可以通过评估其自身的性格特点来预测他们对待畜禽的行为和态度。

当然，还有许多其他的因素也会影响动物的福利水平和生产性能，如饲养人员的技术、技能和知识、工作动机以及工作满意度等(Hemsworth 等，1998)。虽然这些因素的影响可能更显著，但目前这方面的研究报道很少，饲养员的这些素质对畜禽福利的影响程度还有待进一步确定。

2.培养饲养员的态度以改善人畜互作关系

态度是个体对某种特定实体(物或事)所表达出来的一种喜欢或不喜欢的心理倾向(Eagly

和 Chaiken,1993)。Hemsworth 认为态度是一种能够对人类的行为产生影响的东西,尽管它又稳定、又抗拒改变,但它们仍然是可以通过学习获得的,是通过直接或间接的经历塑造出来的,因此还是可以改变的(Hemsworth,1998)。畜禽对人的害怕反应可视为一种慢性应激反应。畜禽之所以对人产生恐惧很可能是因为饲养员对畜禽的态度和行为不合适引起的。饲养人员的态度决定其行为,要想改变饲养人员的行为,一定要同时改变他们的态度。只有改善了饲养员的态度和行为,提高其与动物的亲和力,才能达到提高动物生产力和福利的目的。

3. 培训饲养员以改善人畜互作关系

对饲养人员进行必要的培训使其素质达到所需要的标准是保证养殖场良好的管理水平和健康发展的关键因素。研究结果已经表明,人的一些性格特点能够影响动物对人的害怕程度。管理者可以通过专门的程序,即针对饲养员的态度和行为进行培训,以改善人畜互作关系。研究人员对此进行了一项研究,以确定在大型商品养猪场对饲养人员的态度和行为进行培训后是否可以改善猪的行为、生产性能和福利水平。参与研究的 43 个饲养人员被分为两组,第一组接受培训,第二组不接受任何培训。结果表明,在完成此项研究 6 个月后,曾参加过培训的饲养人员留任率为 61%,而没有参加过培训的饲养人员为 47%。这项研究证实,在大型商品养猪场,是可以通过培训来改善饲养人员的态度和行为的,进而保证动物的生产性能和福利。

Paul Hemsworth 等认为,对饲养人员培训的内容包括 3 方面:①针对行为背后的理念进行培训;②针对存在的行为问题进行培训;③维持这些改变后的理念和行为。他们通过试验验证了在奶牛场进行认知—行为培训的作用。考察的指标主要包括饲养人员的态度、饲养人员的行为、动物对人的恐惧程度以及奶牛的生产性能等。研究证实,培训能够显著改善饲养人员的态度,同时也使饲养人员对奶牛的负向行为减少了一半(表 5-11,表 5-12)。

表 5-11　认知—行为培训对饲养员态度和行为的影响(Hemsworth 等,2002)

测定指标	处理方式		P 值	LSD ($P=0.05$)
	对照组	培训组		
态度指标				
奶牛反应指标				
“容易接近”评分[a]	13.8	13.2	0.26	0.97
“消极态度”评分[a]	11.7	11.2	0.42	1.21
“心情愉悦”评分[a]	10.5	10.9	0.29	0.80
“易于管理”评分[a]	4.0	4.4	0.34	0.49
“负向行为”[a]	13.9	13.6	1.00	—
饲养员行为改善				
“平行优良”评分[a]	116.2	120.6	0.14	5.93
“易于处理”评分[a]	27.7	32.0	0.005	2.97
个人行为				
与初产奶牛交谈	2.9	3.9	0.01	0.77
与经产奶牛交谈[a]	3.9	4.5	0.22	1.00

续表 5-11

测定指标	处理方式		P 值	LSD ($P=0.05$)
	对照组	培训组		
		行为指标		
积极行为[b]，(次数/(头·每次挤奶))	0.045(0.11)	0.110(0.32)	0.001	0.033 8
适度负向行为，(次数/(头·每次挤奶))	0.43	0.24	0.05	0.154
过度负向行为[b]，(次数/(头·每次挤奶))	0.020(0.05)	0.005(0.01)	0.01	0.011
互作总数，(次数/(头·每次挤奶))	0.59	0.57	0.83	0.085
负向行为	80.6	48.1	0.001	13.43
过度负向行为[b]	0.90(10.1)	0.36(2.6)	0.001	0.28

[a]对于这些因素，分数越高表明态度越积极；对于其他因素，分数越高表明态度越消极。

[b]这些数据显示的求对数之后的结果，括号中的数据表示该项指标的平均值。

表 5-12 饲养员认知—行为培训对奶牛生产性能的影响(Hemsworth 等，2002)

生产性能	处理方式		P 值	LSD ($P=0.05$)
	对照组	培训组		
产奶量/(L/(头·月))	509.1	529.5	0.05	20.57
奶蛋白/(kg/(头·月))	16.7	17.4	0.07	0.69
奶脂率/(kg/(头·月))	21.7	22.5	0.07	0.83

4.建立完善的考核管理制度，制定合理的工资水平

要建立完善的考核管理制度，让畜禽生产与个人利益挂钩，促使饲养员主动关心动物。制度要体现按劳分配，奖惩分明，责任与利益并行等原则，充分调动饲养员工作积极性。要想改善人畜互作，实现畜禽福利，必须首先满足人的福利。工资高低与饲养员的工作积极性和工作态度密切相关，所以，很有必要制定公平的工资标准，如工资应根据工作量、工作强度、工龄等拉开差距。图 5-3 为畜禽产业中人畜互作模式。

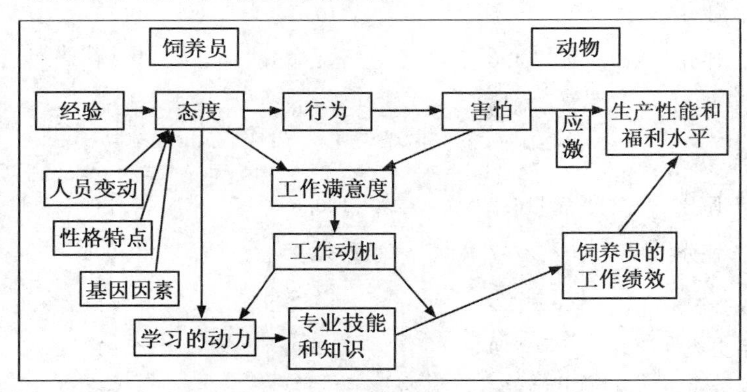

图 5-3 畜禽产业中人畜互作模式(Paul Hemsworth，2010)

5.2　养殖环境与畜禽福利

环境是影响现代畜牧业生产发展最主要的因素之一。环境质量不仅影响畜禽生产性能、健康状况,还影响动物的行为和福利水平。在集约化养殖场,由于饲养密度高,畜禽调控体表散热的能力有限,导致动物生产对环境的依赖性很大。先进的环境控制技术和管理水平是集约化养殖实现高效率和高水平的先决条件和标志。其中研究较多的是温度、湿度、光照和噪声对动物生产的影响。

5.2.1　温度对畜禽福利的影响

环境温度是动物体热平衡调节的决定因素之一,环境温度过高或过低,都会影响动物的体热平衡和调节,使动物感到不舒适。恒温动物有通过自身调节来保持体温恒定的能力。环境温度处于畜禽等热区时,动物感觉舒服,生长快,饲料转化率高。在畜禽生产中,等热区温度范围越大越好,因为在等热区以下或以上的温度对畜禽的生长都是不利的,环境温度偏离等热区温度越大,饲料转化率越低,例如与18℃相比,2℃或32℃时怀孕母猪血清皮质酮水平都较高。在等热区的温度范围内,当畜禽机体单位时间内代谢产热量刚好等于散热量,动物不需借助物理调节即能维持体温恒定时,动物感觉最为舒适,环境温度超出等热区,动物会遭遇冷热应激。图5-4为环境温度与体温调节的范围。

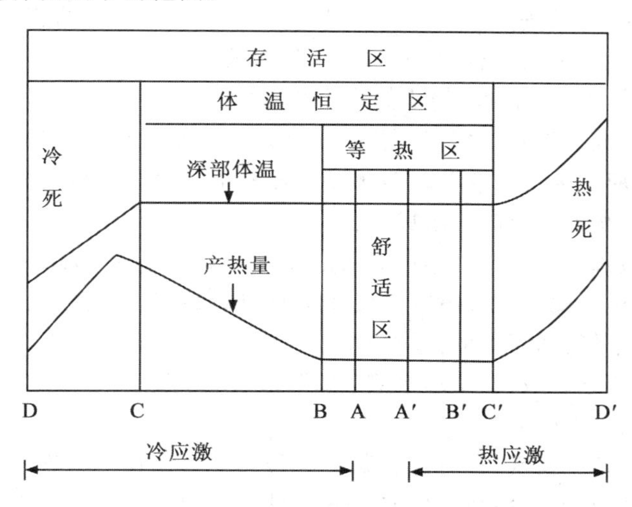

图5-4　环境温度与体温调节的范围

A—B′为物理调节区,B—C为化学调节区,C—C′为体温恒定区,

A—A′为舒适区,B为临界温度(低),B′为临界温度(高),C为极限温度

不同种类的动物,其舒适区温度各不相同;同种动物在发育的不同阶段,其舒适区温度也不相同。表5-13是几种常用实验动物的体温、舒适区温度和临界温度数据。表5-14列出了不同生长阶段猪的等热区温度。

表 5-13 几种常用实验动物的体温、舒适区温度和临界温度(王禄增等,2004) ℃

动物种类	体温	舒适区温度	临界温度	
			上限	下限
小鼠	37～39	21～25	10	37
大鼠	38.5～39.5	21～25	−10	32
豚鼠	38.2～38.9	18～22	−20	32
家兔	37～39	16～23	−29	32
犬	38～39	17～20	−80	40
猕猴	36～39	18～25	−38	
猪	38～40	18～25	−30	

表 5-14 不同生长阶段猪的等热区温度(顾宪红,2005)

阶段	温度/℃	阶段	温度/℃
初生	36～37.7	8～14 kg	19～27
4～6 kg	25～30	14 周以上	16～25

畜禽的等热区温度并不是一个固定值,它受许多因素影响。风速对畜禽的等热区温度影响较大。Bruce 等(1979)研究发现,当风速为 0.15 m/s 时,20 kg 猪等热区温度为 15～18℃,而当风速为 0.25 m/s 时,其等热区温度则升高到 22～25℃。不同的舍内环境也影响等热区温度。和饲养在灰土地面上的猪相比,饲养在水泥地板上的 60 kg 猪,其等热区温度从 9℃升到 13℃;在有草垫的舍里,不同阶段的猪其等热区温度可降低 6℃。在实际生产中要根据畜禽的行为,如畜禽是否挤成一堆,是否张口喘气,来确定它们是否处在等热区。畜禽体况也是影响它们对环境温度反应的重要因素。营养状况良好的畜禽与营养状况较差的畜禽相比,在相同的温度下,前者从热源处摄取的热量更少。

当环境温度高于畜禽等热区温度时,需要散发体内多余的热量,此时必须通过物理调节来保持体温恒定。当环境温度达到等热区温度上限时,如果畜禽不能及时散发过多热量则会导致体温升高。在这种环境下,畜禽的行为会发生变化,如表现出活动减少、改变睡眠方式、食欲减退、摄食量减少、生长速度减慢、生理机能(心跳、血压、呼吸等)改变、性成熟推迟等。另外,在高温环境下,畜禽的腿更容易受伤,导致畜禽患痉挛和热射病,引起动物的营养不良和抵抗力下降。Phillips 等(1992)发现,畜禽在高温度地面(34℃)比在低温度(21℃)地面更易受伤。环境温度过高还会导致雄性动物精子生成力下降,甚至出现睾丸萎缩,繁殖功能下降。

低温对畜禽也有不良影响。动物处于临界温度下限时,必须通过提高代谢率增加产热量来维持体温恒定。饲养在寒冷环境下的畜禽比饲养在温暖环境下的畜禽需要更多的热量,随着环境温度降低,畜禽咳嗽、腹泻、咬尾和啄毛的频率增加。畜禽不喜欢风吹,因为吹风会相应地降低环境温度,当有风时它们会寻找避风的棚子以保持体温恒定;如果是群体饲养,它们则会挤在一起避风取暖。对被毛较少的畜类来说,当躺着时它们会将部分热量传递到地板,这样的散热会影响代谢率、饲料转化率和增重。有垫草的地面则有助于维持体温平衡,这对幼小畜禽来说尤为重要,而对较大的畜禽,地面上是否有垫草则不是那么重要,只有当环境温度低于等热区温度时，地面上才应该铺有垫草。低温也是动物冻伤、感冒、支气管炎和肺炎等疾病的直接诱因。在低温环境下，动物能量代谢加强，需要通过增加采食量来维持热平衡，如果饲料供应不足，同样会引起营养不良和抗病力下降。

5.2.2 湿度对畜禽福利的影响

湿度高低对畜禽的福利有很大影响。不管温度高低，高湿都不利于畜禽体温调节。当高温、高湿时，畜禽通过皮肤散热的能力下降，致使体温升高而引发热应激，引起动物代谢紊乱，使动物机体抵抗力下降，发病率增加。另外，当湿度高时，利于病原微生物和寄生虫的生长繁殖，导致畜禽容易患细菌、寄生虫病，还会引起饲料、垫料发霉变质，引起鸡的黄曲霉病等。当低温、高湿时，畜禽非蒸发性散热增加，致使体温降低而引起冷应激。

湿度过低时，畜禽皮肤和黏膜易干裂，引起畜禽烦躁不安，同时降低机体的抗病能力，特别相对湿度在40%以下时，易造成室内灰尘飞扬，容易引发动物患呼吸道疾病。湿度过低还会使家禽羽毛生长发育不良、家畜皮毛干裂无光泽，导致家畜皮肤粗糙、家禽啄毛。从动物的习性来看，多数动物不耐低湿，如大鼠，在低湿干燥的环境下容易患上一种环尾病，患此病的大鼠死亡率相当高。

和温度对动物的影响相同，湿度也有舒适区。在舒适区范围内，动物感觉舒服，生长发育良好。畜禽的最佳相对湿度受到诸多因素影响，其中有关动物种类和环境温度的报道较多。在温度适宜时，动物可耐受30%～70%的湿度范围。环境温度发生变化，其适宜的湿度也相应改变。如对产蛋鸡，环境温度为28℃时，最佳相对湿度为75%，随着温度升高，适宜的湿度降低，当温度升为33℃时，最佳相对湿度将降为30%。与其他动物相比，猪更喜欢呆在潮湿的空气中，湿润的皮肤是猪调节体温的基本条件。另外，在较湿的环境下猪的呼吸道疾病减少，因此较高的相对湿度对维持猪的呼吸系统健康是有利的。

5.2.3 光照对畜禽福利的影响

光照对畜禽福利影响主要体现在光照周期、光照强度和光源波长3方面，其中家禽受光照的影响要大于家畜。

1.光照周期

通常情况下将一昼夜24 h定为一个光照周期。有光照的时间为明期，无光照的时间为暗期。

光照周期影响畜禽的生理活动，如性成熟时间、采食量、生长性能以及畜禽的健康等。光照时间的长短与蛋鸡达到性成熟的日龄密切相关。育成期光照过短将延迟性成熟，时间过长则提早性成熟(王长平等，2006)。Simonsen(1990)报道，饲养在笼子里的育肥猪，采用16 h光照和8 h黑暗的光照周期，可使猪形成两个采食高峰，分别在光照开始和光照结束前。Buyse等(1996)总结了15项有关光照制度对肉鸡生长的试验，绝大多数的研究结果证明间歇光照可以提高肉鸡的增重。另有研究表明，对于4～14日龄的仔鸡而言，减少每天的光照时间对于控制其生长速度非常有效，而肉鸡早期生长慢一些对其健康比较有利，比如可以降低骨骼发育失调、代谢紊乱、死亡率、脂肪沉积和FCR(Classen，1992)。

光照周期和畜禽健康也有着密切的联系。有规律的关灯和开灯,可以增加鸡只额外的活动,有利于增强鸡只腿骨骼强度,降低因为接触性皮炎引发的肉质降低。Haye 等(1978)研究发现间歇光照制度可以降低肉鸡腿病的发生率,这可能与间歇光照在开灯时,肉鸡的活动加强有关,或者是间歇光照延缓了肉鸡早期的肌肉生长,促进骨骼发育有关。肉鸡的某些身体和机能的发育过程,比如骨骼钙化受昼夜节律的影响较大。研究表明,对于 3～21 日龄仔鸡,降低日照时间,有助于克服肉鸡胫骨软骨发育障碍问题(Sorensen 等,1999)。另有研究表明,每天 22～24 h 的长时间光照不利于肉鸡眼睛的发育(Li 等,1995)。

2. 光照强度

光照强度是指光照的强弱,以单位面积上所接受可见光的能量来量度,简称照度,单位勒克斯(lux 或 lx)。

光照强度对不同畜禽的福利水平影响不同。普遍认为光照强度对猪的福利没有明显影响,因为猪对光照强度不敏感。有试验表明,饲养在两个光照强度不同猪舍(光强度分别为 0.1 lx 和 60 lx)的猪,8 d 内并没有发现什么差别。但 Barnett 等(1994)的试验表明,养在较暗环境下猪的咬尾现象和混群时猪只间打斗现象都减少。而鸡对光照强度很敏感,对小鸡而言光照强度越小越好,以 0.1～1 lx 照度范围最好;对其他家禽而言,以光照强度为 5 lx 较好。在适度的光照强度下,群体比较安静,生产性能和饲料转化率都较好。

光照强度与禽类的活动量存在一定的相关性。比较 6 lx 和 180 lx 两个光照强度对肉鸡的影响时发现,低光照强度下,肉鸡的行走频率显著下降。肉鸡活动量减少使鸡患腿病和接触性皮炎的机会增加,同时胴体也更容易受伤,导致肉品质下降(Lewis,1998)。Gordon 等(1994)将雄性肉鸡饲养在 2 lx 和 200 lx 光照强度下,结果表明在 7 周龄时,光照强度高的肉鸡的胫骨板弯曲(胫骨弓)显著增多,这可能就是因为在骨骼发育的关键阶段其活动量增加导致的。

3. 光源和波长

家畜对光颜色的分辨能力差,Tanida 等(1991)报道猪分辨不出各种颜色。但有报道用红光、荧光、自然光对后备母猪进行照射,结果平均初情日龄分别为 192.1、177.2、181.5 d,用红光照射的母猪初情期显著晚于其他组。

家禽具有发育完善的辨色视力,它们对光谱的感应范围甚至比人类都宽。相同的光照强度下,荧光光照时肉鸡感觉到的光照强度要比白炽灯高约 30%;在相同的 120 lx 光强度下,蛋鸡在荧光光照下的活动要高于白炽灯照下的活动;相同的 12 lx 光强度下,选择荧光光照的蛋鸡要多于选择白炽光光照的蛋鸡(Boshouwers 等,1993)。因此,在制定光照程序时应该充分考虑光源类型。

另外,光照频率也对畜禽有影响。在相同光照强度(90 lx)条件下,Boshouwers 等(1992)比较了低频率(100 Hz)和高频率(26 000 Hz)荧光光照对肉鸡行为的影响,发现低频率光照下鸡只活泼程度要低于高频率光照。

5.2.4 噪声对畜禽福利的影响

噪声不仅会对人类健康带来影响,同样也会影响畜禽福利。噪声既可能来自畜禽本身,也可能来自环境。在饲养密度高的畜禽舍内，畜禽自身可能产生很大的噪声，即使在安静时也可达到 48.5～63.9 dB，在采食、打斗时可高达 70.0～94.8 dB。因仔猪特殊的生理阶段，仔猪舍内一般也会产生很大的噪声；当给畜禽免疫或治病时也会产生高分贝噪声。在生产中常使用的一些设备，如通风系统、喂料器械、清粪机等，工作时间长了也会产生很大噪声，据报道，通风系统产生的噪声强度可达到 90 dB，清粪机的噪声也可达到 70～80 dB。因此，在选择使用时应该仔细估测它们对畜禽福利的影响。

噪声对畜禽的生产性能、健康和福利都会带来负面效应。家禽对噪声很敏感，小鸡突然听到大的噪声时，开始表现出紧张，继而躁动、奔跑，严重时甚至因惊吓而致死。Algers 等(1991)发现持续的风扇噪声(85 dB)降低了母猪对仔猪吮乳的反应，并且产奶量减少。当猪经常处在高频率(500～8 000 Hz)或高分贝噪声(80～95 dB)下时，易导致心率加快和行为紧张现象(Talling 等，1996)。

5.2.5　空气质量对畜禽福利的影响

空气质量即空气清新状况，通常用空气洁净度来衡量。空气洁净度是指空气中飘浮颗粒物的浓度与有害气体的浓度。无论是空气中的颗粒物还是有害气体，都有可能对动物机体造成不同程度的危害。

畜禽舍内空气中的颗粒物的来源主要有两个途径，一是室外空气未经过滤处理直接带入，二是动物皮毛、皮屑以及饲料、垫料中的细小颗粒被动物活动搅起，并随气流的流动散发而飘浮在空气中。空气中的有害气体主要来自动物的排泄物、分泌物等，如果这些排泄物不能及时清理便会发酵分解，产生以氨为主的多种有害气体。

空气质量会严重影响畜禽健康。空气中飘浮的细小颗粒物被动物吸入后极易引起呼吸道疾病，如支气管炎、哮喘、尘肺等，严重者甚至产生急性肺水肿而导致动物死亡。空气中的有害气体主要对动物的眼结膜、鼻腔黏膜和呼吸道黏膜等产生刺激，引起动物皮肤、眼结膜、鼻腔黏膜和呼吸道黏膜等的应激反应，出现皮肤过敏、皮炎、发烧等症状。长时间处于高浓度氨气的环境下，动物上呼吸道可出现慢性炎症，使动物长期处于病痛之中。

除了上述环境因素外，还有很多其他因素也会对畜禽福利造成影响，例如畜禽的饲养密度、厂址选择、建筑物的布置等。

5.3　猪的养殖与福利

5.3.1　仔猪的养殖与福利

初生仔猪因为体质弱而对各种应激都很敏感，针对仔猪的特殊情况，英国 2003 年动物饲养福利法规对哺乳仔猪的饲养进行了如下规定：必要时给仔猪提供热源和干燥、舒适、贴近母猪的且能同时休息的地方；饲养仔猪的空间要足够大，能满足同一时间所有的仔猪都能休息；要求地板铺有垫子或稻草及其他合适的材料；产仔笼必须有足够大的空间以保证仔猪吃奶的空间。仔猪饲养过程中的一些处理也会对福利造成影响。

1. 打耳标

动物佩戴耳标(图 5-5)是为了规范畜牧业生产经营,有效防控重大动物疾病的发生和流行,建立畜禽及畜禽产品的可追溯制度,保障畜产品的质量安全,同时给畜禽动物的日常管理带来了方便。耳标首次佩戴在动物左耳中部,且要避开较大的血管,并将耳标钳夹至牲畜耳朵相对较薄的位置,需要再次实施强制免疫时,耳标可佩戴在右耳中部。一般在仔猪出生 30 d 后即可佩戴耳标,若需提前离开出生地的,离开时即需佩戴。

虽然佩戴耳标是现代畜牧养殖中一个必不可少的环节,但是打耳标的过程依然会影响动物的福利。打耳标会对猪只造成伤害和疼痛,打耳标后还可能造成感染;其次,因耳标终身佩戴,如果耳标的材料和形状不合适,易造成长期的应激。

2. 剪牙

刚出生的仔猪长有两对犬齿和两对隅齿,仔猪在争夺乳头时因互相殴斗而咬伤面颊造成对弱小仔猪的伤害,另外,仔猪在争抢乳头时锋利的犬牙也会咬伤母猪的乳头或乳房,造成母猪的乳房炎症和疼痛不安,以致拒绝哺乳,严重影响仔猪生长发育。因此,在传统的猪生产中,仔猪犬牙一般都被从牙根部剪掉。剪牙(图 5-6)时可能会造成牙齿破裂,暴露牙龈,导致慢性牙痛。但是有研究发现,当采用磨平而不是直接剪掉犬牙时,牙齿和牙龈问题都将减少。美国一般直接对仔猪进行剪牙,但在瑞典,农民喜欢利用电锉把犬牙锉平,因电锉只是锉掉了犬牙的尖锐部分,因此避免了牙齿的破裂。欧盟也在最新的法规中要求仔猪的犬牙要被磨平或锉平而不是直接剪掉。

3. 断尾

仔猪的咬尾行为主要见于群养的猪群,起初可能是零散发生,一旦出现将会引发猪群大面积的相互撕咬。为了避免咬尾带来的一系列问题,一般在仔猪出生 5～7 d 即对仔猪进行断尾(图 5-7)。常用的断尾方法有烧烙断尾法、钝钳夹持断尾法、牛筋绳紧勒断尾法和剪断法。4 种方法都会一定程度地影响仔猪福利,甚至会因感染而带来疾病。其中剪断法和烧烙断尾法虽然对仔猪的影响时间较短,但因需要手术或者器械,因而造成的应激和疼痛更大;而另两种方法会对仔猪造成长期的应激。瑞典等国家已经通过法律禁止对仔猪进行断尾行为。

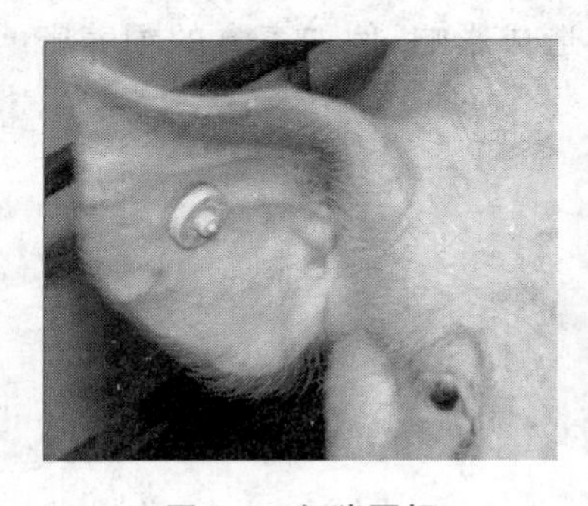

图 5-5 仔猪耳标

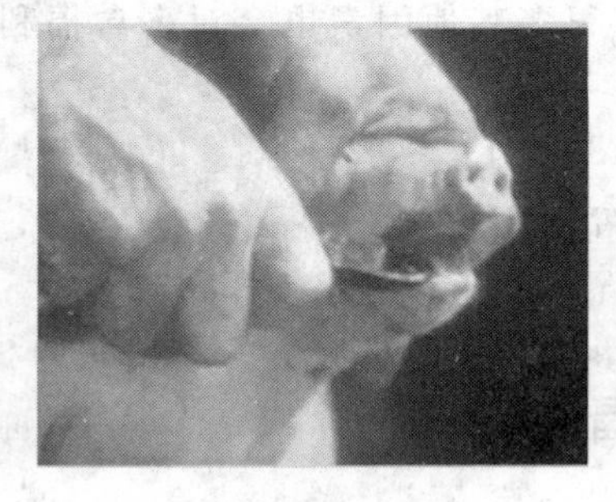

图 5-6 仔猪剪牙

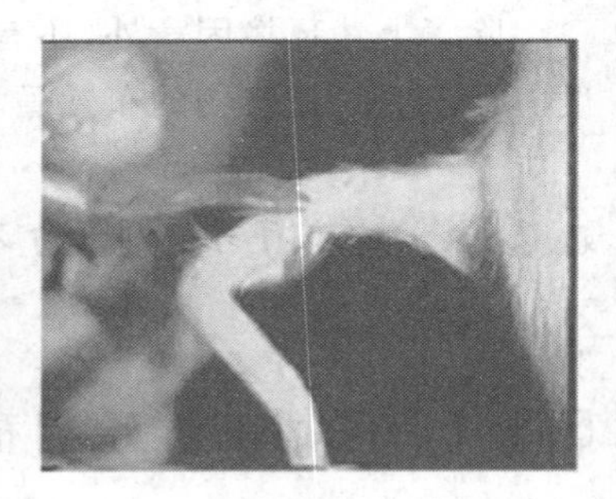

图 5-7 仔猪断尾

为了避免断尾行为给仔猪带来的福利问题,养殖人员需要在生产管理中尽可能地减少仔猪的咬尾行为。许多因素都会引起仔猪的咬尾,如营养不良、气候恶劣、卫生和通风条件差等,因此良好的饲养管理和猪舍设备均可以一定程度上减少仔猪的咬尾行为。Fraser(1990)研究发现，经常有机会拱土的猪很少表现出咬尾行为；在干净、干燥、卫生的环境（提供干草和其他物质以供咀嚼）中饲养的猪也很少发生咬尾行为。因此，可以在仔猪舍内放置小球或者悬挂铁链、铁球以供其玩耍，从而减少咬尾行为的发生。

4.去势

去势是养猪过程中的一个重要环节。去势不仅能够使猪的性情变得温顺，提高公猪的生长速度，而且能够改善肉品质，进一步增加经济效益。散养户或者小型猪场通常在断奶后进行去势，而规模化养殖场通常在7～10日龄左右去势，此时仔猪还处在母源抗体的保护范围中，应激反应小，伤口愈合快。去势的方法包括手术去势法和化学去势法，其中手术法对仔猪造成的应激较化学法大。仔猪在去势时，特别是用手术法切除睾丸时会因剧烈疼痛而发出痛苦的尖叫声，同时影响到猪群中其他的猪只，因此去势一般不在圈舍旁进行。为了减少去势带来疼痛刺激，去势时必须使用麻醉剂，且一般不与断奶、免疫等同时进行。去势后需对猪只加强日常护理和饲养，防止感染。

5.断奶

传统养猪中，仔猪要到二月龄左右才断奶，而且母猪也只有等到合适的时机才能重新配种。近几年随着仔猪营养和饲料研究的进展，规模化养猪场为了提高母猪的利用率和年生产力，增加年产仔数和经济效益，逐步采用35～42日龄的早期断奶方法，而一些技术和设备比较先进的猪场还采用21日龄的超早期断奶。早期断奶不仅能够降低饲料消耗，提高经济效益，还能减少仔猪发病率和死亡率，同时保证了仔猪的日增重和均匀度。因此，早起断奶逐渐被推广应用。

仔猪早期断奶，虽然使猪场年产胎数和仔猪数快速增加，但对仔猪而言，由于消化系统和免疫系统尚未发育完全，极易感染各类疾病，考虑到仔猪的福利，一般仔猪的断奶日龄不得少于28 d。同时，应该给早期断奶的仔猪提供适口性好和消化率高的饲粮，合适的饲料添加剂也非常重要。这些措施都会很好地降低仔猪的下痢和死亡率，保证仔猪的福利。

综上所述，为了保证福利，仔猪在饲养时应注意：采用无痛阉割技术；段犬牙、打耳号时尽可能减少对仔猪的伤害；混群尽可能早，最好选择在断奶前；平均断奶时间应与动物健康及福利水平权衡比较后而取舍。

5.3.2　生长育肥猪养殖的福利

在育肥猪生产体系中，生产者对低成本、高效益的过度追求带来了许多福利问题，如饲料营养欠佳、猪舍地表不良、圈舍设计不合理、卫生状况恶劣等。这些因素不仅影响了生长猪的福利水平，导致咬尾、咬腹等恶习，更有可能影响生长性能。

多种因素都会对生长猪的福利水平造成影响，包括温度、饲养员的态度、饲料配比等。当环境温度超过等热区时会引起猪只不舒适，还会影响猪的采食量、生长性能、饲料转化效率等；饲养员态度和行为也会对猪的福利造成不同程度的影响。经常得到饲养员善待的猪比很少得到善待的猪更容易管理，血液中的皮质激素浓度也更低，生长更快（Gonyou等，1986）；育肥猪所处的生长阶段要求其饲养一定要注意营养的全面性，另外，应通过猪舍分区（采食区、休息区、排粪区）来满足猪不同的日常活动，同时保证猪舍良好的卫生条件；地面情况也是影响畜禽福利的一个重要因素，地面设计及材料的选择应确保猪蹄的健康，一旦出现行为不良的猪应及时转群。

5.3.3 母猪的福利

后备母猪在转入繁殖群之前，一般都是饲养在大群体中。为了尽可能降低转群对母猪的影响，转群的时间一般是在初产母猪完成第一次哺乳期后，而繁殖母猪是可以饲养在稳定的大群体中，也可以单独饲养在全封闭或半封闭的小隔栏中。其中，小隔栏模式是欧洲最为常见的方式，因为小隔栏方式既能保证单独供给食物，又可以避免争斗，方便管理。常用的小隔栏模式包括隔栏单独饲喂的群养方式和单独隔栏饲养方式。

隔栏单独饲喂的群养方式：这种方式将单独隔栏饲喂和群养方式结合，既保证了个体母猪能够获得充足的食物，又能给母猪提供充裕的活动空间。但这种方法无法避免母猪之间的争斗，且随着母猪的多次组群，饥饿、损伤和慢性恐惧的现象会周而复始地产生，而使母猪长期处于应激状态下，影响其福利。

单独隔栏饲养方式：这种饲养方式增加了限位栏。限位栏的使用既可以防止母猪卧压新生仔猪，还能够防止母猪之间的争斗。但是，这种方式却严重限制了母猪活动，使母猪失去了分娩前衔草筑窝的习性，而经常“无奈地”呈现重复行为，严重降低了母猪福利。因此，怀孕母猪的单独隔栏方式在一些国家已经被逐步禁止。

5.3.4 种公猪养殖的福利

种公猪饲养过程中的主要福利问题就是严重缺乏运动。在一些集约化的种猪场，种公猪始终饲养在限位栏中，严重限制了猪的自由，只有在刺激母猪发情和收集精液时才有运动，导致种公猪严重缺乏运动，降低了福利水平。种公猪的不良管理使得其体内皮质类固醇浓度高于良好管理条件下的种公猪，这样不仅会影响母猪的妊娠率，也延迟了青年公猪的性发育，从而降低动物的繁殖性能和生产效率，甚至还会影响新生仔猪的健康，增加仔猪的死亡率。

5.4 鸡的养殖与福利

鸡的饲养方式在过去50年间不断变化着，最初世界上大部分国家和地区的饲养方式以地面平养为主，从20世纪三四十年代开始，笼养方式在美国快速发展起来。随着笼养方式的广泛传播，伴随着杂交技术对家禽生产性能的改善，再加上疫苗、自动饲喂机和清粪系统的使用，整个家禽产业呈现出一片欣欣向荣的景象。到目前为止，世界上大部分的蛋鸡饲养仍采用笼养的方式。然而，自20世纪80年代早期开始，欧洲一些国家对传统笼养方式下蛋鸡的福利提出了质疑，包括活动空间的狭小、骨骼的变脆、限制了抱窝等“自然行为”的表达等。鉴于此，丹麦、德国、挪威、瑞典、瑞士等国家都相继制定了更加严格的福利政策，这些政策包括了饲养系统、饲养密度、管理规范等。

5.4.1 传统笼养方式与鸡的福利

目前世界上大部分肉鸡和蛋鸡的饲养仍采用传统的笼养方式(图 5-8)。从福利及健康角度来讲,传统的笼养方式有其可取之处,主要表现在鸡群健康和降低死亡率方面。在这种饲养方式下,即使鸡群没有断喙,发生啄癖的可能性也比较小,因为相对于地面平养,笼养鸡被限制在一定的空间内而不能与整个鸡群相互接触。另外,笼养方式下鸡舍的卫生条件易于控制和清理,从而患寄生虫病的可能性大大降低。

图 5-8　传统笼养方式

但在传统笼养中,由于狭窄的空间和单调的环境,鸡的很多的自然行为都被限制,从而引起很多福利问题。例如,无法自由觅食导致母鸡的啄食行为转变成啄击同伴的行为,使得母鸡羽毛脱落、伤痕累累,严重影响了畜禽肉品质。为了避免啄羽行为,通常对母鸡进行断喙处理。断喙时鸡的一些软骨和软组织会被切穿,由此带来的痛苦严重影响了鸡的福利,另外因喙的尖端含有丰富的神经,被切伤的神经形成纤维束而使得疼痛持续不断。诚然,空间的狭小可以通过降低饲养密度来改善,但有报道显示,笼养方式还会导致鸡骨骼脆性增加,严重时甚至导致骨骼断裂,使鸡的死亡率提高。表 5-15 列出了不同饲养密度下鸡的死亡率。

表 5-15　不同饲养密度下的死亡率(SCAHAW[a],2000)

饲养密度/(kg/m^2)	38.4	30	25	20
死亡率/%	5.9	4.13	2.95	2.36

注:SCAHAW[a](The Scientific Committee of Animal Health and Animal Welfare):动物健康与动物福利科学委员会。

无法获得足够的活动空间是影响笼养母鸡福利水平的另一主要原因。正常条件下,母鸡平均每小时需要扑打两次翅膀,每两小时需要飞一次。表 5-16 列举了蛋鸡正常行为时所需要的面积。由于缺乏运动空间,导致笼养母鸡骨质疏松而使它们在屠宰前随时都可能遭受断骨之痛。另外,鸡笼中因缺少草垫导致母鸡无法正常表达筑巢的本能,也无法洗泥土浴或充分梳理羽毛，这些行为的限制使得母鸡长时间受挫，严重影响了其福利。

表 5-16 蛋鸡行使正常行为时所占的面积 cm^2

	Bogner(1979)	Dawkin 和 Hardie(1989)
站立		428～592
转身		771～1 377
伸翅	538	653～1 118
振翅		860～1 980
竖起羽毛	676～1 604	
梳理羽毛	506	814～1 270
刨地		540～1 005
翌翅	497	

动物福利专家认为，从畜禽福利角度考虑，传统笼养模式应该尽早被禁止。在 20 世纪 90 年代，瑞典最早提出禁止产蛋鸡的笼养。在 1994 年之后，荷兰政府就开始研究蛋鸡的其他饲养方式。1995 年欧盟呼吁所有成员国增加产蛋鸡的笼养面积，要求每只鸡的饲养面积不得少于 450 cm^2，并在 1996 年 6 月发布了保护蛋鸡福利的最低标准条令(1997/74/EC)，要求从 2002 年起所使用的鸡笼需有 600 cm^2 的使用面积和 150 cm^2 的产蛋面积；从 2003 年起不再允许投资新建传统笼养鸡舍，并最终在 2012 年废除所有传统型鸡笼。

相关政策的出台使一种改良后的新型鸡笼在欧洲逐渐被推广起来。这种鸡笼包括巢、栖木、垫草以及帮助母鸡磨短脚爪的磨棒。虽然这种改良的鸡笼在一定程度上提高了蛋鸡的福利水平，但鸡舍的空间和设施仍然有限，依然无法克服笼养系统内在的福利问题。近年来，在畜禽福利研究者和生产商有效交流的基础上，新式的笼养模式进一步得到改进，尤其是在产蛋窝及栖架的设计、垫料的位置及厚度、笼具的尺寸方面。

5.4.2 单层地面平养方式与鸡的福利

作为传统笼养方式的替代模式，单层地面平养系统能够一定程度上改善鸡的福利水平(图 5-9)。单层地面平养方式能够为鸡只提供足够的活动空间，这既有利于骨骼的锻炼，同时也利于观察鸡群。有研究者对新式笼养(8 只/笼)和地面平养系统进行了对比研究，结果发现地面平养系统裂缝蛋比例较低，死亡率也低于笼养方式，在羽毛状况、鸡掌炎综合征的发生以及皮肤和鸡冠的啄癖损伤上，新式笼养系统也都逊色于地面平养系统。

单层平养系统也有自身的问题，例如寄生虫病的患病率升高、生产性能较低、浪费饲料、产窝外蛋、鸡只的捕捉以及空气质量问题(灰尘和氨气浓度)等。针对上述问题，动物专家们提出了相应的应对措施，包括降低饲养密度、选择合适的鸡种、调整饲料配方、喷雾和及时清除粪便等。单层地面饲养方式又可分为室内地面散养和室外地面散养。

1. 室内地面散养鸡的福利

地面和垫料：鸡舍应建在地势高、地面平整的地方，室内地面可以是水泥地面，也可是砖石

图5-9　单层地面平养方式

地面或泥土地面。一般在地面上铺撒5～10 cm厚的吸水性强的垫料，在铺有垫料的饲养条件下，地面材料对鸡福利的影响不大，但从消毒的角度看，以水泥地面较好。

供料供水设备：在平养鸡舍内应均匀地放置料槽（或料盘）、水槽（或饮水器）等供料供水设备，保证每只鸡都能摄食到充足的饲料和清洁的饮水；人工送料时，最好保证饲养员的固定，这样对鸡的应激较小。供水系统常用的有水槽、杯式饮水器、吊塔式饮水器、乳头式饮水器、真空式饮水器和份式水勺饮水器等。综合考虑卫生要求、节水效果、管理方便以及鸡的饮水习性，以乳头式饮水器较好。

加温设备：在育雏阶段，温度对雏鸡的成活率至关重要；其他阶段，维持适宜的温度对鸡的生产性能和饲料报酬也有重要意义。为了保持鸡舍适宜的温度，常用的加温设备有：烟道、保温伞、煤炭炉、红外线灯、热风炉等。

栖架：栖架是用来满足鸡登高栖息习性而设计的装置。栖架可用4 cm×6 cm的木棍或木条（去棱角）制作，一般设在鸡舍的四周。栖架可以做成斜立架也可做成平架，一般栖架高60～80 cm，栖条间距30～35 cm。鸡选择在栖架上栖息既可以避免夜间受凉气和湿气的影响，还可以防止地面平养鸡因夜间扎堆造成的伤亡，很大程度上保证了鸡的健康和福利。

沙浴：鸡有嗜好沙浴的习性。沙浴对鸡来说不仅是一种取暖、散热的方式，还可以帮助清除身上的碎屑污垢，增进皮肤健康，加快旧羽脱落，缩短换羽时间等；另外可以为鸡提供沙砾，增强肌胃的消化能力，从而提高饲料利用率。

产蛋箱：鸡有在安静隐秘处做窝产蛋的习性，在平养蛋鸡鸡舍中设置产蛋箱恰好可以满足鸡的这种习性。一般产蛋箱的规格是长40 cm，宽30 cm，高35 cm，箱内铺设一定厚度的垫草。垫草的作用是提供鸡筑窝的材料，并防止下蛋时鸡蛋碰到硬物或地面造成破蛋。

2. 室外地面散养鸡的福利

室外地面散养是指鸡白天在室外放养，晚上回到鸡舍休息的一种饲养方式。近年来发展起来的果园鸡、林间鸡、生态鸡都属于室外地面散养的范畴。

室外地面散养的特点是鸡能够在很大的范围内无拘无束地生活,可以通过采食新鲜牧草或青蛙、蚯蚓等小动物获取蛋白质、维生素和矿物质等营养物质。室外还有大量的泥沙可供沙浴或泥浴,还能保证有足够的空间逃避来自同伴或者其他动物的攻击。从接近自然和鸡自由活动的角度看,室外散养的好处是其他饲养方式不能比拟的。同时,消费者也普遍认为,室外散养鸡的鸡肉味道比室内饲养的鸡肉更加鲜美,蛋黄颜色也更深。这是人们对室外散养方式的鸡群福利状况较好的一种肯定。

但是室外散养也有其弊端。室外气温和气候条件变化大,应激源也较室内散养多,例如,天上肉食飞禽的干扰、地上肉食动物的捕食;鸟类能够自由进出鸡场,从而增加了鸡群感染禽流感等疾病的风险;鸡捕食蚯蚓等小虫可能会增加寄生虫感染的机会;当室外饲养密度过大时,鸡接触粪便的概率升高,容易发生球虫、白痢等疾病。但是,室外散养的一些缺点是可以通过改善设备条件加以克服的。例如,为了防止野兽对鸡群的攻击,可以通过在室外鸡场四周架设铁丝网防护,对于飞禽入侵,可以在鸡场上空安装防护网。当然这会相应地增加鸡场的投资成本,所以管理者在选择时需要权衡各种条件综合考虑。

5.4.3 多层平养方式与鸡的福利

为了充分利用鸡舍的空间,同时增加饲养密度,英国和瑞士在 20 世纪 80 年代就开始了多层平养系统的尝试。这种饲养方式能够更加有效地利用鸡舍的空间,相应地降低了生产成本。但相对于单层平养系统,这种方式增加了设备的投资,例如垫料和板条等。最近关于多层平养系统的研究报道结果并不一致,但有一个共同的结果就是,相对于小群笼养而言,其死亡率较高、生产水平较低、饲料消耗增加。为了保证鸡只更加容易找到饲料、水和产蛋窝,在鸡舍设计方面需要给予更多更全面的考虑。现在许多欧洲国家开始推广这种饲养方式,但是到目前为止,关于多层饲养系统还没有确切的资料。

5.5 牛的养殖与福利

5.5.1 肉牛养殖福利

肉牛产业因其产业链长而涉及很多的福利问题,国内外学者对其做了大量的试验研究并制定了相应的切实可行的畜禽福利标准,主要集中在饲料和饮水、环境以及饲养管理等方面。

1. 饲料和饮水

英国皇家反虐待动物协会(Royal Society for the Prevention of Cruelty to Animals,RSPCA)肉牛福利标准(2010)规定要避免家畜饥饿、干渴、营养不良情况的出现,并且要保证家畜能够随时获得新鲜的饮水和饲料,因此饲料和饮水的位置分布要避免给家畜带来不必要的竞争。一个封闭的牛舍按照功能可分为 3 类:休息区、采食区和活动区(Baxter,1992)。当采食区因为空间不足而引起家畜采食竞争时就成为一个影响畜禽福利的因素。采食竞争不仅会导致动物因采食量不足而引起生产性能下降，而且还会造成躯体损伤。Hanekamp 等(1990)研究发现当饲槽宽度从每头牛 75 cm 降至 55 cm 时，日增重、饲料转化率都显著下降，但是 Gottardo 等(2004)的研究结果却不一致，他们发现当饲槽宽度从每头牛 80 cm 下降到 60 cm 时，牛的日采食量、饲料转化率、健康状况、血液指标均无显著变化。从上述试验结果可以推断，当饲槽宽度小于 60 cm 时就有可能对肉牛的生产性能(日增重、饲料转化率等)产生不利的影响。RSPCA 肉牛福利标准中根据肉牛的体重及牛群的规模规定了自由采食和限饲所用饲槽的长度及水槽的周长，分别见表 5-17 和表 5-18。

表 5-17　牛饲槽长度标准(RSPCA)

肉牛体重/kg	最小长度/(mm/头)	
	限饲	自由采食
100	350	100
200	400	100
300	500	125
400	600	150
500	700	150
600	750	200

表 5-18　牛水槽的周长标准(RSPCA)

牛群规模/头	饮水槽最小周长/m	牛群规模/头	饮水槽最小周长/m
50	2.25	150	6.75
100	4.50	200	9.00
125	5.65		

2. 环境

良好的环境是保证畜禽福利的重要因素之一，良好的生活环境能够防止动物躁动不安、减少动物的恐惧感或痛苦，并能保证动物充分表达天性。环境包括自然环境和牛舍内环境。

自然环境主要是指气候的变化。极端的气候条件是肉牛高水平福利的重大挑战之一。例如，长时间的干旱将严重减少用于放牧或者储存的牧草，因气候变暖带来的越来越多的昆虫传染病也对牛福利构成了严重威胁等。

在炎热的夏季，高温、阳光的直射和辐射、气流及湿度是造成动物应激的主要环境因素(Finch，1984)。温度过高，可能会造成体温调节失调而导致生产性能下降(Campbell，1988)，温度过低则维持需要增加，饲料转化率下降，饲养成本增加。不同品种及生理阶段的牛对环境温度的要求是有差异的，但各个阶段的牛只要处在等热区内，则牛最为舒适健康，生产性能最高，饲养成本也最低，所以应采用物理方式使牛尽可能处在其等热区温度内。表 5-19 列出了不同品种牛的生理指标上升的临界温度(韩兴泰，1992)。

表 5-19　引起各种牛生理指标上升的临界温度(韩兴泰,1992)　℃

生理指标	牦牛	荷兰牛	娟珊牛	瑞士黄牛	印度瘤牛
体温/℃	14.0	21.1	23.9	26.7	35.0
心率/次	15.0	32.2	37.8	35.0	37.8
呼吸频率/次	13.0	15.6	15.6	15.6	23.9

高湿度的环境将加剧高温或低温对牛生产性能的不良影响。空气湿度对牛机能的影响,主要通过限制蒸发来影响牛体的散热,一般湿度愈大,体温调节的范围愈小。高温高湿的环境会影响牛体表水分的蒸发,使牛体热不易散发,导致体温迅速升高;低温高湿的环境又会使机体散发热量过多,引起体温快速下降。大量研究结果表明,空气湿度在55%～85%时,对牛体的影响不太显著,但一旦高于90%时则对牛危害甚大,因此,牛舍内空气湿度不宜超过85%。

气流对牛的主要影响是加剧体表热量的散发。人工气候室的试验结果表明,不论是在高温还是在低温的情况下,风速对奶牛产奶量的影响都十分显著。

3.行为限制

大部分饲养模式都能够保证动物自由地表达自然行为,表达天性是动物高水平福利必不可少的指标(Petherick 等,1997)。当牛群的饲养密度过高时,其生产性能和福利都将不同程度的降低。Fisher 等(1997)研究了育肥牛处在 1.5、2.0、2.5 和 3.0 m^2 的活动空间内其生长速度、行为表现、肾上腺素和免疫反应的差异,结果表明,1.5 m^2 组的牛日增重和躺卧时间显著低于其他组,由此可见 1.5 m^2 的活动空间严重降低了牛的舒适度。Morrison 等(1982)得出了相似的结论,在采食量没有差异的前提下,1.5 m^2 处理组的饲料转化率显著低于 3.0 m^2 处理组。RSPCA 肉牛福利标准规定了每头肉牛的占地面积,见表 5-20。

表 5-20　每头肉牛的占地面积(RSPCA)　m^2

动物体重/kg	最小躺卧面积	最小活动场地
<100	1.5	1.8
101～199	2.5	2.5
200～299	3.5	2.5
300～399	4.5	2.5
400～499	5.5	2.5
500～599	6.0	2.5
600～699	6.5	2.5
700～799	7.0	3.0
>800	8.0	3.0

4.去角、去势、打耳标

去角、去势、打耳标是肉牛养殖过程中几项常规处理,是确保肉牛福利的重要措施。去角可以防止其对同群的牛或管理人员造成伤害;去势是消除肉牛的性欲和繁殖能力,使其性情变的温顺耐劳，便于管理(Jago等，1997；Katz，2007；Price等，2003)。也有研究结果表明，公牛去势可以改善肉质，提高胴体背膘厚(Field，1971)、肌内脂肪含量(Knigh等，1999a，1999b)、牛肉嫩度(Morgan等，1993)等；而打耳标有助于建立牛肉的追溯系统，保证肉品质安全，同时也有利于牛场的防疫。去角、去势、打耳标都能一定程度地提高肉牛养殖水平，但伴随着这几项处理都存在着影响牛福利的一些因素。

去角、去势和打耳标涉及的福利问题主要包括疼痛、感染、出血等，选择合适的手术方法和手术年龄能够很大程度上减轻这些处理所带来的福利问题。去角的方式主要包括两种：苛性钠法和电烙铁法，其中电烙铁法较为简便，使用也更加广泛。去角时间选择在动物4周龄前较为合适，此时去角可以大大降低感染疾病和死亡的可能，且流血少、痛苦较小。

去势的方法主要有去势钳法、橡胶圈法、手术法和化学法4种。Thuer等(2007)研究发现用去势钳法去势的牛其血浆皮质醇浓度显著低于用橡胶圈法去势的牛，原因可能是去势钳法带来的是短暂的疼痛，而后者的疼痛持续的时间更长。Martins等(2011)在对水牛的研究中发现，手术法和化学法造成的应激比去势钳法大。Molony(1995)研究结果类似，他发现不同的去势方法对动物行为恢复均有不同程度的影响，去势钳法、橡胶圈法、手术法所需时间分别为9、15、45 h。如果配合局部麻醉药物的使用，将会很大程度上减轻去势给动物造成的痛苦和应激。

打耳标对肉牛福利的影响主要来自于打耳标过程中因犊牛怕人而带来的应激以及佩戴耳标后给牛只带来的不舒服，但这些影响只是短暂的，只需几个小时即能恢复到正常生理水平。

5.5.2 奶牛养殖福利

在奶牛的饲养管理过程中，人们很少注意到奶牛自身的健康和福利问题。近几年，随着人民生活水平的提高以及越来越关注牛奶的需求量和品质，奶牛福利也逐渐受到关注。

1.牛舍地面结构、设计及卫生状况

牛舍地面结构及卫生状况与牛蹄健康有着密切的联系，牛蹄接触的地面如果太光滑则容易造成牛的摔倒，而如果地面太粗糙，则会加剧牛蹄与地面的摩擦。孙建萍(2012)报道，我国奶牛肢蹄发病率达30%～80%，而地面设计不合理、环境卫生差、湿度过高是造成此病发生的主要原因。奶牛只要患腿病就会导致奶牛的繁殖性能下降、体重损失增加、产奶量下降。乳房炎是奶牛的常见疾病之一，在生产中发病率高达40%，而牛舍设计不合理和环境卫生差是造成此病的主要原因。奶牛若患上乳房炎，不但影响其产奶量，更会影响牛奶质量，导致大量牛奶被废弃，给奶牛养殖业带来巨大的经济损失。

奶牛喜欢站立或行走在干燥松软的地面上，这样可减少跛足的风险。为了减少水泥路面带来的负面影响，有效减少跛足的发生，奶牛通道(采食通道、挤奶通道等)可铺设橡胶垫，或者在水泥路面上，每10 cm的距离需做宽10～20 mm、深12 mm的防滑槽，在饮水槽等转弯处则要做交叉防滑槽。牛舍地面要有一定的坡度，这样有利于排水。坡度可以设计成从牛舍一头到另一头的单一坡度，也可以是从牛舍两端倾向牛舍中间的粪污收集通道。另外，如果奶牛通道坡度过大，则要采用台阶式。

2.奶牛卧床的设计

垫料充足、干燥和卫生的卧床可以保持牛体干净，减少乳头龟裂，抑制细菌繁殖，防止乳房

炎病原菌在乳头上的附着。卧床的设计需要考虑奶牛起卧和活动的生理规律，Rushen 等(2003)研究表明，奶牛在较宽的卧栏里卧下休息的时间要比在较窄的卧栏里多，并建议卧床宽度头胎牛为 122 cm，成年母牛为 127 cm，临产牛为 137 cm。其次，奶牛在卧下和站立的过程中，头部有一个向前冲的动作，所以设计卧床时要在卧床的前端留出一定的空间。实践证明，如果成年母牛卧栏的前方为开放型，卧床长度达到 244 cm 即可，而如果前方为墙体时，卧床长度只有达到 270 cm 才能保证奶牛的舒适度；此外，卧床前面的横杆与墙的距离必须留足 60 cm，否则会影响奶牛上床率；最后还要设计限位结构，这样能够保证奶牛躺卧在合适的位置，同时也能避免粪便排泄在卧床上，更易于管理。

3.饮水设施的设计

奶牛的需水量与奶牛的年龄、体重、产奶量均有关，同时与季节、气温、饲料品种、采食量等因素也有关。在奶牛饮水上，必须给予奶牛充足的清洁饮水，饮水槽的位置必须保证奶牛随时可以饮到水，且每头泌乳牛至少要有 10 cm 的饮水空间。饮水槽周围的地面应当有适宜的坡度，使其不会因积水而影响奶牛饮水。要注意饮水卫生，饮水槽应便于清洗消毒，储水不能过多以便奶牛喝到清洁卫生的饮水。要注意水温，在冬季北方水槽要采用保温措施，如使用电加热等，保证水温大于 12℃。

4.采食设施的设计

奶牛在 24 h 内的采食次数可多达 14 次，每天累计采食时间约为 4 h。采食量的多少不仅与饲料的质量有关，与采食空间和采食舒适度也有关。为了保证奶牛采食时的福利，应该做到以下几点：第一，为了保证奶牛舒适的采食行为，采食通道必须设计合理，而现代的规模化养殖场大多采用全混合日粮搅拌车进行投喂，为了便于搅拌车通行，牛舍采食通道一般不低于 4 m^2，而采食通道要设计成平坦型以便机械推料；第二，采食地面要比奶牛站立面高约 15 cm；第三，为了减少牛颈枷对牛肩部的压力，使采食面变宽，颈枷要向采食通道倾斜；第四，要保证泌乳牛至少有 0.65 m^2 的采食空间，干奶牛和产前牛至少要有 0.75 m^2 的采食空间。

5.牛体卫生管理

经常刷拭牛体可提高产奶量 3%～5%。刷拭宜在挤奶前 30 min 进行，从左侧颈部开始，从上到下，从前向后依次刷拭，中后躯刷完后再刷头部、四肢和尾部，然后再刷右侧，每次刷拭 3～5 min。刷下的牛毛应收集起来，以免牛舔食而影响牛的消化。散栏式饲养时，奶牛行走的机会多而导致牛蹄磨损加剧，同时又可能时常浸泡在粪尿中，导致奶牛蹄病增多。因此，除了增加牛通道的清扫次数、改善牛卧床使用的软性材料外，应对蹄部定期进行药浴和修整，严冬时还须涂油(植物油)以防蹄匣冻裂。要每天观察牛群，若发现有肢蹄问题的牛应及时采取措施。坚持每年用福尔马林或硫酸铜溶液浸泡牛蹄 2 次、对奶牛进行维护性修蹄 2 次，最佳的修剪时间应该为分娩前的 3～6 周和进入泌乳期后约 120 d。为保持牛体卫生还应经常清洗乳房和牛体上的粪便污垢，夏天每天应至少进行 1 次水浴或淋浴。

5.5.3 犊牛养殖福利

小牛肉的来源是将犊牛养到大约 16～18 周且体重达到 200 kg 左右时屠宰。在美国每年有 70 多万头的公犊奶牛用于小牛肉的生产。目前小牛肉的生产大多都采用单栏隔离的饲养方式(图 5-10)。随着小牛肉的需求量越来越大,单栏饲养引起的小牛福利问题也引起了广泛的关注。

隔栏中的犊牛通常是用短绳绑在隔栏前,这几乎限制了犊牛所有的活动。这种养殖方式会增加犊牛的非正常行为,如啃木头等,同时也提高了疾病的发病率。自然行为的压抑将导致犊牛长期处于压迫感中,严重降低其福利水平。欧盟常设兽医委员会(Standing Veterinary Committee,SVC)在其 1995 年的报告中指出:"犊牛被关在单独的隔栏中将无法获得足够的空间来保证舒适的躺卧;无法直接接触其他小牛犊严重影响了犊牛的群居性;无法玩耍和自由活动严重影响了犊牛的健康",并建议每头小犊牛都应获得足够的空间来保证躺卧、采食、活动等行为。随着近年来越来越多的学者开始关注小犊牛福利,小犊牛的群养方式逐渐被推广(图 5-11)。Friend 等发现,被绳子捆在隔栏中的犊牛比群养的犊牛有更高的肾上腺反应,同时甲状腺激素水平也会升高,此外,中性粒细胞和淋巴细胞的比例也会增高。欧盟成员国都开始采取大群散养的方式饲养犊牛,美国小牛肉协会也已同意在 2017 年底全面推行犊牛的群养方式。

图 5-10　木条隔栏饲养

图 5-11　群养

5.6　羊的养殖与福利

多年来,因受到养殖技术的限制,国内外羊的养殖多以放牧为主,随着生态环境的日益恶化以及羊肉需求量的日益增多,越来越多的生产者开始采用舍饲、半舍饲的生产方式进行饲养。生存环境转变导致羊的很多天性都被抑制、很多自然行为都无法自由表达,继而影响了羊的福利。

5.6.1　羊的群居性

羊最显著的特征是群居性,无论是舍饲或放牧、睡眠或躺卧休息,羊都喜欢群居。羊只有在与其他同伴在一起时才能处于安乐和正常的生理状态。因此,保证羊的群居是保证其高水平福利的重要内容。如有特殊情况必须单独圈养时,应保证其能与其他羊有视觉或听觉的接触。

5.6.2 饲养与管理

1.地面与垫料

圈舍地面的设计应以羊只的舒适为基本原则，同时避免给羊造成应激和损伤。地面采用水泥或者砖块均可，使用水泥地面时要留有适当宽度和深度的防滑槽。地面排水性能要好，还需提供干燥、舒适的垫草，通常推荐的垫草是 15 cm 厚的秸秆或者粗锯末（可防止起球）和刨花的混合物。木漏缝地板或金属网地面也是可以考虑的选择。漏缝地板的缝隙应为 14～16 mm，以便粪便能轻易通过，同时又不影响羊的站立；金属网的网格应为 20 mm 左右，以确保羊能够平稳地站立。对绵羊而言，它们更喜欢躺卧在秸秆垫草上而非漏缝地板，所以应给绵羊提供适宜厚度的秸秆垫草。新生或幼龄羔羊也不宜圈养在漏缝地板上（Gordon 和 Cockram，1995），对于有条件的养殖场，可以为新生或幼龄羊羔提供专门的圈舍。

2.适宜的光照

羊对光照比较敏感且害怕光照的剧烈变化，圈舍中应采用均匀的光照（Linklatter 等，1983）。另外，羊属于季节性繁殖动物，逐渐缩短的光照可启动其繁殖周期，因此对于圈养的羊，应尽可能保证其处于自然的光照节律下。当圈舍内的自然光照无法满足动物的生理需求时，应提供人工光照。圈舍内应有足够的照明设备，以便在任何时候都方便对羊群进行全面的观察。

3.行为空间

单独圈养的成年羊，其圈舍长度不应少于 2 m、宽度不少于 1 m，以确保羊能方便地转身并在一个方向上来回行走几步。成年绵羊的围栏必须高于 0.9 m，山羊须高于 1.2 m，防止羊只跳出。充足的空间能够满足羊的自由活动和羊之间的追逐，从而保证其天性的表达。各种羊只所需的适宜空间密度见表 5-21。

表 5-21 各种羊只的空间需要(RSPCA)

羊的种类	所需面积
低地母羊（活体重 60～90 kg）	妊娠期间 1.2～1.4 m^2/头
低地母羊产羔后带 6 周龄内的羔羊	每头母羊和羔羊共 2.0～2.2 m^2
高地母羊（活体重 45～65 kg）	妊娠期间 1.0～1.2 m^2/头
高地母羊产羔后带 6 周龄内的羔羊	每头母羊和羔羊共 1.8～2.0 m^2
12 周龄内的羔羊	0.5～0.6 m^2/头
12 周龄到 12 月龄羊	0.75～0.9 m^2/头
公羊	1.5～2.0 m^2/头

舍饲山羊还有一个重要的影响福利的因素需要考虑，即运动不足。为了解决该问题应采取停牧不停运动的措施，可每天定时将羊群赶到室外，保证运动 2～4 h，以增强羊的体质。因此，对于舍饲养羊模式，运动场的修建至关重要。运动场可选用木质或者铁质围栏，保证每只羊至少 2～3 m^2 的运动面积。

4. 饲料的供给

羊的另一个习性是怕新鲜东西。例如，当有多种饲料可选择时，羊往往选择最熟悉的一种，直至克服对新饲料的恐惧。如果新饲料的气味与其之前的不好的经历有关时，羊即使饿死也不会吃该种饲料。因此对饲料和草料的更换需要一个过渡的过程；羊有反刍的本能，当摄入的饲料中纤维含量低于40%时可能会导致其行为异常，如啃栏、咬毛等，所以饲料应保证一定的粗纤维含量；当供给羊只高能量的谷物饲粮时，应有10～14 d的过渡期；另外，羊对微量元素铜非常敏感，又因为铜与钼元素具有显著的拮抗作用，低钼饲料可以导致绵羊体内出现铜的蓄积过量，甚至出现铜中毒症状，而高钼饲料又会诱发缺铜症状的发生，因此在配合日粮时，一定要考虑二者的平衡；公羊常常发生尿结石，因为食盐可以增加羊只的饮水量，因此在饲料中添加适量的食盐(3%～4%)可以有效降低尿结石的发病率。

5.6.3　去势、断尾、戴耳标

一般在性成熟前即用于育肥上市的羔羊无需去势，如需去势应尽早进行，最好是在12周龄之前。去势方法有橡胶圈结扎、无血去势(结扎法)和手术法。其中，手术去势的应激最小，但是感染的危险性较高；结扎法最常用，但是该方法对羊只造成的疼痛较大，常适用于幼龄的羊。结扎法结合局部麻醉去势可以有效降低羊的疼痛，在不实施麻醉的情况下，结扎法与去势钳法相结合对羊只造成的痛苦最小(Kent，1998)。

羔羊的断尾是羊饲养管理过程中的一项常规程序。断尾可以减少粪便的污染和蚊虫叮咬，也可以防止羊之间互相咬尾。断尾应该尽早进行，最好是在2～12周龄之间，超过6月龄时断尾即需要麻醉。断尾可以选择橡胶圈法、手术法和热断法。手术法的应激是最小的；热断法对羊只行为的影响小，但是容易造成羊只的慢性感染，应限制使用；结扎法可以一定程度上减少羊只的疼痛，在结扎部位进行局部麻醉也可以有效地减少羊只的疼痛。保留的尾巴长度应能以盖住母羊的外阴为标准，而公羊的长度与母羊的相似。

耳标的形状和戴耳标的时间都会对羊的健康和福利水平造成影响。耳标形状比耳标的材料更容易造成羊只的受伤，环状耳标可能造成更多的伤害，而由韧性的聚亚安酯制作的两片式的塑料耳标可能造成的伤害最小。

农场动物福利涉及动物产品生产的各个环节，随着科学技术的进步及畜禽福利观念的加强，人类对于畜禽行为、需求、生理、心理活动的认识会逐步深入，农场动物福利会得到更好的保障。相关的从业人员基于畜禽福利五大自由，会研究新的方法和措施，对农场动物的福利进行评价和改善农场动物的福利。

思考题

1. 饲养员的消极行为会对动物造成哪些影响？
2. 如何在生产中改善人、畜互作关系？
3. 养殖环境中的哪些因素会对畜禽福利造成影响？
4. 集约化养猪业中应注意哪些福利问题？
5. 我国常见鸡的养殖方式是什么？是否有利于鸡的福利？应该从哪些方面进行改善？

6. 肉牛与奶牛的福利有哪些差别？

参考文献

1. 安英凤. 动物福利与猪的福利化饲养. 山西农业大学学报，2007，27(6)：117-119.

2. 包军. 应用动物行为学与动物福利. 家畜生态，1997，18(2)：38-44.

3. 柴同杰. 动物保护及福利. 北京：中国农业出版社，2008.

4. 陈东林，沈秋姑，袁玉国. 动物善待与动物福利之现状及基本建议. 江西畜牧兽医杂志，2002(3)：1-4.

5. 单永利，黄仁录. 现代肉鸡生产手册. 北京：中国农业出版社，2001.

6. 耿爱莲，李保明，赵芙蓉，等. 集约化养殖生产系统下肉种鸡健康与福利状况的调查研究. 中国家禽，2009，31(9)：10-15.

7. 顾宪红. 畜禽福利与畜产品品质安全. 北京：中国农业科学技术出版社，2005.

8. 郭蕾，康杰，王志强. 动物福利及其在蛋鸡笼养中的应用. 中国畜牧兽医，2008，35(4)：129-131.

9. 姜成刚，刁其玉，屠焰. 羊的福利养殖研究与应用进展. 饲料广角，2008(5)：37-40.

10. 刘喜生，杨玉，岳文斌. 试论现代养羊生产中的保护与福利. 中国草食动物，2011，31(2)：7-9.

11. 牛自兵. 关注猪的动物福利. 料工业，2005，26(9)：56-59.

12. 孙建萍. 规模化奶牛场奶牛福利的探讨. 饲料博览，2012，2：31-33.

13. 王禄增，李华，王捷，等. 通风、温度、湿度对实验动物福利的影响及控制. 中国比较医学杂志，2004，14(4)：234-236.

14. 张心壮，孟庆翔，李德勇，等. 国内外肉牛福利及其研究进展. 中国畜牧兽医，2012，39(4)：215-220.

15. 赵希彦，齐桂敏，温萍. 浅谈畜牧生产中的动物福利问题. 吉林畜牧兽医，2004：12.

16. 赵有璋. 羊生产学. 北京：中国农业出版社，2002.

17. Algers B，Jense N P. Teat stimulation and milk production during early lactation in sows：effects of continuous noise. Canadian Joumal of Animal Science，1997，71：51-60.

18. Algers B. A note on behavioral responses of farm animals to ultrasound. Applied Animal Behavior Science，1984，12：387-391.

19. Baldwin B A，Start I B. Illumination preferences of pigs. Applied Animal Behavior Science，1985，14：233-243.

20. Barnett J L，Hemsworth P H，Newman E A. Fear of humans and its relationships with productivity in laying hens atcommercial farms. Behavior Poultry Science，1992，33：699-710.

21. Barnett J L，Hemsworth P H，Hennessy D P，et al. The effects ofmodifying the amount of human contact on the behavioral，physiological and production responses of laying hens. Applied Animal Behavior Science，1994，41：87-100.

22. Bogner H. Ethological demands in the keeping of pigs. Applied Animal Ethnology，

1982,8:301-305.

23. Boivin X,leNeindre P,Chupin J M. Establishment of cattle-human relationships. Applied Animal Behavior Science. 1992,32:325-335.

24. Boshouwers F M G,Nicaise E. Responses of broiler chickens to high-frequency and low-frequency fluorescence lighting. British Poultry Science,1992,33:711-717.

25. Boshouwers F M G,Nicaise E. Artificial light sources and their influence on physical activity and energy expenditure of laying hens. British Poultry Science,1993,34:11-19.

26. Breuer K,Coleman G J,Hemsworth P H. The effect of handling on the stress physiology and behaviour of nonlactating heifers. Proceedings of the Australian Society for the Study of Animal Behavior,29th Annual Palmerston North,New Zealand. Institute of Natural Resources,Massey Univerisity,New Zealand,1998:8-9.

27. Breuer K,Hemsworth P H,Barnett J L,et al. Behavioural response to humans and the productivity of commercial dairy cows. Applied Animal Behavior Science, 2000, 66: 273-288.

28. Broom D M, Johnson K G. Stress and Animal Welfare. London: Chapman and Hall,1993.

29. Bruce J M,Clark J J. Models of heat production and critical temperature for growing pigs. Animal Production,1979,28:353-369.

30. Buyse J. The use of intermittent lighting for broiler production. Poultry Science, 1996,75:589-594.

31. Clarke I J,Hemsworth P H,Barnett,J L,et al. Stress and reproduction in farm animals. In:Sheppard K E,Boublik J H,and Funder J W. (eds) Stress and Reproduction,Serono Symposium Publications,Vol. 86. Raven Press,New York,1992:239-251.

32. Classen H L. Management factors in leg disorders. In:C. C. Whitehead,(ed.),Poult. Sci. Symposium No. 23,"Bone Biology and Skeletal disorders in Poultry",Carfax Publishing Company,1992:195-211.

33. Coleman G C,Hemsworth P H,Hay M,et al. Predicting stock-person behavior towards pigs from attitudinal and job-related variables and empathy. Applied Animal Behavior Science,1998,58:63-75.

34. Cordon S H,Thorp B H. Effect oflight intensity on broiler liveweight and tibial plateau angle. Volume I,Proceedings of the 9th European Poultry Conference,Glasgow,UK, 1994:286-287.

35. Crorun G M. The development and significance of abnormal stereotyped behaviours in tethered sows. PhD Thesis,University of Wageningen,The Netherlands,1985.

36. Depner K R,Muller T,Lange E,et al. Transient classical swine fever virus infection in wild boar piglets partially protected by maternal antibodies. J DTW Dtsch Tierarztl Wochenschr,2000,107(2):66-68.

37. Frase A F. Processes of ethologic homeostasis. Applied Animal Ethology,1983,11 (2):101-110.

38. Fraser A F. The Welfare-behaviour relationshp. Applied Animal Behaviour Science, 1989,22:93-94.

39. Gonyou H W, Hemsworth P H, Bamett J L. Effects of frequent interactions with humans on growing pigs, Applied Animal Behavior Science, 1986, 16:269-278.

40. Gregory N C, Wilkins L J. Broken bones in domestic fowl: handling and processing damage in end-of-lay battery hens. British Poultry Science, 1989, 30:555-562.

41. Gregory N G. Animal Welfare and Meat Science. CABI Publishing, CAB Intemational, Oxon, UK, 1998.

42. Hemsworth P H, Coleman C J. Human-Livestock Interactions: Tile Stockperson and the Productivity and Welfare of lntensively-farmed Animals. CAB International, Wallingford, UK, 1998.

43. Hemsworth P H, Barnett J L. The effects of aversively handling pigs, either individually or in groups, on their behaviour, growth and corticosteroids. Applied Animal Behavior Science, 1991, 30:61-72.

44. Hemsworth P H, Barnett J L, Campbell R C. A study of the relative aversiveness of a new daily injection procedure for pigs. Applied Animal Behavior Science, 1996a, 49:389-401.

45. Hemsworth P H, Barnett J L, Hansen C. The influence of handling by humans on the behavior, growth and corticosteroids in the juvenile female pig. Hormones and Behavior, 1981, 15:396-403.

46. Hemsworth P H, Barnett J L, Hansen C. The influence of handling by humans on the behaviour, reproduction and corticosteroids of male and female pigs. Applied Animal Behavior Science, 1986, 15:303-314.

47. Hemsworth P H, Barnett J L, Hansen C. The influence of inconsistent handling on the behavior, growth and corticosteroids of young pigs. Applied Animal Behavior Science, 1987, 17:245-252.

48. Hemsworth P H, Coleman G J, Barnett J L. Improvingthe attitude and behavior of stockpeople towards pigs and the consequences on the behavior and reproductive performance of commercial pigs, Applied Animal Behavior Science, 1994, 39:349-362.

49. Hemsworth P H, Price E O, Bogward R. Behavioural responses of domestic pigs and cattle to humans and novel stimuli. Applied Animal Behavioral Science, 1996b, 50:43-55.

50. Hemsworth P H. Barnett J L, Coleman G J, et al. A study of the relatiofiships between the attitudinal and behavioral profiles of stockpeople and the level of fear of humans and the reproductive performance of commercial pigs. Applied Animal Behaviour Science, 1989, 23:301-314.

51. Jones R B. Fear and fear responses: a hyothetical consideration. Medical Science Research, 1987, 15:1287-1290.

52. Jones R B. Reduction of the domestic chick's fear of humans by regular handling and related treatments. Animal Behavior, 1993, 46:991-998.

53. Jones R B. Waddington D. Modification of fear in domestic chicks, Callus gallus dom-

esticus via regular handling and early environmental enrichment. Animal Behaviour,1992,43:1021-1033.

54. Kettlewell P J. Mitchell M A, Catching, handling and loading of poultry for road transportation. World's Poultry Science,1994,50:55-57.

55. Kristensen H H,Wathes C M. Ammonia and poultry welfare:a review. World Poultry Science,2000,56:235-245.

56. Li T,Troilo D,Glasser A,et al. Constant light produces severe corneal flattening and hyperopia in chickens,Vision Res. ,1995,35:1203-1209.

57. Marchant J N,Broom D M. Effects of dry sow housing on muscle weight and bone strength. Animal Science,1996a,62:105-113.

58. Marchant J N,Broom D M. Factors affecting posture-changing in loose-housed and confined gestation sows. Animal Science 1996b,63:477-485.

59. Mills A D,Faure J M. Panic and hysteria in domestic fowl:a review. In:Zayan,R. and Dantzer,R. (eds) Social Stress in Domestic Animals. Kluwer Academic Publishers, Dordrecht,The Netherlands,1990:248-272.

60. Munksgaard L,de Passille A M,Rushen J,et al. The ability of dairy cows to distinglish between people. Proceedings of the 29th Intemational Congress of the International Society of Applied Ethology,Exeter,3-5 August,University Federation for Animal Welfare, Great Britain,1995:19-20 (Abstract).

61. Murphy L B. A study of the behavioural expression of fear and exploration in two stocks 6f domestic fowl. PhD dissertation. Edinburgh University,UK,1976.

62. Newberry R C,Webster A B,Lewis N J,et al. Management of spent hens. Applied Animal Welfare Science,1999,2:13-29.

63. Newberry R C,Hunt J R,Gardiner E E. Influence of light intensity on behavior and performance of broiler chickens. Poult. Sci. ,1988,67:1020-1025.

64. Nuboer J F W,Coemans M A J M,Vos J J. Artificial lighting in poultry houses:do hens perceive the modualtion of fluorescent lamps as flicker? Br. Poult. Sci. , 1992, 33:123-133.

65. Paterson A M,Pearce G P. Boar-induced puberty in gifts handled pleasand. y or unpleasantly during rearing. Applied Animal Behavior Science,1989,22:225-233.

66. Pedersen V,Barnett J L,Hemsworth P H,et al. The effects of handling on behavioural and physiological responses to housing in tether- stalls in pregnant pigs,Animal Welfare,1997,7:137-150.

67. Phillips P A,Fraser D,Buckley D J. Simulation tests on the effect of floor temperature on leg abrasion in piglets. Trans. Am. Soc. Agric. Engin,1992,35:999-1003.

68. Prayitno D S,Phiillips C J C,Stokes D K. The effects of color and intensity of light on behavior and leg disorders in broiler chickens. Poult. Sci,1997,76:1674-1681.

69. Prescott N B,Wathes C M. Spectral sensitivity of the domestic fowl (Gallusg. domesticus). Br. Poult. Sci. ,1999,40:332-339.

70. Ravel A, D' Allaire S D, Bigras-Poulin M, et al. Personality traits of stockpeople working in farrowing units on two types of farms in Quebec. Proceedings of 14th Congress of the Intemational Pig Veterinary Society, 7-10 July, Bologna, Italy, Faculty of Veterinary Medicine, University of Bologna, 1996:514 (Abstract).

71. Reed H J, Wilkins S D, Austin S D, et al. The effect of environmental enrichment on fear reactions and depopulation trauma in adult caged hens. Applied Animal Behavior Science, 1993, 36:39-46.

72. Rushen J. Changing concepts of farm animal welfare: bridging the gap between applied and basic research. Applied Animal Behaviour Science, 2003, 81(3):199-214.

73. Scheideler S E. Effect of various light sources on broiler performance ancl efficiency of production under commercial conditions. Poult. Sci., 1990, 69:1030-1033.

74. Schmid H, Hirt H. Species specific behaviour of sows and piglets that prevent crushing. Proceedings of the Intemational Society for Applied Ethology, ed. M Nichelmann, Humboldt University, Berlin, 1993:465-467.

75. Scott G B. Poultry handling: a review of mechanical devices and their effects on bird welfare. World's Poultry Science, 1993, 49:44-57.

76. Simonsen H B. Behavior and distribution of fattening pigs in the multi-activity pen. Applied Animal Behavior Science, 1990, 27:311-324.

77. Sorensen P, Su G, Kestin S C. The effect of photoperiod: scotoperiod on leg weakness in broiler chickens. Poult. Sci., 1999, 78:336-342.

78. Swiergiel A H, Ingram D L. Effect of localized changes in scrotal and trunk skin temperature on the demand for radiant heat by pigs. Physiology and Behavior, 1987, 40:523-526.

79. Talling J C, Waran N K, Whates C M, et al. Behavioral and physiological response of pigs to sound. Applied Animal Behavior Science, 1996, 48:187-201.

80. Taruda H, Miyazala N, Tanaka T, et al. Selection of mating partners in boars and sows under multi-sire mating. Applied Animal Behavior and Science, 1991, 32:13-21.

81. Tillon J P, Madec F. Diseases affecting confined sows. Data from epidemiological observations. Annales de Recherches Veterinaires, 1984, 15(2):195-199.

82. Toates F Stress. Conceptual and Biological Aspects. John Wiley and Sons, Chichester, UK, 1995.

83. Verker G A, Phipps A M, Carragher J F, et al. Characterization of milk cortisol concentrations as a measure of short-term stress responses in lactating dairy cows. Animal Behavior, 1998, 7:77-86.

第6章 畜禽运输与福利

为了销售、拍卖、育肥、屠宰、展示、竞赛或放牧等目的，经常需要利用船只、火车、卡车和飞机等运输工具将活体畜禽运输到目的地。几乎所有的农场动物都要经历被运输的过程。运输的距离有几千米的，也有漂洋过海跨国越州的。对大多数农场动物而言，运输尤其是长途运输是一个非常痛苦的过程。许多研究证实，无论用什么方法进行长途运输都会引起严重的畜禽福利问题。运输或移动过程中畜禽要克服许多困难甚至忍受痛苦。畜禽运输过程中的福利问题已经引起广泛的关注，运输过程中福利的下降不仅导致动物不适和痛苦，还会影响到产品质量进而降低经济效益。表6-1列出了运输过程中畜禽受到的损伤及产生的原因或不利的影响。

表6-1 运输过程中畜禽受到的损伤及产生的原因和不利的影响

运输造成的损伤	产生的原因或不利的影响
应激	导致PSE和DFD猪肉
瘀伤	产生明显的生产浪费损失
踩伤	动物在光滑的地板上或拥挤时跌倒
窒息	发生在动物跌倒后
心脏衰竭	在装车或运输前过量喂食
热应激	猪很容易受高温或高湿的影响
太阳的暴晒	暴露于太阳下对猪有很大的影响
肿胀	动物的腿被拴住造成的
中毒	在徒步运输途中，动物采食植物而中毒死亡
袭击	在徒步转移中，没有防备的动物易受到袭击
脱水	长途运输中，动物没有足够的水源易脱水
极度疲惫	许多原因，长途、妊娠、虚弱等
受伤	断腿或断脚
打斗	发生在猪或牛的运输中

畜禽运输过程中的许多环节都会存在福利问题。如不正确的装载和卸载方法、过长的运输时间以及运输过程中动物疲劳、遭遇冷热应激、运输车辆不合格、装载密度过大或过小、运输司机缺乏经验、动物饥饿和干燥缺水以及动物晕车等。不同品种的畜禽生物学特性不同，在运输过程中可能出现的应激也有所不同，因此，运输前必须根据动物的特点制定合理的运输计划。

6.1 运输方式和运输工具

根据各地的自然地理、运输距离、季节等条件的不同以及动物种类、年龄、习性的差异，可采用不同的运输方式及运输工具。目前畜禽的运输方式主要有公路运输、铁路运输、水上运输和空中运输。

6.1.1 公路运输及运输工具

公路运输是目前应用最为广泛的畜禽运输方式。公路运输的工具是汽车，这使得公路运输具有两大优点：①机动灵活，适应性强。目前世界范围内公路运输网比铁路、水路和航空网的密度大，到达的地方多；在时间方面的机动性也比较大，车辆可随时调度、装运，各环节之间的衔接时间较短；对装载量有很强的适应性。②可实现"门到门"直达运输，中短途运输中速度快，缩短了运输时间。由于汽车体积较小，方便将动物从始发地门口直接运送到目的地门口，实现"门到门"直达运输，中间不需要换运，加快了运输速度。公路运输的缺点是装载量少、运输距离短、路途颠簸等。因此，公路运输适合于运载动物数量少，中短距离的运输。

公路运输工具是符合畜禽运输货车(图 6-1)。比较偏远落后的地方或个人运输也有用拖拉机和摩托车。合格运输畜禽的车辆有一些特殊要求：包括有防滑地板、能够吸收废弃物的地板或者其他方式转移粪尿、足够的空间、良好的通风、易于清洁和防逃跑、没有锋利的边缘或突出物、合适的装卸角度及有灯光等。欧盟高规格的运输车辆要求有足够的垫料、合适且充足的

图 6-1 公路运输及工具

食物和有动物直接进入的通道、良好的通风、可调的围栏设备以及配备用于停车时连接提供饮水的装置。

公路运输的司机和押运人员有特别的要求。他们要了解运输授权要求、车辆的构造和相关动物的福利法、如何合理地安排行程和应对应急状况、文件记录、装载数量和车辆控制以及如何寻求帮助；一个合格的司机和押运人员还必须掌握动物在装载和卸载时的处理方式、特定品种动物运输的特殊要求、空间的需求、气候的影响、通风调整、车辆清洗和消毒、应激和亚健康的迹象、照顾不适或受伤的动物、减少动物在运输过程中的死亡。

公路运输日程一般宜白天行车，夜晚在车上喂饮、休息。只有在夏季可以夜间行进，利用中午休息。司机在起步、停车以及转弯时要放慢速度，行车时的速度也要慢，不可急刹车。押车员应随时观察家畜的动静表现。注意多饮水，尽量减少各种应激。也要注意勿让畜禽受伤。

6.1.2　铁路运输及运输工具

铁路运输畜禽是比较安全、快速的运输方法，与其他运输方式相比，铁路运输具有以下特点：①铁路运输的准确性和连续性强。铁路运输几乎不受气候影响，一年四季可以不分昼夜地进行定期的、有规律的、准确的运转。②铁路运输速度比较快。铁路货运速度每昼夜可达几百千米，一般货车可达 100 km/h 左右，远远高于海上运输。③运输量比较大。铁路一列货物列车一般能运送 3 000～5 000 t 货物，远远高于航空运输和汽车运输。④铁路运输成本较低。铁路运输费用仅为汽车运输费用的几分之一到十几分之一；运输耗油约是汽车运输的二十分之一。⑤铁路运输安全可靠，风险远比海上运输小。⑥初期投资大。铁路运输需要铺设轨道、建造桥梁和隧道，建路工程艰巨复杂；需要消耗大量钢材、木材；占用土地，其初期投资大大超过其他运输方式。另外，铁路运输由运输、机务、车辆、工务、电务等业务部门组成，要具备较强的准确性和连贯性，各业务部门之间必须协调一致，这就要求在运输指挥方面实行统筹安排，统一领导。目前，铁路运输不常用，因为需要把动物运到车站再装载，增加了装载的不利影响并延长了旅途。

铁路运输工具见图 6-2，主要包括平车、棚车、敞车和冷藏车。平车是铁路上大量使用的通用车型，无车顶和车厢挡板，自重较小、装运吨位较高，装卸也较为方便。可将畜禽装入固定的笼中或箱中进行运输。棚车是封闭式车型，比较多地采用侧滑式开门，常用于畜禽运输。敞车无车厢顶，但设有车厢挡板。冷藏车可适应冬夏季生鲜畜禽产品的运输。

装运畜禽车厢和设备根据牲畜的种类、路途远近不同而定，装载畜禽数应根据车厢载重量、畜体的大小、气候冷热、里程远近而定。在温热季节，运输路程不超过一昼夜，可用高帮敞车，天气较热时，应搭凉棚，并在车门上钉上栅栏。寒冷季节必须使用篷车，并根据情况及时通风和保暖，装大牲畜的车厢设拴系铁环或木架。装猪的车厢最好用竹木栅隔成 2～4 个小室，以免挤压致伤。猪羊一般采用双层或 3 层装载，以增加载量，降低成本，但必须保证上层地板不漏水，且设有排粪尿设备，以免影响下层家畜健康。大牲畜在车厢内必须用短绳拴牢，以防互斗，最好使头向中央纵向排列，以便于饲喂和检查，还可以减少疲劳、紧张和体重损失。横向装载则无这些优点，据统计，在 1 500 km 的运输中，横向装载体重损失为 2.71%，而纵向仅为 0.3%。家禽最好装在特制的笼内，笼的大小应为 180 cm×55 cm×44 cm，笼的正面栅栏下全长装设饲槽，按种类、年龄、体重等情况每笼可装 18～20 只，车厢内的禽笼可重叠数层后加以固定。

图 6-2 铁路运输及工具

6.1.3 水上运输及运输工具

水路运输比铁路、公路运输方便、经济、安全，其主要有以下几个特点：①运能大，能够运输数量巨大的货物。②通用性较强，客货两宜。③越洋运输大宗货品，连接被海洋所分割的大陆，远洋运输是发展国际贸易的强大支柱。④运输成本低，能以最低的单位运输成本提供最大的货运量，尤其在运输大宗货物或散装货物时，采用专用的船舶运输，可以取得更好的技术、经济效果。⑤平均运输距离长。⑥受自然气象条件因素影响大。由于季节、制约的程度大，因而一年中中断运输的时间较长。⑦营运范围受到限制，如果没有天然航道则无法运输。⑧航行风险大，安全性略低。⑨运送速度慢，准时性差，经营风险增加。⑩搬运成本与装卸费用高，这是因为运能最大，所以导致了装卸作业量最大。

运输船要求宽敞，船底平坦、坚固，有完善的通风、防雨设备，铁地板应铺垫木板。每船装运的头数，根据船的吨位、季节、里程和畜体的大小而定，一般的装载面积（m^2/头）应为：大型猪 2～2.25，一般猪 1～1.25，羊 0.75～1，牛 2～2.5，马 2.5～3。总之，牲畜所占的面积以其能自由起立或躺下，又便于检查和饲喂为原则。海运一般需要 10～20 d，根据距离而定。

6.1.4 空中运输及运输工具

随着航空事业的发展，空中运输有其独特的优点。对于一些贵重的家畜如种畜、高产奶牛等，空中运输时间短，运输应激小。例如，从北美洲或欧洲到中国最多 20 h，这可减少应激，避免因采食量下降而造成的体重大减，也可避免其他损失。用直升飞机运输可省去中转造成的许多麻烦，减少了因路途长而造成的死亡或损伤。空运中主要应注意畜禽所占的空间、重量和起落途中影响机内温度的通风状况,其装载密度应按航空部有关规定进行。空运一般限于较昂贵种畜和几日龄的小鸡。

6.2 猪的运输与福利

近年来,随着生活水平的改善以及消费能力的提高,人们对肉制品的需求量越来越大,我国已成为世界上最大的猪肉生产国和消费国,但在猪肉供应上存在产销地不同等问题。生猪的生产主要集中在四川、湖南、湖北、河南等中西部相对较不发达的偏远农村,有一半以上需要运往上海、深圳等东部沿海发达地区(肖远金,2008)。另外,猪饲养条件、环境等不同导致产量不同,价格不一等(刘春芳,王济民,2010;黄岳新,2011)需要长途运输来调节供给。随着科学技术和交通运输的飞速发展,生猪长途运输是猪肉供应链中不可或缺的组成部分。运输猪的方式有公路运输、铁路运输、水上运输和空中运输。其中,公路运输是最常用的运输方式。猪的运输过程从集合开始,包括装载、运输途中、卸载、在新环境下围养等主要环节。在这些环节中存在的主要福利问题有装载和卸载时,运输人员行为粗暴,驱赶方法不当造成猪的应激加大,缺少供家畜上下车用的斜坡,或者是斜坡角度不合适;另外,装载密度过大、运输时间过长、在运输中遇到天气变化缺少应急措施、运输路途不平坦、不遵守相关规定、在运输途中乱停乱放等,到达新环境时管理不当,甚至不进行隔离等。欧盟对猪运输过程中各环节提出的原则性规定都是引起运输应激的因素:要保证猪在运输过程中不会受伤或不会过分痛苦,运输时间越短越好;确保猪已经适应运输,那些需要运输的猪已经受过训练并能胜任运输;运输车辆及装载和卸载工具经过特殊设计,在运输中可避免动物受伤或痛苦并能保证动物的安全;在运输中保证动物适当的饮水、饲喂及休息的机会,并给予动物充足的空间。对于非出口的运输,要有动物运输证,上面标明动物的来源和所有权,出发地和目的地,出发日期和时间,预期运输时间等信息。

6.2.1 装载和卸载过程中猪的福利问题

1. 装载过程的要求

装载是运输中应激反应最大的阶段。Bradshaw 等(1996b)观察发现,在装载时猪血浆中皮质醇水平达到最高峰,和非运输猪相比,运输猪在上路后 5 h 内血浆皮质醇一直保持较高的水平,这表示运输应激是存在的。在装载时应注意以下要求:装车时,将待运猪群先集中到待运圈内,打开栏门,在装车台的坡道上用散料诱导,并从圈内加以驱赶。驱赶生猪要冷静,使猪群缓慢移动,避免猪群拥挤。尽量减少抓捕、保定、驱赶骚扰等。不要把猪聚集在通道里,否则,容易使猪群发生骚乱和恐慌,造成不必要的麻烦。其次,装载时,欧洲联盟规定,装载和卸载时的斜坡角度不得超过 20°。最安全的坡度为 13°,超过 20°的斜坡对于猪来说很困难,应该尽量避免。车辆最好能铺上垫料,冬天可铺上稻草、稻壳、木屑,夏天铺上细沙,以降低猪肢蹄损伤的可能性,所装载猪只的数量不能过多,装载密度太大会引起挤压踩踏而造成受伤或死亡。现在有专门的运输车辆,有双层或三层,每一层都有隔栏,隔成几小块,每小块能装 4～6 头猪,这样既能避免拥挤又便于计数。有研究表明,当装载密度为每平方米 235 kg 时,车辆停止或在晚上时，猪总是躺着。在16℃时，每天平均产热为551 kJ/kgW$^{0.75}$，平均代谢率在维持需要之上，体重损失最小。动物产生这些热量是用来维持和适应环境的。白天产热增加，晚上则降低，在清晨最低。1992年，欧共体推荐的装载密度见表6-2。要分类运输，运输达到性成熟的种公猪应单栏隔开，以免公猪间相互打架；不同年龄和大小的猪要分开运输；相互斗殴的猪要分开运输，以免加大应激反应。

表6-2　欧共体推荐的装载密度(1992)

种类	活重/kg	每头猪占的面积/m²	每平方米猪数量/头
仔猪	25	0.15	6.60
育肥猪	60	0.35	2.80
屠宰猪	100	0.42	2.35
大肥猪	120	0.51	1.96

2.卸载过程的要求

到达目的地后，将随车携带的《动物产地检疫合格证明》、《出县境动物检疫合格证明》、《非疫区证明》、《动物及动物产品运载工具消毒证明》等有关证件交当地动物检疫部门复检。复检合格，核对证物相符后方可卸车。卸车前要搭好踏板，防止猪摔伤。卸猪要缓慢进行，不得强拉硬推，以免造成外伤事故。猪卸下后，用刺激性小的消毒液对猪的体表及运输用具进行彻底消毒，再用清水洗干净后进入隔离区，卸车时要尽可能速度快、动作轻。大小、强弱、公母猪要分开，对有损伤、脱肛等情况的猪应立即隔开单栏饲养，并及时治疗处理。对受损严重濒临死亡的猪，应组织人员尽快抢救，可采取腹腔注射葡萄糖、供给温热饮用水等措施，条件许可最好能静脉补液，补液时最好加适当的抗生素、肌酐和三磷酸腺苷(ATP)等能量补充药物。也可以加维生素E、维生素C等抗应激作用的制剂，以及B族维生素一类有利肠胃功能恢复的制剂。卸完猪后要将货车里的粪便污物卸在指定的粪便处理池内，并将所有接触过猪的设备进行清洗消毒和无害化处理。

3.装载和卸载过程中存在的福利问题

装载和卸载时，运输人员行为粗暴，驱赶方法不当造成猪应激的现象比较普遍。对大多数畜禽的研究表明，当畜禽受到打扰时，会出现心动过速。Van Putten和Elshof(1978)发现，对猪使用电棒时，它的心率会增加1.5倍；当猪被迫爬上斜坡时，心率增加1.65倍。较陡的斜坡可使心率增至更高水平(Van Putten和Lambooij,1982)。心率增加不全是活动增加的结果，也有可能是逃跑的原因。装载和卸载时，缺少供家畜上下车用的坡道，或者是坡道角度不合适都能产生福利问题。Van Putten和Elshof(1978)及Fraser和Broom(1990)研究表明，坡道的坡度在15°～20°较合适猪的行走。装载密度过大是比较普遍的问题。如果装载密度超过每平方米235 kg时，猪得不到较好的休息(Lambooij,1988;Lambooij/Engel,1991)。Lambooij等(1987)用待屠宰的猪进行2 d的运输模拟试验，禁食，密度为225 kg/m²，经计算体重损失824～944 g。混合装载是引起猪运输福利问题的另一因素。研究表明，装载时猪的混合会进一步加剧应激反应，与非混合运输的猪相比，混合运输的猪会增加活动，增加打斗和血浆皮质醇水平。

6.2.2 运输途中猪的福利

1. 猪运输途中的要求

车辆行驶平稳是运输途中的基本要求。在行车途中，要保持车辆平稳，避免剧烈颠簸、紧急刹车等可能引起生猪惊慌、乱撞和互相挤压的事情发生。运输车辆应尽量行驶高速，避免堵车，每辆车应配备2名驾驶员交替开车，缩短运输时间。车厢内空气和饮水采食供应是运输过程中必须关注的问题。运输途中要注意调节车厢内空气，保持空气清新。长途运输每隔8 h左右要喂稀食1次，冬天喂热食，夏天注意供给饮水和青绿多汁饲料，必要时往猪体上洒水降温。不应在疫区、城镇和集市停留饮水和饲喂。同时，押运员要勤下车检查，主要查看猪笼的门扣，防止松开，查看是否有猪被压在下面，如果有，应立即把上面的猪赶开，让该猪站起来，以防四肢麻木不能站立，甚至窒息死亡。如发现呼吸急促、体温升高等异常情况，应及时采取有效措施，可注射抗生素和镇痛退热针剂，必要时可采取耳尖放血疗法。运输途中的天气变化将会影响到运输的安全。在运输途中猪可遇到的温度变化达到20℃。车内的温度变化与外部的温度变化有关，因此气流速度应该与内部温度适应，它决定了从外部进入内部的热流以及动物产生的热量。在运输待屠宰猪的过程中，不同的天气条件下猪产生热量的数据还不是很清楚。猪是恒温动物，能通过散热和产热保持体温恒定。在等热区域，动物可以保持稳定的体温，在热平衡区域可通过蒸发调节散热量。在冷平衡区域，猪主要通过降低产热保持体温恒定，表6-3列出不同生长阶段猪的最适宜温度。运输时间对猪的福利影响很大，运输时间大于8～12 h，猪在运输中要自由饮水。当运输时间小于12 h，猪不需要自由饮水，但在休息间隔要为其提供饮水机会。

表6-3 在维持条件和标准环境下个体猪不同年龄阶段的最适温度区

种类	活重/kg	温度/℃
仔猪	25	31～33
生长猪	40	26～33
肥育猪	60	24～32
屠宰猪	100	23～31

数据来源：Verstegen，1987。

2. 猪运输过程中存在的福利问题

按畜禽福利规定，运输时间超过8 h就要休息24 h。2003年，乌克兰有一批生猪经过60多个小时的长途运输，抵达法国，却被法国拒之门外，理由是违反畜禽福利规则，生猪在长途运输过程中没有按规定时间休息。在公路运输过程中，天气情况(温度、空气流通速度、湿度)、装载密度和旅途持续时间都是影响畜禽福利的重要因素(Augustini，1976；Hails，1978)。在2 d或3 d的长途运输中，猪可能经历很大的天气变化。一般说来，在2 d或3 d的运输途中，活重损失为40～60 g/kg，死亡率为0.1%～0.4%(Hails，1978；Holloway，1980；Grandin，1981；Markov，1981；Lambooij，1983，1988)。把猪从农场运到附近的屠宰场，死亡率变化范围为0.1%～1.0%(Fabianson 等，1979；Allen 等，1980；Warriess，1998)。天气较热时，死亡率增加

(Smith 和 Allen,1976;van Logtestijn 等,1982)。Clark(1979)发现,加拿大运输猪的死亡70%发生在卡车上。当气温超过35℃时,120 kg猪的死亡率可达到0.27%~0.3%。环境温度在8℃和24℃时的产热值比在16℃时的高。这种额外产热可能与一些额外活动有关。8℃时,散热大于产热,不足以维持体热平衡(Holmes 和 Close,1995)。16℃气温和0.2 m/s气流速度被认为最有利于维持体热平衡(Lambooij 等,1987)。路途不平坦严重影响猪的福利。车辆的震动会使猪呕吐等影响健康。农民用得最多运10头猪的小型双轮拖车,产生的震动最严重。车体固定的卡车运输猪时,如果在平坦路上稍微不舒适,在小路上就相对不舒适。有悬空装置的大卡车,就比较舒适或稍微不舒适(Randall 等,1996)。不同的猪对应激的处理方式是不同的,应答取决于基因型、处理方式、经验和刺激。忽视运输环节的有关规定在运输途中乱停乱放导致畜禽途中感染疫病或者机械性带毒,更有甚者在途中将死畜禽尸体随意抛弃或者出售给非法商户,形成疫病间断性或持续性污染传播。运输导致的死亡率变化范围为0.1%~1%(Warriss,1998)。运输途中的死亡是判断运输福利的一个重要信息。20世纪90年代初期,英国和荷兰的猪在运到屠宰场时的死亡率为0.07%,在过去死亡率更高,尤其是皮特兰和兰德瑞斯猪种。1970年,荷兰的猪运输死亡率高达0.7%。一种常见的与运输有关的疾病是猪的应激综合征(PSS)(Tarrant,1989),这种综合征是由交感神经系统调节的,是一种急性应激反应,它能引起严重的痛苦甚至死亡。患猪出现惊恐、骚动,肌肉和尾巴震颤,产生的恶性高热,甚至呼吸困难或窒息死亡。

6.2.3 新环境下的福利

1.新环境下猪的饲养要求

猪场要建立隔离舍。设立隔离舍的目的是保护猪场原有猪群不受新引进猪群的影响。隔离舍应在独立的区域。要求距离生产区300 m以上距离,引进猪到场前应对隔离舍及用具进行多次严格彻底消毒,消毒后空舍至少1周以上。猪到场后,必须在隔离舍内隔离饲养15~30 d,严格检疫,特别是对布氏杆菌病、伪狂犬病等疫病要重视。待猪群状态稳定后,大概1周时间开始,按本场的免疫程序接种猪瘟等各类疫苗。7月龄的后备猪在此期间可做一些引起繁殖障碍疾病的防疫注射,如乙型脑炎疫苗等。接种完各种疫苗后,进行一次全面驱虫,使其能充分发挥生长潜能。隔离期结束后,要对引入的猪进行第2次检测检查,确定为健康合格后,对该批猪进行体表消毒,再转入生产区投入正常生产。猪到达新环境后,饮水饲料供给要适当。猪到达目的地后,休息一会儿,采用少量多次的方法供给饮水,防止猪暴饮。休息6~12 h后方可供给少量饲料。经过长途运输的猪,多数处于饥饿状态,为了防止伤食,可采用逐渐增加供食量的饲喂方式。第5天可恢复到原来的正常饲喂量。猪到场后,由于疲劳加上环境的变化,机体对疫病的抵抗力会降低,饲养管理上应注意尽量减少应激。饲料变更不宜过大,应逐渐变更,实现平稳过渡。另外,可在饲料或饮水中添加抗生素和多种维生素,使猪尽快恢复正常状态。应注意:由于长期饥饿,猪只可能有腹泻、粪便干结等情况,切记不能急于使用缓泻剂和泻剂,以免造成肠胃进一步损伤。

2.新环境下饲养中存在的福利问题

没有隔离舍,猪运到目的地后不进行隔离,没有严格的检疫程序,造成疫病泛滥。猪运到目的地后立即进行饲喂，大量供给饮水，造成伤食，消化系统紊乱。饲养管理不到位，饲料变更过大，造成猪在新环境下应激加大。

6.3 鸡的运输与福利

在世界范围内，鸡肉的需要量持续增加。1998年，肉鸡屠宰超过400亿只，火鸡的产量大约为500万t，鸭肉的产量在2000年已达300万t；而且鸡蛋的产量也超过了5 000万t(Watt，1998)。这也使得世界范围内，养鸡场、屠宰场迅速发展，禽类的运输也增加了至少2倍。鸡饲养条件、环境等不同导致产量不同，价格不一等需要长途运输来调节供给。运输鸡的方式有公路运输、铁路运输、水上运输和空中运输。其中，公路运输是最常用的运输方式。鸡的运输过程包括装载、运输途中、卸载、在新环境下围养等主要环节。鸡一般饲养在相对一致的环境中，运输过程中环境突然发生多种变化，包括在运输中断水断料等，鸡将经历新的刺激，包括运动、震动和碰撞或者装载密度较大，并且光照、噪声和温度变化都很大，这些都导致鸡的生理、心理和行为上的应激反应。据调查，英国肉鸡和产蛋母鸡在运输到屠宰场时，死亡率分别为0.4%和0.5%。但也有资料表明，产蛋母鸡的死伤率偶尔也能达到该数值的50倍以上。尽管运输途中鸡的死亡率的全球数据不是很清楚，根据欧洲调查，保守的估计为0.3%，每年大约有1.2亿只鸡死于从农场到屠宰厂的路上。无论准确的数字如何，数以百万计的出栏鸡死亡，给屠宰厂造成巨大的经济损失，就禽类福利而言也是巨大损失。鸡在运输中存在的主要福利问题有装载和卸载时，运输人员行为粗暴，装卸方法不当造成鸡的应激加大，装载和卸载的设备较差，装载密度过大，运输时间过长，在运输中遇到天气变化缺少应急措施，运输路途不平坦，不遵守相关规定，在运输途中乱停乱放等。到达新环境时管理不当，甚至不进行隔离等都是鸡运输中存在的主要福利问题。欧洲联盟规定家禽运输过程中的基本原则如下：①要保证动物在运输过程中不会受伤或不会过分痛苦；②运输时间越短越好；③确保需要运输的家禽已经适应运输；④那些需要运输的家禽已经受过训练并能胜任运输；⑤运输车辆及装载和卸载工具经过特殊设计，在运输中可避免动物受伤或痛苦并能保证动物的安全；⑥在运输中保证动物适当的饮水、饲喂及休息的机会，并给予动物充足的空间；⑦对于非出口的运输，要有动物运输证等信息，上面标明动物的来源和所有权，出发地和目的地，出发日期和时间，预期运输时间。

6.3.1 运输车辆及器具的选择

长途运鸡最好选择带有通风装置或冷暖空调的改装客车或运货卡车，以保证将雏鸡散发的大量热量及时排散出去，同时无论冬夏均能给雏鸡舒适的温度。运输青年鸡和种鸡要选择适宜的集装箱。Kettlewell和Turner(1985)、Parry(1989)和Bayliss和Hinton(1990)对运输家禽的装载箱的类型进行了总结。特别是对体重较大的家禽，疏松的装运系统很费力，因此，正逐渐减少使用。规模化系统，由一组件或抽屉组成，可用叉形物装卸，并正好能进入家禽的箱内，可将到达目的地时家禽的死亡率(DOAs)降低到以前的1/3(Aitken，1985；Stuart，1985)。为减少腿和翅膀受伤，抽屉上部应有2.5 cm的空隙，并有架子避免捉住家禽(Grandin，1999)。运雏鸡宜选择专用的优质雏鸡包装盒，内分4格，底部铺防滑纸垫，每格放20～25只雏鸡，炎热的夏季可每格放20只，每盒装80只，其他季节每格放25只，每盒装

100 只。也可用竹筐等用具，要注意筐内容纳鸡数，放置要平。运输鸡的纸箱或筐之间要留有通气处，顶部要有一定空间。欧洲联盟规定，家禽运输中的空间要求如表 6-4 所示。

表 6-4　家禽运输中的空间要求

种类	面积
雏鸡	21～25 cm^2/只
其他家禽	
＜1.6 kg	180～200 cm^2/kg
1.6～3.0 kg	160 cm^2/kg
3.0～5.0 kg	115 cm^2/kg
＞5.0 kg	105 cm^2/kg

6.3.2　装载和卸载过程中的福利

1. 装载和卸载过程中的福利要求

将鸡装入运输用鸡笼，每个笼子可容纳的鸡数取决于鸡的体重、环境温度、运输持续时间、笼子的结构和笼子的大小。不要使鸡撞到笼门框上，不能把鸡往笼子内扔。要小心轻放，并用手将笼内鸡群分散，避免其堆压。装车时将鸡盒按顺序码放，鸡盒与车厢体之间，鸡盒的排与排之间一定要留有空隙，同时留出人员进出的过道。装车期间降低光照强度，或只用几只绿色灯泡，使鸡不易看见，一般在夜间装运。装车时要抓鸡腿，为避免损伤，应抓鸡小腿的下部。

2. 装载和卸载过程中存在的福利问题

较差的装载和卸载设备以及未经过训练的工作人员装卸载鸡，导致鸡的骨折是运输中严重的伤害。Gregory 和 Wilkins (1992)发现，在英国 3 115 只产蛋笼养母鸡，有 29％在到达屠宰场时至少有一处骨折。大多数肉鸡都呈现出一定程度的腿瘸，估计鸡残疾达 20％～25％(JuJian，1984；Kestin 等，1992)。火鸡也常发生腿瘸的问题。腿瘸可导致明显的行为变化，尤其是走到料槽的次数降低，并与伤残程度成比例(Weeks 和 Kestin，1997)。多数捉鸡的动作会引起伤害，尤其是抓住腿将鸡倒提起来。产蛋末期的母鸡，往往因其经济价值的降低，而在运输中得不到较好的对待，如果一次从笼内抓 3 只鸡并用抓住腿的方式倒提，其血浆总皮质酮的浓度比单只抓并轻放到笼内时显著升高。据调查，从笼子里抓鸡的一只腿时，骨折的发生率为 12.7％，而抓两只腿时只有 4.6％(Gregory 和 Wilkins，1992)。装载密度过大，车厢内通风差，温度控制不当，造成应激加大，尤其是热应激。热应激是导致死亡和所有运输应激的重要因素，鸡需要通过向环境散热来平衡代谢产热。合理的热量散失(例如，通过对流、传导和辐射)主要由身体内部和环境之间的温度差以及两者之间的绝缘程度决定。羽毛和皮下脂肪决定绝缘程度。羽毛稀疏，鸡体较湿或较脏的，散热较快。风可以穿透羽毛，有效地降低其绝缘性，故冷风可以提高在气温很高的天气中鸡的舒适程度，但在较冷的天气里却有害。通过呼吸道和皮肤的蒸发来散热的能力，部分取决于水蒸气的密度梯度，例如，鸡体周围空气的湿度。

6.3.3 运输途中的福利

1.运输途中的福利要求

运输路线应选到目的地最近的且不致运输中途停车的路线,以免中途停车造成损失。运输时间最好不要超过48 h,雏鸡的运输一般以在雏鸡绒毛干燥可以站立至出壳后36 h前这段时间为佳。路程过远可用飞机运送。大多数国家报道的运输时间变化很大。Warriss(1990)对英国4家肉鸡加工厂的调查发现,从装载到卸载的平均时间为3.6 h,最高达12.8 h。90%的火鸡运输时间低于5 h,最高为10.2 h。运输途中注意天气变化,气温高时宜选早、晚运输,途中要经常检查鸡的动态,避免热、闷、挤压。气温低时宜选中午运输,尤其是雏鸡,要备好保温物品,以免雏鸡着凉。车辆运行要平稳,尽量避免颠簸、急刹车、急转弯;路面不平时宜缓慢行驶,避免因速度快而加大震动;在平直和车辆较少的路段,应尽量快些。运输中随时检查盒内温度并及时调整车内温度,每隔半小时左右开灯观察一下鸡的表现,看是否有异常现象。

2.运输途中存在的福利问题

运输途中存在的福利问题主要有运输时间长、车辆行驶不稳、管理不好等。运输时间较长,造成鸡的死亡率升高。调查表明,从养殖场到屠宰场的时间越长,尤其超过4 h,死亡率就越高,时间比距离更能影响死亡率(Warriss等,1992)。运输中车辆行驶不稳,紧急刹车或路途不平坦造成鸡的应激。Scott和Moran(1992)发现,母鸡在上下坡时出现的失去平衡、拍打翅膀和惊叫的现象比平路行驶时显著增加。运输人员的饲养管理不当,造成应激加大。运输中粗暴地对待母鸡与温柔地对待母鸡相比,前者血浆皮质酮水平比后者高3倍。肉鸡的血浆皮质酮水平在运输2 h后,增至休息时的3.5倍,运输4 h后则高至4.25倍(Freeman等,1984)。皮质酮水平的变化一般能引起心率增加或反抗行为,但这些影响需要几分钟才能明显表现,并且可持续15 min到2 h或者更长的时间。

6.3.4 新环境下的福利

1.新环境下喂养的福利要求

鸡运输到达目的地后,应先对车体消毒后再进入场内。卸车的速度要快,动作要轻、稳,并注意防风和防寒。如果是种鸡,应根据系别、性别分别放入各自的育雏舍、做好隔离。

2.新环境下存在的福利问题

进入屠宰场后不进行消毒;卸车速度较慢,在屠宰场等待的时间很长;未作好相关的隔离;另外,鸡的年龄较大(在夏季),到达屠宰场的时间在下午或晚上而不是在上午(Bayliss和Hinton,1990)也是新环境下存在的主要福利问题。

6.3.5 运输孵化蛋和刚孵化出的小鸡的福利要求

有时为了满足生产上的需要,孵化蛋和刚孵化出的小鸡也需要运输,同样也存在福利问题,关注的可能存在福利问题有以下几点:

(1)控制温度和湿度对孵化蛋很重要；

(2)用手把小鸡从孵化器内转移到轻质的有通风孔的装载箱内；

(3)卵黄囊的保留可使小鸡在 24 h 甚至更长的运输途中,减少死亡率；

(4)用卡车和飞机运输小鸡,要保持箱内的温度和通风情况一致；

(5)正常装载密度运输小鸡时,车厢内的最适温度为 24～26℃(Meijerhof,1997)。

6.4　牛的运输与福利

近年来,随着生活水平的改善以及消费能力的提高,人们对牛肉制品的需求量越来越大,为了出售、肥育、屠宰和引种等,人们经常要用汽车、船、飞机等交通工具运输活牛。公路运输,铁路运输,水上运输和空中运输都是活牛运输的主要方式。牛的运输过程从集合开始,包括装载、运输途中、卸载、在新环境下围养等主要环节。在这些环节中存在的主要福利问题有装载和卸载时,运输人员行为粗暴,驱赶方法不当造成牛的应激加大,缺少供家畜上下车用的坡道,或者是坡道的角度不合适,另外,装载密度过大。运输时间过长,在运输中遇到天气变化缺少应急措施,运输路途不平坦,不遵守相关规定,在运输途中乱停乱放等。到达新环境时管理不当,甚至不进行隔离等。欧洲联盟规定牛运输过程中的基本原则如下:①要保证动物在运输过程中不会受伤或不会过分痛苦;②运输时间越短越好;③确保需要运输的牛已经适应运输;④那些需要运输的家畜已经受过训练并能胜任运输;⑤运输车辆及装载和卸载工具经过特殊设计,在运输中可避免动物受伤或痛苦并能保证动物的安全;⑥在运输中保证动物适当的饮水,饲喂及休息的机会,并给予动物充足的空间;⑦对于非出口的运输,要有动物运输证,上面标明动物的来源和所有权,出发地和目的地,出发日期和时间,预期运输时间等信息。

6.4.1　装载和卸载过程中的福利

装载和卸载过程中可能出现福利问题的环节包括坡道设计、装载密度、运输时间以及牛在运输车上的站立方位等。

装卸车时最好备有合适的平台,也可以借用土坡高岗卸车,以防擦伤。斜坡的角度要适宜,犊牛 20°为宜,成年牛 26°～34°为宜。

装载密度要适宜。在长途运输中,随着装载密度的增加,牛的最适位置就会被打扰,而且也会增加失去平衡和跌倒的机会(表 6-5)。欧洲联盟规定了公路运输牛的装载密度(表 6-6)。

表 6-5　在 24 h 的公路运输途中,装载密度对弗里斯兰阉牛失去平衡的影响　　次

失去平衡	装载密度		
	低	中	高
转移位置	153	142	26
挣扎	5	4	10
跌倒	1	1	8

数据来源:Tarrant 等,1992。

表 6-6　牛运输时的空间要求

种类	体重范围/kg	面积/(m²/头)
小犊牛	50	0.30～0.40
中等大小犊牛	110	0.40～0.70
体重较大的犊牛	200	0.70～0.95
中等大小的青年牛	325	0.95～1.30
体重较大的青年牛	550	1.30～1.60
体重很大的成年牛	>700	>1.60

所有家畜希望运输时间越短越好，长时间运输会引起严重的福利问题。Tarrant 报道在 4 h 和 24 h 的公路运输到屠宰场过程中，牛的血浆皮质醇和葡萄糖的含量会随着装载密度的增加而增加，提示应激增强。血液中肌酸激酶的活性也会随之增加，反映肌肉受损，见表 6-7。

表 6-7　弗里斯兰阉牛在 24 h 的公路运输前后血浆组分的比较

血浆组分	装载密度			显著水平
	低	中	高	
皮质醇/(ng/mL)	0.1	0.5	1.1	$P<0.05$
葡萄糖/(mmol/L)	0.81	0.93	1.12	$P<0.15$
肌酸激酶/(units/L)	132	234	367	$P<0.001$
胴体损伤评分(CK)	3.7	5.0	8.5	$P<0.01$

数据来源：Tarrant 等，1992。

牛装载中的站立方向，也是造成牛的运输应激的重要因素。牛在车上的站立方向最常见的是与运动方向垂直或平行，而对角线方向不常用(Tarrant 等，1992)。这可能提示，在运动着的车上，与运动方向垂直或平行是提高牛安全性和平衡性的最佳方向。Bisschop(1961)发现在铁路运输时，牛自动把自己与运动方向垂直排列；但 Kilgour 和 Mullord(1973)没有发现在铁路运输时年轻肉牛比较喜欢的方向。在行驶时牛一般不会在车上躺下(Warriss 等，1995)。在低、中装载密度时，18 头弗里斯兰阉牛或公牛在 1 h 和 4 h 运送到屠宰场的途中，没有牛躺下(Kenny 和 Tarrant，1987a，b；Tarrant 等，1988)。在高密度尤其是最大密度时，牛偶尔会躺下，但看起来是不情愿的。弗里斯兰阉牛经过 24 h 的长途公路运输时，在最后的 4～8 h，才有几头牛躺下。Honkavaara (1998)发现，在一群牛里即使有一头不安静的，也能导致整群牛在运输途中不能躺下。但当每个运输箱只有两头时，任何一头在运输 2～3 h 后就开始躺下了，这表示如果环境允许的话，牛是喜欢躺下的。

另外，分类装载和运输也能保护动物福利。不同体重、年龄、性别的牛要分开装载和运输，混合装载会加大牛的运输应激。

6.4.2　运输途中的福利

运输途中涉及福利的环节包括车速的控制、饮水和草料的供给、粗暴行为等。运输车刚启动时应控制车速，让牛有一个适应的过程，在行驶途中规定车速不能超过每小时 80 km，急转弯和停车均要先减速，避免紧急刹车，以保证牛能维持平衡。经观察发现，牛经常出现轻微的失衡现象，但能迅速地通过改变位置而重新达到自身的平衡状态。Tarrant 报道了不同的装载密度及行驶过程中变化对弗里斯兰阉牛平衡的影响(表 6-8)。长途运输中要适当地供给饮水和草料。每头牛每天喂干草 5 kg 左右，饮水一两次，每次 10 L 左右。为减少长途运输带来的应激反应，可在饮水中添加适量的电解多维或葡萄糖。

在运输途中发现牛患病，或因路面不平、急刹车造成肉牛滑倒关节扭伤或关节脱位，尤其是发现有卧地牛时，不能对牛只粗暴地抽打、惊吓，应用木棒或钢管将卧地牛隔开，避免其他牛只踩踏。

表 6-8 行驶变化与装载密度对弗里斯兰阉牛平衡的影响(失衡的牛数占总牛数的百分比) %

行驶变化	装载密度		
	低	中	高
刹车	55	58	19
变速	21	17	19
起动/停止	9	15	0
转弯	5	6	50
颠簸	2	2	0
其他	1	1	0
平坦	6	2	12

在行驶的车辆上，弗里斯兰阉牛在 24 h 的运输途中的观察数据。数据来源：Tarrant 等，1992。

运输时间对牛的福利影响很大，长途运输时，中间需要休息，欧洲联盟建议的最长运输时间见表 6-9。

表 6-9 欧洲联盟建议的最长运输时间 h

牛种类	一般运输工具	高标准运输工具		
		行驶	休息	行驶
成年牛	8	14	1	14
未断奶犊牛	8	9	1	9

6.4.3 新环境下的福利

面对新环境与牛的福利有关的环节包括牛舍及用具的消毒、健康检查和隔离观察以及饲料和饮水的供给。

牛进舍前要用 3%烧碱或 10%生石灰乳对地面、墙面和运动场进行喷洒消毒，器械可用 3%～5%来苏儿或 0.1%高锰酸钾溶液浸泡和刷洗。牛场门口的消毒池内放置用 2%烧碱浸湿的草帘。

将牛安全地从车上卸下来，赶到指定的牛舍中进行健康检查，挑出病牛，隔离饲养，做好记录，加强治疗，尽快恢复患病牛的体能。新购回的肉牛相对集中后，在单独圈舍进行健康观察和过渡饲养 10～15 d。

牛经过长时间的运输，路途中没有饲喂充足的草料和饮水，牛突然之间看到草料和水就易暴饮暴食，应适当加以控制。第 1 周以粗饲料为主，略加精料；第 2 周开始逐渐加料至正常水平，同时结合驱虫，确保肉牛健康无病及检疫正常后再转入大群。

6.4.4　牛运输途中常见的福利问题

1. 运输应激的检测

客观衡量运输应激的指标主要有行为学、生理学和病理学方面的指标。有关运输中的行为的数据很少，但很有用，因为它们提供了牛是如何适应、应付运输环境以及应激的表现程度，以便改善运输设备。可获得的生理反应数据则较多，例如心率、血液组成（电解液、激素、代谢物和酶）和活重的变化，均可用来评判牲畜对运输的应答。血浆皮质醇和葡萄糖含量的升高，反映了垂体-肾上腺轴的激活。心率增加以及血浆葡萄糖和非酯化脂肪酸的增加反映了交感肾上腺髓质系统的激活。这些指标似乎与运输过程中生理和心理的应激有关。但是一些类型的生理活动不一定就损害福利，而引起相同应答的心理活动可能会被认为是不利的（Jacobson 和 Cook，1998）。

2. 运输过程中各环节的影响

为分步鉴别运输过程中的应激程度和危害性，Kenny 和 Tarrant（1987a，b）检测了运输过程的几个环节，以复杂性的增加为顺序，分别是在新环境再围养、装载/卸载、静止的交通工具上的限制、行驶的交通工具上的限制。社会性的重新分组可作为一个额外的变量。试验动物是达到屠宰体重的弗里斯兰阉牛或公牛，在它们经历 1 h 的运输后再连续观察其行为。在一个不熟悉的环境下再围养牛群，这个最简单的步骤就能使其产生社会性行为的频率大大增加。观察到的社会性行为主要是性行为和攻击性行为等。随着运输过程中复杂性的增加，公牛间互相作用的频率降低，因在车上的限制而降低，并会因行驶而进一步降低。这种行为模式在非混合和混合的牛群中均有发现。血浆中肌酸激酶（CK）活性增加表明生理活动的增加。在剧烈或不习惯的运动过程中以及肌肉损伤时，CK 会从肌肉组织渗透到血液里。与社会性互作相比，单独行动，例如，探测、撒尿等的频率会随着运输复杂性增加而增加。同时，血浆中皮质醇的浓度也会增加，表明对应激应答增强。根据大量试验总结出，年轻的成年牛表现出的不安和应激是按如下顺序递增的：重新分组＜静止的限制＜行驶中的限制，这种排列是根据血浆皮质醇浓度的增加、社会性互作的抑制和排尿增加的数据得到，对于非混合和重新分组的牛群都适用。但是，没有证据表明，运输中的任何处理对牛群都是有害的或者引起主要的痛苦。

3. 装载和卸载坡道的影响

用后挡板斜坡装载和卸载牛时，引起的主要生理变化是心率的增加，从爬坡运用体力的角度看这也是不可避免的。成年牛能轻易地应付大量斜坡（Eldridge 等，1986）。装载的困难在于商业运输的超载过程中，迫使最后几头牛上车时。Eldridge 等（1986）总结认为，一牛群适应了旅途，公路运输不是主要的身体或心理的应激因素，他们用生物遥测技术记录了不同装载密度的运输过程中肉用小母牛心率的变化，发现运输时牛的平均心率比自由放牧时仅增加15%。在经短途公路运输的公牛和阉牛上也发现了相似的结果(Tennessen 等，1984)。

4.运输管理的影响

牛的运输和短距离的驱赶会造成很大的应激而使牛掉膘，或伤害牛的健康，甚至造成死亡。运输过程中牛体振荡，站立不稳，牛互相拥挤、顶撞，环境嘈杂，牛惊恐万状。天气不是热，就是寒冷，再加风吹，饮水、采食失常，很快使牛丧失大量体重，30 h 内就可损失 4%体重，严重者会更高，所以运输(含驱赶)前要做好充分准备，运输过程中要尽量让牛舒适安静，减少一些损失。当牛在车上频繁地变换位置时，就说明它没有得到很好的休息。无法休息是因为在车上的重新分组而不是因为行驶(Kenny 和 Tarrant，1987a，b)。

成年公牛被混群，它们很容易打斗(Kenny 和 Tarrant，1987c)，6 月龄的小牛也可能打斗(Trunkfield 和 Broom，1991)，这需要运输前及运输过程中做好合理安排及管理。

6.5 羊的运输与福利

近年来，随着生活水平的改善以及消费能力的提高，人们对羊肉制品的需求量也越来越大。但在国内乃至全世界羊肉供应上存在产销地不同等问题，以及羊的饲养条件、环境等不同导致产量不同，品质和价格差异大等均需要长途运输来调节供给。另外，为了出售、肥育、屠宰和引种等，人们经常要用汽车、船、飞机等交通工具运输羊。公路运输、铁路运输、水上运输和空中运输都是羊运输的主要方式。羊的运输过程也是从集合开始，包括装载、运输途中、卸载、在新环境下围养等主要环节。欧洲联盟规定了羊运输过程中的基本原则与其他畜禽动物运输一样，即包括：①要保证动物在运输过程中不会受伤或不会过分痛苦；②运输时间越短越好；③确保需要运输的羊已经适应运输；④那些需要运输的家畜已经受过训练并能胜任运输；⑤运输车辆及装载和卸载工具经过特殊设计，在运输中可避免动物受伤或痛苦并能保证动物的安全；⑥在运输中保证动物适当的饮水，饲喂及休息的机会，并给予动物充足的空间；⑦对于非出口的运输，要有动物运输证，上面标明动物的来源和所有权，出发地和目的地，出发日期和时间，预期运输时间等信息。

6.5.1 装载和卸载过程中的福利

装载和卸载要求有适宜的坡道供羊上下运输工具，坡道角度的范围以 26°～34°为宜。坡度太大会造成羊的心率加快，应激加大。

装载密度要适宜，不能过度拥挤，否则会导致窒息。另一方面，如果装载密度太低，也可能因突然的加速或减速而使羊跌倒受伤。装载密度应根据运输距离安排，短途运输羊不需躺下。研究表明，绵羊不会立刻躺下，在最初的 5～10 h 的旅途中，随着时间的延长，才有躺下的趋势(Knowles，1998)。以每 100 kg 活重 0.448 m^2 的高密度，运输 39.5 kg 的绵羊时，在 24 h 运输途中，会导致肌酸激酶的增加。Knowles 和 Broom(1990)推荐的装载密度比 Grandin(1981)和新西兰动物福利法规(农业渔业部，1994)推荐的要高；而后两个推荐的装载密度又比英国农业部(MAFF，1998)的高。有人认为每 100 kg 活重 0.448 m^2 的密度无论路途长短都太高了，但 Grandin (1981)和新西兰畜禽福利法规认为对于几个小时的运输是合适的。综合各种资料，运输过程中绵羊的适宜装载密度列于表 6-10，山羊的适宜装载密度列于表 6-11。

表 6-10　运输过程中绵羊的装载密度

种类	重量/kg	面积/m^2
剪毛后	＜55	0.2～0.3
	＞55	＞0.3
剪毛前	＜55	0.3～0.4
	＞55	＞0.4
怀孕羊	＜55	0.4～0.5
	＞55	＞0.5

表 6-11　运输过程中山羊的装载密度

种类	重量/kg	面积/m^2
山羊	＜35	0.2～0.3
	35～55	0.3～0.4
	＞55	0.4～0.75
怀孕山羊	＜55	0.4～0.5
	＞55	＞0.5

分栏装运并给予适当的饲草和饮水。装车前要对羊只称重，然后按其体重大小、体况强弱、怀孕状态确定分组分栏装运，根据距离远近中途给予饲草、饮水。

6.5.2　羊运输途中的福利

车辆行驶要平稳。在行车途中，要保持车辆平稳，避免剧烈颠簸、紧急刹车等可能引起羊惊慌、乱撞和互相挤压的事情发生。运输车辆应尽量行驶高速，避免堵车，每辆车应配备 2 名驾驶员交替开车，缩短运输时间。

控制最长运输时间。Fisher 等（2010）研究结果表明，健康的成年绵羊，在良好条件下运输，可以承受高达 48 h 的运输而不损害其福利。欧洲联盟建议的最长运输时间如表 6-12 所示。

表 6-12　欧洲联盟建议的最长运输时间　h

羊种类	一般运输工具	高标准运输工具		
		行驶	休息	行驶
成年羊	8	14	1	14
未断奶犊羔羊	8	9	1	9

控制好车厢内的温度。运输过程中要注意天气变化，不同的季节采取不同的控温措施。当运输时间多于 8 h 时，车厢内的温度不得长时间低于 0℃。

在长途运输中要给羊提供足够的空间。Corkram 等（1996）报道，所有羊躺下要求每 100 kg 活重 0.77 m^2；而 Buchenaur (1996)报道为每 100 kg 活重需要 1.14 m^2。这两种不同观点大概是因为羊的类型以及毛的长度不同所致。未经剪毛的羊会多需要 25%的空间。Corkram 等(1996)发现，35 kg 的绵羊无论是以 0.22 m^2/羊还是 0.4 m^2/羊运输，受伤情况没有差别。该研究驳斥了传统认为绵羊必须用卡车运输避免受伤的观点。

6.5.3 新环境下的福利

羊进入新的环境，从福利方面要求包括畜舍消毒、隔离检查、饲料和饮水的供给等方面。

(1)羊进畜舍前要用 3%烧碱或 10%生石灰乳对地面、墙面和运动场进行喷洒消毒，器械可用 0.1%高锰酸钾溶液浸泡和刷洗。

(2)将羊安全地从车上卸下来，赶到指定的羊舍中进行健康检查，将新购回的羊相对集中后，在单独圈舍进行健康观察和过渡饲养 10～15 d。

(3)羊群运到隔离地(消好毒)后，应让其自由活动休息 1～2 h，分舍隔离成小群体，然后用温水加少量食盐、白糖让其自由饮食，同时用电解多维或高免干扰素对水饲喂。

6.5.4 羊运输过程中常见的福利问题

羊运输过程中常见的福利问题仍然是装载密度过大、混群、中途休息不够、路途不平坦等。装载密度过大造成相互挤压、踩踏，或者混合装载，羊在运输途中相互打斗，造成应激加大。中途休息时间不够。Knowles 认为，短暂休息 1 h 是有害的。大多数研究表明，休息至少要持续 8 h，以给羊足够的时间采食饮水。羊是先采食后饮水的，如果时间太短，则它们没有时间饮水。经过 14 h 的运输应激后，要完全恢复过来，至少需要 5 d 时间。运输路途不平坦。农民用小型双轮拖车运输羊，产生的震动最严重。运输过程中为了节省过路费等，选择偏僻、不平坦的公路运输，造成羊的应激加大。

羊运输中的运输应激导致生理指标变化。Parrott 等(1999)测定了 8 头绵羊的深部体温，当它们被装到车上运输了 2.5 h 后，它们的体温增加了 1℃，公羊在运输了几个小时后体温仅增加 0.5℃。活动 30 min 后，可导致深部体温上升 2℃，但活动一停止体温就会迅速恢复。肾上腺髓质激素中肾上腺素和去甲肾上腺素水平的变化一般不用来评价运输动物的福利，但 Parrott 等(1998a)发现，装载绵羊时用斜坡比用梯子，更能使这两种激素增加。当绵羊被第一次装上车时，血浆和唾液中的皮质醇水平至少在随后 1 h 内会升高(Broom 等，1996；Parrott 等，1998b)。在运输中，下坡比上坡，颠簸比平坦的路途更能影响皮质醇水平(Bradshaw 等，1996a)。

Knowles(1998)研究了大量运输羊的资料，总结出羊比其他动物更能忍受公路运输。与澳大利亚和南非相比，英国羊的死亡损失较低。在英国，直接运卖的羊的死亡率为 0.007%，而通过拍卖的羊死亡率则为 0.031%。

6.6 其他动物的运输与福利

随着生活水平的提高，人们对各种肉制品的需求都越来越大，尤其是对特种动物肉的需求越来越多。由于特种动物的养殖有明显的地域性特点，在肉品的供应上需要运输来调节，与前面介绍的畜禽运输一样，特种动物的运输基本要求与前面介绍畜禽运输要求一致，但因其特殊性，有不同的要求和福利问题。本书只介绍马、兔及鹿的运输与福利。

6.6.1 马运输中的具体要求

马的福利被许多国家重视，英国、新西兰、澳大利亚、中国等都制定了马匹福利实施规范。福利规范中对马的运输都给出了具体的要求。各国规范中的要求包括内容基本一致，包括运输时间的规定、马具的规定、登记文件以及装载密度等项目。

马匹运输前应制定详细的运输计划，包括：马匹的来源和所有权，出发地和目的地，出发日期和运输时间，装卸设施和人员，运输工具、运输路线、沿途停靠点等信息。

(1)运输时间。欧洲联盟规定，成年马和青年马若用一般运输工具运输，最长运输时间为 8 h，若是高标准运输工具可运输 24 h，期间每隔 8 h 要供给饮水和饲料。未断奶的小马用一般运输工具运输，最长运输时间为 8 h，高标准运输工具可时间长一些，每隔 9 h 中间休息 1 h。中国马的福利规范中规定，怀孕超过 10 个月和产后 14 d 内的母马，运输时间不得超过 8 h。

(2)成年马和 8 月龄以上的青年马在运输中必须戴上嘴笼头，以防相互啃咬。若用多层运输工具运输马，应将马放在最下层，其上层没有其他动物，箱体高度要高于最高的马肩 75 cm 以上。

(3)未注册的马须在 4 月龄以上才可运输，或者与其母马一起运输。未经驯化的马不能进行长途运输。除非和母马一起运输，否则在运输时要分栏运输。

(4)装载和卸载需要有适宜的斜坡，斜坡的角度为 20°左右为宜。斜坡面上应设置合适的装置，防止上、下坡过程中马匹受伤。装卸的升降台应配有栅栏，能够承受和满足马匹的体重和体形，防止马匹装卸过程中的逃、漏、跑。

(5)已注册的马是指在系谱里有记录或参加过国际比赛的马，但这不表示这匹马具备了马护照，如果这些马以改善健康和福利为目的在专业人员的护理下进行运输是允许的。

(6)要分栏运输。不同年龄、性别和体重的马要分栏运输，相互敌对的马以及拴系的马和未拴系的马之间要分开运输。成年种公马、怀孕母马应单独运输。

(7)运输时要注意路途中的天气变化。在运输时间超过 8 h 时，车厢内的温度不得长时间低于 0℃。

(8)装载密度是根据运输工具和马的年龄确定的，表 6-13 是欧洲联盟规定的公路或铁路运输时的装载密度。中国标准中也规定了海运和航空运输时的装载密度。

表 6-13 马运输时的装载密度

种 类	面积/(m^2/匹)
成年马	1.75
6~24 月龄的青年马,运输时间在 48 h 内	1.2
6~24 月龄的青年马,运输时间超过 48 h	2.4
小马(低于 144 cm)	1.0
小马驹(0~6 月龄)	1.4

6.6.2 种兔运输中的具体要求

兔是一种既可食用又能用于装饰的皮用动物。为了引种需要进行运输。根据种兔的生理特性,在运输过程中需要考虑运输季节、运输工具及消毒、分栏运输以及饲料和饮水供给等福利问题。

一般以春秋季运输种兔为宜,兔子耐寒不耐热,所以尽量避开酷暑炎热的夏季;为防止疾病的传播,保证种兔健康,引种前要用甲醛与高锰酸钾将兔舍、笼具和运输车进行严格消毒;运输种兔的笼子必须结实安全、通风良好。用前彻底消毒,笼底放些防震的垫物。上下笼之间最好用塑料布隔开以免污染下层种兔;每笼装兔不能拥挤,笼内应有 1/4 的活动余地;公母兔要分开运输,以防打斗;运输时间在 24 h 之内的,途中不必饲喂,只要在装运前喂饱,饮足即可。运输时间超过 24 h 的,途中可以适量喂点饲料,以防掉膘,以青绿饲料为主,精料为辅;种兔运输到目的地后,及时取出放在已消毒的兔笼内,先让其安静休息 1~2 h,再给予充足清洁的温开水,在饮水中放些葡萄糖或食盐、红糖、口服补液盐等,隔 1 h 左右再喂给原引种场的饲料。为了防止伤食,要采取定时定量、逐渐增加供应量的饲喂方式。

6.6.3 鹿运输中的具体要求

鹿作为经济动物也进行农场养殖。鹿肉、鹿茸以及鹿皮都有极高的经济效益。由于各种原因,鹿的一生往往需要经历多次运输。为了保护鹿的福利,鹿的运输有相关的要求。

在鹿运到之前,要了解鹿的行为、饲料配方和习性,以便到达后提供较好的护理。尽可能选用鹿熟悉的料槽和饮水器。小型鹿胆小易惊,容易引起鹿群惊慌乱窜,释放时,人员尽量少。每天仅给饲料 2 次或者 1 次,换水 1 次,3 d 后作 1 次清扫。1 周后逐渐增加粗饲料及混合精料,同时要增加饲养人员与鹿接触的时间,使鹿熟悉人的声音和气味,以便转入正常驯养。经过 30 d 的环境熟悉后,再进行严格的兽医检疫措施。

选择好运输时间,当环境温度超过 21℃和低于-1℃时,应当避免运输。产茸期、产仔期和配种期也不能运输。

小型鹿胆小易惊,为减少鹿的应激反应,对捕捉的鹿用适量麻醉药或者镇静药物,让鹿保持半麻醉或者镇静状态,避免在装箱、装车和装机期间发生受惊而撞击笼箱。保证鹿在装进机舱时保持苏醒状态,避免在运输途中鹿因呼吸被抑制发生缺氧。

对于小型鹿的运输应以快为原则，缩短运输时间，尽可能降低鹿的应激反应，从而保证鹿的安全。运输工具可选择飞机、汽车、火车和轮船。如果运输路程超过 1 000 km，尽可能选用飞机运输，小于 1 000 km 的可以用汽车运输。

运输笼要求坚固，内壁光滑，光线幽暗，通风换气良好。笼箱尺寸根据鹿体的大小来定，尽量限制鹿的活动空间和视域，减少对鹿的干扰，防止鹿在笼箱内转动和撞击箱内壁。在底部铺垫 5.0 cm 厚的木刨花以吸纳鹿的粪便和尿液，笼内再铺上一些软草并放入鹿爱吃的多汁饲料。运输时间超过 24 h 应设置饮水装置。运输笼要用布蒙盖，使笼内光线暗一些。

用飞机运输时，笼箱的设计和运输安排做一些必要的措施，防止鹿的粪和尿液流出而污染周围环境。要在笼箱两面贴上“活兽”，在上面标上“此面朝上”，“不要弄翻、投喂或饮水”等标签。国际动物运输协会要求笼箱上应贴有喂食和饮水的说明。

当天到达的航班不需要准备食物和饮水。在 1～2 d 内可以到达的，运输前将鹿喂饱饮足，途中也可以少喂或不喂饲料，但必须满足饮水。如果是汽车长途运输，需备用足够的青草、蔬菜和少量青干草等，每天喂 3～4 次。为了缩短时间，汽车最好是昼夜兼程赶路。夜间停车时要多喂。

在行驶过程中要避免突然转弯、提速、刹车和颠簸等，以便减少鹿的撞伤。押运人员在每次停车时，一定要仔细检查运笼和鹿群情况。

畜禽运输是畜禽福利关注的关键环节，运输前的准备、运输方式及工具、运输时间和距离、运输人员的职业素质及福利观念等都是影响运输中畜禽福利的重要因素。因此，从业人员良好的职业素质、合格的运输工具、合理的运输规划、正当处置及管理畜禽的方式等都是提高运输过程中畜禽福利的重要保障。

思考题

1. 公路运输畜禽时要注意哪些方面？
2. 常用的运输工具有哪些？
3. 猪的运输中常见的福利问题有哪些？
4. 牛的运输中常见的福利问题有哪些？
5. 鸡的运输中常见的福利问题有哪些？
6. 羊的运输中常见的福利问题有哪些？

参考文献

1. 黄岳新. 关于对活猪长途运输的思考[J]. 肉类工业，2011，(1)：50-51.

2. 刘春芳，王济民. 中国生猪产业发展现状与展望[J]. 农业展望，2010，(3)：28-31.

3. 肖远金. 应对生猪市场波动的措施[J]. 河南畜牧兽医，2008，29(3)：7-8.

4. Aitken G. Poulry meat inpection as a commerical asset. State Veterinary Journal, 1985, 39, 136-140.

5. Allen W M, Herbert C N, Smith L P. Death during and after transportation of pigs in Great Britain, Veterinary Record, 1980, 94: 212-214.

6. Augustini C. ECG-und Korper Temperature Messungen an Schweinen wahrend der Mast und auf dem Transport. Fleischwirtschaft,1976,56:1133-1137.

7. Bayliss P A,Hinton M H. Transportation of poultry with special reference to mortality rates,Applied Animal Behavior Science,1990,28:93-118.

8. Bisschop J H R. Transportation of animals by rail (1):the behavior of cattle during transportation by rail. Journal of the South African Veterinary Medical Association,1961,32:235-261.

9. Bradshaw R H,Hall S J G,Broom D M. Behavioural and cortisol responses of pigs and sheep during transport. Veterinary Record,1996a,138:233-234.

10. Bradshaw R H,Parrott R F,Forsling M L,et al. Stress and travel sickness in pigs: effects of road transport. on plasma concentrations of cortisol. beta-endorphin and lysine-vasopressin. Animal Science,1996b,63:507-516.

11. Broom D M,Goode J A,Hall S J G,et al. Hormonal and physiological effects of a 15 hour road joumey in sheep:comparison with the responses to loading,handling and penning in the absence for transport. British Veterinary Journal,1996,152:593-604.

12. Buchenaur D. Proceeding of an International Conference Considering the Welfare of Sheep During Transport. St Catherine's College,Cambridge,UK,1996.

13. Clark E G. A post mortem survey of transport deaths in Saskatchewan market hogs. Western Hog L,1979,1:34-36.

14. Corkram M S,Kent J E,Goodard P J,et al. Animal Science,1996,62,46.

15. Eldridge G A,Barnett J L,Warner R D,et al. the handling and transport of slaughter cattle relation to improving efficiency,safety,meat quality and animal welfare. In:Research Report Series No. 19. Department of Agriculture and Rural Affairs,Victoria,Australia,1986:95-96.

16. Eldridge G A,Winfield C G,Cahill D J. Response of cattle at different space allowances,pen sizes and road conditions during transport. Australian Journal of Expenrimental Agriculture,1988,28,155-159.

17. Fabianson S Lundstrom, K Hansson. Mortality among pigs during transport and waiting time before slaughter in Sweden. Swedish Journal of Agricultural Research,1979,9:25-28.

18. Fisher A D,Niemeyer D O,Lea J M,et al. J Anim Sci[J]2010,88:2 144-2 152.

19. Fraser A F,Broom D M. Farm Animal Behaviour and Welfare. Bailliere Tindall,London,1990.

20. Freeman B M,Kettewell P J,Manning A C C. The stress of transportation for broilers. Veterinary Record,1984,114:286-287.

21. Grandin T. Livestock Trucking Guide. Livestock Conservation Institute, Bowling Green,Kentucky,1981.

22. Grandin T. Livestock Trucking Guide. Livestock Conservation Institute, Madison, Wisconsin,1981.

23. Grandin T. Canadian Animal Welfare Audit of Stunning and Handling in Federal and Provincial Slaughter Plants. Grandin Livestock Handling systems, Fort Collins, Colorado, 1999.

24. Gregory N G, Wilkins L J. Skeletal damages and bone defects during catching and processing. In: Bone Biology and Skeletal Disorders in Poultry. 23rd Poultry Science Symposium, World's Poultry Science Association, Edinburgh. UK, 1992.

25. Hails M H. Transport stress in animals: a review. Animal Regulation Studies, 1978, 1: 289-343.

26. Holloway L. The Alberta Pork Producers Marketing Board Transit Indemnity Fund. In: Proceedings Livestock Conservation Institute, Madison, Wisconsin, 1980.

27. Holmes C W, Close W H. The influence of climatic variables on energy metabolism and associated aspects of productivity in the pig. In: Haresign, W. ,292 E. Lambooij Swan, H. and Lewis, D. (eds) Nutrition and the Climatic Environment. Butterworths, London, 1995: 51-74.

28. Honkavaara M. Animal transport. In: Proceedings XVIII Nordic Veterinary Congress. Helsinki, 1998: 88-89.

29. Jacobson L H, Cook C J. Partitioning psychological and physical sources of transport-related stress in young cattle. Veterinary Journal, 1998, 155: 205-208.

30. Julian R J. Valgus-varus deformity of the intertarsal joint in broiler chickens. Canadian Veterinary Journal, 1984, 25: 254-258.

31. Kenny F J, Tarrant P V. The physiological and behavioral responses of crossbred Friesian steers to short-haul transport by road. Livestock Production science, 1987a: 63-75.

32. Kenny F J, Tarrant P V. The reaction of young bulls to shot haul road transport. Applied animal Behaviour Science, 1987b, 17: 209-227.

33. Kestin S C, Knowles T G, Tinch A E, et al. Prevalence of leg weakness in broiler chickens and its relationship with genotype. Veterinary Record, 1992, 131: 190-194.

34. Kettlewell P J. A review of broiler chicken catching and transport systems. Jounal Agricultural Engineering Research, 1985, 31: 93-114.

35. Kilgour R, Mullord. Transport of calves by road. New Zealand Veterinary Journal, 1973, 21: 7-10.

36. Knowles T G. A review of road transport of sheep. Veterinary Record, 1998, 143: 212-219.

37. Knowles T G, Broom D M. The handling and transportation ofbroiler and spent hens. AppliedAnimal Behaviour Science, 1990, 28: 75-91.

38. Lambooij E. Watering pigs during 30 hours road transport through Europe. Fleischwirtschaft, 1983, 63: 1456-1458.

39. Lambooij E. Road transport of pigs over a long distance: some aspects of behaviour, temperature and humidity during transport and some effects of the last two factors. Animal Production, 1988, 46: 257-263.

40. Lambooij E, Engel B. Transport of slaughter pigs by truck over a long distance: some aspects of loadingdensity and ventilation. Livestock Production Science, 1991, 28: 163-174.

41. Lambooij E, Husegge B. Long-distance transport of pregnant heifers by truck. Applied animal Behaviour Science, 1988, 20: 249-258.

42. Lambooij E, van der Hel W, Hulsegge B, et al. Effect of temperature on air velocity two days pre-slaughtering on heat production, weight loss and meat quality in non-fed pigs. In: Verstegen, M. W. A. and Henken, A. M. (eds) Energy Metabolism in Farm Animals: Effect of Housing, Stress and Disease. Martinus Nijhoff, The Hague, 1987: 57-71.

43. Markov E. Studies on weight losses and death rate in pigs transported over a long distance. Meat Industry Buletin, 1981, 14: 5.

44. Meijerhof R. The importance of egg and chick transportation. World Poultry, 1997, 13 (11): 17-18.

45. Parrott R F, Llord D M, Broom D. Transport stress and exercise hyerthermia recorded in sheep by racliotelemetry. Animal Welfare, 1999, 8: 27-34.

46. Parrott R F, Misson, Hall S J G, et al. Heart rate and stress hormone responses of sheep to road transport following two different loading responses. Animal Welare, 1998a, 7: 257-267.

47. Parrott R F, Misson, Hall S J G, et al. Effects of a maximum permissible journey time (31 h) on physiological responses of fleeced and shorn sheep to transport, with observations on behaviour during a short (lh) rest-stop. Animal Science, 1998b, 66: 197-207.

48. Parry R T. Technological developments in pre-slaughter handling and processing. In: Mead G. C. (ed.) processing of Poultry. Elsevier, Amsterdam, the Netherlands, 1989: 65-101.

49. Randall J M, Stiles M A, Geers R, et al. Vibrations on pig transporters: implications for reducing stress. In: Proceedings EU-Seminar: New Information onWelare and Meat Quality of Pigs as Related to Handling, Transport and Lairage Conditions. FAL-Sonderheft 166, Volkenrode, 1996: 143-159.

50. Scott G B, Moran P. Behavioural responses oflaying hens to carriage on horizontal and inclined conveyors. Animal Welfare, 1992, 1: 269-277.

51. Smith L P, Allen W M. A study of the weather conditions related to the death ofpigs during and after their transportation in England. Agricultural Meteorology, 1976, 16: 115-124.

52. Stuart C. Ways to reduce downgrading. World Poultry Science, 1985, 41: 16-17.

53. Tarrant P V. The effects of handling, transport, slaughter and chilling on meat quality and yield in pigs-a review. Irish Joumal of Food Science and Technology, 1989, 13: 79-107.

54. Tarrant P V, Kenny F J, Harrington D. The effect of stocking density during 4 hour transport to slaughter, on behavior, blood constituents and carcass bruising in Friesian steers. Meat Science, 1988, 24: 209-222.

55. Tarrant P V, Kenny F J, Harrington D, et al. Long distance transportation ofsteers to slaughter: effect of stocking density on physiology, behavior and carcass quality. Livestock

Production Science,1992,30:223-238.

56. Tennessen T, Price M A, Berg R T. Comparative responses of bulls and steers to transportation. Canadian Journal of Animal Science,1984,64:333-338.

57. Trunkfield H R, Broom D M. The effects of the social environment on calves response to handling and transport. Applied Animal Behavior Science,1991,28:135-152.

58. Van Logtestijn J G,Romme A M T C,Eikelenboom G. Losses caused by transport of slaughter pigs in the Netherlands. In: Moss, R. (ed.) Transport of animals intended for breeding,production and slaughter. Martinus Nijhoff,The Hague,1982:105-114.

59. Van Putten G,Elshof W J. Observations on the effect of transport on the well-being and lean quality of slaughter pigs. Animal Regulation Studies,1978,1:247-271.

60. Van Putten G, Lambooij E. The intemational transport of pigs. In:Proceedings 2nd European Conference on the Protection of Farm Animals. Strasburg,1982:92-103.

61. Verstegen M W A. Swine. In:Johnson,H. D. (ed.) World Animal Science,B5:Bioclimatology and the Adaptation of Livestock. Elsevier,Amsterdam,1987:245-258.

62. Warris P D,Kestin S C,Brown S N,et al. Effects of cattle transportation by road for up to 15 hours. Veterinary Record,1995,136:319-323.

63. Warriss P D. The welfare of slaughter pigs during transport. Animal Welfare,1998, 7:365-381.

64. Warriss P D,Bevis E A,Brown S N. Time spent by broiler chickens in transit to processing plant. Veterinary Record,1990,127:617-619.

65. Warriss P D,Bevis E A,Brown S N,et al. Longer journeys to processing plants are associated with higher mortalityin broiler chickens. British Poultry Science, 1992, 33: 201-206.

66. Watt. poultry Statistical Yearbook. watt,Petersfield,UK,1998.

67. Weeks C A,Kestin S C. The effects of leg weakness on the behaviour of broiler. In: Koene P, andBlokhuis H J. (eds) Proceedings of the 5 th European Symposium on Poultry Welfare,Wageningen,The Netherlands,1997:117-118.

第7章 畜禽屠宰与福利

畜禽是为人类提供肉产品的农场动物。为了保障农场动物(家畜、家禽等)的福利,世界动物卫生组织指出,在农场动物成为食品之前,它们在饲养、运输、商业宰杀或者因卫生原因遭到宰杀时,应尽量减少其恐惧和痛苦。农场动物进入屠宰场后要进行宰前隔离、驱赶、击晕和刺杀等一系列处理,每一个环节都可能引起畜禽的应激而影响到畜禽福利,同时也影响到肉类产品的品质。有研究表明,在击晕处理时避免猪受刺激和兴奋有助于保护猪肉的品质;猪在屠宰过程中喊叫的声音水平与猪肉品质降低相关;牛在受到刺激和抑制的情况下屠宰容易产生黑干肉(dry,firm,dark,DFD)。大量屠宰场观察看到,在驱赶中降低电棒使用可以降低猪肉白肌肉(pale,soft,exudative,PSE)。因此,降低屠宰过程畜禽的应激不仅是满足畜禽在屠宰中的福利需要,也是获得优质安全畜产品的保障之一。

7.1 畜禽的屠宰及屠宰的意义

畜禽屠宰一般是指通过放血导致动物死亡的行为。在原始社会的狩猎活动中,人们通常借助于石头、棍棒等工具将野兽打死,以获得可以利用的肉和皮毛。随着社会的发展,人们开始对活捉的野兽和野禽进行驯化,逐渐进化形成了今天的家畜和家禽,保证了人类优质蛋白质食物来源。伴随着商品经济的形成和发展,畜禽屠宰加工企业也相继出现。

畜禽屠宰满足了人类对肉品的需要,为人类提供优质、安全、卫生的肉产品(猪、鸡、牛、羊肉)。据乌拉圭2000年产品商会公布的一份研究报告:世界肉类年产量达到2.2亿t(带骨),人均肉类消费约37 kg。在世界肉类的生产结构中,猪肉产量最高,达8 900万t,鸡肉次之,为6 500万t,牛肉占第三位,为5 600万t,羊肉为1 200万t。世界每年人均肉类消费量差别很大,消费量从高到低依次是美国、欧盟15国、阿根廷、乌拉圭、巴西、加拿大和俄罗斯,每年人均从60~126 kg不等。年人均消费量最低的是印度,仅5 kg。非洲和亚洲其他国家的年人均肉类消费量为10~20 kg。表7-1是1995—2005年间全世界及各大洲家禽的屠宰数量(唐修君,2008),表7-2是2001年世界各国家畜的屠宰数量(中国农业年鉴,2002)。

畜禽屠宰的主要目的是获得动物肉产品,有时为了控制动物疾病的传播或减少动物病痛对动物实施宰杀。畜禽屠宰一般要经历宰前处理、击晕和屠宰的过程,而在每一个过程中都可能存在引起动物福利问题因素,包括容易引起动物应激的设备和方法、对动物行为的限制、技术人员缺乏培训、设备破旧以及畜禽待宰场的条件差等方面。

表 7-1　1995—2005 年间世界家禽屠宰量　×10^2 万只

区域	年度										
	1995	1996	1997	1998	1999	2000	2001	2002	2003	2004	2005
世界	36 851	37 911	39 836	41 028	43 321	45 159	46 943	48 488	49 995	50 728	51 873
非洲	2 155	2 237	2 370	2 401	2 559	2 618	2 766	2 862	2 861	2 876	2 907
北中美	9 687	9 984	10 172	10 437	10 823	11 115	11 389	11 624	11 556	11 841	12 126
南美洲	4 705	4 741	5 103	5 471	6 114	6 324	6 696	6 746	7 412	7 500	7 504
亚洲	12 948	13 388	14 610	14 829	15 956	17 262	17 948	18 899	19 818	19 987	20 738
欧洲	6 939	7 139	7 138	7 427	7 417	7 351	7 647	7 833	7 816	7 979	8 050
大洋洲	418	423	444	464	451	489	496	523	532	544	547

摘编自唐修君(2008)编译的“全球家禽生产、屠宰、贸易、消费数据库”。

表 7-2　2001 年各国大家畜屠宰数量　×10^3 头

国别或地区	肉牛	水牛	绵羊	山羊	猪	马	驴	骆驼
世界总计	290 242.9	22 087.7	478 130	310 794.2	1 185 249.9	4 207.5	2 208.5	1 342.8
中国	37 387.4	3 505.8	92 600	99 207.3	566 226	1 300	2 050	75
英国	2 183		13 496		10 619	12		
印度尼西亚	1 898.5	235.2	3 656	4 711	13 600	10.2		
印度	23 300	10 340	19 200	46 900	17 000			
意大利	4 500	5.3	7 400	350	12 900	227.3		
以色列	150		270	50	138			0.5
匈牙利	180		318		5 600			
新西兰	3 315		31 974	144	704	6.7		
希腊	300		7 300	4 600	2 220	15		
乌兹别克斯坦	2 425		4 900		250			
乌克兰	5 580		896.5	182	7 142	46		
土库曼斯坦	370		3 800	194	11.1			
泰国	2 000	215	16.5	36	9 500			
瑞典	515		195		3 500	6.8		
日本	1 280		4	5.5	16 530	18		
挪威	337.2		1 131.5	25	1 300.8	2.5		
南斯拉夫	460		1 443	40.8	8 100	1		
墨西哥	6 580		2 068.8	2 430	12 910	626		
缅甸	1 080	123	135.5	733	2 100			

续表 7-2

国别或地区	肉牛	水牛	绵羊	山羊	猪	马	驴	骆驼
美国	35 604		3 350		99 975	82		
马来西亚	174.8	21.9	11	50	4 562	0.6		
罗马尼亚	1 400		5 935	588	8 400	50		
加拿大	3 925		526		21 500	88		
荷兰	2 250		750	15	17 800	4.2		
芬兰	360		33		2 000	1.5		
菲律宾	825	310	9	2 500	19 000	6.7		
法国	5 430		7 250	950	27 020	35		
俄罗斯	12 200		6 070	850	20 500			
德国	4 284.6		2 165	16.7	42 900	16.5		
丹麦	630		65		21 100	2.7		
波兰	1 760		106		19 600	33.4		
巴西	31 600		4 460	2 550	24 593.8	115		
巴基斯坦	2 240	4 100	10 050	19 500				
澳大利亚	8 869.6		33 414	323	4 986.7	76		
埃及	1 550	1 750	3 440	1 850	71.5			85

摘编自《2002 年中国农业年鉴》。

7.2 宰前处理与畜禽福利

宰前处理主要指对动物完成刺杀放血前所有相关准备工作,包括动物的捕捉、驱赶、装卸、运输、待宰前的休息环境、禁食禁水、击晕中的抑制等操作。宰前处理得当是畜禽福利的重要体现,是人道屠宰的根本要求,是畜产品安全及品质的重要保障。

7.2.1 人的行为与畜禽福利

人是屠宰过程中所有环节的主题。人的素质和对待动物的态度直接影响到其对待畜禽的行为,从而影响到动物的福利,如在驱赶畜禽过程中的工作人员的粗鲁行为极易引起动物心理恐惧。因此屠宰场的工作人员必须是关爱动物和责任心强并有一定专业知识的人员。从业前要对其进行上岗前的培训,使他们掌握畜禽的基本生物学行为和屠宰过程中(包括捕捉、驱赶、装卸、待宰、抑制、击晕、宰杀等)动物所拥有的一系列福利权利及人道屠宰的要求,并获得一定的资质,持证上岗。

畜禽在到达屠宰场后人要进行卸载、捕捉、驱赶、限制畜禽等一系列的工作,为了保证动物的福利,这些处理都有特定的要求和技术。

1. 捕捉

捕捉大多数情况是用于禽类动物。禽类大多数都是被装在各种形式的搬运箱中被运到屠宰场，卸载时需要对其进行捕捉。不良的捕捉方式会对动物造成严重的应激，甚至造成大量的死亡和严重的经济损失。荷兰研究人员对由5家专门捕捉鸡的公司运来的3 800万只肉鸡调查中发现，在良好捕捉操作下，到达屠宰的鸡死亡率为0.35%，不良操作下死亡率为0.75%。这一操作中造成的高死亡率和肉品质降低而导致的重大的经济损失已经得到广泛的关注。禽类的捕捉主要有以下几种方式(图7-1)。全身捕捉法(图7-1a)：将鸡的身体正确提起并整体移动，每个个体单独提起放入搬运箱。这种捕捉方法对动物个体造成的压力是最小的，改善了动物的福利，但工作效率低。双腿捕捉法(图7-1b)：将鸡的双腿抓住并进行搬运，每只手中不超过3只鸡，由于鸡是悬空倒挂的，与全身捕捉法相比，这种方法会对鸡造成较大的压力，增加鸡受伤的风险。单腿捕捉法(图7-1c)：一只手抓住3～4只鸡进行搬运，这是一种普遍的商业化捕捉方法，与前两者相比，它会造成更多的骨折、脱臼、瘀血等损伤。在畜禽福利保障体系中，这种方法是不允许使用的。机械捕捉法：在美国和意大利，用柔软的泡沫短浆或旋转式的橡胶手指或应用气体力学原理将鸡从地面"吸"起放入搬运箱中，机械捕捉法工作效率高，美国明亮鸡笼有限公司(Bright Coop Inc)设计制造的PH2000型机械捕捉机每分钟可以捕捉150只家禽(图7-2)。但需要与之配套的养殖场设施，造价高，目前还没有广泛的使用，美国目前大约有5%的家禽是利用机械捕捉机捕捉。

a.全身捕捉法

b.双腿捕捉法

c.单腿捕捉法

图7-1 鸡的捕捉法

图7-2 PH2000鸡的机械捕捉机

来源：Scott Kilman. The Wall Street Journal, June 4, 2003。

抓住禽类动物的头或单只翅膀会造成禽骨折、损伤、脱臼、疼痛应激，畜禽福利规定抓捕过程中严禁抓住禽类动物的头或单只翅膀（图 7-3）。搬运箱应设计成敞口式便于放入和取出操作，大小与鸡群相适应，结实耐用、防滑。搬运箱在码放时应按一定的规律操作，保证鸡群周围的空气流通和散热，防止局部高温区形成，装卸运输时避免倾斜、晃动、倒坍。

图 7-3 错误捕捉法

2. 驱赶

驱赶是几乎所有的畜禽都要经历的过程。对于牛、羊、猪等家畜一般是通过驱赶的方式将它们赶上或赶下运输车辆、进入待宰圈或屠宰车间。为了尽快地将畜禽移动到目的地，工作人员用不同的方法来驱赶动物。这个过程驱赶人员的叫喊声、驱赶棒的使用等都是引起家畜恐惧和产生应激的因素。为了驱赶动物顺利地朝着目的方向移动，驱赶人员要了解有关畜禽的视觉特点。畜禽和人的视觉范围不一样，它们有很窄的双目视觉范围和很宽的单目视觉范围，图 7-4a 是猪的视觉特点，图 7-4b 为鸡的视觉特点。这些视觉特点使得它们需要低下头来寻找食物，同时也能觉察到周围物体的移动而逃避伤害。在有可移动空间和通道畅通前提下，驱赶动物时我们只需要出现在动物的单目视觉范围内给予适当的挥动和声音就能有效刺激动物移动。由于动物都有很好的单目视觉范围，因此在移动中更容易被周围的环境干扰，保持通道环境一致、不透明、少拐弯、宽敞等都能有效避免动物在移动中的分心造成的停滞、堵塞。

正确的驱赶方法可减少对动物健康和福利的损害。图 7-5 为猪的驱赶方法。驱赶动物时不要逼迫动物以大于正常的行走速度进行运动，尽量减少摔倒或滑倒造成的伤害；严禁采用暴力鞭打、扭曲尾巴、扯动鼻子、压迫外阴、耳朵等部位驱赶。禁止对动物大声呵斥或使用大的声响（如鞭炮）来驱赶动物前进，因为这些声响会引起动物骚动、恐惧，导致拥挤、滑倒、踩死、踩伤。在常规驱赶过程中不允许使用电棒和电刺激，只有当某只个体明显跑在前面，且确保动物的前面有足够的空间供其移动时才可使用，但要严格控制输出电流大小，电击的部位（只能是后腿和臀部）和电击持续时间。

a.猪的视觉特点

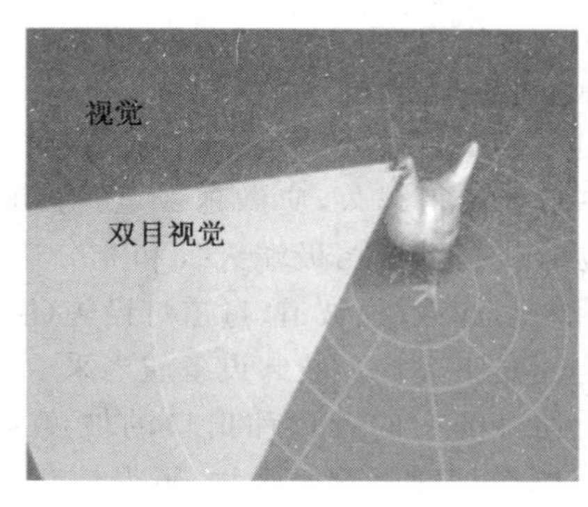

b. 鸡的视觉特点

图 7-4 动物的视力范围

来源：人道屠宰培训教材，世界保护动物协会。

图 7-5 猪的驱赶方法

来源：人道屠宰培训教材，世界保护动物协会。

3.卸载

畜禽被运输到目的地后首先要卸载。在卸载过程中会经历驱赶、移动到栏、同伴个体的改变、个体占有空间小等各方面的突然变化，尤其是人的粗鲁行为等会对畜禽造成较大的刺激，引起剧烈的应激反应。一些屠宰场生猪在经历驱赶、上下车操作，进入屠宰场后有30%～50%存在毛皮、肌肉、骨骼等不同程度的损伤，严重危害到动物的基本福利(图7-6)。

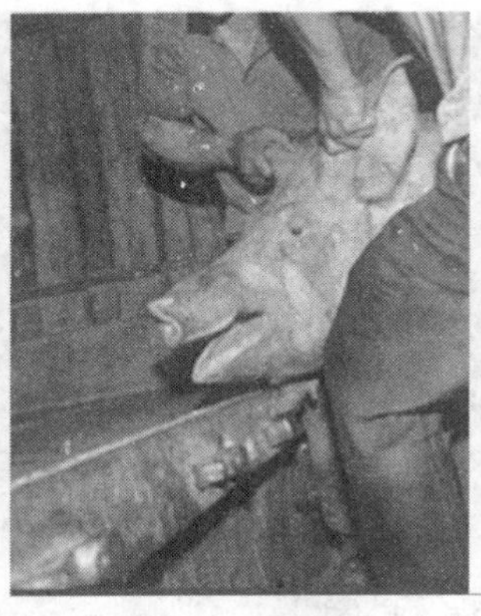
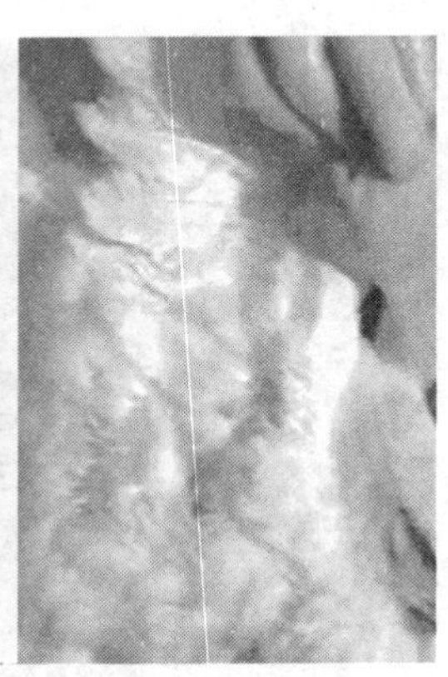

图 7-6 野蛮装卸及对动物的损伤

动物抵达屠宰场，应当立即被卸载，动物在车上待得越久，应激越严重，对动物的伤害越大，死亡率越高。如果不能立即卸载，屠宰场应为其提供抵挡极端天气和充分通风的保护条件。装卸操作中必须有合适的（最小坡度、不打滑等）卸载桥、坡道、过道灯设施（图 7-7）或装卸台，斜面坡度不能大于 20°，能保证家畜顺利地走上走下车辆。装卸设备应当采取防滑地板，坡道和过道的侧面应设立围栏，防止动物跌落受伤。围栏的入口和出口的坡度应该最小化。图 7-8 为在码头装载羊进行海运。卸载动物时，应当仔细照看好动物，不得惊吓、刺激或者采取其他不适当的方法对待动物；不得使动物过度拥挤，不得采取导致动物痛苦和疼痛的提头、角、耳、脚、尾巴或者抓羊毛的方式卸载。

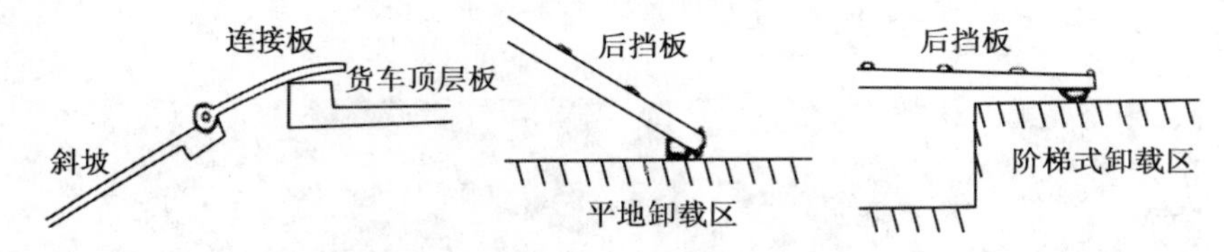

图 7-7 屠宰场货车与卸载区连接方式、可升降装卸坡道、卸载台

图 7-8 澳大利亚港口装载羊进行出口

4. 限制

动物在屠宰前要用一定的设备或设施对动物进行抑制，这样便于击晕和宰杀。不同的畜禽所用的限制器不同，图 7-9 是牛用限制器。

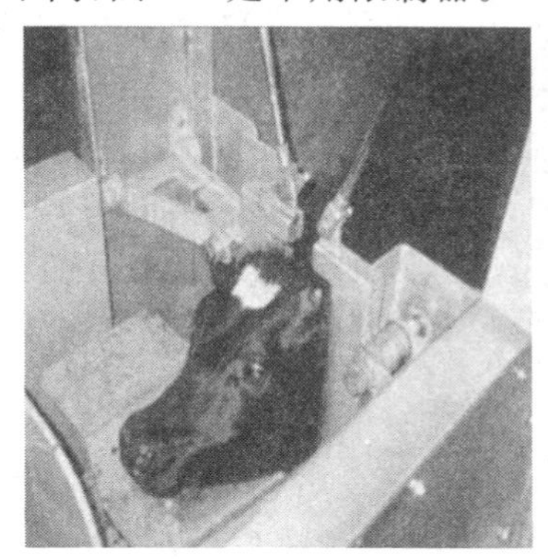

图 7-9　牛的限制

猪在击晕时可以用击晕钳直接击晕或用机械限制后击晕（图 7-10），也可以利用狭窄的通道将其限制住。

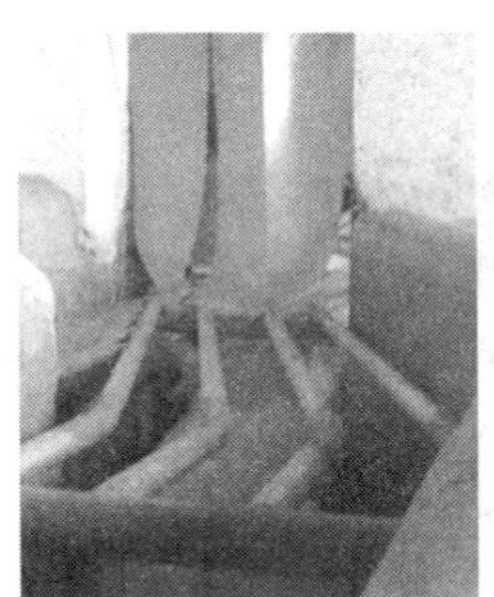

图 7-10　猪的限制

家禽的商业化屠宰大多使用水浴电击晕，在击晕前将鸡倒挂在流水线轨道上实现对鸡的限制（图 7-11）。

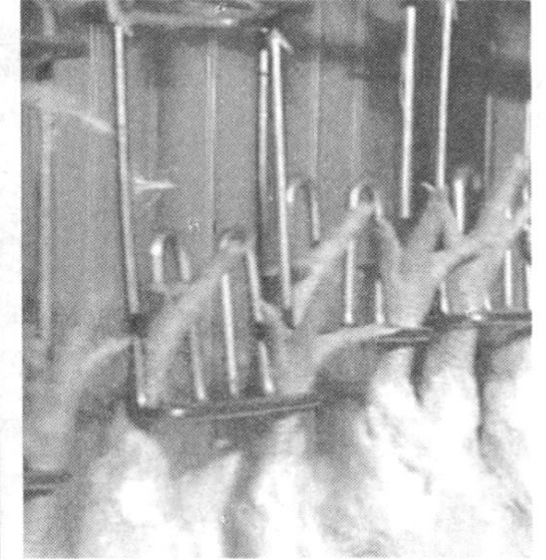

图 7-11　鸡的限制

来源：人道屠宰培训教材，世界保护动物协会。

无论是牛的头部限制、猪的限制器限制或是鸡的悬挂抑制，动物都会产生不适感甚至受到惊吓，造成福利问题。如倒挂鸡的扇翅程度在前 12 s 内是逐渐降低的，随后保持在 0.48%的平均水平，所以在水浴电击晕前要让鸡在挂钩上停留至少 12 s，为了减少倒挂的疼痛，最多不超过 1 min 完成击晕。工作人员适宜的操作有利于保护畜禽福利，如处置鸡的力度轻、抚摸动物等都会使动物减少恐惧。

总之，在动物限制过程中禁用引起动物疼痛、痛苦、激动、伤害或者擦伤的方式。在宗教仪式上或基于宗教目的的屠宰场合，也要避免各种产生痛苦、恐惧的抑制方式。对家禽和兔子，在把其吊起的瞬间，应当保证他们在放松的状态下毫不延迟地达到充分的击晕或快速宰杀。除此之外的其他动物，限制过程中不得被绑腿、吊起来操作。单蹄动物和牛要用适当方式保定其头部。

7.2.2　待宰环境与畜禽福利

畜禽被运输到屠宰场后到屠宰前的一段时间为待宰时间。待宰有多项作用：动物经过装载卸载和运输后，需要有一定时间的休息使其心身得以恢复；屠宰场有足够的时间对进场的动物进行登记和检查；对于大屠宰场，待宰可以存积足够的待宰动物进行屠宰，使屠宰流水线得到有效的利用。待宰环境如待宰圈设计及条件、环境温度和湿度、光线、通道设计以及环境卫生等方面直接影响到待宰动物的福利。

待宰圈是屠宰场为待宰动物建立的临时的房舍。动物到达屠宰场后，若不能立即屠宰，将进入待宰圈待宰。合格的屠宰场都应有足够的围栏或待宰圈(图 7-12)，待宰猪圈和牛圈)供动物休息。围栏或待宰圈的地板应当结实、防滑，具备防寒保温和防暑降温的相应设施。若围栏为露天场所，应采取措施防止动物受到物理、化学和其他各种危害，并适时间隔得到一定的食物和饮水。待宰圈中应该有足够的空间供动物自由地站立和躺卧，动物的密度不能过大。

图 7-12　待宰圈

屠宰场无待宰圈，或待宰圈面积太小，或无规范的待宰圈的现象现在还普遍存在，如无料槽、水槽、遮阳、避雨、挡风、降温、防寒保温等基本设施，通道狭窄，通风采光不良等。经过长途运输，装卸的动物来到拥挤的待宰圈，因不能及时屠宰而在待宰圈滞留 2～3 d，甚至更长。宰前断水断料，动物因饥饿、拥挤变得异常暴躁不安，相互打斗而引起严重的福利问题。

温度是影响畜禽福利的重要环境因素。因此，防寒保温的圈舍构造和管理措施是保护畜禽福利的一种措施。待宰圈应有遮阳防暑设施，如强制通风、湿帘、蒸发垫等设施满足防暑降温要求。温度一旦长期或大范围偏离适宜温度，动物将处于热应激或冷应激状态，引发一系列生理生化指标的变化，导致动物肉品品质下降。图 7-13 是猪禽及反刍动物的能量平衡与温度的关系图(After Webster，1995)。

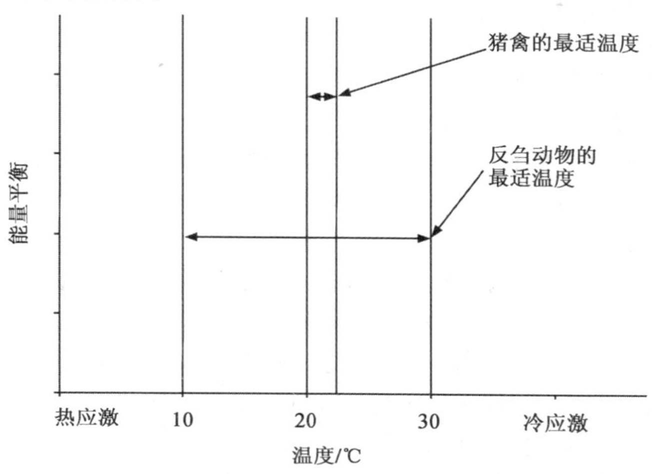

图 7-13　猪禽及反刍动物

环境湿度是动物调节体热平衡的重要环境条件，待宰区的环境相对湿度是考虑畜禽福利的重要因素。湿度的影响与温度有密切的关系，图 7-14 为温度与湿度互作对猪的影响。高温高湿环境，动物的蒸发散热(呼吸道蒸发和表皮蒸发)受到严重抑制，导致体热蓄积，体温升高，产生热应激；动物为增加散热量而加快呼吸频率，严重者就出现热性喘息的危险信号；高湿环境下也会加重细菌和寄生虫病的发病率。在低温高湿时，动物与环境中的传导、对流和辐射散热加大，不利于动物的防寒保温，加重冷应激；在低温高湿的环境中呼吸道疾病的发病率会更高(感冒、咳嗽)。可以看出，圈舍太潮湿是不利于畜禽福利的，这就要求待宰圈有良好的排水、排污系统，工作人员要及时清除圈舍的粪污，既利于环境卫生也利于动物调节体热维持体温恒定。

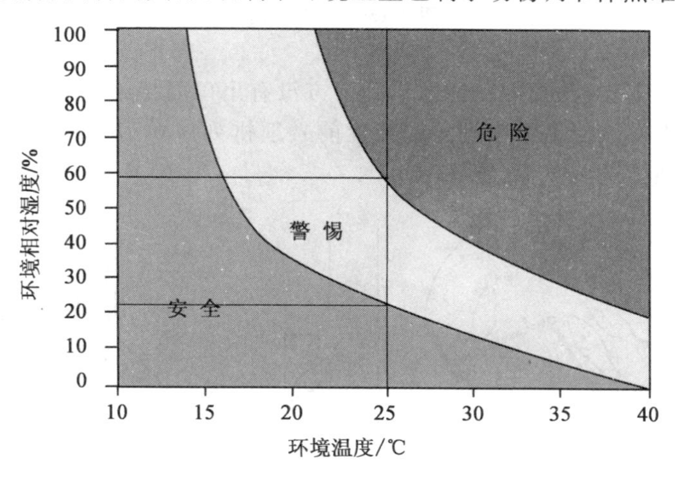

图 7-14　温度和湿度互作对猪的影响

待宰环境光线也是影响畜禽福利的因素之一。大多数动物都恐惧黑暗，动物在昏暗环境中更容易表现出不安，叫声明显增多。通常情况下，将动物从暗处向明亮地方移动更容易。在实际生产中发现，动物在阴天的环境中更易于驱赶、转移。在晴朗天气下，由于自然光照给地面一些实物产生阴影形成强烈的明暗对比对动物视觉的影响，动物转移比较困难并伴有大量的叫声。如果击晕室或限制装置处光线太暗，动物会拒绝进入。在限制装置前方安装适宜强度的光照可以引导动物将头伸进头部固定装置利于保定。要注意通道前方的光源也不能直接照射到动物的眼睛，并避免通道中各种物体（墙面、积水处、器械等）表面光线的反射，动物转移过程中一些材料的反光也会阻止动物前移。

科学合理地设计待宰区的通道也是改善畜禽福利的方法之一。在装卸动物或动物进入限制器时，通道能引导动物快速定向移动到目的栏圈或装运台前。科学的通道设计能保证高效、顺畅地驱赶动物又不伤害动物或给动物造成不适的压力。通道应当有固体的墙面，根据动物品种可设计成直的或弯的，尽可能地减少拐弯。当两条通道并列时，中间的隔离墙应尽量让通道中的动物可以互相看见以减少动物的恐惧感。猪和羊的通道应当适当宽敞，能使多只猪或羊并肩地尽可能走更长的距离，在减少宽度的通道里要采取措施避免动物扎堆，通道中应避免尖锐物体对动物扎伤。通道中保持充足照明，但要避免过于刺眼或昏暗，以免使动物受到惊吓而影响他们的活动，可以使用能调节亮度的灯，使动物能够顺畅地进行转移。通道前方要避免有风扇或其他发出剧烈声响的器械和移动物体干扰动物的转移。牛羊猪舍转移通道如图 7-15 所示。

图 7-15 转移通道

击晕前的限制很重要，动物似乎能意识到前方没有出口而拒绝进入到抑制装置前，机械传动装置就显得非常重要。但动物来到传送装置前必须排列成单列，有如下 3 种方式的通道设置可以让猪顺利来到传送装置上（图 7-16）。

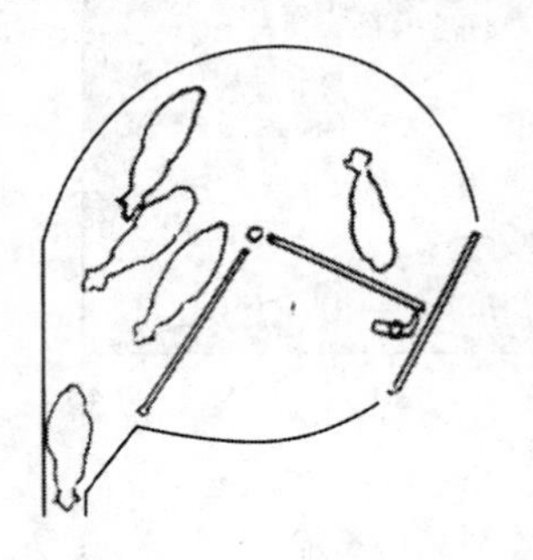
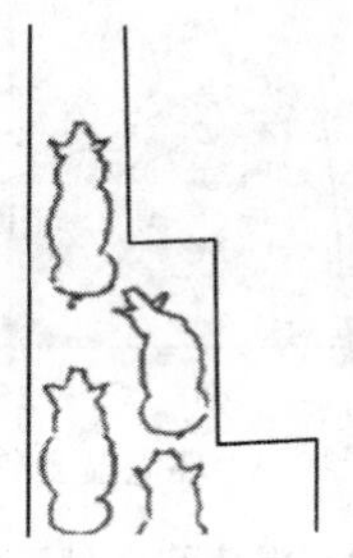
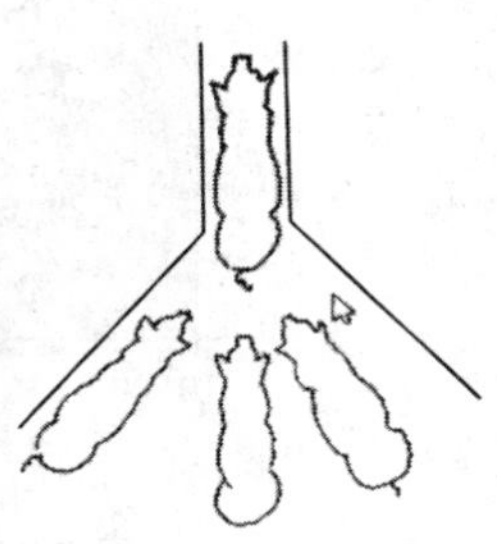

图 7-16 猪的通道设计

待宰区的环境卫生是影响待宰畜禽健康的重要因素。一般来讲，待宰圈内的动物密度要比正常饲养下密度大，动物的粪尿排泄量也很大。若粪污处理的不及时或排污系统不合理，粪污中的微生物发酵会产生大量的氨气，对畜禽的呼吸道和眼睛产生强烈的刺激作用，造成动物的咳嗽和流泪，对各种疾病的免疫力、抵抗力降低，严重影响到动物的身体健康。日常管理中要及时清除粪污，减少氨气形成；改善通风，尽量排除空气中的各种有害气体。待宰区另一严重的污染物是灰尘。由于分发饲草料、清扫地面、动物的争斗等活动都会加大空气中灰尘的含量。尤其在干燥的季节和通风不畅的环境，空气中的灰尘会长期滞留，动物患呼吸道疾病的几率大大增加，也污染到各类畜产品。

7.2.3　宰前的休息与畜禽福利

畜禽在经过长途运输后，一方面由于疲劳而使机体抵抗力降低，使某些细菌，特别是肠道菌乘虚而入进入血液、肌肉、脏器；另一方面由于运输、装卸、饥饿、疲劳、惊恐和圈舍环境的改变加剧了畜禽的应激反应，从而影响到畜禽的福利。同时由于动物应激引起的大量糖原被消耗掉，从而影响到宰后肉品的成熟，降低肉的品质。宰前休息可以使待宰动物的生理、心理、行为得到适当的恢复。因此，适当的宰前休息被认为是保护畜禽宰前福利的一个重要环节，图 7-17 为猪的宰前休息。

图 7-17　猪的宰前休息

宰前休息时间对肉品质影响研究结果不完全一致并且休息时间与运输距离之间存在交互作用。有研究表明，宰前休息 1 h 以上可改善肉色并降低 PSE 肉的发生率，然而休息时间过长会增加 DFD 肉的发生和皮肤损伤。Hambrecht 等(2005)研究发现，猪宰前休息时间太短对肉色和保水性影响较大，糖酵解型肌肉的 PSE 肉发生率增加，氧化型肌肉的极限 pH 值较高并出现 DFD 肉；而 Nanni Costa 等研究表明，过夜休息能够降低 PSE 肉的发生率，但没有证据表明这会增加 DFD 肉的发生率，这可能与猪的质量大有关，大的猪体内有足够的糖原储备来避免 DFD 肉的产生。Shaobo Zhen(2013)研究了不同待宰时间(0 h、3 h、8 h、24 h)对猪的福利、能量代谢及肉品质的影响。结果表明，与 0 h 比较，3 h 的待宰时间组的猪血液中的皮质醇含量低，肉的滴水损失低，并能延迟糖原的酵解，认为猪的待宰时间以 3 h 为适宜。Drewe Ferguson(Farming Ahead February，2009 No. 205 www. farmingahead. com. au)研究了待宰时间分别为 3 h 和 18 h 对牛肉品质的影响，结果表明，缩短待宰时间不会影响牛肉品质。由于待宰时间长会减少胴体质量、背膘厚度、糖原含量，同时胴体各部位(尤其是肩部)皮肤受到严重损伤的比例会增加，从而造成大的经济损失，因此，仅从商业的角度考虑，较短的待宰时间更好。考虑到动物福利，通常情况下，鸡运输卸载后及时屠宰，猪休息 2～4 h 后屠宰，牛休息 3 h 以上屠宰，实际生产中，若待宰动物足够多，大多数情况是尽快屠宰。

7.2.4 宰前的禁食和饮水管理与畜禽福利

禁食和禁水是畜禽运输和屠宰前的处置内容之一。禁食和供水的管理直接关系到动物的福利、污染物存积、肉品质与安全以及与此相关的经济效益，它们之间的关系见图 7-18。

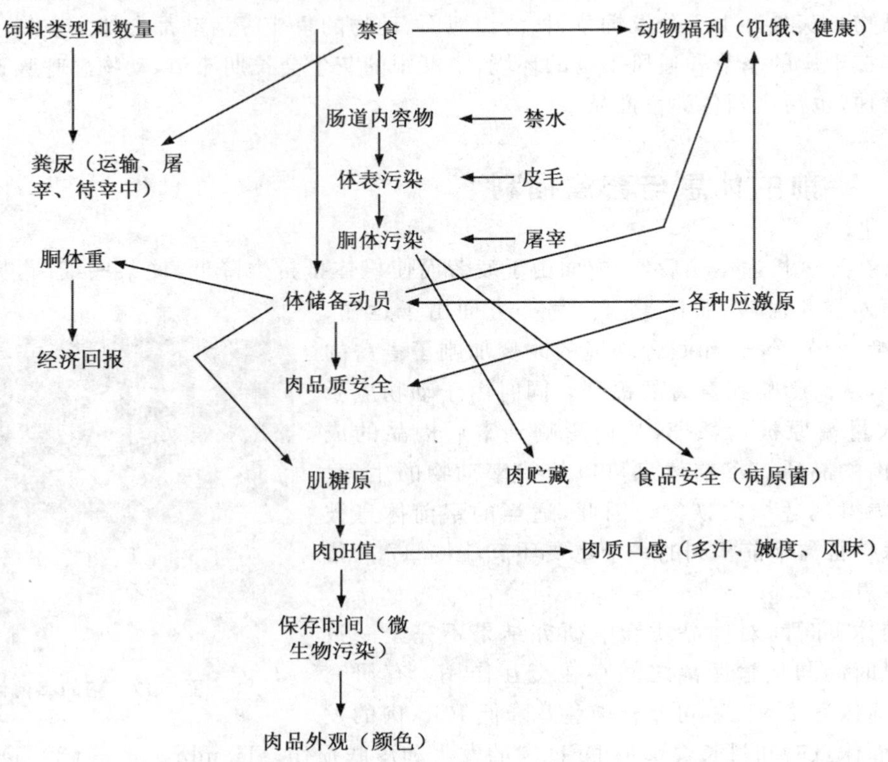

图 7-18 羊禁食与污物量、机体贮备流动、畜禽福利、胴体及肉品质与安全的关系

为了运输途中动物的健康和获得优质的肉品，动物在运输前或宰前要进行适当时间的禁食，进行饥饿管理。有研究表明，猪在运输前几小时进行禁食可以降低晕车的风险，也可以减少途中死亡，还能减少运输和屠宰中的污染，改善肉的卫生质量，提高肉的极限 pH 值，降低 PSE 肉的发生率，但过长的禁食则会大大增加 DFD 肉产生的几率(Lee Y B,1999)。宰前喂食不能充分消化吸收，造成饲料浪费；一定时间的禁食有助于胃肠内容物的排空，减少宰后操作中胃肠破损而污染屠体；禁食也能通过影响糖原含量影响肉质，宰后肌肉中的糖原大多转化成了乳酸，乳酸的堆积最终使 pH 值降低而改善肉品质。禁食时间过长，会引起动物饥饿等福利问题，甚至影响其健康。图 7-19 为母羊禁食时间对其活体重的影响。通常情况下，家畜待宰期不超过 3 d，牛、羊宰前 24 h 禁食，宰前 3 h 禁水；猪宰前 12 h 禁食，宰前 3 h 禁水；鸡、鸭宰前 12～24 h 禁食，鹅宰前 8～16 h 禁食，宰前 2～3 h 禁水。

运输或待宰期供给动物清洁饮水是畜禽福利的要求。人道屠宰操作规程明确规定，生猪宰前休息期间必须供以清洁饮用水，特别是天气炎热、湿度高的夏季，生猪充分饮水是非常重要的。充足的饮水既满足动物的生理福利需要，也可使血液变稀，有利于宰后放血，提高肉品质。赵慧春(2001)报道，在相同的环境卫生条件下，未供应饮水的猪肉卫生质量明显下降，病

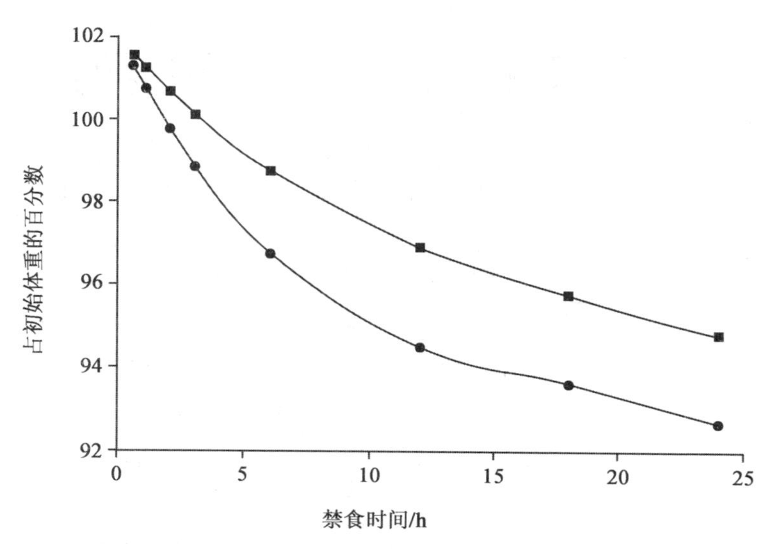

图 7-19　怀孕母羊(70 d 和 120 d)禁食时间与体重变化
(Burnham 2009 计算公式)

猪肉检出率高达 10%。宰前采取饥饿管理并给予一定饮水，既能符合卫生要求，又能节约饲料和提高肉品质量。宰前没有得到充分休息和饮水，特别是在运输途中的疲劳和缺水而降低体内的血液循环，心力减弱，引起血液不能完全排出，影响肉品的色泽和品质。

7.3　击晕宰杀与畜禽福利

畜禽的屠宰一般分为两个过程，击晕(stunning)和宰杀(killing)。击晕是在一个很短的时间内(约 300 ms)使动物处于暂时的无意识昏迷状态(休克)，经过一定的时间还能恢复到有意识的状态；宰杀是在昏迷后，没有进行生理恢复之前放血宰杀，不能再恢复到有意识状态。有效的击晕是完善福利屠宰的关键，表 7-3 为不同动物电击晕后恢复的时间和正确与不正确宰杀需要时间对畜禽福利的影响(Temple Grandin，1997. Advances in Animal Welfare Science. M W Fox and L D Mickley 1985/86 (Editors) Martinus Nijhoff Publisher)。

表 7-3　不同动物电击晕及放血方式正确与不正确的意识持续时间

物种	无意识持续时间	脑(皮层)电图有意识时间	
		正确放血	不正确放血
绵羊	18～42 s (Blackmore 和 Newhook，1982)	2～7 s (Newhook 和 Blackmore，1982)	29 s (Newhook 和 Blackmore，1982)
	22 s，$x=43$ (Lambooy，1982)	14 s，有视觉大脑皮层激发电位 (Gregory 和 Wotton，1984)	70～298 s (Gregory 和 Wotton，1984)
		3.3～6.2 s (Nangeroni 和 Kennett，1963)	
		4～6 s (Schulze 等，1978)	
		8～11 s，停止站立企图 (Blackmore，1984)	

续表 7-3

<table>
<tr><th rowspan="2">物种</th><th rowspan="2" colspan="2">无意识持续时间</th><th colspan="2">脑(皮层)电图有意识时间</th></tr>
<tr><th>正确放血</th><th>不正确放血</th></tr>
<tr><td rowspan="2">猪</td><td colspan="2">32 s,$x=66$
(Hoenderken,1978)</td><td>12～20 s
(Hoenderken,1978b)</td><td>12～62 s
(Hoenderken,1978b)</td></tr>
<tr><td colspan="2">(34.8±12.45) s
(Swatland 等,1984)</td><td>25 s
(Blackmore 和 Newhook,1981)</td><td></td></tr>
<tr><td rowspan="7">牛</td><td rowspan="3">1 周</td><td></td><td>39 s 停止站立企图
(Blackmore,1984)</td><td>385 s 停止站立企图(Blackmore,1984)</td></tr>
<tr><td></td><td>65～85 s 至 123～323 s
(Blackmore 等,1983b)</td><td></td></tr>
<tr><td></td><td>17 s,有视觉大脑皮层激发电位
(Gregory 和 Wotton,1984b)</td><td></td></tr>
<tr><td rowspan="2">4.5～8 周</td><td>36～61 s
(Blackmore 和 Newhook,1982)</td><td>4.4～6.9 s
(Nangeroni 和 Kennett,1983)</td><td></td></tr>
<tr><td></td><td>28～168 s
(Blackmore 等,1983)</td><td></td></tr>
<tr><td rowspan="2">6 个月至成年</td><td>21～41 s
(Lambooy 和 Spanjaard,1982)</td><td>10 s
(Levinger,1979)</td><td>60 s 以上的行走
(Grandin,1980)</td></tr>
<tr><td></td><td>20 s 停止站立企图
(Blackmore,1984)</td><td></td></tr>
<tr><td rowspan="2">鸡</td><td colspan="2">30～60 s
(Richards 和 Sykes,1967)</td><td>60 s
(Gregory 和 Wotton,1985)</td><td>122 s
(Gregory 和 Wotton,1985)</td></tr>
<tr><td colspan="2"><60 s
(Kuenzel 和 Walther,1978)</td><td></td><td></td></tr>
</table>

注:表中数据结果以脑电图或脑皮层电图为基础(Temple Grandin,1997)。

7.3.1 击晕与畜禽福利

击晕是通过物理的(机械的、电击的)或化学的(吸入惰性气体)方法使畜禽在宰前短时间迅速处于无意识状态的过程。击晕的主要目的是避免动物在宰杀和放血过程中的疼痛和恐惧,使动物在无痛苦无意识中结束生命,保护畜禽福利。

畜禽有效击晕后会经历两个明显的阶段。一是僵直阶段,持续 10～20 s,主要表现为:头部扬起,全身僵硬,前腿伸直,后退弯曲于腹部下方,没有节律性呼吸,眼睛不动。二是抽搐阶段,持续时间 15～45 s,主要表现为:前后腿无意识蹬踢,前腿呈划桨状,逐渐地放松。不充分的击晕表现为:没有僵直或抽搐阶段,恢复节律呼吸,眼睛转动,瞳孔收缩,电击时嘶叫等。如果有效击晕后不刺杀动物,抽搐阶段就会慢慢消失,有节律的呼吸恢复意味着意识的恢复,并伴随着其他反射活动表示动物的复苏。动物是否被有效击晕,也可以从动物自身的表现进行判断。动物被有效击晕后眼睛的反射和眨眼都消失了,当动物被悬挂的时候,头直接下垂、舌头伸出、耳朵下垂，背部没有弓形结构或挣扎，腿可能会移动，有喘息和呕吐反射现象，但是没有节律性的呼吸和声音等表现。畜禽在宰杀前是否能得到有效的击晕与选择击晕方法、击晕位置以及人员的技术熟练程度与经验密切相关。

畜禽致昏的方法很多，不同的击晕方法对畜禽福利影响也不同，生产上使用的击晕方法主要有机械击晕、电击晕和气体击晕。

1. 机械击晕

机械击晕是最早使用的方法，就是利用击晕工具迅速猛烈地撞击或切断动物大脑的正确部位，使动物瞬间失去知觉。常用的击晕方法有锤击法(图 7-20a)、冲击法(图 7-20b)和射击法(图 7-20c)、空气喷射法。

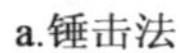
a.锤击法

b.冲击法

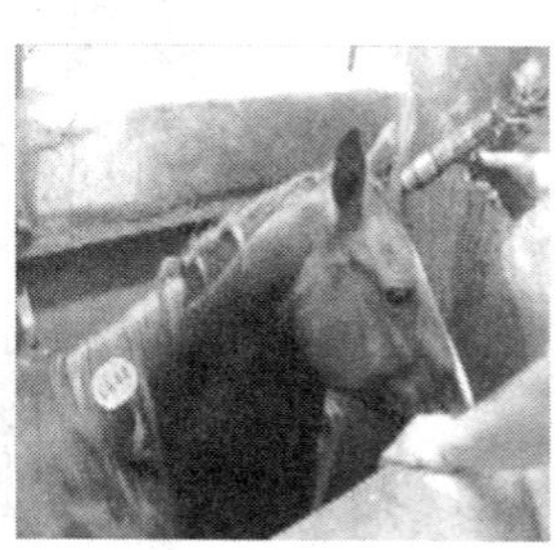
c.射击法

图 7-20 动物的机械击晕

(1)锤击法(hammering)，是一种古老的击晕方法，用一定重量的铁锤、木棒或击晕棒等钝器突然猛烈地击打家畜的前额，造成脑震荡而失去知觉。其优点是感觉中枢麻痹，而运动中枢仍然活动，使肌肉血管收缩便于放血。该方法要求打击部位准确，打击力量适中，一般击晕都能达到昏迷 1 min 以上的效果，保证刺杀完成，但锤击过度会造成家畜当时死亡而不利于放血。此方法安全性差，要做到一击即倒，对于个体较大的家畜应做适当限制后再锤击击晕，以免产生危险。

(2)冲击击晕法(concussion stunning)，又称震荡击晕法，是利用特制的冲击器瞬间冲击动物头部，使动物产生暂时的无意识或没有能力的状态。该方法在小规模禽的击晕中比较常用。如果应用合理，这种方法将会在 1.5～2 ms 内使动物处于无感觉状态。图 7-21 为不同家禽冲击击晕的正确位置。

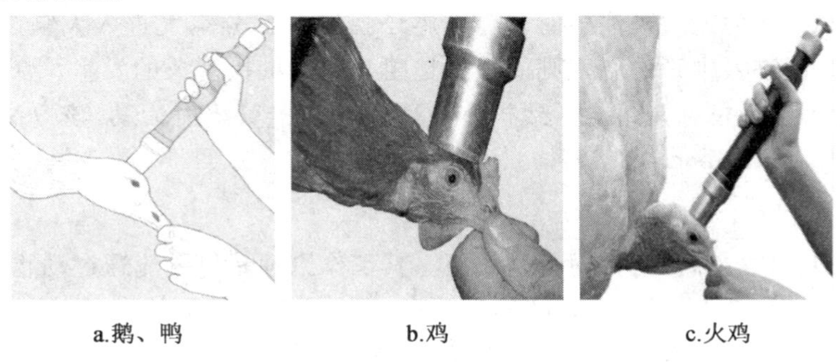

a.鹅、鸭　　b.鸡　　c.火鸡

图 7-21 不同家禽冲击击晕的正确位置

引自 Humane Slaughter Association。

(3)射击击晕法(captive bolt stunning),实际是一种特殊枪械法,这种方法适合于大动物的击晕,并要求限制动物。当正确使用射击法时,对动物是致命的,但还是建议工作人员使用一些辅助措施(颈动脉、臂动脉或开胸放血)以确保动物快速死亡,防止从昏迷中苏醒,并经过兽医检查每个动物,确保临床死亡。执行射击操作的工作人员必须是经过专门培训的,瞄准点与机械击晕部位相同。

无论何种机械击晕方法,合理地限制动物、正确的击晕位置(图 7-22)以及技术熟练的击晕人员是保证动物被有效击晕的必备条件。

图 7-22 家畜机械击晕的正确位置

来源:Dr. Temple Grandin's Web Page。

对于机械震荡击晕,击晕棒或射击击晕的位置要调放到正确位置以保证穿刺动物进入大脑皮层,禁止击打动物的犄角部位。每次击晕操作前要检查击晕棒是否完全缩回,若不能全程回缩,修理好之前不得操作。操作人员应当保证机械设备敲打动物头部部位准确,力度适当,既要使动物失去知觉,也使其头颅不流血。

(4)注射空气击晕法(air jet)。由于射击击晕法不能有效阻止发生晕后抽搐现象,所以在很多动物上的使用已被取消。近年来,新发明的空气注射法在肉鸡宰前击晕中开始使用,即向大脑和椎管注射一定量压缩空气而达到击晕的目的。射击枪中原来的助推活塞被带孔的针所取代。两侧耳朵分别到对侧内眼角连线的假想线交点为正确的击晕位置。带孔针穿过皮肤和头盖骨,注入空气的压力、体积、注射时长等可电子控制。部分空气进入大脑以破坏脑组织而达到击晕的目的,而进入椎管的空气则能很好地阻止晕后抽搐现象的发生。众所周知,如果在椎管缺氧前解除大脑中枢抑制将会导致机体抽搐和增强椎管反射活动,该方法能将晕后抽搐率降至小于 13%(E Lambooij,1999)。

2. 电击晕

电击晕生产上称“电麻”,为各国普遍使用。其工作原理是使电流通过动物的脑部或心脏,形成试验癫痫状态,使其失去知觉,进入暂时昏迷。此时动物心跳加剧,全身肌肉高度痉挛和抽搐,有利于放血和安全操作。电击晕在禽、猪、羊等击晕上普遍使用,在牛击晕上使用还不普遍。畜禽常用的电麻器有手持式电麻器和自动电麻装置、电麻板和电晕槽。

(1)手持式人工电麻器是由木料或塑料等绝缘材料制成,两端各固定电极的脑部击晕设备。在猪、羊和家禽上均有使用。图7-23为手持式电击晕的正确位置。

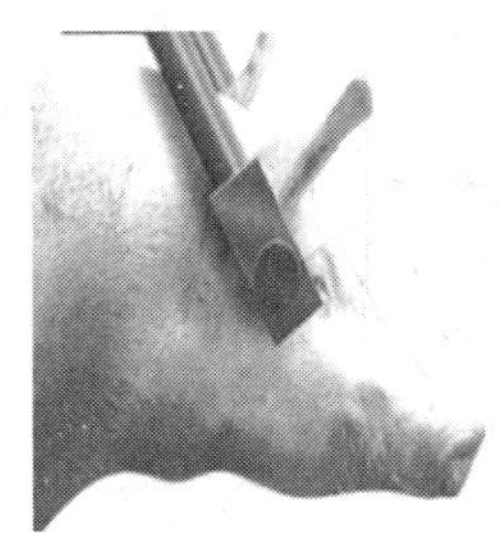
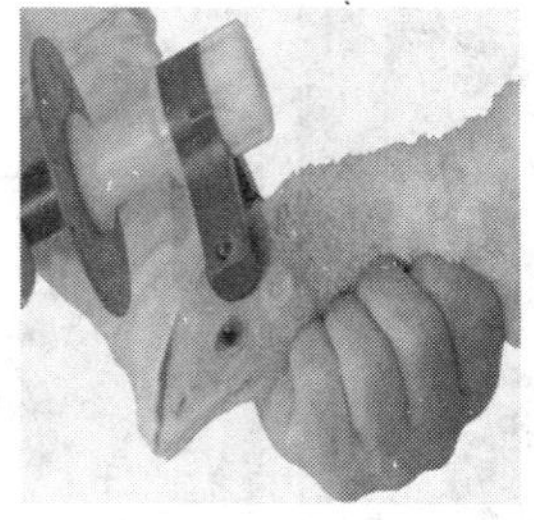
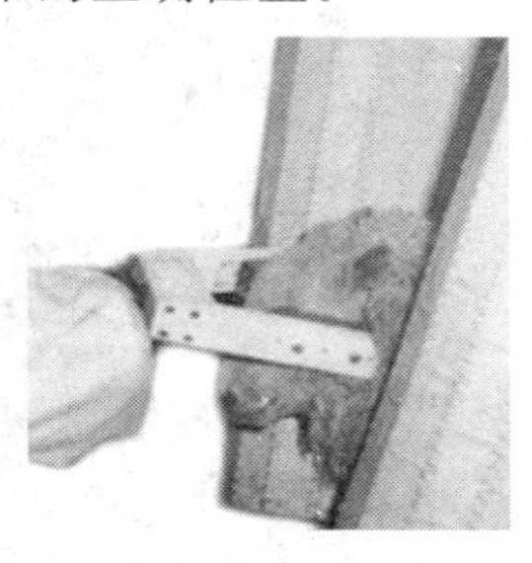

图7-23　猪鸡羊头部点击晕的位置

为了达到有效的击晕效果,必须保证有足够的电流通过动物大脑并持续足够的时间。表7-4为FAO推荐的电击晕的电流电压和时间参数(FAO,2005)。对于电击击晕,电极的布置必须跨绕动物的头部,使电流由此经过,可通过剔除多余的毛和弄湿皮肤的方法确保接触良好,要确保其击中动物的大脑皮层;电击操作人员到位以前,不得把动物引进抑制圈中采取电击措施;严格遵照不同动物的电击电流、电压和电击时间,避免电击过度致死或不足未晕。

表7-4　FAO推荐电击晕的电流、电压和时间参数(FAO,2005)

物种	电流/A	电压/V	时间/s
猪	≥1.25	≤125	≤10(至电晕)
绵羊、山羊	1.0～1.25	75～125	≤10(至电晕)
1.5～2 kg 肉鸡	2.0	50～70	5
火鸡	2.0	90	10
鸵鸟	1.5～2.0	90	10～15

(2)自动电麻装置形似狭窄通道,通过在电麻通道(室)两侧和地板装上多个铜片电极夹板,形成正负极,当家畜进入该通道装置时即被自动致昏,然后由相应的传动装置将击晕的家畜运出,如图7-24所示。

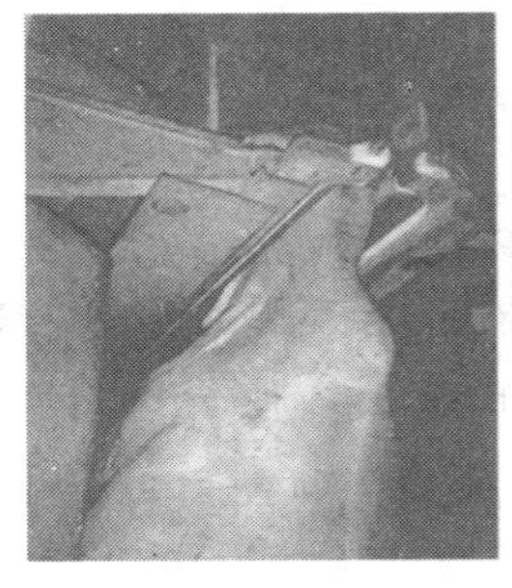

图7-24　自动电麻装置

(3)头部击晕是在悬空轨道的一段接有一电板,其正下方设有一瓦棱状电板,家禽经轨道传送,其喙或头部与导电板接触形成通路而达到击晕的目的(图7-25)。该方法不需要用水作为电流导体,也能完全满足对家禽瞬间击晕并确保在无意识、无痛苦下完成刺杀放血,是传统电晕水槽的较好替代,也能很好地整合到家禽屠宰生产线。

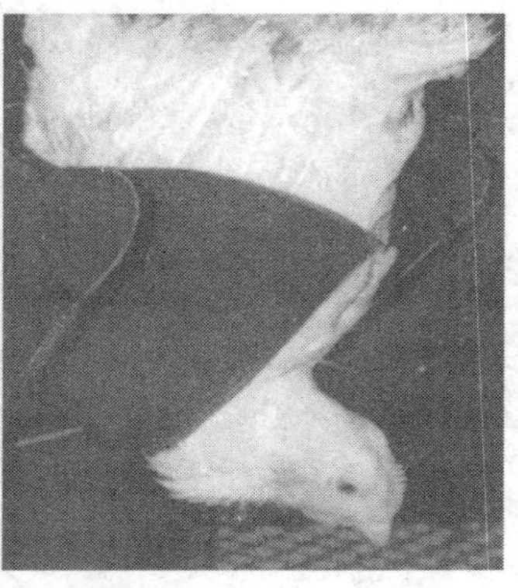

图 7-25 头部电击晕

来源：http：//www.topkip.com/nl/stunning/5～head_stunning。

(4)电晕槽是水槽中设有一个沉浸式电棒，屠宰线的脚扣上设有另一个电棒，待宰家禽上架后当头经过下方的水槽时，电流即通过整只禽体使其击晕，该法又称水浴电击晕，主要用于家禽的宰前击晕，如图 7-26 所示；电晕槽电压 35～50 V，电流 0.5 A 以下，通过电晕槽时间，鸡 6～8 s，鸭 10 s 左右，电晕维持时间 60 s 左右。

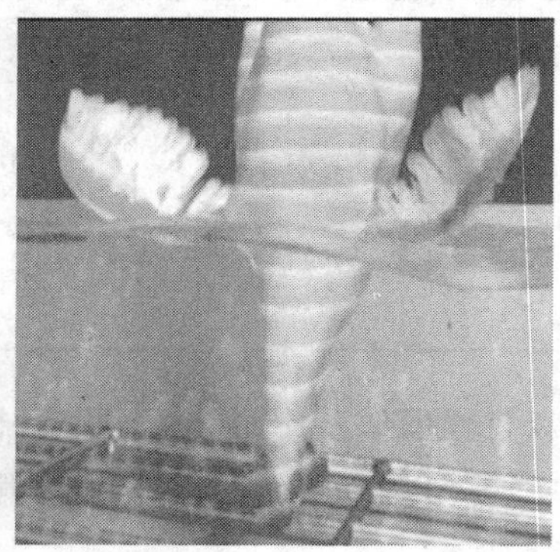

图 7-26 水浴电击晕

来源：人道屠宰培训教材，世界保护动物协会。

家禽在电晕槽击晕时，要求水槽的大小、深度要和家禽的种类、数量相适应，水要触及家禽的头部，电流的强度和持续时间要经过有关主管机关的批准，但至少应保证家禽在被屠宰之前处于休克状态；如果以成群的方式击昏家禽，电流的强度要保证使每只家禽处于休克状态，在必要的情况下，屠宰厂(场)应准备手动电击设备以防没有有效击晕。加强生产各个环节管理，避免机械化生产线上工人为抢时间而电麻不足，或省事嫌麻烦违反电麻规定。实际生产中电麻不足而屠宰的生猪占 5%～10%，电麻不足的猪在屠宰中剧烈的嚎叫和挣扎而增加放血的工作量和难度，严重损害了动物的福利要求，车间噪声也损害了工作人员的健康。

电致昏法的优点是安全可靠，操作简便，适用于流水线生产。要求操作人员穿绝缘靴和戴绝缘手套，电麻设备应配备电压表、电流表和调压器；根据畜禽的种类、品种、个体状况和季节适当调整电压和致昏时间，避免电麻过度而使心脏停止跳动进而影响放血，电麻过轻会给家畜带来恐惧、愤怒、紧张、痛苦、挣扎、反抗等情绪和反抗行为，加大宰前应激，既不能满足畜禽福利要求，也会降低畜禽产品品质。

3. 气体击晕

通过控制气体含量使畜禽大脑组织缺氧击晕的方法（controlled atmosphere stunning，CAS），该方法被称为是最人道的击晕方式，但因昂贵的设备和气体费用，使得该方法的推广受到限制，目前该法主要用于猪和禽类动物的击晕。击晕过程是在击晕室进行的。图 7-27 为 3 种不同的气体击晕系统。

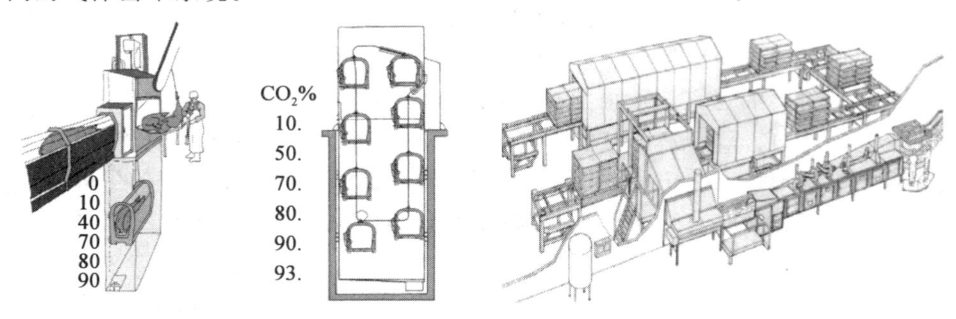

图 7-27　气体击晕系统

此法是利用一定浓度的二氧化碳使动物大脑组织缺氧而窒息，主要用于猪的宰前击晕。是将比空气重的二氧化碳气体注入一个"U"形隧道底部的麻醉室内，并保持 68%～70% 的浓度；以传送带使生猪通过，使之在麻醉室内停留 50～60 s，即可达到麻醉致昏，此方法可使猪在安静状态下进入昏迷，呈完全松弛状态。当生猪随传送带送出隧道后，其致昏状态可维持 0.5～3 min，足够完成刺杀放血的操作。该方法的特点：①对猪不会有任何伤害，也无紧张感，大大减少猪体内糖原的消耗，较电击晕，可减少 PSE 肉出现率 80% 以上。②致昏程度深而可靠，工作效率高（500～600 头猪/h）。③二氧化碳可加剧猪的呼吸频率，促进血液循环使放血良好。④克服了电麻法易发生放血不良和肌肉、皮肤出血的缺点。但当二氧化碳浓度超过 70% 时，容易引起动物痴呆，发生极度反射运动，使放血不良，皮下结缔组织充血而青紫，过度麻醉也会造成生猪死亡。该法也可用于肉牛的击晕，但成本较高。

常用的击晕气体有二氧化碳或二氧化碳与其他气体的混合物，不同气体组合击晕效果不同，对畜禽福利的影响也不同。表 7-5 为不同击晕方式下腿肉和胸肉出血评分比较，从表 7-5 中数据可知，气体击晕显著降低了这两个部位的出血评分，说明动物在气体击晕过程中遭受的痛苦更少。

表 7-5　不同击晕方式下腿肉和胸肉出血评分比较（n=144，Schreurs 等，1999）

击晕方法	参数	部位	
		腿肉	胸肉
全身	100V，120 mA，50Hz，10 s	3.15±1.17	3.56±1.17
头部	100V，120 mA，300Hz，1 s	2.42±0.94	3.07±1.23
氩气	70%氩气+30%二氧化碳	2.08±0.96	1.75±0.89
二氧化碳	80%二氧化碳+20%氮气	2.07±0.92	1.66±0.93
射击	位置准确、确保完全击晕	2.04±0.90	1.96±0.93

气体击晕时，气室内要有气体浓度监测仪，随时检测显示气体浓度并能够阈值报警；窒息室内要采取照明措施，避免光线过强和太暗；传动猪或者其他容器装置要安全，不伤害动物，不压迫猪的胸腔，使猪能够在看见同类和不感到紧张的情况下站立直至失去知觉。

7.3.2 刺杀放血与畜禽福利

刺杀放血是屠宰的第二阶段，在动物被击晕后尽快进行刺杀放血使其在恢复意识前死亡。有效的刺杀方式可以缩短使脑部功能丧失和引发脑死亡的时间并有利放血完全。放血完全在肉品卫生学上有着重要的意义。放血完全的胴体，色泽鲜亮，肉质鲜嫩，含水量少，保存时间长。放血不全的胴体，色泽深暗，肉质低劣，含水量高，有利于微生物生长繁殖，容易发生腐败变质。放血是否完全不仅取决于刺杀技术的高低，而且也取决于家畜宰前的生理状态和致昏的方法。常用的放血方法有三管齐断法、切断颈动脉/静脉法、真空刀放血法以及抗凝无菌放血法。

(1)三管齐断法。俗称“大抹脖子法”，同时把气管、食道和血管(颈部总动脉、静脉)割断放血，如图 7-28 所示。此法优点是操作简单，放血速度极快，在小规模宰杀或穆斯林方式宰杀时常用，缺点是当放血时动物还在进行呼吸，血液通过气管进入肺，引起剧烈咳嗽而使腹肌痉挛，造成腹内压增高使胃内容物从食道口中喷出，污染血液和刀口创面，加快血液凝固，使放血不良，残血较多；被严重污染的刀口部又为剥皮后的胴体肉品质安全埋下隐患。对家禽来说，这种放血方法的切口过大，容易被污染，也影响商品美观。

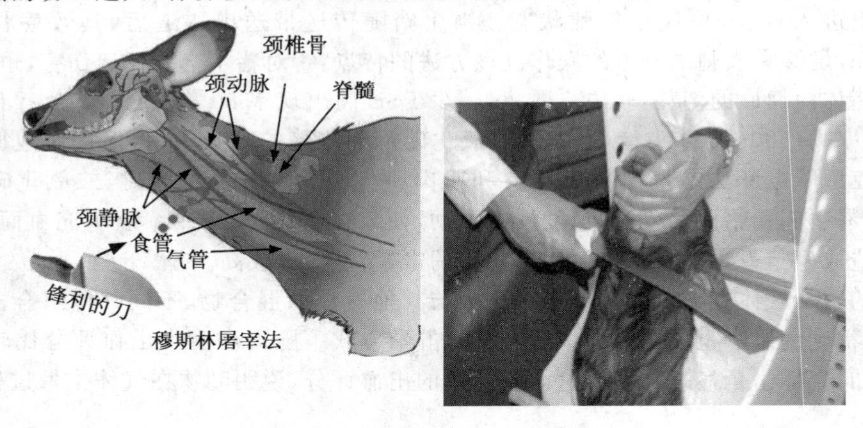

图 7-28 三管齐断宰杀法

(2)切断颈动脉/静脉法。这是同时切断动物的颈部动脉和静脉，是比较理想的一种放血方法。常用的刺杀技术有人工刺杀法和机械刺杀法。图 7-29 为该法正确刺杀位置及不同的刺杀技术。此法的优点是操作简便安全，不伤及心脏，能充分发挥心脏的收缩功能，利于放血充分；不会引起呛咳、挣扎，血液污染少，对家禽来说可实现机械刺杀。缺点是如刀口较小，放血时间过短则易发生放血不全。

(3)真空刀放血法。所用工具是一种具有抽气装置的“空心刀”，也叫“真空放血刀”、“真空刀”。放血时，将刀插入事先在颈部沿气管切开的皮肤切口，穿过第一对肋骨中间直达右心，此时心脏的血液即通过刀刃孔隙、刀柄腔道沿橡皮管流入容器中。真空刀放血可以获得未经污

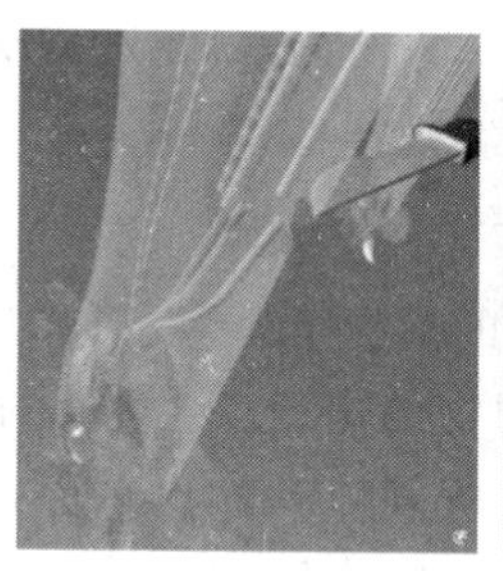
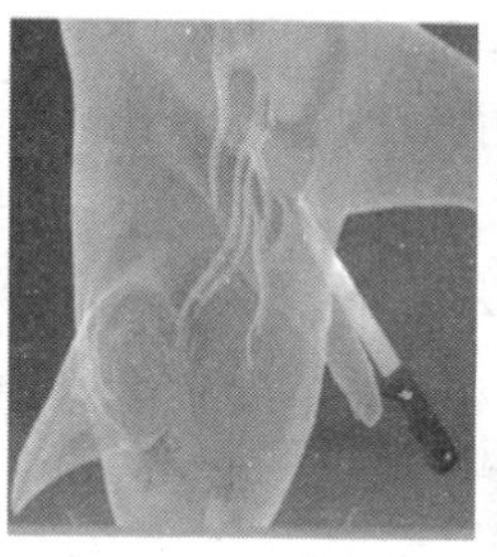

刺杀位置

鸡的机械刺杀

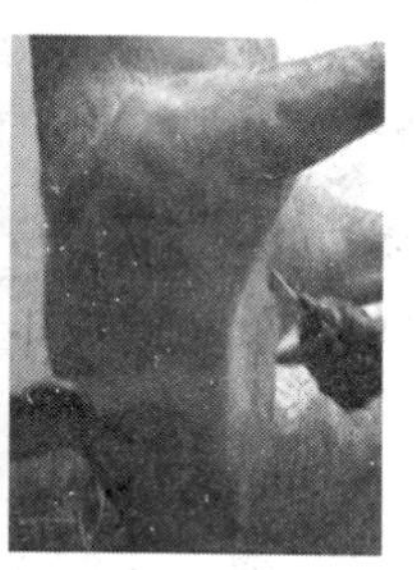

猪的人工刺杀

图 7-29　畜禽的刺杀方式

染的血液，以供食用或医疗用，提高利用价值；真空刀虽刺伤心脏，因有真空抽气装置，故放血仍旧良好。图 7-30 为猪的真空刀放血设备。

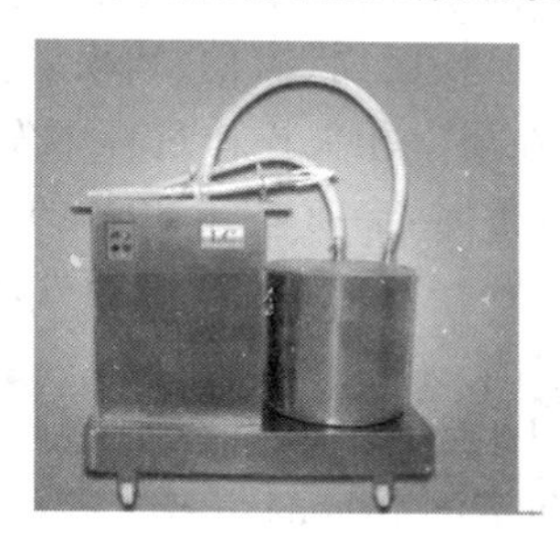

图 7-30　猪的真空刀放血设备

(4)抗凝无菌放血法。此法在发达国家的大型综合性屠宰场采用，在宰屠前，通过牛的颈总静脉输入纤维蛋白质稳定剂或 4%的高渗柠檬酸钠，击晕后在颈总动脉插入大口径采血管，负压放血。此法由于事先注入抗血液凝固剂，所以放血期间血液不易凝结，能达到充分放血，而且血液不被污染，可作为良好的食品、药品的原料，残血极少，减少污水处理的难度。此法可获较高的经济效益，但增加了劳力与成本。

无论是机械切割、人工切割或是空心刀刺入心脏、口腔切割、割断脖子血管等方式，都必须确保动物击晕后恢复意识前完成刺杀放血，避免畜禽完全苏醒或恢复意识造成挣脱、伤人行为，也会加大畜禽的痛苦，给刺杀放血操作带来不便。要求操作人员快速而准确地切断血管或刺入有效部位。若使用机械刺杀，应该配备手动设备以防各种机械故障，进行人工补救。对于小型屠宰场，如果由一人负责动物的限制、击晕、刺杀放血等操作，必须在一个动物上完成所有操作后才能移动到下一个动物。在实际生产中，严禁各种暴力屠宰和非有效击晕屠宰。

7.3.3　屠宰过程畜禽福利的评价

在屠宰过程中很好地保护畜禽福利是现代屠宰工业的趋势，屠宰过程进行评分可以通过对技术人员和设备进行监督检查以了解这一过程保护畜禽福利的情况，因此，需要确定一些客观指标来评价该过程的操作是否能达到保护畜禽福利的目的。Temple Grandin(animal welfare and meat science,1998)在对加拿大农业部和美国的USDA相关的大型和小型屠宰场进行调查的基础上,提出了检测畜禽屠宰过程中畜禽福利水平参考客观指标。

1.家畜屠宰福利评价8项指标

(1)单发子弹对牛的击晕率。射击位置准确和枪支操作准确的前提下,单发子弹足以使牛有效击晕;击晕牛头数与使用子弹发数的比率称为单发子弹对动物的击晕率。单发子弹击晕率越高,动物受到的恐惧和痛苦越小,福利水平越好。据Granlin统计,1999年,90%的牛肉加工厂对牛的一次击昏成功率可达95%或更高,而1996年只有30%的牛肉加工厂可达到这种精确水平。为了将击晕指标扩展到其他畜禽,2010年,Granlin将这一指标修改为首次击晕率(Grandin T,2010)。

(2)电击晕时电极放置的准确率。为了达到有效击晕,电击必须横跨于大脑的两边紧紧地被放置在头部两侧,才能够使电流经最短的路线穿过头骨进入脑部,进行有效的击晕。

(3)处置和击晕时动物滑倒比例。即在驱赶、装卸、抑制、击晕中各种原因造成动物滑倒的比例,滑倒会引起动物的恐惧和应激,甚至造成动物的骨折、脱臼、擦伤、划伤等身体损害。

(4)牛在处置、隔离和击晕时发出声音的比例。牛在屠宰相关操作过程中发出叫声个体的数量占牛群总数的比例。有研究表明,牛在受到粗暴对待时,会有高达30%的牛发出叫声,而在受到很好的福利对待时,发出叫声的牛的比例只有2%~7%。良好福利处理的条件下,发出声音牛的比例要小于5%。

(5)猪尖叫声音水平的测定。测定猪在屠宰过程中因为恐惧、痛苦而嚎叫的声音分贝大小。猪经受不同程度的恐惧和痛苦,会发出不同类型和不同分贝的声音。猪的叫声可大约分为3类,哼哼声(grunt)、尖叫声(squeal)、惊声尖叫(scream)。而惊声尖叫与疼痛密切相关(G Marx,2003)。

(6)击晕和限制时发出尖叫声猪的比例。在抑制和击晕时发出尖叫声猪所占总数的比例越高,说明猪受到的惊吓或疼痛越严重,福利水平越差。

(7)被电击棒电击动物的比例。在驱赶、转移过程中,非法使用电棒电击动物促使其快速移动时被电击到的动物比例。电击棒使家畜的心率提高、唾液中的考的松水平升高从而严重影响到动物的福利。通常情况下,只有在遇到特殊情况,动物拒绝移动时才使用电击棒驱赶,

(8)在沥血栏上可能有知觉动物的比例。由于动物击晕无效,或刺杀不及时而恢复意识,或刺杀不准确等原因使动物在沥血过程中有疼痛反应(如眼球转动、挣扎等)的动物的比例。这个比例越高,说明动物承受的痛苦越多,福利水平越差;该比例越低,说明福利屠宰效果越好。有调查显示,猪在刺杀前恢复意识的比例约0.5%~7%(Grandin T,2001)。

2.家禽屠宰福利评价7项指标

家禽屠宰过程中的福利评价可通过以下7个指标来衡量,每个项目检查不少于300只,最好来自不同的群体作为统计基础。

(1)瘀血鸡腿比例。在热烫和去毛后评估,计算1只鸡的大腿、小腿瘀血总面积或直径大于30 mm的瘀血面积,要求小于1%。

(2)红鸡比例。如果鸡没有有效刺杀,放血不充分而进入热烫,鸡的胴体呈红色,可能进入热烫池还是活的,比值不能大于0%。

(3)断腿比例。击晕前或脱毛后评估,最明显的特征是在断裂处有明显的血肿,要求

为0。

(4)放血机器效率。刺杀鸡的准确百分率,是评估放血机器的,要求大于99%。

(5)击晕率。鸡只电击准确的百分率,直接浸没电击水浴中评估,尽管鸡的头可能会有所颤动,但头部一定要是柔软的,眼睛可以睁开或闭上,但一定是没有闪动的迹象,要求大于等于99%。

(6)断翅率。在电击击晕前评估,断翅的明显特征是当鸡挂上挂钩后,折断的翅膀会松开下垂,不能收紧;如果不能确定,将鸡从挂钩上轻轻取下放回地面,然后观察翅膀是否再次松垂下来,要求小于2%。

(7)单腿挂鸡百分率。击晕前评估,因挂鸡操作失败而造成鸡只单腿而不是双腿被悬挂,要求小于2%。

以上这些指标可反映出鸡在捕捉、装卸、挂机、击晕、刺杀放血等过程中的福利状况。另外,在实际生产中,还可通过观察、评估是否有足够的空间供放血人员对没有有效刺杀的鸡只实施人工刺杀,是否有活鸡经过放血人员而不作处理,停机时活鸡是否会立即从挂钩上取下,鸡笼内鸡吊挂线上的鸡是否干净,鸡笼是否有足够的空间供鸡躺卧,是否有操作人员对鸡处理不当(摔、踩鸡),鸡笼和其他处理设备是否对鸡造成任何伤害,废弃桶内是否有活鸡,待宰区是否有风扇或降温设施给鸡降温等。这些问题都可以衡量屠宰中动物的福利是否得到满足。

7.4 人道屠宰及其基本要求

美国、英国、日本等发达国家对畜禽福利比较重视,在20世纪末期都颁布了动物福利法,再加上先进的屠宰设备,使得人道屠宰技术已经广泛普及。而发展中国家在动物福利和人道屠宰技术方面相对滞后,美国、欧盟等国家通过的人道屠宰法案已经成为限制发展中国家肉类产品出口的壁垒。在这个背景下,2007年12月16日“中国人道屠宰计划”正式启动,2008年开始,在中国范围内开始人道屠宰技术培训,2008年12月15日由中国商务部负责起草的GB/T 22569—2008《生猪人道屠宰技术规范》正式颁布,并于2009年2月1日起正式执行。

7.4.1 人道屠宰的概念

17世纪以前,人们普遍认为,动物是不具有意识的,虽然它们有时表现出复杂的行为,但这和机械钟表一样,也属于无意识的行为。而后的大量研究表明,动物是具有交流能力和感受痛苦的能力的。根据《生猪人道屠宰技术规范》(GB/T 22569—2008)规范的描述,人道屠宰是指:减少或降低生猪恐惧、痛苦和压力的宰前处理和屠宰方式。目前国际上公认的人道屠宰的定义是:动物从养殖场装卸到屠宰场刺杀放血,整个过程中确保动物福利的一系列科学性的操作称为人道屠宰。广义上讲就是在动物的运输、装卸、停留待宰以及宰杀过程中,采取合乎动物行为的方式,以尽量减少动物的紧张、恐惧和疼痛,也就是要善待动物,减少动物死亡的痛苦。人道屠宰是社会进步的标志,体现人们的人道主义和悲悯之心,也彰显出人类对即将失去生命的动物的同情与善待,更为重要的是,它是实现畜禽福利的最佳路径。

7.4.2 人道屠宰的基本要求

实验研究表明，实施人道屠宰技术，大大降低了畜禽在运输、屠宰过程中的应激，减少了在运输过程中的伤、残、猝死损失，降低了企业的生产成本，提高了屠宰质量和肉品品质。人道屠宰改变了屠宰企业以往野蛮的屠宰方式，使屠宰变得更加科学、人性，更能吸引消费者的关注，从而提升企业形象和产品的竞争力；也打破了肉产品的贸易壁垒，提升产品的国际竞争力。为实现人道屠宰，需要做好以下几个方面：

(1)管理体制。屠宰企业要建立健全的人道屠宰管理体系，对设备设施、操作方法、维护清理和工作人员做出明确的规定，以保证实现相应技术要求，并记录其实施过程；对待宰家畜逃跑、设备事故、停电停水、火灾、气体泄漏等紧急突发事件成立应对方案，并明确负责人；参与人道屠宰的员工必须学习和掌握该体系文件中的相应要求；及时将人道屠宰中影响肉品质量的各因素反馈到运输、养殖各环节，并帮其及时纠正。

(2)人员配备。对卸车、待宰、驱赶、击晕、刺杀放血过程的操作需由受过专门培训的人员操作，或由技术人员进行指导操作，监督、跟踪屠宰全过程，及时纠正不当行为，重大问题及时上报管理层；兽医卫生检疫人员应具备一定的人道屠宰知识。

(3)设施。屠宰厂应设有卸畜台，坡度小于20°、防滑，坡道周边有围栏引导家畜进入圈舍；围栏、圈舍、出入口、通道应随时对家畜进行检查，及时处理患病或受伤家畜；引导家畜转移的通道要保持一定的亮度，越接近击晕点，通道光线越亮，避免出现阴影或强烈明暗对比，禁止光线直接照射动物的眼睛；通道应平整、防滑、保持畅通，途中不得有任何延缓家畜行进或掉头的障碍，应少拐角，禁止直角拐弯；通往击晕点的通道要设紧急出口，供紧急情况和击晕延迟使用。

(4)卸车与待宰处理。卸车时保持安静，动作平缓，让家畜自己行走，不得用抽打、拉拽、惊吓等方式强迫家畜跳下运输车辆；待宰圈中的容纳密度以保证所有家畜能同时站起、躺下和自由转身为宜；因性别、来源或年龄不同而可能具有攻击性的家畜要单独隔离，防止打斗；待宰圈应有一定的防寒、防暑设施；实践经验表明长窄型带有不透明墙体待宰圈舍是科学的，能有效地使动物进行移动，减少动物争斗，墙体面积与地面面积在比例上达到最大值，可以减少动物应激。

(5)伤残家畜处理。对伤残家畜需立即宰杀时，要保证有效击晕后刺杀，严禁现场在其他家畜面前或非击晕下宰杀。从心理学角度讲，如果动物在屠宰过程中受到较大的刺激，如目睹其他同伴被宰杀的过程，听到同伴发出的惨叫声，就会使动物处于高度的紧张状态，表现出绝望、惊恐的情绪，甚至流泪、发抖等行为。生理上表现为严重的应激反应，分泌产生大量的肾上腺素和其他毒素，机体出现免疫力下降、胃溃疡、疲惫、组织出血、突然死亡等症状，同时诱发产生 PSE 肉和 DFD 肉，严重影响了肉品品质。不具备立即宰杀条件时，应立即采取减少痛苦的救治措施，或转移至专门的伤残处理圈舍处理，应适当保持伤残个体的膳食和全天自清洁饮水。对那些伤腿、不能行走的家畜，不能强行拖拽至屠宰点，应当采用可以最大限度减少其运输痛苦的方式至屠宰点屠宰，如果对动物不采取针对头部的机械、电麻的击昏或者宰杀系统，其他抑制设施应当容易、准确并且能够在合适的时间里安装和操作。

(6)家畜驱赶。驱赶前首先清理通道，正前方不能有突出棍棒、站立人员或随风飘动的门帘、掉线等，保持通道畅通；驱赶时保持安静并有耐心，严禁使用铁棍、塑料管、鞭子等工具进行抽打。一般情况下不使用电棒驱赶，只有在待宰圈前方，动物拒绝进入击晕室时使用，只能接触家畜身体的后部，不能电击其眼、嘴、耳、肛门、生殖器和腹部等敏感部位，电击时间不应超过 2 s。参与卸畜、驱赶、待宰圈管理的人员应穿深色衣服。赶猪时，将单通道改成双通道，让猪能看到自己旁边的同伴，减少恐慌感。

(7)击晕。按照畜禽福利标准的基本要求，屠宰食用动物时必须采用人道屠宰。动物单个进入屠宰间，用合适的方法使动物"致昏"，使其失去痛觉，再放血使其死亡，避免或减少动物恐惧、痛苦的不良刺激。对于电击击晕，要确保其击中动物的大脑皮层，电击操作人员到位以前，不得把动物引进抑制圈中采取电击措施；家禽在电晕槽击晕时，要求水槽的大小、深度要和家禽的种类、数量相适应，水要触及家禽的头部，电流的强度和持续时间要经过有关主管机关的批准，但至少应保证家禽在被屠宰之前处于休克状态。如果以成群的方式击昏家禽，电流的强度要保证使每只家禽处于休克状态。在必要的情况下，屠宰厂(场)应准备备用的手动电击设备。二氧化碳气体击晕猪时，气体浓度至少要达到 70%。窒息室内要采取照明措施，传动猪栏或者其他容器装置要安全，不伤害猪，不压迫猪的胸腔，使猪能够在看见同类和不感到紧张的情况下站立直至失去知觉。对于机械震荡击晕，操作人员应当保证机械设备敲打动物头部部位准确，力度适当，既要使动物失去知觉，也要其头颅不流血。

击晕工作前要检查击晕设备的输出电压和电流是否正常，并根据动物个体的实际情况做适当调整，电压表和电流表要安置在操作人员易见、易操作的地方；操作人员要检查家畜的击晕症状，确保有效击晕，一次没能击晕的个体应立即进行二次击晕；电击击晕设备应确保家畜立即失去知觉，并维持足够的时间，保证在宰杀前不恢复意识；准备备用击晕设备应对紧急状况，做好击晕设备的清洁和维护工作；人工电麻器的电压为 70～90 V，电流 0.5～1.0 A，电麻时间为 1～3 s，盐水浓度为 5%；自动电麻器的电压不超过 90 V，电流应不大于 1.5 A，电麻时间为 1～2 s；使用人工电麻器应在其两端分别蘸盐水，防止电源短路；动物被电麻后应心脏跳动，呈昏迷状态，不得使其致死。

(8)刺杀。刺杀台离击晕台离距要短，要求在家畜有效击晕后 15 s 内完成。猪的有效击晕的最主要的特征有几个，猪的头部会仰起，挺直，前腿伸直，后腿收缩，收于腹下，全身呈一个僵直的状态；在僵直期，猪会完全失去意识，但这种电麻致昏的效果是暂时的，只能保持 15 s 的时间，15 s 之后，猪会渐渐地苏醒过来，所以，一定要在猪失去意识的这 15 s 之内，刺杀放血；对恢复意识或苏醒的家畜需进行二次击晕后再刺杀。人道屠宰方式不仅可以善待动物，减少动物死亡的痛苦，而且可以通过降低宰前应激改善肉品品质。

思考题

1. 简述畜禽击晕的方法及其特点。
2. 简述人道屠宰的概念及基本要求。
3. 如何保证畜禽屠宰中的福利？
4. 畜禽屠宰中的福利对肉产品品质有何影响？

参考文献

1.常纪文.动物福利法-中国与欧盟之比较.北京:中国环境科学出版社,2006.

2.陈平衡,陈松明,蒋艾青.生猪屠宰工艺与品质检验技术.北京:中国农业大学出版社,2010.

3.顾宪红,时建忠,主译.动物福利与肉类生产.北京:中国农业出版社,2008.

4.顾宪红.畜禽福利与畜产品品质安全.北京:中国农业科学技术出版社,2005.

5.黄瑞华.生猪无公害饲养综合技术.北京:中国农业出版社,2003.

6.黄应祥.肉牛无公害综合饲养技术.北京:中国农业出版社,2003.

7.李建国,曹玉凤.肉牛标准化生产技术.北京:中国农业大学出版社,2003.

8.刘恬,段人杰,陆沈芳.生猪人道屠宰技术的应用[J].肉类工业,2009(10):5-6.

9.刘卫国,李绍钰.人道屠宰对猪肉品质的影响[J].饲料工业,2010,31(7):51-52.

10.马世春.国外动物福利管理与应用.北京:中国农业出版社,2009.

11.牟立众,尹立侠,单士娜.我国动物屠宰法中对不同动物福利的规定简述[J].牧业观察,2008,7:152.

12.唐修君,编译.全球家禽生产、屠宰、贸易、消费数据库[J].中国禽业导刊,2008,25(16):32-38.

13.万世平,王辉,卓国荣.我国动物福利的现状及改进措施[J].广东畜牧兽医科技,2010,35(4):46-48.

14.王继鹏,岳新叶,王家国.生猪宰前静养与猪肉质量[J].肉类工业,2007(4):7-9.

15.王雷杰,宋美娥.我国农畜动物福利的现状和对策[J].中国牧业通讯,2004(7):41-43.

16.王玉顺.屠宰加工与卫生检疫.北京:中国农业科学技术出版社,2010.

17.文美英,闵成军.动物福利在屠宰行业中的推广与实施[J].肉品加工,2010(9):54-55.

18.肖光明,吴买生.生猪健康养殖问答.长沙:湖南科学技术出版社,2008.

19.杨丽芬,聂敏,何佳熠,等.屠宰过程中的动物福利问题探析[J].农技服务,2011,28(9):1329,1356.

20.赵慧春.猪宰前饮水与肉品质量的关系[J].中国动物检疫,2001,18(7):40.

21.赵兴波.动物保护学.北京:中国农业大学出版社,2011.

22.朱再清,王红斌.中国肉类出口格局及在世界肉类贸易中的地位[J].农业经济问题,2008,(2)54-59.

23. Hambrecht E, Eissen J J, Newman D J, et al. Preslaughter handling effects on pork quality and glycolytic potential in two mus－cles differing in fiber type composition [J]. Journal of AnimalScience, 2005, 83:900-907.

24. Nather Aziz. Manipulating meat quality through production and pre-slaughter han-

dling [J]. Advances in Pork Production,2004(15):245.

25. Shaobo Zhen,Yiren Liu,Xingmin Li,et al. Effects of lairage time on welfare indicators,energy metabolism and meat quality of pigs in Beijing. Meat Science 93 (2013):287-291.

26. Temple Grandin. Advances in Animal Welfare Science. M. W. Fox and L. D. Mickley 1985/86 (Editors)Martinus Nijhoff Publisher,1997.

第8章 典型的畜禽福利标准规范

世界动物卫生组织指出农场动物是为人提供食品的，但在成为食品之前，它们在饲养和运输过程中，或者因卫生原因遭到宰杀时，其福利都不容忽视。英国家畜福利委员会1993提出家畜必须保证享有“五大自由”的权利，即享有不受饥渴的自由，保证有充足清洁的饮用水和食物；享有生活舒适的自由，即提供适当的生活栖息场所；享有不受痛苦伤害的自由，即保证动物不受额外的痛苦，并得到充分适当的医疗待遇；享有生活无恐惧和悲伤感的自由，即避免各种使动物遭受精神创伤的状况；享有表达天性的自由，即提供适当的条件，使动物天性不受外来条件的影响而压抑。

动物的福利标准是由相关机构颁发的，可以指导动物饲养及相关的生产过程，保障动物福利和健康的行为准则。本章主要介绍英国(Royal Society for the Prevention of Cruelty to Animals，RSPCA)和澳大利亚(Animal Welfare Committee，AWC)的动物福利标准。RSPCA一直致力于发展和改进动物福利标准，借鉴了一系列数据和信息，其中包括最新的科学研究成果和农场养殖的实际经验。该组织还定期与动物福利及农业科学家、兽医和工业化农场的代表进行沟通探讨。这些措施帮助RSPCA福利标准始终走在农场动物健康和福利的最前沿。AWC颁布的标准作为动物福利的饲养指南，提供尽可能详细的标准内容，辅助人们理解标准中的要求，从而履行法律规定的义务。由于篇幅的限制，本章仅介绍鸡、猪和牛3种畜禽，内容包括日粮及采食、饮水及设备、环境、管理以及运输屠宰的相关福利规定。RSPCA将鸡的内容分为蛋鸡、肉鸡和青年母鸡，牛的内容分为肉牛和奶牛，AWC未进行细分，鸡的内容包含于家禽，未进行单独陈述。

8.1 日粮和饮水

动物福利五大自由中的第一条是动物免受饥渴，动物能自由采食日粮和获得新鲜饮水以维持生命，保障畜禽的全面健康和良好的健康状态。因此，畜禽福利规范中都将日粮和饮水作为首要的规定。不同的畜禽种类生物学特点不同，在规定上有所侧重。为了能保证每个畜禽个体都能自由采食和饮水，不会引起不必要的资源竞争，福利规范中对采食和饮水设备及空间也都做了明确的规定，不同国家或地区制定的福利规范的指标有所差异。

8.1.1 鸡的日粮和饮水福利规范

1.日粮

RSPCA规定在鸡的饲养过程中，需要书面制定饲养计划，日粮的配置需考虑到鸡的生长阶段、品种等，切实满足动物的营养需求。除兽医的特别要求外，鸡全天可以采食并保证有适当的采食空间，具体要求见表 8-1。日粮中禁止添加含哺乳动物或鸟类蛋白的原料（奶制品除外），饲料原料的储存和运输要做到安全卫生，不允许存放在污染腐败的环境中，尽量储存于仓库中，避免污染和发潮霉变。

表 8-1　采食空间的最低需求

cm

	直线单侧	直线双侧	圆形
蛋鸡	10	5	4
青年母鸡	5	2.5	2
肉鸡	25	12.5	16

蛋鸡的饲养过程中，日粮禁止添加生长促进剂和抗生素（医用除外）。蛋鸡终生都需要摄入适量的沙粒，一周内至少有一次摄入不可溶沙粒，辅助消化，有益于青年母鸡和产蛋鸡的健康，推荐的沙粒粒度和供给量见表 8-2。采食空间方面，一只蛋鸡需要 5 cm 直线（单侧 10 cm）或 4 cm 圆形的采食空间，如果日粮一列列并排放置，为了方便动物采食，列与列之间留出至少 60 cm 的间隔，以便动物能够背对背站立。蛋鸡可能会在料槽和水槽处停留，污染饲料和水，饲养人员不能在饲料和水槽上方设置通电线路驱赶动物，可以使用替代的设备，如滚棒。对于弱势的蛋鸡，在饲料和水的供给方面需要给予特别的关注，若羽毛发生脱落，需供给更多的日粮，增加蛋鸡的采食量以弥补热量损失。

表 8-2　供给蛋鸡不可溶沙粒的粒度和量

年　龄	粒度/mm	供给量
小鸡（3 周龄）	0.2	每周一次，与饲料混合饲喂，每只动物最多 1 g
青年鸡（6～11 周龄）	3.24～4.75	每周一次，与饲料混合饲喂，每只动物 2 g
青年鸡（11 周龄至初产前）	4.75～6.35	每周一次，与日粮混合或单独置于喂料器饲喂，每只动物 4～5 g

肉鸡的饲喂系统应保持安全卫生，禁止使用轨道式喂料器，且新建立的饲喂系统必须使用盘式喂料器。喂料器应均匀分布于鸡舍，在任何区域的肉鸡，距离喂料器不得超过 4 m。喂料器上方的防滞留线不得通电，使用时应包裹塑料管以阻止动物在线上滞留。

AWC 规定在鸡的饲养过程中，提供营养充足的日粮，保证动物健康和精力充沛，禁止饲喂对家禽健康有危害的饲料。动物在 24 h 内至少饲喂一次（新生雏鸡除外），不允许长期限饲，允许对肉用种鸡或产蛋青年鸡使用“隔天饲喂”的产业化方法，维持家禽的健康和生产性能。

满足以下两个条件，可以使用自动机械系统配制日粮：

（1）农场储有足够的饲料原料以及时补充配置过程中的原料不足；

（2）具备获取饲料原料的途径。

笼养鸡，每只动物拥有至少 10 cm 料槽。非笼养鸡，根据喂料器类型不同，应遵循厂商推荐的使用范围，采食空间的最小需求列于表 8-3 中。值得注意的是，家禽采食空间的规范，RSPCA 是根据喂料器的形状，AWC 则是根据常用的喂料器类型。通过饲喂系统向自由放养式鸡舍供给日粮，应考虑到区域范围内有效的营养分配。

表 8-3 采食空间的最小值

鸡的种类	盘式喂料器/(只/个)	平链式喂料器/(cm/只)
种鸡	80	—
肉种鸡	—	10
蛋种鸡	—	4
肉鸡	85	—
青年和成年蛋鸡	100	2

注:平链式喂料器是双侧可用型,1 m 的长度可以提供 2 m 的采食空间。

诱导换羽需注意:

(1)换羽诱导物或日粮调控只允许应用于健康的家禽,紧密观察动物,提供温暖的环境防止冷应激。选择高纤维素日粮饲喂动物,如每天饲喂 40～60 mg 全株大麦或燕麦。不允许提供家禽不喜好的日粮,合理安排充足的采食空间。

(2)通电线路禁止用于控制动物的采食行为,仅在必要的训练期间,用于阻止家禽在料槽或水槽上停留,或阻止鸡蛋被啄食。应注意到 RSPCA 的规定中,通电线路是完全被禁止的。

(3)使用换羽诱导物或日粮调控的方法,限制家禽采食和饮水不能超过 24 h。

2. 饮水

RSPCA 规定在鸡的饲养过程中,除兽医特别要求外,应全天供应充足干净的水源,在严寒的条件下必须供应饮用水。每个鸡舍应提供 2 个以上的饮水设备,饮水设备和动物的最小比例见表 8-4。非管道运输的水源需每 6 个月检查一次,评价水质是否适合饮用,并记录检查结果。饮水设备在设计上应考虑到水源的浪费,设置合适的高度,方便不同体型和年龄的动物饮水。

肉鸡的饲养过程中,新安装的饮水系统禁止使用钟式饮水器。饮水器应均匀分布于鸡舍,任何区域的肉鸡,距离饮水器不得超过 4 m。水量计应与所有鸡舍的饮水系统连接以监测每个鸡舍的饮水消耗,这一指标非常重要,因为耗水量能够帮助饲养员较早发现动物的健康问题。

新生雏鸡需饮用温水,注意避免水温过热。出生 3～4 d 的雏鸡,需额外提供专用的饮水器,当雏鸡能够使用所有的饮水器后,专用的饮水器应移除,防止动物对其依赖。

表 8-4 饮水设备和动物的最小比例

类型	饮水器/蛋鸡	饮水器/青年母鸡	饮水器/肉鸡
乳头式	1/10	1/12.5	1/10
钟式	—	1/125	1/100
杯式	1/10	1/20	1/28
圆形水槽	1.0 cm/1	0.8 cm/1	—
线形水槽	2.5 cm/1	—	—

AWC 规定在鸡的饲养过程中,提供家禽充足的饮用水以满足生理需求,保证饮用水无毒

无害。新生雏鸡 60 h 内必须饮水，其他阶段的家禽每 24 h 必须饮水。炎热的季节，应缩短饮水周期，水温适中，防止水温过高。计算每天最低的饮水需要量，保证储水池或辅助的供水设备能够达到这一水量，以应对供水设备意外故障、设备修理或供水失败。

刚建立的养殖企业，或开发利用新水源时，应检测水中的矿物质和微生物污染物，获得是否适用于家禽养殖的报告。钻井或水库的水源会因流动或蒸发而发生变化，应更频繁地检测水质。

饮水点的数量对鸡舍环境十分重要，关系到动物的竞争，数量太少会导致弱势个体长时间不能饮水，数量过多会造成水资源浪费。为每只笼养的成年家禽提供至少 10 cm 的水槽，或不少于 2 个独立的饮水器，或在每个鸡笼设置一个杯状饮水器。非笼养的家禽，每一种饮水器具有不同的使用范围，应参考厂商的推荐指南。饮水空间的最小值见表 8-5，AWC 所列饮水器的种类较 RSPCA 少，但对动物的种类和生长阶段的划分更精细。

表 8-5　鸡饮水空间的最小值　　只/个

	钟式饮水器	乳头式饮水器
种鸡	110	15
肉鸡	120	—
肉鸡(孵卵期)	—	50
肉鸡(生长期)	—	25
青年和成年蛋鸡	120	20
青年和成年蛋鸡(孵卵期)	—	40

8.1.2　猪的日粮和饮水福利规范

1. 日粮

RSPCA 规定在猪的饲养过程中，除兽医特别要求外，动物可以全天自由采食。日粮的配制应考虑到猪的品种、健康状况和营养需求，做到精确定量，尽量避免突然改变日粮的配方和供给量。记录饲料的营养成分或饲喂计划，以便向 RSPCA 农场动物部门提供饲料和添加剂的相关信息。饲料中不得添加哺乳动物或鸟类蛋白的原料(未受精的鸡蛋、牛奶或奶制品除外)，饲喂未受精的鸡蛋之前，需评估传播疾病的风险性，内容包括查明和记录鸡蛋来源的细节。出台措施防止饲料在储存过程中受到污染，避免疾病的引入和可能的扩散。药用饲料必须醒目标记，容易辨认。

采取非地面饲喂方式时，喂料器应时刻保持安全卫生。利用料槽实施定量饲喂时，需要有足够的采食空间(如 1.1 倍肩宽)以满足所有猪共同采食。采用自由采食的饲养方式时，无完整头部栅栏的干式喂料器，每个采食区域最多容纳 6 头猪，带有完整头部栅栏的干式喂料器，每个采食区域最多容纳 10 头猪，使用干湿喂料器，每个采食区域最多容纳 14 头猪。采取合适的饲喂方式以保证弱势猪的采食，如果采用地面饲喂方式，弱势猪被欺压的可能性会很高，应扩大饲料分散的区域，缓解弱势猪的不利处境。

电子母猪喂料器(ESFs)能够在采食过程中保护弱势母猪。研究表明ESFs能够降低母猪的攻击性,同时注意母猪应处于正确的位置,防止耳标损坏和脱落。任何阶段的母猪,体况评分不能低于2,妊娠70 d的体况评分不能低于3。

以下情况允许仔猪在28 d前断奶:

(1)兽医的诊断结果表明,继续哺乳将对母猪或仔猪的健康和福利状况产生不利影响;

(2)计划断奶的仔猪离开母猪后,将被转入完全清空、彻底打扫并消毒的畜舍。这种情况下,仔猪可以提前7 d(最短21 d)断奶,以方便猪群的调度管理,提高对疾病的防范和控制。

AWC中,猪的福利标准分为标准、推荐的措施和指南3个级别。

标准:每天供给动物日粮,满足动物的生理需求并维持其健康,断奶仔猪每天至少饲喂2次。AWC同样提及弱势猪的采食,如果弱势猪长时间不能进食,要有专人负责处理。如果猪的体况评分低于2,需改善其身体状况,若体况评分不能提高到2以上,该动物将被淘汰。每天检查机械化自动喂料器。

推荐的措施:日粮应保证新鲜,具有良好的适口性,不含已知的污染物、固体异物、有毒物质,以及达到致病数量的微生物。提供种公猪和妊娠母猪高纤维素的饲料,供给干奶母猪的日粮需满足其营养需求,不宜使动物过肥。自动化的饲喂系统应尽量减小动物在采食过程中受到的惊吓,并将动物之间的竞争降到最低。在饲料运输失败或不能按时到达的情况下,应有备用获取和运输饲料的途径。

指南:在动物福利中,体况评分用于评价营养的全面性、健康状况和生产性能。较好的生长育肥猪和种公猪的分数在3以上,妊娠母猪在分娩时的分数为3~3.5,仔猪断奶时母猪的分数在2.5以上。动物的年龄、体重以及健康状态,可以有效地评价营养的全面性,尤其适用于生长育肥猪。

2.饮水

RSPCA规定在猪的饲养过程中,除兽医特殊要求外,动物每天可以饮用干净新鲜的水,保证在供水设备故障的情况下,例如冰冻或干旱等,能够应急供应合格的饮用水。应设立充足的饮水区,保证所有饮水区被充分利用且避免动物之间的竞争。水槽的设计、安装和使用,应满足饮用水的合理分配。表8-6为动物和饮水空间的比例。

表8-6　动物和饮水空间的比例

体重/kg	每米水槽对应的最多头数
<25	100
25~40	84
>40	67

注:计算前提是饮用水填满整个水槽,水槽的两侧都可以饮水。

若采用干湿饲喂系统(水和饲料在同一区域),每10头猪额外增加一个饮水器。若使用管道式湿式饲喂系统(pipe line wet feed system),每30头猪额外增加一个饮水器。水槽、碗式和乳头式饮水器应时刻保持清洁卫生,不间断地提供饮用水。饮水器的供水速率,应满足任一阶段猪的需要,若使用乳头式饮水器,应满足表8-7的速率要求。

表 8-7　饮水器的供水速率　　mL/min

阶　　段	供水速率
近期断奶仔猪	300
20 kg 以下	500～1 000
20～40 kg	1 000～1 500
100 kg 以下的肥育猪	1 000～1 500
母猪和小母猪-后备期和妊娠期	2 000
母猪和小母猪－泌乳期	2 000
种公猪	2 000

AWC 中，猪的福利标准也分为标准、推荐的措施和指南 3 个级别。

标准：全天供给饮用水或其他卫生安全的水源以满足动物的生理需求，每天检查自动化的饮水系统。如果弱势猪长时间不能饮水，需有专人负责和处理。

推荐措施：提供无异味，水温适宜的饮用水。兽用的药水可能对动物造成损害，使用前需得到专家许可。在每个畜舍或猪群中安装饮水器，饮水器的设计、摆放位置以及供水速率应满足不同阶段猪的需求。

指南：当猪舍初始建立，或开发利用新水源时，需要检测水中的矿物质和微生物污染，获得是否适用于猪养殖的报告，饮用水除菌可以防止疾病的传播，相应的措施需要遵循顾问或专家。某些安全卫生的液体产品（例如乳浆）被同时用作饲料和水使用时，应咨询顾问或专家，能否达到预期的目的。

动物每天的耗水量与环境温度、饲养体制、日粮营养成分以及动物的活体重有关，AWC 未涉及饮水空间，其针对不同阶段的猪制定了饮水需要量，见表 8-8。供水速率需要根据饮水点的数目进行调整，确保有足够的泵水能力和水源储备，与 RSPCA 相比较，AWC 未对肥育猪的生长阶段进行划分，但增加了水压的要求，供水速率和水压见表 8-9。炎热的环境下，低于 20℃的水适宜动物饮用，猪会学习适应温水。强势的猪可能经常在饮水时欺压弱势猪，这时应设立更多的饮水区域。

表 8-8　猪的平均饮水量

阶段	饮水量/L
公猪或干乳期母猪	12～15
母猪和幼崽	25～45
生长育肥猪	
25 kg	3～5
45 kg	5～7
65 kg	7～9
90 kg	9～12

表 8-9 供水速率和最大水压

阶段	流速/(L/min)	最大水压/kPa
断奶仔猪	0.5	85～105
生长育肥猪	1.0	140～175
干奶母猪	1.0	—
泌乳母猪	2.0	—

*注意不能超过最大水压，以免浪费水源。

8.1.3 牛的日粮和饮水福利规范

1. 日粮

RSPCA 规定，针对牛的品种、健康状况和营养需求配制日粮。日粮应可以维持动物的身体健康并满足其正常生产所需的全部营养需求。除兽医特别要求外，牛可以全天进行采食。尽量避免突然改变日粮的类型和供给量，人为改变动物体况需精心策划，并考虑到生产周期的不同阶段。一般来讲，动物在任何阶段的体况评分都不能低于 2。

制定动物的营养计划，每年检查至少两次。饲养员应书面记录配合饲料和自产混合饲料的营养组成以及各营养物质的百分含量，日粮中禁止使用哺乳动物或鸟类蛋白原料，牛奶和乳制品除外。牛不能在饲料资源缺乏的环境中饲养，管理人员需注意养殖场中是否缺乏某种矿物质，并合理调整日粮。犊牛和成年牛都需要供给粗饲料以促进瘤胃发酵，粗饲料品质和长度的选择应避免动物瘤胃酸中毒。出台措施，尽量避免动物采食有毒植物或不适宜的饲料。

给动物提供充足的日粮和采食空间，避免发生争食现象，肉牛需要的最小料槽长度见表 8-10，奶牛需要的最小料槽长度见表 8-11。如果定量限饲，需要提供额外的料槽空间。喂料器和饮水器的设计、安装和运作，尽量使饲料和水的污染浪费降到最低。为避免疾病的引入和扩散，所有的料槽和饲喂装置应时刻保持卫生，并防止饲料在储存过程中被污染。

表 8-10 肉牛需要的最小料槽长度

肉牛体重/kg	最小长度/(mm/头)	
	定量饲喂模式	自由采食模式
100	350	100
200	400	100
300	500	125
400	600	150
500	700	150
600	750	200

表 8-11 奶牛需要的最小料槽长度

mm/头

	定量饲喂或饲喂青贮和精料	自由采食青贮饲料
Channel Island 牛(短角牛)	600	200
其他牛种	750	400

奶牛的养殖过程中,禁止采用全年圈禁奶牛的产奶体系方案。奶牛在生长发育阶段,必须能够自由进入草场或运动场并采食饲料。并且满足如下的要求:

(1)通道不能损害动物的蹄;

(2)动物能够自由饮水;

(3)草的高度和密度满足动物的营养需要,如果不能满足,应进行补饲;

(4)奶牛去往草场的距离不宜过远;

(5)设置充足的庇荫处和遮挡处;

(6)出台措施应对蚊虫叮咬;

(7)天气允许的条件下,每天有充足的放牧时间(最少 4 h)。

若计划在动物的生长发育阶段,限制其自由进入草场或运动场,应向 RSPCA 农场动物部门提交书面报告,给出合理的理由,并提出相应的措施保障动物福利。

犊牛的饲养过程中,针对犊牛的年龄、体重、行为和生理需求配制日粮,代乳粉的配制应遵循厂家说明。日粮中要有充足的铁元素以满足血液中血红蛋白 9 g/dL 的最低水平。

犊牛出生后 6 h 内,需从母畜或其他刚刚产犊的母牛处获得充足的初乳,并在 24 h 内持续哺乳。在犊牛不能正常哺乳的情况下,前 24 h,需通过胃管灌入大约 6 L 初乳(每次 1.5 L,分 4 次饲喂),之后的 48 h 内,每天供给犊牛大约 6 L 的初乳或全脂奶(至少分两次饲喂)。饲喂过初乳的犊牛才允许买卖,达到 7 日龄的动物才允许运输,到达目的地后,为犊牛提供舒适的休息环境,饲喂至少 2.5 L 温和的矿物质盐水,并在 8～10 h 后重复供给。大于 14 日龄的犊牛,每天需要采食含有大量可消化纤维的低水分饲料或草料(根据动物的年龄不同,每天不少于 100～200 g),促进瘤胃发育。犊牛开食的粗饲料必须是未经粉碎的牧草、大麦或稻草,长的纤维饲料能够促进瘤胃发育,也可以选择低水分的大捆青贮和半干草料,避免使用水分高的青贮。所有未哺乳的犊牛,出生后至少 4 个星期持续供给液体饲料,直到每天可以采食至少 1 kg 犊牛料。未断奶的犊牛应可以自由采食青草、适口性好的干饲料以及高纤维素的粗饲料,禁止动物在 5 周龄前断奶,除非兽医指出在这一时期饲喂以牛奶为基础的日粮会损害犊牛的福利健康。

不允许封闭犊牛的口鼻。如果采用乳头式饲喂系统,乳头的位置应与犊牛脖子保持水平或使脖子微微上扬,若采用水桶饲喂,每头牛都应有自己独立的水桶。饲喂犊牛的所有器具应保持安全卫生,降低犊牛患病的可能性,未清洗干净的器具中残留的饲料是致病菌(空气传播)的理想发酵基质。强烈推荐管理人员听取兽医对犊牛管理的建议,防止新生犊牛感染牛副结核病。

避免不同来源的犊牛混在一起饲养,断奶以及与成年牛合栏均会对犊牛产生应激,不能一并进行,与成年牛的合栏应安排在 8 周龄时完成。小白牛屠宰前应检测血红蛋白水平,若群体中大于 1/4 犊牛的血红蛋白低于 9 g/dL,需要进行调查并实施相应的补救治疗措施。

AWC 的标准未细分肉牛、奶牛和犊牛,动物采食日粮以满足其福利健康。日粮的配制和供给,应考虑到动物的年龄、体重、生长阶段(如发育、妊娠、泌乳等)、运动量和极端气候的营养需求,饲料组成和供给量的改变尽可能做到逐步渐进。在澳大利亚的许多地区,牛需要额外补充矿物质。除在运输途中,动物在 48 h 内必须进食。身体状况较差的牛,妊娠晚期、泌乳早期以及不满 1 月龄的犊牛,在 24 h 内必须进食。

某些地区严重缺乏饲料资源,有些是季节性缺乏,有些是极端气候(例如干旱)所致。饲养计划应合理安排饲料的供应,保障动物的福利。养殖人员可以通过当地政府或农业部门了解干旱气候的饲养策略。如果草场的质量和数量有限，且无额外的饲料资源补充，必须相应地降低载畜量，密切观察动物，保证牛的良好体况。

尽可能防止牛接触有害的植物或其他对身体有害的物质：

(1)作为饲料原料的副产品需去除致病菌和毒性，饲喂后的动物需要被观察。

(2)确保饲养过程中使用的动物用品或日粮中的化学残留不会在动物产品中检出，也不会造成污染。

(3)饲料产品应符合购买目的，安全卫生。买家应告知卖家购买意图以及询问产品中添加了哪些化学物质。

(4)法律规定，哺乳动物组织或衍生的产品不得饲喂反刍动物。

如果动物不习惯已有的饲喂形式，应寻求适当的措施鼓励动物采食。如果动物在 2 d 内不采食新日粮，需想办法解决，例如额外供应动物可接受的日粮，引入更适宜的喂料器或在配合日粮中补充提高香味的添加剂。

2. 饮水

RSPCA 规定，除兽医特殊要求外，应提供牛(包括满 7 日龄的犊牛)干净新鲜的饮用水。按照每头 350～700 kg 的牛拥有 450～700 mm 水槽规划饮水空间。水槽可以是直线或圆形的，圆形水槽以周长计算，牛的饮水空间见表 8-12。每天每 50 kg 活体重需要 4.5 L 水，另外，每产出 1 L 牛奶需要 3.0 L 水。舍饲牛饮用水的补给速率应满足至少 10%的动物同时饮水(表 8-12)。

表 8-12　有效饮水空间的最小值　　m

牛群头数	有效饮水空间的最小值	牛群头数	有效饮水空间的最小值
50	2.25	150	6.75
100	4.5	200	9.00
125	5.65		

* 基于 10%的动物同时饮水计算。

所有的饮水设备必须安全卫生，水槽的设置应避免弄湿或污染牛的休息区，避免过多泼溅水槽周围的区域，必要的话，可以用混凝土修筑水槽。水槽不能设置在斜坡底端，确保排水系统运行良好，同时避免产生淤泥。

供水设备发生故障的情况下，例如在冰冻或干旱等时，确保能够应急供应合格的饮用水。不推荐使用天然水源，使用时应注意潜在的疾病风险。

AWC 规定，除运输途中，应提供动物充足的饮水，供水应考虑到动物的年龄、体重、生产阶段、温度、湿度以及采食日粮的干物质量，不同阶段牛的饮水量见表 8-13，RSPCA 提到了牛的饮水空间。健康的牛在 24 h 内必须饮水，泌乳奶牛或身体状况较差的牛在 12 h 内必须饮水。

表 8-13　不同阶段牛的饮水量　　L

生长阶段	每天每头的消耗水量	生长阶段	每天每头的消耗水量
泌乳奶牛(草场)	40～100	青年牛	25～50
泌乳奶牛(含盐灌木)	70～140	干奶期奶牛	35～80

* 计算饮水需求量，需要考虑到自然蒸发和自然界中动物的消耗。

动物的饮水量受许多因素影响。炎热的季节,动物需要更多的水。正常条件下,供给动物优质的水源,夏天的消耗会比冬天高出40%,极端条件下,会高出78%。若供给盐水,夏天的饮水量将高于冬天50%~80%。干旱的季节,动物需要更多的饮水,供给盐水将增加饮水量。优良的绿色草场可以供给动物一部分水,但在枯草期,动物需要补充更多的水。此外,不同品种牛的饮水需求也不同。

RSPCA未提及关于盐水和药水的饮用规范。在澳大利亚的一些区域,水中的矿物质含量可能影响牛的饮水量。盐水可能导致消化道疾病,甚至死亡。盐分较高的水,应检测是否适合动物饮用,盐水的需求量和最大饮用量应结合动物和日粮的情况。逐渐饮用盐水的动物需要被严密观察。习惯盐水的动物可能会拒绝饮用淡水,在盐分逐渐降低的过程中需对动物进行严密观察。溶解药物的饮用水需逐渐被适应,持续饮用足量药水的牛需要被观察。未饮用足量药水的动物,在允许的条件下进行隔离,并努力增加其饮水量。若牛拒绝饮用药水,应提供不含药物的饮用水。

8.2 饲养环境

动物福利五大自由中提到,动物享有生活舒适的自由,即提供适当的生活栖息场所。应严格设计和调节动物生活的环境,符合动物的福利要求,使动物远离生理和身体方面的不舒适,免受惊吓和应激,促进自然行为的形成。本章主要涉及动物福利标准对自然环境的规定和要求,包括光照、通风和温度等因素。

8.2.1 鸡的饲养环境

RSPCA规定,在蛋鸡的饲养过程中,所有鸡舍必须有充足的照明,可使用固定光源或便携式光源,照明水平必须满足蛋鸡的正常视力要求,并适宜养殖人员随时检查动物。

每天提供鸡舍照明,记录所有鸡舍的照明模式。依靠人工照明或白昼的自然光,每天提供至少8 h连续光照。除非自然黑夜的时间低于6 h,否则每24 h的光照周期中,至少有6 h的连续黑暗。发生应激的鸡群,应避免动物长时间暴露于光照下(超过15 h),以减少健康和行为问题的发生。

精心设计鸡舍的照明系统,并进行日常维护,保证提供整栋鸡舍至少10 lx(蛋鸡)或5 lx(青年母鸡)的光强(阴影区域除外),避免鸡舍中出现区域性的高强光。RSPCA指出,必须给予雏鸡充足的光照,促进形成正常的行为。雏鸡出生后的几天中,需要提供充足的光照,诱使雏鸡趋向于热源、料槽和水槽。雏鸡长期生活在低光照条件下,会影响眼睛的正常发育,甚至导致暂时或永久性失明。

环境中不同的光照模式可以促进某些行为的发生,例如增加垫料区的光照水平可以促使蛋鸡沙浴,降低休息区的光照水平可以促使动物休息。人工照明必须以阶梯或渐进的方式关闭,使蛋鸡做好环境转为黑暗的准备。

养殖人员应每天评估动物头部高度处的空气质量。设计和维护通风系统,如使用自然风或人工通风,维持良好的空气质量,确保鸡头高度处的空气污染物不会使观察者感到明显的不愉快。若条件允许，每周测量并记录家禽头部高度处的空气质量参数，如氨、二氧化碳、一氧化碳等，推荐的参数值见表8-14。出台相应的措施，确保母鸡可以随时进入温暖舒适的环境，不会发生热应激或冷应激。若屋顶不隔热，养殖人员必须能够维持鸡舍温暖舒适。

表8-14　家禽头部高度的空气质量参数

空气质量参数	数　值
氨	25 ppm
二氧化碳	5 000 ppm
一氧化碳	50 ppm(超过8 h的平均值)
可吸入性粉尘	10 mg/m^3(超过8 h的平均值)
相对湿度	50%～70%

肉鸡的饲养过程中，鸡舍中引入自然光有利于肉鸡的福利，其原因之一是自然光可以在鸡舍的不同区域提供不同的光照水平，增加鸡舍环境的丰富度，并且一天之中的光照均会发生变化，这与人工光源极为不同。有生产者报道，与人工照明相比，照射自然光的肉鸡表现出更自然的行为，且更加有活力。

所有鸡舍必须有充足的照明、固定光源或便携式光源，以便于养殖人员可以随时观察动物。记录所有鸡舍的照明模式，每天必须提供肉鸡至少8 h连续光照，6～12 h的连续黑暗。需要注意的是，若提供自然光，自然黑夜时间可能低于6 h。7日龄之前和屠宰前3 d的肉鸡，连续黑暗时间必须达到2 h以上。

在动物眼睛的高度处测量光照强度，鸡舍任一区域的光强不得低于20 lx。鸡舍地面可能出现不同光密度的区域，应保证区域之间光密度变化的逐渐性，且不能存在高光强的斑块。

自然光应在白昼期间提供，并可以通过自然光入口投射进鸡舍。自然光入口需达到鸡舍面积的3.0%，90%以上的光入口不得小于0.56 m^2。若使用玻璃窗，必须设计安全的构造或使用钢化玻璃，鸡舍的窗户可以密封，并维持正常的空气流通，避免过度通风。饲养人员可以人为控制进入鸡舍的光照，一定程度上获得黑暗的环境。若在自然白昼之外的时间使用人工照明，人造光源打开和关闭的切换，需要以阶梯式或逐渐变化的方式完成，且变化的时间不得低于15 min。

家禽头部高度处的温度、湿度和空气质量参数需要测定，每天记录最高和最低温度。确保肉鸡身体高度处的空气污染物不会使观察者感到明显的不愉快。每天至少一次，使用标准仪表、测试管或感官测定空气质量。对14日龄以下的动物，要评估灰尘含量，对21日龄以下的动物，要评价氨浓度。鼓励同时使用感官和标准仪表评价空气质量，如果使用感官评价，应遵循以下步骤：

(1)进入鸡舍，立即按照表8-15评估氨和灰尘水平；

(2)检查完毕，离开鸡舍之前，再一次评估空气质量；

(3)记录两次测量中数值较大的一个；

(4)2分和3分表明氨和灰尘过量，空气质量必须立刻得到改善。

表 8-15　感官评价指南

分数	说明
0	零：气味和灰尘不明显；呼吸顺畅
1	微弱：气味和灰尘很难察觉；呼吸不费力
2	中度：气味和灰尘明显；刺激眼睛或咳嗽
3	强烈：气味和灰尘具有强烈的刺激性；刺激眼睛或嘴，引发严重的咳嗽或打喷嚏

建造通风系统，如自然风或人工通风，按照如下标准进行操作和调整，可见肉鸡的标准比蛋鸡更为严格。

(1)氨(NH_3)浓度不超过 15.2 mg/m³；

(2)二氧化碳(CO_2)浓度不超过 5 892.6 mg/m³；

(3)外界气温在 10℃以下时，鸡舍 48 h 内测量的平均相对湿度不得超过 70%。

出台措施，确保动物可以随时进入温暖舒适的环境。鸡舍的设计应尽量减少动物产生热应激的可能性，例如安装蒸发冷却系统或隔热的屋顶，通风系统必须能够控制鸡舍温度，使室温波动范围在±3℃以内。如果鸡舍温度超过预设温度 3℃，或通风设备发生故障，报警系统必须能够提醒饲养员。

AWC 规定，家禽的饲养过程中，需要关注光照、通风和温湿度等因素。

孵化 3 d 的雏鸡，应在饲料和水上照射约 20 lx 的光，有助于动物学习寻找食物和饮水，完成学习后可以降到 2 lx，RSPCA 中提到雏鸡的推荐光强为 5 lx。照明设备应满足日常检查的要求，发现存在的任何问题。检查过程中可能需要额外补充光照，可使用手电筒或打开鸡舍中所有的灯光。避免突然提高光强，引起鸡的逃避反应。

不能接触自然光的鸡舍，每天应提供至少 8 h 光照，超过 20 h 的光照将对成年蛋鸡造成伤害。在使用持续照明设备的封闭鸡舍中饲养雏鸡，应进行“断电”训练，防止需要断电时引起动物恐慌。培训初期可以每天熄灯 15 min，随后慢慢增加，直到每天熄灯 1 h。

水蒸气、热量、有毒气体和灰尘颗粒的积累，可能引起动物的不适或应激，进而引发疾病。通风系统可以随时提供新鲜的空气，控制鸡舍的温度和湿度。精心设计自由放养的鸡舍，在较大的饲养密度下，如夜晚聚集休息或躲避极端天气时，确保充足的空气流动和控制温度。家禽应免受极端天气的伤害，如寒冷天气的强风，通风设备必须维持鸡棚的相对湿度低于 80%，尤其当气温高于 30℃时。

氨浓度是有害气体积累的一个可靠指标。空气氨浓度达到 7.6～11.4 mg/m³ 时可以被闻到，应采取补救的措施。密闭的鸡舍中，若鸡身体高度处的氨水平达到 15.2 mg/m³，必须立即采取补救措施。氨水平达到 19～26.6 mg/m³ 时会强烈刺激人的眼睛和鼻子。另外，硫化氢含量应低于 7.6 mg/m³，二氧化碳低于 5 892.6 mg/m³(0.3%)，RSPCA 同样列出了氨和二氧化碳的最大浓度，但未涉及硫化氢。

采用机械通风的鸡舍，必须有备用电源或可替代的等效的通风系统以及自动报警系统。报警系统是独立的，不依赖通风、制冷和制热控制器及温度传感器系统，必须能够感知鸡舍气温过高、过低以及供电故障，可以在电源或鸡舍温度出现问题时直接发出警报，报警系统必须有备用电池。报警器必须安置在便于工作人员察觉的地方，鸡舍必须在 15 min 内恢复电源或启动应急通风设备。

炎热的天气，供应充足的凉水和通风至关重要，且必须为家禽提供阴凉区。尽量减少动物因高温导致的长时间气喘和热应激，特别是高湿度的情况下。可以利用喷雾器、屋顶喷淋装置、风扇或者其他设备，控制鸡舍中热量的积聚，如果相对湿度达到80%且温度超过30℃，喷雾器的效果将很差，对肉鸡来说，这种情况下必须提供机械通风。若鸡群上方的空气流动速度高于1.5 m/s，且每分钟的气体交换量至少达到鸡舍空间的3/4，通风降温后，允许使用喷雾器，直到湿度达到90%。恶劣的天气条件下，应更加频繁地检查鸡群状况。

在无机械通风的条件下饲养蛋鸡，家禽的存活率或福利可能受到不利影响，必须升级设备，提供机械通风和降温系统。蛋鸡棚舍的温度控制系统必须可以控制家禽身体高度处的温度低于33℃。鸡可以适应很宽的温度范围(大约5～33℃)，如果暴露在一个突然升高的高温下，特别是高湿度的环境中，某些生长阶段的鸡会产生较高的死亡率，如育肥后期的肉鸡以及种鸡。鸡舍的空间设计必须满足动物为散发身体热量而做出的某些动作，例如喘气、伸展双翅、振动口腔底部(喉部震颤)以及竖起肩羽。

8.2.2 猪的饲养环境

RSPCA规定，所有猪舍必须有充足的照明，固定光源或便携式光源，养殖人员可以随时观察动物。在猪舍中，动物可以到达的区域，一天应保证至少8 h最低50 lx光强的连续照明，除非自然光照周期的白昼时间短于8 h。每天提供至少6 h的连续黑暗，除非自然光照周期的黑夜时间短于6 h。记录所有畜舍的照明模式，打开和关闭人造光源的切换，需要以一种阶梯式或逐渐变化的方式完成。

避免因环境过热或过冷，影响动物生产或引发应激，如母猪生产前受热，会导致乳腺炎和贫乳。动物的最适温度与很多因素有关，如空气质量、相对湿度等，猪的行为可以作为检验温度是否合适的最终指标，各阶段猪的推荐温度见表8-16。出台措施，确保室内猪舍的空气污染物不会使观察者感到明显的不愉快。可吸入灰尘不可超过10 mg/m³，氨浓度不应超过15.2 mg/m³。猪舍中有效的通风可以避免高湿度，减少感染呼吸道疾病的几率。

表8-16 各阶段猪的推荐温度(猪身体高度处的温度) ℃

阶段	温度	阶段	温度
妊娠母猪	15～20	断奶第一阶段	第一周28℃，每周2℃递减
哺乳母猪	15～20	断奶第二阶段	20～22
72 h前的仔猪	25～28	育成猪	15～18
72 h后的仔猪	20～22		

AWC条例中猪的福利内容分为标准、推荐的措施和指南3个级别。

标准：照明设备可以满足养殖人员检查动物，通风系统必须可以阻止有害气体的积累。出台措施，对热应激的猪进行观察和降温。

推荐的措施：猪舍应配备可以在猪的身高水平处测量温度的设备，记录最高和最低温度。在室内饲养系统中，若发生超过10℃的温度波动，观察动物，期间可能需要进行加热处理、制冷处理或增加空气流动，帮助猪在最适的温度范围中生存。为小于3周龄和已断奶的仔猪提供草垫、保温层或加热设备，对抗寒冷。

成年猪对高温十分敏感，在非常炎热的天气(35℃或更高)，需出台措施缓解热应激，如果在该条件下运输，可能导致动物死亡。气温高于38℃，养殖人员应经常检查泌乳和妊娠母猪的中暑表现，对动物进行降温处理，例如在环境中洒水，然后增加空气流通，制作冰块供动物舔食。针对具体环境，可为室外的猪提供喷雾处理。

指南：畜舍中，在猪的身体高度水平处，每天供应至少 20 lx 的自然或人工光源 9 h。完全封闭的畜舍中，气体交换可以提供新鲜空气，有利于动物呼吸、移除超额的热量和废气，降低由尘土和过量的水气对猪和人类健康造成的不利影响。建议工作人员在封闭的猪舍中测量氨浓度，选取空气流通速度较低的区域进行检测，常规污染物安全水平见表 8-17。

表 8-17　常规污染物的安全水平　　mg/m^3

污染物	最高水平	污染物	最高水平
氨	8.36	硫化氢	7.6
二氧化碳	2 946.3	可吸入颗粒物	0.23
一氧化碳	37.5		

8.2.3　牛的饲养环境

RSPCA 规定，所有牛舍必须有充足的照明，固定光源或便携式光源，养殖人员可以随时观察动物。舍饲牛可以进入太阳光照射的区域，牛眼睛高度处的光强至少为 100 lx（肉牛）或 200 lx（奶牛）。必须提供舍饲动物低光强的时间段，有助于动物休息，记录所有牛舍的照明模式。

确保不会因为环境过热或过冷，影响动物生产或引发应激。评估牛周围环境的温度和空气流动，应考虑动物品种的耐寒性、动物年龄、可预见的气候条件和天然的遮蔽物。在奶牛的生产中，避免由于缺乏垫草和通风导致乳房局部受冻。

在畜舍中安装有效的通风设备，允许空气以较低的速度流动，空气流通的空间需求见表 8-18，室内的空气湿度应控制在 80%以下，同时避免气流和雨雪进入。出台措施，确保室内牛舍的空气污染物不会使观察者感到明显的不愉快。可吸入灰尘不可超过 10 mg/m^3，氨浓度不应超过 19 mg/m^3。

表 8-18　空气流通的空间需求

体重分级/kg	最小单位建筑体积/m^3	体重分级/kg	最小单位建筑体积/m^3
＜60	7	100～200	15
60～100	10	＞200	20

半封闭的牛舍，需要为动物提供有效的避风区和干燥舒适的休息区。提供人工遮阴处或允许牛进入室内畜舍，避免牛遭受热应激。如果利用树木提供遮阴处，应注意在夏季时，该区域会聚集大量叮咬性的蚊虫。

AWC 条例中涉及牛生存环境的篇幅相对较少。规定：牛不允许饲养在充满尘土或有毒化学物质的空气中，在极端的扬尘天气，可以使用洒水装置降低尘土的影响。

舍饲的牛，必须有机械或自然通风的设备，持续更换舍内的空气，去除过多的热量、水分、二氧化碳、灰尘，以及来自环境的其他有害气体，通风方式必须适合牛群的位置和畜舍设计。通风设备故障或断电的情况下，应有疏散动物的应急方案。

8.3 管理

具有高度责任心和同情心的管理员和饲养员对切实执行动物福利至关重要。管理员和饲养员必须经过严格的培训,在技能和能力方面胜任动物饲养和实施动物福利政策,充分了解饲养的动物和整个饲养系统。本节介绍了一些管理方面的标准,包括 RSPCA 对管理员和饲养员的要求,AWC 关于动物健康方面的规定。

8.3.1 鸡的管理

RSPCA 规定,管理人员应当拥有一份 RSPCA 蛋鸡或肉鸡或青年母鸡的福利标准,熟悉标准的具体内容,并在工作中理解和履行。针对突发状况,如火灾、洪水、风暴、环境调节设施损坏以及如饲料、水和电力设施的供给中断,制定和实施相应的防范措施。在非常明显的地方设立突发状况应急指南,包括突发状况的应对流程,消防用水源的具体位置,映射网格式参考地图以及单位地址的邮政编码。

管理人员应记录一些数据,如进栏、出栏以及淘汰动物的数目,最高和最低温度,通风设备的运行情况(包括设置和任何必要的更改)。

合格的饲养员,能够辨识动物的健康状态、行为是否正常,能够较早识别潜在的福利问题和疾病,了解普通疾病的处理和治疗方法。养殖过程中发现动物存在不正常的行为,必须立即作出调整和处理。

每天检查鸡舍至少 3 次,找出生病、受伤或行为怪异的动物,检查过程需要记录,注明日期、签名等。所有在鸡舍中的工作要做到缓慢和谨慎,常规的检查工作要避免动物受到惊扰和惊吓。检查过程中发现任何福利问题,应立即妥善处理,不能耽搁。原本可以在早期发现并处理的重大福利事故,应提交 RSPCA 农场动物部门,作为饲养员工作疏忽的证据。

一份书面的野生动物控制办法应放置在合适的地方。RSPCA 关心所有可能面临危害的动物的福利,反对使用能够对外来动物造成痛苦的药物,提倡采取引诱的方式方法。采用人道主义措施保护鸡远离具有危害性和可能传播疾病的动物,利用网子或更细小的物体遮盖屋顶的通风管道,阻止野生鸟类闯入鸡舍。其他动物,例如犬和猫,不允许进入鸡舍。

蛋鸡的饲养过程中,管理人员需要开发和实施生物安全方案以减少疾病传播的风险。饲养员应在必要时淘汰不符合要求的动物。常规检查的时间点应均匀分散,如早晨、中午、下午和晚上,巢箱每天至少检查一次,对鸡的处理要时刻做到小心谨慎,对待动物要和善并富有同情心。较密集的检查次数、不同的检查内容、检查人、人员数目、衣服,以及合栏后加强检查力度,有助于减少鸡的惊吓和啄羽现象的发生。记录生产数据,如每个畜舍的动物数量,每次检查时发现的生病、受伤或死亡的家禽数、饲料和水的消耗量。

肉鸡的饲养过程中,管理人员和助手必须接受过正规的家禽养殖培训,并确认所有的饲养员已完成肉鸡养殖方面的培训,确保符合 RSPCA 农场动物部门的要求。饲养员应优先考虑动物的福利,了解自身的工作质量关系到动物的健康和福利,深知动物福利问题是由于缺乏正确管理造成的。培训后的饲养员应熟知动物应激的概念和表现,了解肉鸡的生存环境,包括他们的饮食需求,工作中对肉鸡的处理要做到友善和人性化。

管理者需记录生产数据，包括肉鸡的品种、每一区域养殖的肉鸡数目、每天的死亡率（能够辨别死亡原因并记录）、出栏肉鸡的数目和平均体重、每天饲料和水的消耗、相对湿度以及使用的药物。每天的例行检查结束后，需要记录生病或受伤的肉鸡，包括导致的原因。制定肉鸡运输到屠宰场的方案，屠宰场应是 Freedom Food 许可的机构，可以缩短肉鸡等待屠宰的时间。

独立审计作为常规化的项目，每年开展至少两次，并在一年的时间里均匀分布，其中至少有一次审计安排在屠宰前 10 d。审计员应独立于农场的直接管理层，并对审计工作清晰熟练。审计的行程安排不对外公开，某些情况下，养殖场可能需要与福利审计部门联系，安排审计参观的时间。

每一个鸡舍，需要有福利审计表，内容包括：

(1)审计的日期；

(2)审计员的名字；

(3)参观时鸡群的日龄；

(4)审计结果，包括所有标准条例的清单（不需要全部参观）；

(5)每一个未达标项的改正措施；

(6)确认审计的不公开性；

(7)审计员的签名；

(8)农场管理者或饲养员的签名。

审计过程中发现任何福利问题，必须立即处理。改正审计中所有不符合要求的项目，杜绝同样的问题再次发生。

AWC 中，家禽的管理内容涉及检查、人工授精，以及实施剪喙、剪趾和眼罩等操作的注意事项。RSPCA 除在动物健康的范畴介绍了剪喙操作外，人工授精、剪趾和眼罩等内容均未系统地归类说明。

AWC 规定，动物福利的检查最好与其他管理措施分开，频率和力度应符合家禽的福利要求，每天必须有一次彻底的福利检查。在特定的情况下，例如炎热的季节、疾病暴发或动物发生争斗，可能需要高频率的检查。检查过程中应特别关注家禽的健康、伤病、饲料、水、通风设备和照明等，应经常检查家禽的寄生虫、疾病感染等情况，受伤和死亡的家禽需立即处理或剔除。孵卵器中的幼雏，每 24 h 至少查看 2 次，妥善处理饲养过程中出现的任何问题。拥有多层鸡笼的鸡舍，需对每一层鸡笼进行简洁的常规检查，鸡笼的设计应考虑实施检查和抓捕鸡的便利程度。

人工授精的技术含量高，必须由经培训的人员操作，注意避免鸡的受伤和不必要的伤害，整个过程需满足高标准的卫生要求。

饲养过程中若发生啄羽和攻击同类的现象，应使用鸡舍系统和照明分级等手段减少类似情况的发生，若无明显效果，则需要对动物进行剪喙。剪喙只能由具备该项技能的人员执行或在有资格的培训师的指导下进行，整个过程应遵循相关标准。

为避免母鸡在交配过程中受伤，雏鸡孵出后 3 d 内实施剪趾，去除每个爪尖末端的部分。任何阶段的鸡，除种母鸡，剪趾只限于趾尖。

眼罩和其他削弱视力的设备应在兽医的建议下使用。只有巢箱安置在地面的鸡才能佩戴眼罩，笼养鸡不能使用眼罩，因为动物在采食和饮水的过程中会遇到线和障碍物。眼罩应由经培训的人员安装，不能使用破坏鼻隔膜，或对鸡造成伤害并使鸡对其纠缠的眼罩。禁止使用隐形眼罩，其可能引发眼部刺激、感染和动物不正常的行为。

8.3.2 猪的管理

RSPCA规定,农场管理部门的全体人员需要署名和登记。管理人员需确保所有的饲养员拥有一份RSPCA猪/肉牛/奶牛的福利标准,熟悉标准的内容,并在工作中理解和履行。设立一个培训系统,提供饲养员常规化的技术更新和发展为专业技师的机会,记录所有的培训情况。

制定应对突发状况的计划和方案,如火灾、洪水或资源供给中断。在突出明显的地方设立突发状况应急指南,包括突发状况的应对流程,消防用水源的具体位置,一个8位的映射网格参考地图和单位地址的邮政编码。发生紧急情况时,若需要将家畜移动到未经批准的场所,需立即告知RSPCA农场动物部门。

管理人员应记录生产数据和医疗情况,包括农场中动物的进栏和出栏情况,使用药品的类型和数量。制定运输动物到屠宰场的方案,屠宰场应是Freedom Food许可的机构,具备识别动物身份的成熟方法,可以缩短动物等待屠宰的时间。

饲养员应接受在工作责任范畴内的相关技能培训,工作中优先考虑动物福利,了解可能给动物带来伤害的程序,如注射、修足、去角、去势和打标记。合格的饲养员能够识别动物行为的正常与否,是否受到惊吓,能够识别一般疾病的早期征兆,了解预防和控制疾病的措施,并掌握寻求兽医帮助的时机。饲养员必须关注经常发生福利问题的动物,了解出现问题的次数和具体情况,具备辨别和处理这些问题的能力,以及人道主义处理动物的能力。

饲养员每天检查动物和畜舍设施至少两次,记录所有的观察情况和处理办法。饲养员必须立即处理检查过程中发现的任何福利问题,原本能够在早期发现并处理的重大福利事故,应当提交给RSPCA农场动物部门,作为饲养员工作疏忽的证据。

平稳、安静地驱赶动物,注意避免不必要的疼痛和伤害。不允许拉拽动物的尾巴、耳朵或四肢等部位,更不允许使用棍棒击打动物。

RSPCA关心动物的福利以及可能受到的伤害,反对使用可能对猪或牛的捕食者造成伤害的药物,推荐使用引诱的手段作为控制害虫或捕食者的方法。针对农场中的害虫和捕食者,制定有针对性的控制和防范计划,鼓励使用物理方法隔离和驱赶周围的牲畜。

控制害虫和捕食者的方法,需要讨论围栏的结构是否适合于阻止害虫或捕食者;畜舍周围的区域,不能设立庇荫处或遮盖物;去除或保护外露的食物资源;修建和维护用于阻止害虫和捕食者的建筑设施。

猪的饲养过程中,养殖人员必须充分了解自己的工作内容和任务,保持与猪之间的友好关系。动物的永久性识别标记只能使用耳标、打标记、刺青和耳部缺口(作为耳标的替代方式)。识别标记必须由经培训的人员,使用合适的装置进行安装。若仅对一只耳朵做缺口标记,缺口不能多于一个,实施耳部缺口或安装耳标的过程中,推荐使用短期的止痛方式,例如局部冰冻喷雾剂。打标记一般只适用于在猪群中识别动物,存在例外的情况,如在试验中,小部分动物可以被打标记标识额外的信息,这种情况应RSPCA农场动物部门提交书面说明。

一些猪可能被安排参与科研试验工作。禁止开展对动物有攻击性的试验,以及可能造成动物不必要的疼痛和不适的试验。采集的血样只能用于诊断,有益于猪的健康,或用于监视畜舍中动物疾病的发展趋势。

所有即将屠宰的猪，必须是在 Freedom Food[①] 农场度过整个生命周期。鼓励农场将所有淘汰母猪和公猪送至 Freedom Food 批准的屠宰场，由具有资格的人员实施屠宰。保证猪在运输前可以饮水，装载前至少 4 h 禁止饲喂动物，保证禁食不会引起呕吐。屠宰前，任何猪的禁食都不能超过 18 h。

AWC 规定，猪的饲养过程中，饲养员应严格遵循该标准。只有具备饲养技能，有能力维持动物健康和福利的人员才能饲养动物，或在该人员的直接监督下亦可。工作人员应接受正规的培训或在雇佣后的前 6 个月，在有经验人员的监督下，接受在职培训。培训中，养殖工作人员应学习和了解自身的工作会如何影响猪的福利。

全体工作人员应有充足的时间检查动物和机器设备，每天检查动物至少一次。饲养员应可以识别动物疾病和痛苦的早期信号，迅速进行处理或征求建议。福利健康的敏感时期，如气候炎热，疾病暴发，动物行为异常，母猪产仔或合群初期，检查应更加频繁和彻底。当猪群规模较大，很难分清个体时，饲养员应在猪群中移动实施检查。

将临近预产期的母猪安置在产房，使动物适应新环境。仔猪出生后 24 h 内必须接受检查，确保所有仔猪有机会哺乳，或摄入适宜的代乳品。如果哺乳期的母猪在仔猪断奶前死亡，或仔猪没有摄入充足的营养，仔猪必须被人工代乳和抚养、断奶或安乐死。小于 3 周龄断奶的仔猪，应提供高标准的管理和营养，防止仔猪死亡和发生断乳病。

强攻击性的成年公猪应单独饲养，或饲养在能够和平共处的猪群中，避免动物发生争斗而造成伤害。建议提供公猪具有更多行动自由的畜舍系统，该系统应适合公猪的卫生管理，满足饲养员的健康和安全要求。在有经验的饲养员的监督下实施配种，避免动物之间发生攻击行为，导致公猪、母猪或青年母猪受伤。

犬、电击和固体物的棍击均不能用于驱赶动物。猪应被安静地移动，理想的方法是由饲养员使用垫板或其他非伤害性物体协助完成。猪舍和装载设备的设计要征求专家的建议，保证猪在移动中保持平静，减少应激。

为了动物的健康以及更好地满足养殖生产要求，AWC 在动物管理的章节，列出了阉割、断尾、剪獠牙、打标记等措施的注意事项，RSPCA 只涉及打标记的规范，未对其他内容进行系统的归类说明。

为满足市场和消费者的需求，可能需要阉割动物，应由经培训的人员操作。外科阉割手术，要求使用锋利的无菌工具，例如小刀或外科手术刀，动物需要被完全保定。推荐在 2～7 日龄阉割仔猪，此时的仔猪必须完成哺乳反射。若在 8～21 日龄阉割仔猪，需要适当有效地保定动物。术后的外科创伤引流是必要的。

尽量避免对动物实施断尾。若存在啃咬尾巴的现象，应调查环境、饲喂情况和管理模式，确定问题的原因，出台补救措施。若以预防为目的实施断尾，应在 7 日龄之前完成。

征求专家或顾问的建议，确定是否有必要剪断獠牙，但此项不能作为常规化的措施。如果同窝仔猪发生争斗或对母猪造成伤害，应在 3 日龄前剪断獠牙，需注意只有在同窝仔猪或母猪的乳房受到伤害后才能实施。具体操作，只能剪断牙齿尖端，不超过 1/4。

---

①Freedom Food（自由食品）认证制度是 RSPCA 推出的世界上第一个也是最多的福利保证计划，1994 年实施。该计划通过一套监督和稽查系统，使各种肉品、蛋品和乳品的生产过程符合标准，以此向消费者保证，这些动物饲养、运输和屠宰的各个阶段都符合动物福利的要求。

如公猪的獠牙可能对人或动物造成伤害，则必须去除獠牙。合理保定公猪，如果需要，可以使用麻醉剂。獠牙应从牙龈水平被干净地断开，避免对其他组织造成破坏，獠牙剪断后不需要药物止痛。

猪的耳朵可以挂标签、刺青、制作缺口或穿孔，作为永久的识别标记，也可以在动物身体上刺青或植入微型芯片。尽量避免制作耳朵缺口，若必须实施，动物不能超过7日龄。

8.3.3　牛的管理

RSPCA规定，牛的养殖过程中，管理者必须确保养殖人员具备完成工作的技能，如果必要，应提供员工培训的机会。饲养员必须了解牛在产犊、注射药物、口服药物以及阉割过程中的福利内容，了解配种过程中的福利要求，尤其是选择合适的种公牛、小母牛使用的精液和胚胎。饲养员必须熟悉动物的营养状况，充分了解动物的体况评分、足部的功能性解剖、正确的足部护理、乳房和乳头的功能性解剖、产犊过程以及新生犊牛的护理。

驱赶动物的人员必须经过训练，了解牛可能受到的应激，以及对同类、对人、对奇怪的噪声、光线、声音和气味的反应。移动牛的过程中，应注意：

(1)牛对距离和细节的视觉感官较差，不应被引入光线差的区域；

(2)避免突然移动牛周围的物体，对牛造成惊吓；

(3)牛的听力跟人相似，不应受到突然的大音量噪声的影响；

(4)牛具有十分强烈的群体性本能，不可以被孤立圈养。

只有头牛前面的道路平坦，且有足够的空间时，才可以移动或装载动物。动物不可以在匆忙移动中沿着轨道或跑道奔跑，或匆忙穿过通道。移动中不允许使用电刺激，棍棒和其他友善的辅助方式可用于扩展手臂长度。

需要设置一个可用的处理动物的畜舍，包括聚集动物的系统和限制动物的装置，该畜舍应考虑到所养牛的种类、性情和数量。产犊辅助设施仅应在辅助分娩时使用，在使用产犊辅助设施之前，必须确保胎儿的位置和大小满足自然分娩的要求，确保分娩过程不会对母牛或胎儿造成不必要的疼痛和痛苦，生产过程中不能求快。

所有病卧牛必须被立即处理，饲养人员使用起重设备之前，必须由兽医检查动物并适当处理，起重设备不能对动物造成不必要的疼痛或痛苦。若病卧牛不能恢复健康，应尽早人性化地屠宰。

颈标、尾标或腿标只能用于识别动物，肉牛的标记必须由经培训的人员安装，避免不必要的疼痛或应激。可接受的永久性标记包括耳标、刺青、冷冻标记(避免不必要的疼痛)，或植入电子传感器。用于临时标记的喷雾或涂彩必须是无毒的。

农场的工作犬，必须经过合格的训练，时刻在工作人员的控制范围内，不能对牛造成伤害和应激。精心照看农场犬，提供适宜的住所、日粮、健康护理以及福利，必须经常去除农场犬体内的寄生虫。

禁止出口来自Freedom Food农场的活体犊牛，包括直接从农场出口，或间接通过第三方出口。养殖人员应在牲畜市场注册，说明贩卖的犊牛不是用于出口。提倡养殖者缩短贩卖犊牛的运输路途，尽量使用当地的批发网点。农场间的运输路程同样不能过长，避免出现福利问题。

肉牛的养殖过程中，所有即将屠宰的肉牛必须是在 Freedom Food 农场度过整个生命周期。在 Freedom Food 部门批准的前提下，动物可以在农场之间转运。不满 7 日龄的犊牛不允许买卖和运输。

新近获得 Freedom Food 资格的农场，获批之日起，在农场生活至少 120 d 的动物，才能在屠宰时打上 Freedom Food 动物的标签。若动物早于 120 d 被转运，且使用 Freedom Food 认证的运输方式，运往其他的 Freedom Food 农场，屠宰前在 Freedom Food 农场的总饲养时间达到 120 d，则动物可以冠以 Freedom Food 标签。在 Freedom Food 农场饲养不满 120 d 的动物，仍可以打上 Freedom Food 标签，但必须声明，在屠宰前，他们仍会饲养动物，直至满足 Freedom Food 的天数要求。在获得 Freedom Food 农场资格之前运至农场，并计划以 Freedom Food 动物标签进入食品环节的动物，必须可以从农场得到追溯结果。

奶牛的饲养过程中，饲养员应熟悉畜舍卫生和挤奶设备维护的要求。所有奶牛场应使用“动物数据记录国际组织”认可的挤奶系统。

AWC 规定，在牛的饲养过程中，尽量避免发生动物福利问题，万一出现差错，在管理上应落实高效安全的补救措施。发现任何受伤、生病或者被困的动物，应迅速并妥善地处理，所有操作需注意安全卫生。

常规检查的频率和力度，应考虑牛和饲养员的福利风险。畜舍中的牛，每天至少检查一次牛群数量。放牧的牛，检查频率应依据牛的生长阶段、牛群密度、饲料、饮用水供给、年龄、怀孕状态、气候环境和管理措施而定。例如，如果各方面条件良好，成年牛可以每月检查一次，若饮用水供应较差，需要每两天检查一次。外租土地的所有人有责任保证土地中的放牧区域满足动物福利要求。当动物被寄养在别处，应制定书面的饲养计划，并指定管理和监督的负责人。一般来说，负责代养的个人承担大部分责任，并及时与动物的所有人保持联系。

为了动物的健康以及更好地满足养殖生产要求，AWC 在动物管理的章节，列出了阉割、断尾、去角、打标记等措施的注意事项，RSPCA 只涉及打标记的规范，未对其他内容进行系统的归类说明。此外，AWC 更加关注产犊的难易度。

选择犊牛断奶前第一次聚集时，为犊牛去势，必须采取局麻或全麻。去势不得超过 6 月龄，特殊情况下，大龄牛的去势必须由兽医操作。在一些地区，为大于 6 月龄的牛去势是违法的，除非由兽医操作，操作人员必须了解自身的法律责任。橡胶环的去势方法仅适用于 2 周龄的犊牛，利用无血去势钳去势，动物的年龄越小越有利。

某些情况下，兽医会建议对奶牛实施断尾。小于 6 月龄的青年母牛才能断尾，过程中必须使用止痛或麻醉药物。断尾的切点应置于骨关节处，不能在骨头中间切开。一些地区只允许注册兽医实施断尾手术。

养殖场、活体肉牛出口商和许多市场都偏向于收购去角的牛，以减少牛的受伤和增强动物福利。为了减少动物的疼痛和伤害，最好在断奶前完成去角。手术应选择合适的月份以避免苍蝇的影响，在苍蝇较多的地区，去角时应使用合适的苍蝇驱除剂。犊牛在 6 月龄之前，第一次合群时去角，过程中应使用局部麻醉剂。年龄稍大的动物可以在无麻醉剂的情况下进行“电烙铁”式去角（在角的末端保留神经敏感的部分），某些地区的法律规定，只有兽医才能为大于 12 月龄的牛去角。推荐的去角方法是在犊牛长出角芽时，利用铲式去角器，刮刀或热烧灼法进行去角，不能使用腐蚀性的物质。采用的方法应保证去除所有的角组织，且对周围的组织造成最小的创伤。去角后 10 d 内，应经常观察动物，注意伤口感染的情况。

耳朵上的标签、标志、切口、刺青，乳房上的刺青，皮下埋植，冷冻标记，摄影术和无线射频识别装置(RFID)是动物福利推荐的识别方法。不允许使用腐蚀性的化学物质标记动物，一些地区禁止使用脸部标志。

推荐每100头母牛匹配5头公牛，避免公牛之间的竞争冲突，造成伤害。后备母牛应从母牛，尤其是小母牛中根据骨盆的尺寸大小挑选，遗传潜力应倾向于犊牛的低出生重和低产犊难度，交配难易度也是考虑的因素之一。人工授精只能由经培训的授精员完成，实习的授精员只能在有经验的授精员的直接监督下操作。人工授精、精液和胚胎的选择、胚胎移植以及相关的操作，都必须符合当地法律。

奶牛每天有规律的挤奶时间，奶量充足的泌乳期奶牛每天挤奶至少两次。细致管理挤奶流程，挤奶器的设计应保证奶牛的福利，挤奶过程应减少奶牛不适、受伤和疾病的传播。

正确的管理可以降低产犊难度。避免怀孕母牛和小母牛过饱或饥饿；避免母牛与已知不适合的公牛交配，造成犊牛出生重过大；允许交配的小母牛必须达到该品种最低的体重要求。若条件允许，尽早观察临近预产期的母牛。精心配制妊娠或泌乳奶牛的日粮，辅助降低产犊难度，提高犊牛成活率，另外，母牛过肥会加大产犊难度。观察母牛的产犊过程，不能打扰动物，一旦发现生产困难的母牛，应当立即由有经验的人员助产。引产只能在兽医的建议下实施，注意遵循当地法律。

8.4 屠宰

动物福利五大自由中提到，动物享有不受痛苦伤害的自由，即保证动物不受额外的痛苦，并得到充分适当的医疗待遇；享有生活无恐惧和悲伤感的自由，即避免各种使动物遭受精神创伤的状况。动物福利标准规定，屠宰系统必须精心设计和管理，确保不会引起动物不必要的痛苦和不适。屠宰前应尽量减小保定的程度，参与屠宰的工作人员应接受培训，胜任分配的工作任务。

RSPCA对鸡、猪或牛的屠宰规定，屠宰厂的管理者必须开发和制定一个动物福利规程，包括屠宰厂中动物福利的保障措施，突发状况的应对程序以及员工的责任和任务。该规程应定期调研和更新。管理者应指派至少一个经培训的动物福利专员(Animal Welfare Officer, AWO)，监督动物福利规程的实施情况。AWO一天内应经常检查屠宰流程，确保动物被有效击晕，并在昏迷状态下完成屠宰。如果动物未被有效击晕，AWO必须立即采取补救措施。针对参与处理和屠宰动物的员工、管理者以及AWO应开发和制定一个培训计划，有助于员工顺利完成工作任务。

必须在屠宰厂安装功能性的闭路电视(CCTV)系统，观察屠宰流程中的动物。在待宰区使用闭路电视，有助于监控和实施屠宰厂的动物福利，确保福利标准的切实执行。CCTV同样被用于室内培训，以及为屠宰厂提供额外的安全保障。CCTV摄像头的安装位置，应确保视角清晰，随时监控屠宰流程，来自同一摄像头的画面，可以在不止一个监视器中得到清晰的影像。录制CCTV的画面，保留至少3个月。

AWC的屠宰标准按照家禽(包含鸡)和非家禽(包含猪和牛)分类。

8.4.1　鸡的屠宰

RSPCA规定，鸡到达屠宰厂，应立即卸载，安置在一个可控的待宰舍中。待宰舍的设计，应尽量减少动物的伤害和痛苦：

(1)保护动物免受阳光直射，以及恶劣的天气，如刮风、下雨、冰雹、下雪等；

(2)提供通风设备；

(3)动物应安置在温度适中的区域；

(4)降低照明等级或将灯光设置为蓝色。

在合适的区域张贴突发状况时应对的措施，明确指出热应激发生时应采取的办法。运输途中受伤、出现热应激或冷应激的动物，必须立即执行人道主义屠宰。记录动物的死亡和受伤情况，同一农场的下一批动物运输前，将记录的情况通知运输的司机、承运人、AWO和农场管理员。如果单次运输的死亡率超过0.5%(蛋鸡)或0.25%(肉鸡)，记录死亡事故的级别，调查动物的死因，并立即采取有效的补救措施。鸡到达预定的屠宰厂后，不允许被移动到其他地方屠宰，尽快屠宰动物，整个屠宰过程需在4 h内完成。

选择尺寸和类型均适宜的保定设备，屠宰线以一定的速度运行，确保动物被吊起时，不会引起不必要的疼痛和痛苦。屠宰厂的管理人员必须雇佣充足的工人，保障保定程序达到预期的工作状态。负责保定的人员必须经过合格的培训，了解鸡在吊起过程中可能存在的骨折风险，学习避免动物受伤和骨折的保定方法。安排有经验的人员监督保定的全过程。

保定区至击晕池的沿线，应尽量降低噪声；光照强度设置为5 lx以下(根据动物眼睛的生理条件设定)；使用护胸设备可以阻止动物拍打翅膀和扬头；动物均匀悬挂于屠宰线，避免颠簸摇晃。工作人员应注意防止家禽从保定区域逃离，或从保定线上坠落。当发现动物因保定松动而坠落，应立即重新保定。如果动物受伤，应在远离屠宰线的区域，立即执行人道主义屠宰。

保定会对动物造成不适和疼痛，应尽量缩短保定时间。鸡在击晕之前，不允许悬挂超过30 s。然而，一段短的保定时间对实现有效击晕十分必要，可以允许动物休息和停止拍打翅膀。检查所有装载动物的箱子，确认没有动物遗留。小型肉鸡可能在击晕池中丢失，不适宜保定。

允许的击晕设备包括电击晕池、结合电金属网或棍棒的干式击晕以及手工击晕等手段。日常维护击晕和放血的设备，定期打扫卫生，每天检查，确保符合工作要求。

若使用电击晕池，应针对家禽的大小和数目设定击晕池的高度，水面必须完全没过动物的头，但不能溢出池子的入口。浸入水中的通电电极，应横跨池子的整个长度，系统使用50 Hz的交流电，每只家禽接受的平均最小电流为120 mA，每只动物的电流不得低于105 mA，接触电流的时间应大于4 s。安装一个电流表，在动物进入水池后，精确监控水中的电流。击晕不允许使用直流电，文献表明，利用直流电击晕可能引起一系列严重的动物福利问题。家禽离开击晕池后，需检查是否被有效击晕或杀死。进入褪毛池前，未被有效击晕的动物，必须被人道主义屠宰。工作人员应学习识别击晕有效性的方法。

屠宰过程中，不可避免会发生问题，导致不能继续处理动物，应提前制定应对办法。如果屠宰线停止超过60 s，在保定点和宰杀点之间的动物必须立即接受人道主义屠宰。发生任何问题，必须立即纠正并报告AWO。

击晕结束后，必须割断鸡腹侧的颈静脉和颈动脉。自动化宰杀的区域，需要由指定的人员检查宰杀失败的动物，工作人员必须拥有足够的时间再次切断血管。介于击晕和宰杀的时间，不能超过 10 s，且保证在宰杀前，有足够的时间检查击晕效果。鸡脖子的血管被切断后，至少停留 90 s，已证实死亡的动物才能浸入褪毛池。

若使用可控的气体系统(Controlled Atmosphere Stunning，CAS)，必须培训工作人员，学习 CAS 的操控方法、空气冲洗程序以及家禽的疏散程序。每天在屠宰前，检查气体是否充足。若使用不止一种气体，气体在输送至 CAS 前，应彻底混合均匀。

持续监控气体的浓度，监控气体的输送管道。气体浓度的监视器，必须沿设备安放在不同的位置；制作清晰的标记，容易辨认；在设备中安装的气体监视器，必须连接一个声音或画面式的警报系统，气体浓度或比例发生错误时，警报系统将被启动。必须根据使用手册，使用经认证的气体校准设备，定期校准气体的监控设备，时刻保证正确的气体浓度。

进入 CAS 前，家禽不可以接触混合气体。进入系统 10 s 内，动物必须浸入最大浓度的混合气体中。离开 CAS 后，进行其他程序之前，应有足够的时间检查动物致死的有效性，若发现意识清醒的动物，必须立即转移并实施人道主义屠宰，记录相关内容。

屠宰线发生故障的情况下，必须有备用的屠宰手段，可随时投入使用，并有能力处理所有的待宰家禽。可能有动物滞留在 CAS 中，必须制定应对此类事故的措施，包括采取行动的细节，避免故障时间过久。若家禽滞留时间超过 2 min，必须利用空气，冲洗系统中的混合气体，转移家禽并采取备用的手段实施屠宰。

彻底检查离开 CAS 的家禽，找出任何由系统造成的受伤和损伤，调查并查明造成创伤的位置和过程。创伤的表现，以及导致的原因，必须记录存档。若发现家禽具有意识且受到伤害，应立即采取措施查明和纠正问题，减小再次发生的可能性。

AWC 规定，屠宰厂中待宰的家禽，无论在运输车上，或已经卸载完毕，都不能暴露于阳光直射、辐射，以及不良天气，如下雨或刮风。小心谨慎地卸载装有动物的箱子，避免动物受伤和产生应激，必须尽快捉回卸载过程中逃脱的家禽，立即屠宰受伤的家禽。卸载后，任何损坏的箱子都不允许继续使用，除非经过修理。冲洗所有使用过的箱子，去除污垢，如羽毛和粪便。

鸡笼之间的空隙应足够大，确保空气流通。待宰鸡舍应安装温度调节设备，能够降低鸡舍温度。待宰家禽，每小时至少检查一次，若发生受伤等情况，应立即采取补救措施。整个屠宰过程，从抓住第一只鸡，到最后一只鸡屠宰完毕，不允许超过 24 h，RSPCA 则要求尽量在 4 h 内完成。

动物的捕捉和保定需要相关的设备和操作技巧，避免动物受伤，将应激降到最低。保定区域的设计应考虑到，逃跑的家禽可以在无受伤或痛苦的情况下被捉回。保定设备应适合于不同大小和体重的家禽，不能造成过度创伤。保定线从动物卸载点延伸至放血池，时刻保持畅通，无障碍，方便工作人员靠近和检查。击晕前，保定线上的家禽应头朝下悬空一段时间(最好大于 30 s，不超过 3 min)。

屠宰过程中必须击晕动物，除非家禽被宰杀或通过颈脱臼法横面切断脊椎致死。击晕过程使动物对疼痛和痛苦变得麻木。使用电击晕池，应确保动物的翅膀不能首先接触到水。通电的击晕刀是一种可接受的击晕工具，推荐在小规模屠宰中使用。

实施电击晕，电流应足够大，使动物立即丧失意识，维持昏迷状态直至放血，死亡。标准的商业屠宰中，肉鸡或淘汰蛋鸡在击晕池中成群被击晕，施加足够大的电压，动物接触电流的时间应足够长，确保击晕的有效性。完成有效击晕，必须确保足够大的电压；根据动物的年龄和大小调整电压；根据家禽大小调整水池的水位；水池入口处应设计为斜坡；动物由斜坡处合理地浸入水中。

无效的击晕可能是因为：

（1）身体的活动使动物未与水有效接触，如进入水池时，动物可能会抬头。保定点和击晕池之间的昏暗环境，有助于家禽镇定，到达水池前减少抬头。

（2）动物大小不同，导致有些家禽没有完全浸入水池。

（3）动物个体以及不同身体部位的电阻大小可能存在差异，年龄较大的动物需要更高电压，因为腿部的电阻高于年龄小的家禽。

（4）电流的变化、家禽对电的敏感性不同。

培训工作人员应提供应对突发状况的措施和办法，以期在击晕设备发生故障时，员工可以合理地处理问题。时刻监控击晕设备的运转情况，确保正常的电流和电压，观察动物被有效击晕或致死的情况。未完全击晕的家禽，不允许重新保定，应立即执行人道主义屠宰。

击晕后 15 s 内进行放血。使用全自动放血设备的屠宰场，应培训工作人员手动屠宰家禽的方法，作为备用的屠宰手段。活鸡禁止用热水烫洗，放血时间不能少于 90 s，且先于热水烫洗或拔毛。

8.4.2 猪和牛的屠宰

RSPCA 规定，猪和牛的屠宰过程中，AWO 必须时刻在现场监督，一天内开展频繁彻底的检查，确保动物被有效击晕，并在昏迷状态完成屠宰。如果发现动物未被有效击晕，屠宰线必须立即停止，采取补救措施。

无论在运输车上或在待宰圈中，受伤且丧失行走能力的动物必须在原地使用人道主义的屠宰设备和手段实施屠宰。一种针对无行走能力动物的屠宰方法，是注射过量的具有麻醉效力的药物，使动物立即丧失意识，最终死亡。整个过程应由兽医操作。

待宰圈的构造不能伤害其中的动物，且应考虑到：

（1）设置躲避阳光直射和不利自然条件的遮盖物；

（2）提供干燥的休息区；

（3）针对动物的数量，选择大小和构造适合的待宰圈；

（4）拥有充足的通风设备；

（5）提供适量的光照，有助于检查动物；

（6）拥有清理粪尿的设施；

（7）一批动物离开后，彻底地清理和打扫圈舍；

（8）动物可以自由饮水，必要的话，提供日粮。

性别、年龄或来源不同的动物，可能会对彼此具有攻击性，必须分开圈养。来自同一农场的动物可以圈在同一栏中。除宰前检查需要至少 220 lx 的光照外，待宰栏中的动物不能暴露在明亮的人工光源或阳光的直射下。

安静地驱赶动物，避免动物受到不必要的刺激和应激，禁止使用电刺激。只有领头动物面前的道路平整，有足够的空间向前移动时，才可以驱赶或装载动物。跑道或通道的设计应鼓励动物移动,包括防滑设计,尽可能减少急转弯和有充足的光线,清理跑道和通道中的突起物和障碍物。

使用锋利的刀宰杀动物。切开血管后,应停留至少 20 s(猪)或 30 s(牛),直到动物的脑干反射全部停止,才能继续后续操作。负责击晕、保定、吊起和放血的工作人员,完成所有步骤后才能继续下一头动物。

猪的屠宰过程中,具备工作能力的人员才可以在待宰圈检查和照看动物、在击晕和致死流程中限制动物、击晕动物、检查击晕的有效性、吊起动物以及对动物放血。AWO 必须确保不会因为工作人员的疲劳影响动物福利,为了降低工作疲劳,管理人员可以安排员工倒班休息。

猪在运输前可以饮水。限饲的动物在运输前至少 4 h 不能进食,但禁食不能超过 18 h,屠宰厂的管理人员必须了解动物最后一次进食的时间。

待宰圈应安装取暖设施,注意温度不能过高或过低。动物发生热应激,需要降温,可以考虑喷雾处理。实施喷雾时,应关注待宰圈的温度,避免动物受凉。证据显示,温度下降到 5℃以下时,接受喷雾的猪容易受凉。管理待宰圈的员工,必须保障动物有足够的空间,猪的空间要求见表 8-19。

表 8-19 猪的待宰圈中动物的空间需求

活重/kg	休息区/m^2	总面积/m^2
10	0.10	0.15
20	0.15	0.225
30	0.20	0.30
40	0.26	0.40
50	0.31	0.47
60	0.36	0.55
70	0.41	0.61
80	0.45	0.675
90	0.475	0.715
100	0.50	0.75
110	0.53	0.80

除通向保定区域的道路,所有的圈栏、通道和跑道的设计,应允许猪并排行走。处理丧失行走能力的猪,若立即原地致死可能对其他猪造成不利影响,可以暂缓屠宰。

猪在宰杀前必须击晕,使动物立即丧失意识,对疼痛不敏感,并维持该状态直至死亡。根据动物是否立即丧失意识并维持该状态至死亡,来评价击晕的有效性,屠宰前每 2 h 检查一次,记录结果。

检查击晕的有效性,每批至少 10 只动物,检查记录必须包括:

(1)实施击晕人的姓名;

(2)实施检查人的姓名;

(3)每次检查的动物数目;

(4)检测击晕的指示器;

(5)检查的频率；

(6)不顺从的动物数目；

(7)对无效击晕动物的补救措施。

如果发现击晕失败的动物，或动物从昏迷中恢复，需立即重新击晕。

只能使用以下方法屠宰和杀死动物，这些方法可以使动物立即丧失意识，对疼痛麻木：

(1)电击致死；

(2)子弹、穿透性电击、电气麻醉和暴露于 CO_2 直至死亡，以上措施之后需要放血；

(3)使用惰性气体或掺有惰性气体的二氧化碳致死动物。

使用电气麻醉，击晕时的最小电流不小于 1 A，1 s 内获得，持续至少 3 s。使用电击致死，每一阶段的最小电流不小于 1.3 A，1 s 内获得，持续至少 3 s。动物致死前，必须检测电流，记录检测结果，保存至少 1 年。使用电气麻醉或电击，设备必须连接一个装置，显示和记录每只动物的电参数。必须有一个清晰的视觉显示器，任何参数低于要求的数值时，可以发出清晰的视觉和听觉警报。

用于宰杀的刀不能短于 12 cm，颈静脉和离心脏较近的主要血管，应一并被切开。可以使用胸部刺杀，确保快速、大量和彻底地放血，保证动物死亡。

若使用气体系统致死动物，屠宰前，应检查核实气体充足。根据厂家的说明，使用合格的标准气体，每天校准气体的监控和传感设备，随时供应合格的气体。

动物进入击晕室前，二氧化碳的浓度必须高于 85%。在通道沿线安装照明设备，击晕室的灯光可以使动物看见同伴和周围的环境，鼓励动物进入室内。在击晕室的地面高度测定 CO_2 浓度，达到最大浓度之前，击晕室不得充入其他气体，气体在使用前至少混合 10 min。击晕室的构造合理，不能阻碍动物进入，其空间应足够大，满足所有动物无重叠平卧。动物分批次进入击晕室，每一批次的平均 CO_2 浓度必须达到 90%以上，动物必须在最高 CO_2 浓度的区域保留足够长的时间(30 s)，保证完全放血之前不会苏醒。

击晕室需安装相关设备：

(1)维持房间内的 CO_2 浓度；

(2)测量、显示和记录室内气体的 CO_2 浓度以及气体充盈的时间；

(3)二氧化碳浓度低于 85%时，报警系统应发出清晰的视觉和听觉的警报，问题被发现和解决之前，猪不允许进入击晕室。

确保每一个工作人员接受过技能培训，学习击晕室的操作方法、利用空气冲洗击晕室以及动物从击晕室疏散的步骤。利用 CCTV 和击晕室开口的窗户，监视击晕室中的动物，适量的光线将有助于观察。

混合气体致死有效性的检查记录，必须包括：

(1)检查人的姓名；

(2)每次检查的动物数目；

(3)检查的频率；

(4)出现苏醒迹象的动物数目；

(5)应对无效击晕/致死的补救措施。

将动物从击晕室转移到宰杀点，整个过程尽量减少耗时，确保没有动物在放血完成前恢复意识。检查击晕/致死的有效性，每一批至少 10 只动物，如果击晕/致死未完全奏效，或动物从昏迷中恢复，需立即重新击晕/致死。与此同时，屠宰线必须停止，禁止动物进入击晕室，检查系统的所有环节，记录相关细节。如果贯穿电击或电气麻醉用于重新击晕，必须在 15 s 内放血。重新击晕/致死的设备，应具备简便快捷的特点。

应对突发状况的指南必须放置在合适的地点，员工可以根据该指南处理突发状况，内容包括移除和屠宰遗留在击晕室中的动物。紧急事故中，无法使用常规设备的情况下，员工必须有能力促使猪快速放血。

在牛的屠宰过程中，切实保障牛在屠宰厂的福利，制定规章制度，包括发生突发状况的应对措施，如处理逃跑、诱捕和受伤动物的相关程序。

待宰圈中栏与栏应分开，隔离生病和受伤的动物，必要的话，待宰圈应设置在动物卸载点附近，与击晕区域相通。在待宰圈过夜的牛，应安置在有充足休息区的畜栏中，不允许有动物站立过夜，牛群对休息空间的需求见表 8-20。

表 8-20 牛对待宰圈休息区域的需求

体重/kg	每头牛最小的休息空间/m²	体重/kg	每头牛最小的休息空间/m²
<100	1.5	551～600	5.5
101～250	2.5	601～650	6.0
251～350	3.5	651～700	6.25
351～450	4.5	>700	6.5
451～550	5.0		

牛在宰杀前必须击晕，利用击晕系统使动物立即丧失意识，丧失对疼痛的敏感性，并维持该状态直至死亡。除非员工已做好击晕的准备，否则不允许牛进入屠宰车间。针对牛设计的击晕栏需考虑到可以限制动物向前、向后或向侧面移动；击晕完成后，允许动物放松头部；允许屠宰工人走到击晕动物的前方。

可以使用子弹射杀牛击晕，或利用脑部震荡（仅适用于大于 8 月龄的动物）、电击或电气麻醉的手段使动物立即丧失意识，对疼痛不敏感，之后实施放血。

使用电麻醉的方法，击晕的电流不小于 1 A，1 s 内获得，持续至少 3 s。电击的方法，击晕的电流不小于 1.2 A，只能用于击晕和杀死成年动物。

动物被单独屠宰时，设备应包括：

(1)测量加载电阻的装置，电流不能满足要求时，阻止整个设备的运行；

(2)听觉或视觉的显示装置，指示某些环节的作用时间；

(3)指示工作电流的设备，置于方便操作员观察的区域。

宰杀时，必须切开牛的颈静脉沟，使刀朝向胸部方向开口，割开主要的血管。

AWC 将非禽类的屠宰归为一类，包括猪和牛的内容。

AWC 规定，待宰圈中狭长的围栏方便动物移动，提供每头猪或犊牛至少 0.6 m²，每头成年牛 1.9 m² 的空间。设置防滑地面，墙壁和门的边角平滑，无突出棱角，不会对动物造成伤害。为动物提供遮挡处，防止遭受不良天气的影响，比如大风和阳光直射。

猪较其他动物更容易受到热应激和晒伤的影响，不能长时间暴露于阳光或极端的温度下，急喘是热应激的一种表现。因此，围栏需安置顶棚，在炎热的气候下应开启有效的通风设备，对动物喷水可以达到降温的目的。待宰栏、喂料和饮水设备，每天使用后必须打扫干净。

待宰圈中的动物，可以自由饮用清凉干净的水。牢固地安装水槽，设置足够高的侧壁，防止粪便污染，时刻保持清洁卫生。屠宰前，限制动物饮水的最长时间为 12 h，防止屠宰过程中污染胴体。

彼此陌生的动物群体不可以混在一起圈养，尤其是猪。不同种类的牛不能在一起圈养。同一品种的牛，若分批到达，以下动物应当被分开圈养：

(1)幼龄犊牛；

(2)带犊母牛；

(3)无角牛；

(4)体型相差较大的牛；

(5)泌乳期母牛；

(6)性成熟的公牛。

关于动物的圈养空间、休息、食物和水的安排，在到达屠宰厂之后，由主要负责人最终确定。为了得到较高的胴体品质，动物到达屠宰厂后需休息至少 2 h。产生应激或运输超过 6 h 的反刍动物，应在屠宰前得到更长的休息时间。运输 24 h，且未进食饮水，或受到极度应激的动物，需休息 96 h。

运达屠宰厂的猪，卸载后经过休息，应尽快屠宰。确保猪在待宰圈可以自由饮水，如果停留超过 24 h，应提供动物日粮。待宰圈中的动物，工作人员每 24 h 至少检查一次。根据兽医或主管的建议，应特别照看受伤、生病或应激的动物。

驱赶动物的过程中尽量减少使用电刺激、棍棒和犬。减少动物应激，包括视觉和听觉上的刺激。通道禁止使用光滑的地面，安置结实的墙壁，确保不会对动物造成伤害。只允许单个动物行走的通道，不宜过宽，避免动物掉头。工作人员可以进入通道，查看跌倒或躺卧在通道中的动物。

推荐使用专门设计的可以完全限制住动物的“V”形传送带，屠宰猪和牛。使用传送带可以更有效率，更人性化地击晕动物，根据传送动物的类型选择传送带的大小。

牛的击晕箱(knocking box)不能过宽，避免动物转身掉头，应足够长，提高动物的舒适性。该设施可以调节大小，方便小型动物使用。不能利用击晕箱同时对多于一只动物实施击晕，因为第一只击晕的动物可能会受到其他动物的伤害，且可能在放血致死之前恢复意识。除非立即实施击晕，动物不得进入击晕箱，禁止动物看到同类被屠宰的情形。击晕效果不佳时，立即使用贯穿性电击发射器再次击晕动物。保定前，动物必须是无意识的，避免其恢复意识，不允许保定并吊起意识清醒的动物。

将动物置于很小的空间限制其移动，使用一个手持式的击晕设备，可以更有效地击晕动物，避免受到动物未知动作的影响。不能击晕未充分保定的动物，应经常检查击晕保定的设备，维持良好的工作状态。

动物丧失意识且对疼痛不敏感，即被有效击晕。在死亡之前，动物不能恢复意识或敏感性。击晕的效果，取决于设备、环境以及操作人员的技术。备用的击晕设备应时刻保持可用。

对于牛，推荐使用贯穿电击的方法，实施头至身体方向的电击，避免动物在放血过程中恢复意识。不能对成熟公牛和瘤牛实施超过 2 次击晕，未贯穿的击晕是效率低且不人性的方法。电击晕更适用于犊牛，若同时使用胸部刺杀，可以仅对犊牛的头部实施击晕。

电击晕的电极位置对击晕有效性至关重要。不正确的电极位置，不能完成对脑的击晕，达到身体麻木的目的。强烈推荐对猪实施头至尾的电击晕,使心脏停止跳动。不能使用过低的电压,如果使用,例如对猪加以 100 V 电压,应严格按照厂商的建议使用设备,并提供足够大的电流,实施有效的击晕。

紧急状况下可以对生病、受伤的猪,或者贯穿性电击失败的大型母猪和公猪,使用机械击晕。小型屠宰厂可以使用电击枪击晕动物,手持式电击击晕设备并不昂贵,鼓励在猪上使用。AWC 未详细叙述气体击晕系统,只提到将动物浸入空气和 CO_2 的混合气体中实施击晕是可行的。

猪和犊牛在生理和解剖上存在很大差异,大脑供血的方式也不同。如果切开猪的喉咙,切断颈动脉和颈静脉,猪会在 13～25 s 之后丧失意识,犊牛则需要 30～100 s。犊牛具有一条额外的动脉,负责向头部输送血液,在常规的宰杀过程中不能被切断。业内存在一些有争议的做法,在本应使用可逆击晕的情况下,使用不可逆的击晕,使击晕至宰杀的总时间缩短在 45 s 之内。

接受可逆击晕的动物,击晕后需要被立即放血,避免动物恢复意识。该过程需要由经培训的工人和维护良好的设备共同完成。脖子两侧的主要血管,以及心脏附近更大的血管必须被快速割断。否则,动物将有机会恢复意识。

除上文提到的鸡、猪和牛的标准外,RSPCA 还涉及火鸡、鸭子、兔、绵羊等动物,AWC 涉及骆驼、马、鹿、水牛、绵羊和山羊等,每种动物的福利标准内容均包含食物和水、环境、活动空间、农场管理、健康、运输和屠宰等方面,全方位介绍了畜禽的福利要求。

本章只介绍了 RSPCA 和 AWC 两个机构制定的部分农场动物福利规范。在世界范围内还有许多官方机构或组织对农场动物福利有具体规范标准,本章的参考文献中列出了部分关注畜禽福利的机构或组织的信息。制定农场动物福利标准规范是为了农场动物被屠宰成为食物之前能健康快乐地生活。动物福利的出发点是追求动物与自然的和谐,重视动物福利,不仅可以让动物生活舒适,确保畜禽享有动物福利,同时也能提高畜禽的生产性能和经济效益。在规模化、集约化的生产中,重视动物福利可以改善畜禽的健康状况和提高生产性能,降低规模化、集约化造成的风险和影响。

思考题

1. 动物福利标准的定义是什么?制定动物福利标准的目的或者说意义何在?

2. 动物的“五大自由”分别指什么?

3. PSPCA 和 AWC 制定的家禽、猪、牛的日粮和饮水标准规范主要的异同点有哪些?

4. 福利标准主要规范了动物的饲养环境的哪些因素?注意各环境因素的关键性参数。

5. PSPCA 和 AWC 对动物管理和饲养员的主要规定分别是什么?

6. 动物福利标准规定的屠宰的总体要求是什么?注意 PSPCA 和 AWC 在屠宰过程中保障动物福利的方法。

7. 通过对本章的学习,参考 PSPCA 和 AWC 动物福利标准规范的异同,谈一下你对制定我国动物福利标准的看法和意见。

参考文献

1. 屈健. 动物福利的基本要求和重要意义. 浙江畜牧兽医,2008,5:13-15.
2. http://www.rspca.org.uk/sciencegroup/farmanimals/standards/.
3. http://www.publish.csiro.au/nid/22/sid/11.htm/.
4. http://www.wspa-international.org/.
5. http://www.oie.int/.
6. http://www.ciwf.org.uk/.
7. http://www.animalsasia.org/.
8. http://www.animalwelfareapproved.org/.
9. http://ec.europa.eu/food/animal/welfare/index_en.htm/.
10. http://eurogroupforanimals.org/.
11. http://www.ccac.ca/en_/standards/guidelines/.
12. http://www.fao.org/ag/againfo/themes/animal-welfare/aw-awhome/en/.

第9章 畜禽产品品质与安全

肉、蛋、奶等畜产品作为人类日常生活中的必需品，与人类的身体健康和卫生安全息息相关。随着全球涉及食品安全的恶性事件频发，人们的健康意识正在提高，食品消费层次也从数量消费转向了质量安全。特别是近些年来畜禽产品中出现的沙门氏菌、疯牛病、二噁英、瘦肉精、三聚氰胺、霉菌毒素等大大小小的食品安全事件更引起了消费者对食品品质及安全问题的高度关注。因此，畜禽产品品质的评价指标、标准和影响品质的因素，畜禽产品品质安全的概念和意义，以及主要存在的品质安全问题成为畜禽产品生产者和消费者共同关注的内容。

9.1 畜禽产品品质的评价

9.1.1 畜禽产品品质的概念

畜禽产品品质是指产品中与人类健康有关联的一系列属性，这些性质可以通过一定的方法进行度量。符合人类健康需要的产品属于品质高的产品，否则是品质差的产品。

畜禽产品品质与其价格直接挂钩，同时与人类的健康密切相关，高品质的畜禽产品是生产者和消费者共同追求的目标。一般意义上，畜禽产品品质的属性主要包括4个方面：①营养价值，是指产品中包含的对人体有营养的物质的种类与数量，如蛋白质、脂肪、矿物质、胆固醇、维生素等的含量和品质；②感官品质，又称食用品质，如产品的颜色、风味、肉的多汁性、肉的嫩度等；③保健功能，如对人的骨骼和肌肉的发育、血清胆固醇含量、结肠健康等方面的影响；④卫生质量，如微生物问题。畜产品品质是一个复杂的概念，涵盖的内容丰富，无法用一句话来概括，通常以它的各类别评价指标的好坏来表示。根据不同畜禽的生产特性，畜禽产品品质（主要包括肉品质、蛋品质、乳品质）可以依据化学成分含量和组成、感官品质（肉色、系水力、嫩度、pH值、风味等）、组织学指标以及血液生化指标等来评价。

畜禽产品品质的优劣可以通过一些科学指标进行综合评价，不同的畜禽产品，其基本属性和人类对其需求不同，因此，评价指标和方法也不同。本书仅介绍人类消费较多的肉、蛋、奶等畜禽产品品质的评价指标。

9.1.2 肉品质的评价

肉品质主要从感官特征（肉色、大理石纹、风味、多汁性、嫩度）、技术质量（pH值、系水力等）、营养价值、保存性能、卫生质量和安全性等方面来进行评价。

1. 肉品感官指标及分级

肉品的感官特征是指利用人的感官能够判别的一系列特征。人类最早对肉品质的判断是基于人的视觉、嗅觉、触觉、味觉等主观判定。随着科学技术的发展，人们在不断追求感官指标判定的客观性，从而制定了一系列判定指标和标准，并根据这些指标对肉品进行分级。美国是最早提出牛肉分级制度的国家，于 1916 年开始制定肉牛胴体标准，经过 10 年的修订，最终由官方推出分级标准。美国分级标准的一大特色是其对牛肉采用产量级（yield grade）和质量级（quality grade）的分级制度，根据牛肉品质（以大理石纹为代表）和生理成熟度（年龄）将牛肉质量分成 8 级：特级（prime）、优级（choice）、精选级（select）、标准级（standard）、商品级（commercial）、实用级（utility）、次级（cutter）、等外级（canner），其中前 4 种在消费市场上较为常见，特级（prime）多见于高档餐厅，而后 4 种多见于肉类加工。加拿大牛肉分级制度是在 1929 年制定的并经过多次修改，被认为是目前全球最好的牛肉分级标准之一；它将胴体分成 13 个等级，由高到低依次为特级（prime）、AAA、AA、A、B_1、B_2、B_3、B_4、D_1、D_2、D_3、D_4 和 E 级，并严格规定了牛肉肥瘦均匀的标准，确保最高等级的牛肉没有任何切面色暗、黄色脂肪覆盖或者较差的肌肉纹理等质量缺陷，同时还得到加拿大肉类等级署（CBGA）的独立认证。澳洲肉类分级体系（Meat Standard Australia，MSA）对肉类的分级更加详细，并编入了计算机软件系统。它除了根据以上指标进行分级之外，对同一个部位的分割肉，还根据不同的烹饪方式分成不同的等级，如里脊，做烤肉时评为 4 级，做爆炒则评为 5 级。MSA 分级包括 4 个等级，即无级别（ungrade）、3 级（MSA3）、4 级（MSA4）和 5 级（MSA5），级数越高代表品质越好；根据 MSA 分级，可以了解每个部位肉的基本质量等级，达到这个等级需要的排酸时间、最适宜的烹饪方式等。澳大利亚将胴体分级标准和食用品质等级相结合，更加适合消费者的需要，使标准更容易被消费者接受。1960 年日本提出牛胴体交易标准，经过多年的修改，于 1988 年建立了新的牛胴体品质分级标准，从大理石纹、肉色、脂肪颜色等方面将牛肉的质量分成 5 个等级。表 9-1 为美国和加拿大的肉品质量分级指标对比，表 9-2 为加拿大牛肉品质分级，表 9-3 为澳大利亚肉品分级。

表 9-1　美国和加拿大的肉品质量分级指标对比

等级	大理石纹* (marbling)	成熟度** (maturity)	肉色 (meat colour)	脂肪色 (fat colour)	肌肉纹理 (muscling)	质地* (meat texture)
加拿大***						
特级（prime）	稍微丰富的	年轻的	亮红色的	不允许有黄色脂肪	好的或更好的	硬实的
3A 级	少的	年轻的	亮红色的	不允许有黄色脂肪	好的或更好的	硬实的
2A 级	微少的	年轻的	亮红色的	不允许有黄色脂肪	好的或更好的	硬实的
A 级	微量的	年轻的	亮红色的	不允许有黄色脂肪	好的或更好的	硬实的

续表 9-1

等级	大理石纹*（marbling）	成熟度**（maturity）	肉色（meat colour）	脂肪色（fat colour）	肌肉纹理（muscling）	质地*（meat texture）
美国***						
特级（prime）	稍微丰富的	成熟等级A&B	淡红色的	允许有黄色脂肪	没有最低要求	适中硬度
优级（choice）	少的	成熟等级A&B	允许切面色暗	允许有黄色脂肪	没有最低要求	稍微有点软
精选级（select）	微少的	成熟等级A	允许切面色暗	允许有黄色脂肪	没有最低要求	中度柔软的
标准级（standard）	几乎没有的	成熟等级A&B	允许切面色暗	允许有黄色脂肪	没有最低要求	柔软的

*允许进行质量等级划分的最低限量的大理石纹和质地；** 成熟类别反映动物的需要量；*** 2006年6月份的标准。

表 9-2　加拿大牛肉品质分级

等级	成熟度（年龄）	肌肉纹理（muscling）	眼肌肉	大理石纹*	脂肪色和质地	脂肪厚度
加拿大特级	年轻	好至极好，有点缺陷	硬实、亮红	稍微丰富	硬实、白色或琥珀白	2 mm及以上
加拿大A、AA、AAA	年轻	好至极好，有点缺陷	硬实、亮红	A级-微量；AA级-微少；AAA级-少	硬实、白色或琥珀白	2 mm及以上
B1	年轻	好至极好的，有点缺陷	硬实、亮红	没有要求	硬实、白色或琥珀白	少于2 mm
B2	年轻	有缺陷至极好	亮红	没有要求	黄色	没有要求
B3	年轻	有缺陷至好	亮红	没有要求	白色或琥珀白	没有要求
B4	年轻	有缺陷至极好	暗红	没有要求	没有要求	没有要求
D1	成熟	极好	没有要求	没有要求	硬实、白色或琥珀白	少于15 mm
D2	成熟	中等至极好	没有要求	没有要求	白色至黄色	少于15 mm
D3	成熟	有缺陷	没有要求	没有要求	没有要求	少于15 mm
D4	成熟	有缺陷至极好	没有要求	没有要求	没有要求	15 mm及以上
E	年轻或成熟	明显的雄性化（pronounced masculinity）				

*大理石纹：根据眼肌中脂肪颗粒和脂肪沉积的平均数量、大小及分布状况进行大理石纹评估。加拿大肉牛胴体评级只用了美国农业部（USDA）大理石纹标准中可识别的9个等级中的4种，9种大理石纹等级按大理石纹含量从小到大分别是微量的、微少的、少的、适度的、中等的、稍微丰富的、中等丰富的、丰富的和非常丰富的。

表 9-3　澳大利亚肉类分级

部位	肉品编号	烹调方式					
		烤牛排	烤牛肉	爆炒	薄片	砂锅炖	腌制
里脊(tenderloin)	TDR062	5	4	5			
眼肉心(cube roll)	CUB045	3	3	3	3		
外脊(striploin)	STR045	3	3	3	3		
嫩肩肉(oyster blade)	OYS036	4	3	4	4		
肩肉(blade)	BLD096	3	3	3	3	3	
黄瓜条(chuck tender)	CTR085		3	3	3	3	
臀腰肉(rump)	RMP131	3	3	3	3		
和尚头(knuckle)	KNU099	×	3	3	3	3	
大米龙(outside flat)	OTU005		×	×	3	3	3
小米龙(eye round)	EYE075	×	3	3	3	3	×
臀肉(topside)	TOP073	×	×	×	3	3	
肩颈肉(chuck)	CHK078		3	3	3	3	
牛腩(thin-flank)	TFL051			3		3	
去骨肋排(rib-blade)	RIB041			3			
胸肉(brisket)	BRI056			×	3	3	×
小腿肉(shin)	Fqshin					3	

目前，几乎每个国家都有自己的肉品分级标准。美国还对羊肉、猪肉和鸡肉做了分级，其中将羊肉分成了 5 个等级，即特级(prime)、优级(choice)、普通级(good)、实用级(utility)、次品(cull)；对猪肉没有类似的等级标准，只是根据肉色和大理石纹分别打 1～6 分和 1～10 分；对鸡肉的等级划分更简单，即 A、B、C 3 个等级，A 级品质最好。通常来讲，对肉品分级的评定大多数是由经验丰富的专家通过打分来进行的。而随着科技的发展，肉品的某些具体感官指标也可通过先进的仪器进行度量。

(1)肉色(meat color)。肉色指肌肉的颜色，是消费者在选择购买肉产品过程中的第一感官印象。肉色是肉质的重要外观特性，它反映了肌肉生理、生化和微生物学的变化情况。肉色的深浅取决于肌肉中肌红蛋白(Mb，占 70%～80%)和血红蛋白(Hb，占 20%～30%)的含量，其中肌红蛋白的含量越高，肉色就越深。肌肉中肌红蛋白的含量受动物种类、肌肉部位、运动程度、年龄和性别等因素的影响。正常的猪、牛、羊肉，呈现红色，瘦肉有坚实感，结构细致而无过多的水分渗出。图 9-1(见彩图 9-1)和表 9-4 显示的是日本牛肉颜色分级标准及评分与肉品质的关系。可以看出，牛肉的颜色不是越深越好，也不是越浅越好，而是颜色等级在 3～5 质量是最好的。肉色也受其他因素的影响，包括肉的 pH、脂肪品质、维生素含量等。通常用比色卡(扇)或色差仪来测定肉色；色差仪是通过测定光亮度(L 值)，红绿度(a 值)、黄度(b 值)、饱和度(c 值)和氏色度(Hue 值)来判定肉色；通常 PSE 肉的 L 值高，a 值低；DFD 肉则反之。

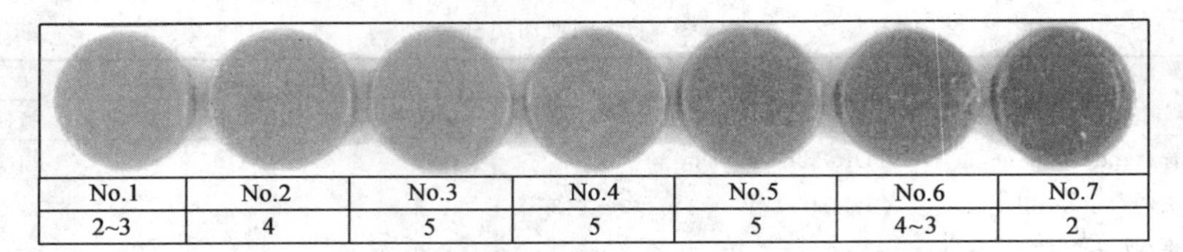

图 9-1　日本牛肉颜色标准(Beef Color Standard,BCS)

图中第一行是牛肉颜色等级,第二行是牛肉品质等级。

表 9-4　牛肉评分与品质等级标准

评分	品质等级	亮度	质地	坚实度
5	极好	极好	极好	极好
4	好	好	好	好
3	平均	平均	平均	平均
2	低于平均	低于平均	低于平均	低于平均
1	下等	下等	粗糙	下等

(2)大理石纹等级(marbling)。大理石纹指脂肪在肌肉的肌纤维与肌束间沉积形成的纹理,多用在红肉等级划分上。大理石纹等级的高低实际上指的是肌内脂肪(Intramuscular fat)的含量和分布的差别,是评价肉品质的重要指标之一。肉中脂肪的品质不仅影响肉的色泽,还影响肉的嫩度、多汁性、风味和货架期等。肉的风味、多汁性及嫩度随脂肪的增加而改善。从视觉角度来评价,肉中脂肪的颜色可以根据不同的色泽程度由白到黄分成不同的级别。图 9-2(见彩图 9-2)显示的是牛肉脂肪颜色的分级标准。脂肪颜色和瘦肉颜色一样,不是越深越好,1～4 品质最佳;通常白色脂肪比较容易被消费者接受,脂肪氧化、饲料因素导致色素沉积或动物的黄疸病等原因会导致脂肪变黄,影响畜产品品质和安全,因此黄色脂肪在生产中需要避免。

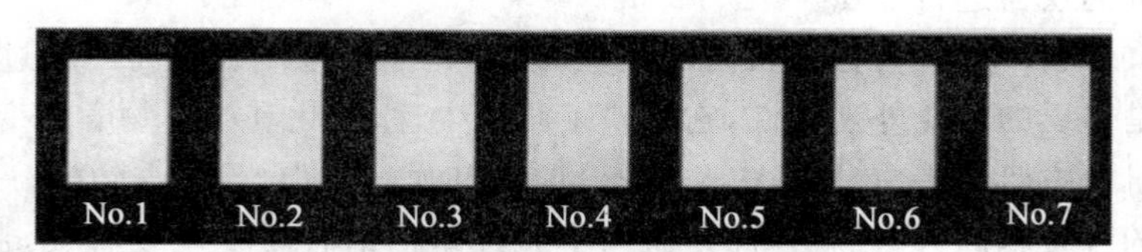

图 9-2　日本牛肉脂肪颜色标准(Beef Fat Standard,BFS)

不同国家评价牛肉大理石纹等级的标准部位略有不同:中国和美国将第 12～13 肋间眼肌横切面的大理石纹作为标准部位;日本则是以第 6～7 肋间眼肌横切面的大理石纹作为标准部位;澳大利亚以第 10～11 肋或者第 12～13 肋间眼肌横切面的大理石纹作为标准部位。对大理石纹等级的评分标准,不同国家的描述也略有不同,主要以日本、美国和澳大利亚为代表。表 9-5 为日本和牛(wagyu)肉品质评分表,图 9-3(见彩图 9-3)为日本和澳大利亚牛肉大理石纹分级标准。日本的大理石纹分级标准较细,级数较多,一共分成 12 个等级,级数越高代表肌内脂肪含量越多,大理石纹越丰富,同时,级数越高代表肉品质越好。中国肉牛的品种、繁育技术、饲养方式等与西方国家存在较大的差距，大理石纹也不如日本等国家，而且大理石纹好的牛肉通常来自年龄比较大的牛。各国之所以标准各有特色，很大程度上是由其消费观念和饮食习惯所决定的。日本习惯吃生鲜食品，讲究生而嫩，而牛肉肌内脂肪含量越高，肉质越嫩；法国等欧美国家肥胖问题较严重，肉类烹饪方式多为烤或者扒，饮食上尽量减少脂肪的摄入，因此法国提倡吃瘦而嫩的肉，对大理石纹等级的要求不如日本高。

表 9-5　日本牛肉大理石纹对应品质的评分表

评分	品质等级	牛肉大理石纹等级
5	极好	8～12
4	好	5～7
3	平均	3～4
2	低于平均	2
1	不好	1

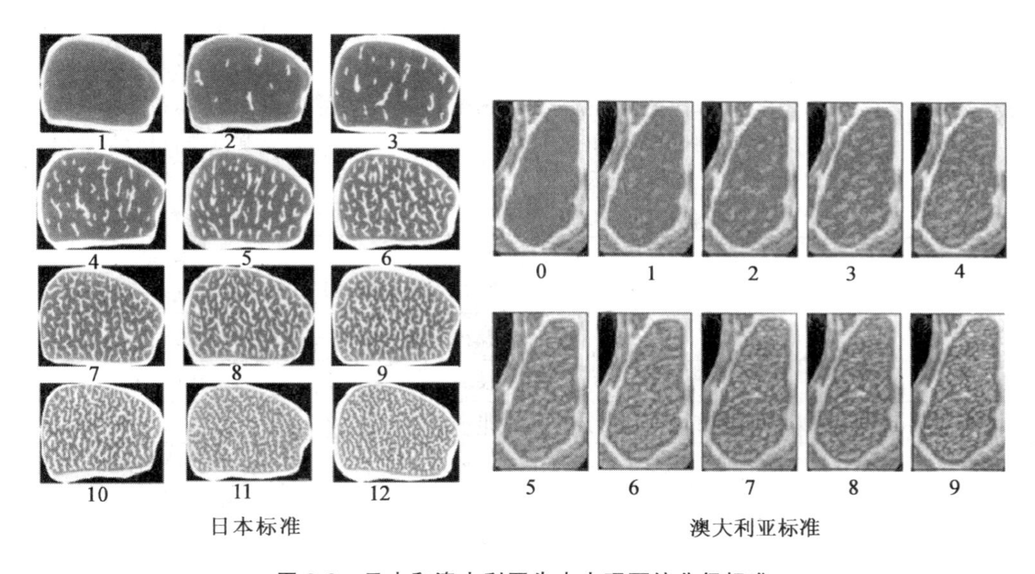

图 9-3　日本和澳大利亚牛肉大理石纹分级标准

(3)风味(flavor)、多汁性(juiciness)和嫩度(tenderness)。肉的风味、多汁性及嫩度是与人的嗅觉和味觉直接相关的感官特征，是重要的肉品食用品质。肉的风味主要包括滋味和香味两个方面。肉的滋味主要来源于肉中的游离氨基酸、肌苷酸、小肽、无机盐等滋味物质；某些还原糖(葡萄糖、果糖、核糖等)、氨基酸、脂肪酸和硫胺素是肉香味形成的重要前体物，在肌肉受热过程中生成挥发性物质如不饱和醛酮、含硫化合物及一些杂环化合物等而产生香味。嫩度是指肉在咀嚼时对碎裂的抵抗程度，包括容易断裂、嚼碎和剩余残渣等。肉的嫩度与肉中的结缔组织含量及分布、肌纤维的数量和直径、肌浆蛋白含量以及大理石纹结构有关。嫩度通常采用剪切力仪来测定，剪切力值越小，表示肉越嫩。肉的嫩度也可以由专业人士通过品尝给出评价。

风味、多汁性和嫩度主要受动物品种、年龄、性别、营养状况和屠宰后的处理方式等因素的影响。通过化学方法测定风味物质的前体物含量也是评价肉品质的手段之一。此外，风味的评价也是感官评价指标的一个方面，对于牛肉风味评价技术的研究，欧美国家较成熟且应用较为广泛。借助人的嗅觉、味觉等感官系统，利用科学客观的方法，对牛肉的风味进行定性、定量的分析和评价。通常安排5～15个专业的风味评价员，对经过一定处理(蒸煮或烤扒)，不加任何调味品的牛肉的风味、多汁性、残渣量和易嚼碎度等指标进行评价，以统计学的方法进行分析，最终得出牛肉风味评价结果。表9-6为牛肉风味评价指标与定义，表9-7为风味指标评分标准(郭晓旭，2009)。

表9-6 牛肉风味评价指标

评价指标	定 义	评分标准
咬入度	初次咬入时，咬断样品的难易程度	从易到难，得分从高到低
嚼透度	多次咀嚼后，嚼碎的难易程度	从易到难，得分从高到低
残渣度	咀嚼后，残留在口中肉残渣量的多少	从少到多，得分从高到低
熟肉色	肉样咬开后，切面的颜色	从青灰白色到血红色
肉香气	嗅到肉样品香味的强弱	从强到弱，得分从高到低
初始多汁性	初次咬入，肉汁溢出量的感受	从多到少，得分从高到低
持续多汁性	多次咀嚼后，肉汁持续溢出量的感受	从多到少，得分从高到低
滋味	对肉样品滋味强弱的感受	从强到弱，得分从高到低
脂感	肉样品脂肪含量的感受	从多到少，得分从高到低
综合接受度	对肉样品的整体接受程度	接受度越高，得分越高

表9-7 牛肉风味评价指标标准(8分制)

咬入度		嚼透度		残渣度		熟肉色	
极难	1	极难	1	极多	1	血红色	1
非常难	2	非常难	2	非常多	2	红褐色	2
较难	3	较难	3	较多	3	浅红褐色	3
略难	4	略难	4	略多	4	绿褐色	4
略易	5	略易	5	略少	5	灰褐色	5
较易	6	较易	6	较少	6	浅褐色	6
非常易	7	非常易	7	非常少	7	灰白色	7
极容易	8	极容易	8	极少	8	青灰白色	8
肉香气		初始多汁性		持续多汁性		肉滋味	
无	1	极干燥	1	极干燥	1	极弱	1
非常弱	2	非常干燥	2	非常干燥	2	非常弱	2
较弱	3	较干燥	3	较干燥	3	较弱	3
略弱	4	略干燥	4	略干燥	4	略弱	4
略强	5	略多汁	5	略多汁	5	略强	5
较强	6	较多汁	6	较多汁	6	较强	6
非常强	7	非常多汁	7	非常多汁	7	非常强	7
极强	8	极多汁	8	极多汁	8	极强	8

续表 9-7

脂感		综合接受度					
无	1	极低	1				
非常弱	2	非常低	2				
较弱	3	较低	3				
略弱	4	略低	4				
略强	5	略高	5				
较强	6	较高	6				
非常强	7	非常高	7				
极强	8	极高	8				

2. 技术质量

肉质的技术质量主要指 pH、系水力等，直接影响肉质的感官特征和肉的品质。

pH 是指肉的酸度，对肉色、嫩度和系水力都有影响。动物屠宰后肌肉内的糖原酵解产生乳酸使肌肉 pH 值下降。正常情况下，宰后胴体在 0～4℃ 温度条件下，24 h 内，肉的 pH 从 7.0～7.2 缓慢下降至 5.5～5.7。如果屠宰前操作产生急性应激，使动物高度兴奋和狂躁，导致糖原加速酵解，产生过量乳酸，肉的 pH 值在 45 min 内迅速下降至 5.5～5.7，肌肉将呈现苍白、松软而有水渗出的现象，产生 PSE(Pale Soft Exudative)肉。pH 值降至 5.4 以下，肉会变得更加苍白，失去食用价值。反之，如果屠宰前长时间的绝食和肌肉运动，使肌肉中的糖原耗尽而几乎不产生乳酸，pH 在一定时间内无法降至 5.5～5.7 范围内，肉将呈现暗黑色、硬、干，产生 DFD(Dark Firm Dry)肉。图 9-4(见彩图 9-4)为肉色与 pH 值的关系，图 9-5 为屠宰后 24 h 内 PSE 和 DFD 及正常猪肉的 pH 曲线图。

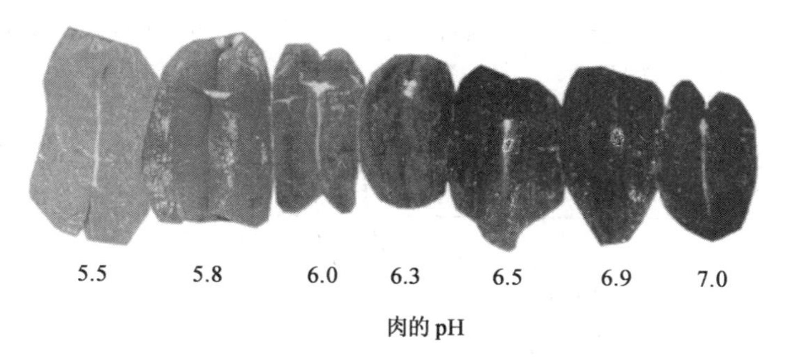

图 9-4　肉色随 pH 变化而变化

系水力(water holding capacity)是指当肌肉受到外力作用如加压、加热、冷冻、切碎时保持水分的能力。肌肉中通过化学键固定的水分很少，大部分是靠肌原纤维结构和毛细血管张力而固定。肌肉系水力的测定方法因关注点不同而不同，目前常用的有 3 种：①滴水损失，在 4℃环境内，肉样在重力作用下一定时间(24 h 或 48 h)内的重量损失定义为滴水损失，是衡量在正常条件下肉的系水力；②熟肉率，将肉品蒸煮一定时间后的质量与蒸煮前的质量比值为熟肉率。熟肉率是衡量肉品受热后系水的能力；③施加外力时的失水率，衡量肉品在受到外力的

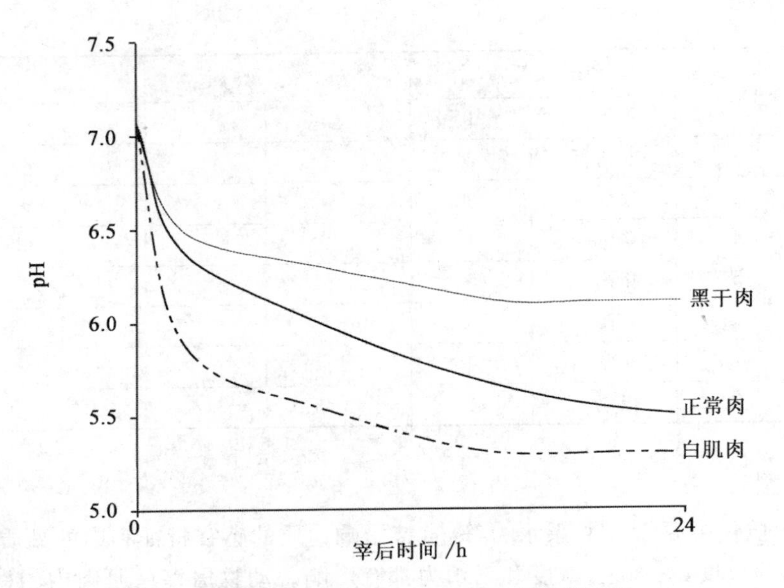

图 9-5 屠宰后 24 h 内 PSE 和 DFD 及正常猪肉的 pH

作用后的系水能力，主要测定方法有加压法和离心法。系水力直接影响肉的颜色、风味、嫩度和营养价值。系水力越高，肉越多汁；系水力低，肉表面会有水分渗出，可溶性营养成分和风味严重损失，肌肉干硬、肉质下降，而且容易滋生细菌。

3. 营养价值

营养价值指的是肉中的营养物质成分含量及其营养功能。肉品的营养成分主要包括蛋白质、脂肪、氨基酸、脂肪酸等。这些成分通常用化学方法和仪器分析方法进行测定。肉品的营养价值与动物种类、年龄、营养条件及切块部位有关。表 9-8 为不同动物或部位肉品的能量、蛋白质、碳水化合物和脂肪含量。

表 9-8 110 g(4 盎司或 0.25 磅)肉的营养含量

肉品来源	卡路里	蛋白质/g	碳水化合物/g	脂肪/g
鱼肉	110～140	20～25	0	1～5
鸡胸	160	28	0	7
羊肉	250	30	0	14
牛排(beef top round)	210	36	0	7
牛排(beef T-bone)	450	25	0	35

来源于 http://en.wikipedia.org/wiki/Meat。

4. 保存性能

保存性能指的是畜禽产品本身所具有的能够延缓或阻止其质量变化的性能。肉品的保存性能与其化学组成有关，维生素 A、维生素 E 和维生素 C 是天然的抗氧化剂，能够保护细胞膜的完整性，因此，畜产品中如果富含这类维生素，有助于降低畜产品氧化酸败的程度，延长商品的货架期。测定这类具有抗氧化性的维生素通常采用液相色谱法。表 9-9 为肉品在不同温度下的贮藏时间。

表 9-9　在－18℃及－29℃时肉品的预期保质期　月

类别	－18℃	－29℃
牛肉(regular cuts)	12	18
羊肉(regular cuts)	12	18
猪肉(regular cuts)	8	10
绞碎的牛肉(ground beef)	6	8
猪肉肠(not seasoned)	6	8
猪肉肠(seasoned)	2	4
火腿和培根(cured pork)	4	6
加工肉(variety meats)	3～4	5～6

注:预期贮藏时间是根据第 11 次良好生产规范(GMP)行业报告进行计算。没有原始研究报告证实目前的数据。

数据来源:全球冷链联盟(Global Cold Chain Alliance,2008)。

5. 卫生质量

肉品的卫生质量是指肉品中含有对人体健康有害的物质的种类和数量。肉品中有毒有害物质种类和数量越少,其卫生质量就越好。食品质量卫生标准就是规定了各类食品中单项有害物质各自的质量和容许量的规范性文件。

随着社会的进步,消费者对畜产品的安全性提出了更高的要求。对食品卫生的要求不仅是产品的卫生质量,还要涉及生产过程的质量安全。目前,各国都对畜禽产品提出了各自的卫生质量标准。标准中对不同产品的各项指标进行了规定,包括:①感官指标,食用的色、香、型;②细菌及其他生物指标,有食品菌落总数、食品大肠菌群最近似数、各种致病菌;③毒理学指标,即各种化学污染物、食品添加剂、食品产生的有毒化学物质、食品中天然有毒成分、生物性毒素(如霉菌毒素、细菌毒素等)以及污染食品的放射性核素等在食品的容许量;④间接反映食品卫生质量可能发生变化的指标,如粮食、奶粉中的水分含量等;⑤商品规格质量指标等。鉴于有机食品生产及国际贸易的不断增长,为促进贸易并防止误导性声明,2001 年法典食品标识委员会(CAC)制定了《有机食品生产、加工、标识及销售准则》,对“家畜及畜产品”提出要求,规定有机畜产品在生产过程中,完全不使用化学肥料、农药、生长调节剂、畜禽饲料添加剂等合成物质,也不使用基因工程生物及其产物;在加工过程中,不使用任何人工合成的添加剂、色素、防腐剂等,并且要符合相应的加工标准。

2005 年中国颁布了鲜(冻)畜肉品卫生标准(GB 2702—2005),其中对原料、感官指标、理化指标、农药残留、兽药残留、生产加工过程、包装、标识和贮存运输都做出了相关的规定,表 9-10 为该标准规定的理化指标。

表 9-10　中国鲜(冻)畜肉品卫生标准部分理化指标

项　目	指标	项　目	指标
挥发性盐基氮/(mg/100 g)	≤15	镉(Cd)/(mg/kg)	≤0.1
铅(Pb)/(mg/kg)	≤0.2	总汞(以 Hg 计)/(mg/kg)	≤0.05
无机砷/(mg/kg)	≤0.05		

韩国针对进口的新鲜、冷藏或冷冻的鸡、鸭、鹅、火鸡、鹌鹑、野鸡等禽类在孵化、饲养、生产加工、检验检疫制定了15方面的卫生标准，严格控制进口肉品的卫生质量。标准内容包括：出口国高敏病性禽流感、家禽饲养地疫病、家禽疫病、出口国家禽传染病防疫、出口国作业场、作业场贸易伙伴、禽肉检验、危害公众健康的残留物、包装、出口国检验机构、家禽肉胴体、运输途径、检疫证书内容、到港检疫等方面。

9.1.3 禽蛋品质评价

禽蛋尤其是鸡蛋的营养成分全面均衡，是“人类理想的营养库”，含有人类需要的所有营养素，而且容易被吸收，被称为“完全蛋白质模式”。蛋品质包括物理和化学性质指标，主要从蛋壳品质、蛋清质量、蛋黄颜色、是否有血点和血斑等缺陷、蛋的大小等方面来评价。

(1)蛋壳品质。目前消费市场上从蛋壳颜色角度分，主要有白壳蛋、褐壳蛋和粉壳蛋3种，不同市场对蛋壳颜色的喜好不同，但是蛋壳颜色与蛋的营养成分组成没有关系。蛋壳颜色主要取决于蛋壳钙化最后阶段蛋壳腺分泌的色素沉积量，与遗传因素有关，和日粮的营养水平无关。

蛋壳厚度、强度和清洁度是评价蛋壳品质的主要指标。通常情况下，蛋壳厚度用千分尺衡量，即取一小块蛋壳去壳膜后，测定其厚度。一般认为，蛋壳厚度在0.35 mm以上的蛋具有良好的可运性、储藏性和耐压性，而因蛋壳厚度差而损失的商品蛋高达6%。钙是蛋壳的主要成分，日粮中钙水平直接影响蛋壳中钙的含量，进而影响蛋壳厚度和强度。钙摄入不足或者钙磷比例不当，会导致畸形蛋、软壳蛋和薄壳蛋的产生(图9-6)。蛋壳强度通常用蛋壳强度(kg/cm^2)测定仪来测定(图9-7)。此外，蛋壳表面必须清洁，不沾染粪污；蛋壳的清洁度受鸡的健康状况、畜舍清洁状况的影响，如果鸡出现腹泻，那么蛋壳会沾染粪污。

图9-6 薄壳蛋、软壳蛋

图9-7 蛋壳强度测定仪

(2)蛋清质量。蛋清的主要成分是水，除此之外蛋清中的蛋白质和氨基酸也很重要。鸡蛋的等级用哈氏单位来表示(表9-11)，很大程度上取决于蛋清的稳定性及其胶体结构，而和胶体结构关系最密切的蛋白质是卵黏蛋白。哈氏单位是根据蛋重和蛋内浓厚蛋白厚度，按公式计算指标的一种先进方法，可衡量蛋的品质和新鲜度，是国际上蛋品质评定的重要指标。通常新鲜蛋的哈氏单位在80以上，当哈氏单位小于31时视为次等蛋。蛋白指数(浓厚蛋白的量：稀薄蛋白的量)可以判断蛋的新鲜度,通常新鲜蛋的蛋白指数为 6∶4 或 5∶5,蛋白指数越高,蛋越新鲜。

表 9-11　鸡蛋等级和哈氏单位的关系

鸡蛋等级	哈氏单位	鸡蛋等级	哈氏单位
AA 级(上等)	72 以上	B 级(下等)	31～60
A 级(中等)	60～72	C 级(次等)	<31

(3)蛋黄质量。蛋黄质量通常用蛋黄指数来表示。蛋黄指数(蛋黄高度:蛋黄直径)可以衡量蛋的新鲜度。合格蛋的蛋黄指数在 0.30 以上,小于 0.25 时蛋黄膜破裂,出现散黄现象;新鲜蛋通常在 0.38～0.44。蛋黄指数的计算方法是,将蛋打开倒于蛋质检查台上,用高度测微尺测蛋黄高度,再用游标卡尺量蛋黄的直径,然后计算。对蛋黄颜色的要求通常是根据消费者的喜好来决定的。通常黄色越深,越受消费者喜爱;但是蛋黄颜色与其营养成分组成没有关系,仅与饲料中色素含量的多少及吸收状况有关(图 9-8)。国际上常用罗氏比色扇(Roche scale)来测定蛋黄色素的沉积状况,该测定方法将色素沉积分成 1～15 个等级,最高的为橘黄色,为 15 级。通常出口蛋的蛋黄色泽应达到 8 以上。

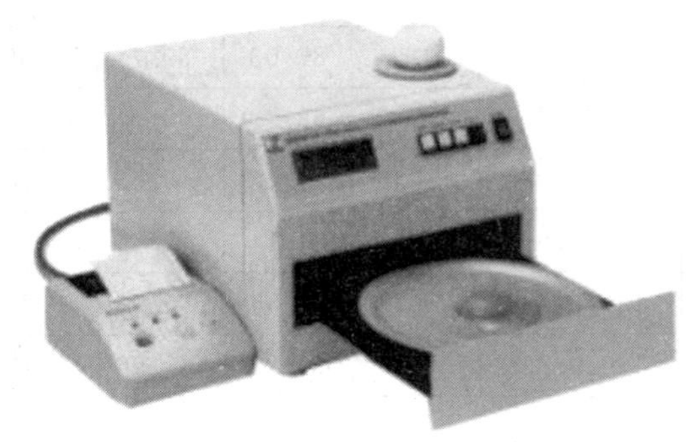

a. 多功能蛋品测定仪

b. 罗氏比色扇

图 9-8　蛋品质的测定

(4)血斑和肉斑率。血斑是指蛋黄上的血凝块,是卵黄从输卵管释放时微血管破裂的结果,这些血块可能很小也可能很大以至于使整个鸡蛋颜色异常。血斑和肉斑率是指含血斑和肉斑的蛋数占总蛋数的比率,是表明禽蛋品质的重要指标之一。

9.1.4　牛奶品质评价

牛奶因含有丰富的营养物质而成为人们日常生活中喜爱的饮食之一。牛奶中含有人体生长发育所需的全部氨基酸、脂肪、丰富的钙、维生素 D 等。牛奶品质主要从营养价值(乳脂肪、乳蛋白质)、保存性能、卫生质量等方面来评价。

1.营养价值

牛奶的营养成分非常丰富,表 9-12 是美国农业部(United States Department of Agriculture,USDA)官方发布的市场上乳品的营养成分。早期以乳脂肪含量的高低作为评价牛奶品质的第一指标,而随着科学研究的深入,发现过多摄入乳脂含量较高的牛奶容易引起肥胖和血胆固醇过高等疾病,因此根据消费者的需要,市场上推出了各种低脂(1%脱脂乳和2%脱脂乳)和脱脂乳及乳制品,适合有特殊需要(减肥、糖尿病、高血压)的人群;还推出了钙含量高的高钙牛奶,适合老人和小孩饮用。由于乳脂存在潜在的"副作用",牛奶品质评价指标出现了转变,乳蛋白质含量的高低及其品质的好坏成为目前牛奶营养价值评价最关键的指标,不同国家因其生产水平和消费需求差异,乳蛋白含量和品质的标准略有不同。2010年中国重新修订了《生乳安全标准(GB 19301—2010)》,其中将原料乳中的蛋白质含量标准从原来的不低于2.95%,重新规定为不低于2.8%,发达国家蛋白质含量标准为3.0%以上,其中新西兰为3.8%,欧美国家大多为3.2%。

表 9-12 不同品种奶的养分含量(数据来自美国农业部的营养数据)

组分	单位	牛				山羊	绵羊	水牛
		全乳(3.25%脂肪)	减脂(2%脂肪)[1]	低脂(1%脂肪)[1]	去脂[1]			
		每100 g乳中的含量						
所有成分								
水	g	88.32	89.33	89.92	90.84	87.03	80.7	83.39
能量	kcal	60	50	42	34	69	108	97
碳水化合物[2]	g	4.52	4.68	4.99	4.96	4.45	5.36	5.18
脂肪	g	3.25	1.97	0.97	0.08	4.14	7	6.89
蛋白质	g	3.22	3.3	3.37	3.37	3.56	5.98	3.75
矿物质(灰分)	g	0.69	0.71	0.75	0.75	0.82	0.96	0.79
维生素								
维生素 A	μg	28	55	58	61	57	44	53
维生素 B_1	mg	0.044	0.039	0.02	0.045	0.048	0.065	0.052
维生素 B_2	mg	0.183	0.185	0.185	0.182	0.138	0.355	0.135
维生素 B_3	mg	0.107	0.092	0.093	0.094	0.277	0.417	0.091
维生素 B_5	mg	0.362	0.356	0.361	0.357	0.31	0.407	0.192
维生素 B_6	mg	0.036	0.038	0.037	0.037	0.046	0.06	0.023
维生素 B_{12}	μg	0.44	0.46	0.44	0.53	0.07	0.71	0.36
维生素 C	mg	0	0.2	0	0	1.3	4.2	2.3
维生素 D	IU	40	43	52	41	12	ND3	ND
维生素 E	mg	0.06	0.03	0.01	0.01	0.07	ND	ND
叶酸	μg	5	5	5	5	1	7	6
维生素 K	μg	0.2	0.2	0.1	0	0.3	ND	ND

续表 9-12

组分	单位	牛				山羊	绵羊	水牛
		全乳(3.25%脂肪)	减脂(2%脂肪)[1]	低脂(1%脂肪)[1]	去脂[1]			
		每 100 g 乳中的含量						
矿物质(灰分)								
钙	mg	113	117	119	125	134	193	169
铜	mg	0.011	0.012	0.01	0.013	0.046	0.046	0.046
铁	mg	0.03	0.03	0.03	0.03	0.05	0.1	0.12
镁	mg	10	11	11	11	14	18	31
锰	mg	0.003	0.003	0.003	0.003	0.018	0.018	0.018
磷	mg	91	94	95	101	111	158	117
钾	mg	143	150	150	156	204	137	178
硒	μg	3.7	2.5	3.3	3.1	1.4	1.7	ND
钠	mg	40	41	44	42	50	44	52
锌	mg	0.4	0.43	0.42	0.42	0.3	0.54	0.22
碳水化合物								
乳糖[4]	g	5.26	5.01	5.2	5.09	ND	ND	ND
脂类								
胆固醇	mg	10	8	5	2	11	27	19
总饱和脂肪酸	g	1.865	1.257	0.633	0.117	2.677	4.603	4.597
4:00	g	0.075	0.077	0.024	0.004	0.128	0.204	0.276
6:00	g	0.075	0.04	0.018	0	0.094	0.145	0.153
8:00	g	0.075	0.02	0.013	0.001	0.096	0.138	0.071
10:00	g	0.075	0.049	0.027	0.002	0.26	0.4	0.141
12:00	g	0.077	0.055	0.029	0.001	0.124	0.239	0.167
13:00	g	0	0.002	ND	ND	ND	ND	ND
14:00	g	0.297	0.175	0.091	0.008	0.325	0.66	0.703
15:00	g	0	0.02	0.01	ND	ND	ND	ND
16:00	g	0.829	0.58	0.287	0.025	0.911	1.622	1.999
17:00	g	0	0.011	0.006	ND	ND	ND	ND
18:00	g	0.365	0.243	0.126	0.009	0.441	0.899	0.682
20:00	g	0	0.004	0.002	ND	ND	ND	ND
所有的单不饱和脂肪酸	g	0.812	0.56	0.277	0.047	1.109	1.724	1.787
14:01	g	0	0.014	0.007	ND	ND	ND	ND
15:01	g	ND	0.004	0.002	ND	ND	ND	ND
16:1 unspecified	g	0	0.027	0.017	0.003	0.082	0.128	0.142
16:1 cis	g	ND	0.027	0.017	ND	ND	ND	ND
17:01	g	ND	0.005	0.002	ND	ND	ND	ND
18:1 unspecified	g	0.812	0.507	0.25	0.018	0.977	1.558	1.566
18:1 cis	g	ND	0.43	0.213	ND	ND	ND	ND
18:1 trans	g	ND	0.078	0.037	ND	ND	ND	ND

续表 9-12

组分	单位	牛				山羊	绵羊	水牛
		全乳(3.25%脂肪)	减脂(2%脂肪)[1]	低脂(1%脂肪)[1]	去脂[1]			
		每 100 g 乳中的含量						
所有的多不饱和脂肪酸	g	0.195	0.073	0.035	0.007	0.149	0.308	0.146
18:2 unspecified	g	0.12	0.062	0.03	0.002	0.109	0.181	0.07
18:2o-6,cis,cis	g	ND	0.055	0.027	ND	ND	ND	ND
18:2 i	g	ND	0.007	0.003	ND	ND	ND	ND
18:3 unspecified	g	0.075	0.008	0.004	0.001	0.04	0.127	0.076
18:3o-3,cis,cis,cis	g	ND	0.008	0.004	ND	ND	ND	ND
蛋白质								
丙氨酸	g	0.103	0.111	0.106	0.1	0.188	0.269	0.132
精氨酸	g	0.075	0.107	0.096	0.072	0.119	0.198	0.114
天冬氨酸	g	0.237	0.299	0.311	0.243	0.21	0.328	0.309
胱氨酸	g	0.017	0.107	0.116	0.123	0.046	0.035	0.048
谷氨酸	g	0.648	0.779	0.782	0.673	0.626	1.019	0.477
甘氨酸	g	0.075	0.061	0.063	0.05	0.05	0.041	0.08
组氨酸	g	0.075	0.073	0.084	0.075	0.089	0.167	0.078
异亮氨酸	g	0.165	0.183	0.187	0.15	0.207	0.338	0.203
亮氨酸	g	0.265	0.331	0.375	0.327	0.314	0.587	0.366
赖氨酸	g	0.14	0.233	0.287	0.252	0.29	0.513	0.28
蛋氨酸	g	0.075	0.083	0.083	0.062	0.08	0.155	0.097
苯丙氨酸	g	0.147	0.162	0.167	0.145	0.155	0.284	0.162
脯氨酸	g	0.342	0.368	0.359	0.343	0.368	0.58	0.364
丝氨酸	g	0.107	ND	0.208	0.168	0.181	0.492	0.227
苏氨酸	g	0.143	0.103	0.089	0.082	0.163	0.268	0.182
酪氨酸	g	0.152	0.153	0.142	0.148	0.179	0.281	0.183
色氨酸	g	0.075	0.04	0.04	0.04	0.044	0.084	0.053
缬氨酸	g	0.192	0.218	0.217	0.18	0.24	0.448	0.219

[1]添加维生素 A;[2]用差值法测定碳水化合物含量;[3] ND = 未测定;[4] 通过分析测定乳糖含量。

2.保存性能

牛奶保存时间的长短,是评价牛奶品质的指标之一,通常新鲜的牛奶在干净、密封、低温条件下可以保存 3~4 d;为了延长牛奶的保存时间和商品的货架期,应该对牛奶进行彻底消毒,杜绝微生物的增殖。随着保存时间的增长,保存温度和初始体细胞数高的牛奶产品的淘汰率升高；而初始体细胞数少且保存温度低的牛奶出现不良风味的时间较晚，图 9-9 为保存时间和体细胞数(Somatic Cell Count，SCC)对奶货架期的影响(Barbano 等，2006)。原料奶中体细胞数反映了牛奶质量及奶牛的健康状况，是影响牛奶保存性能的重要因素。

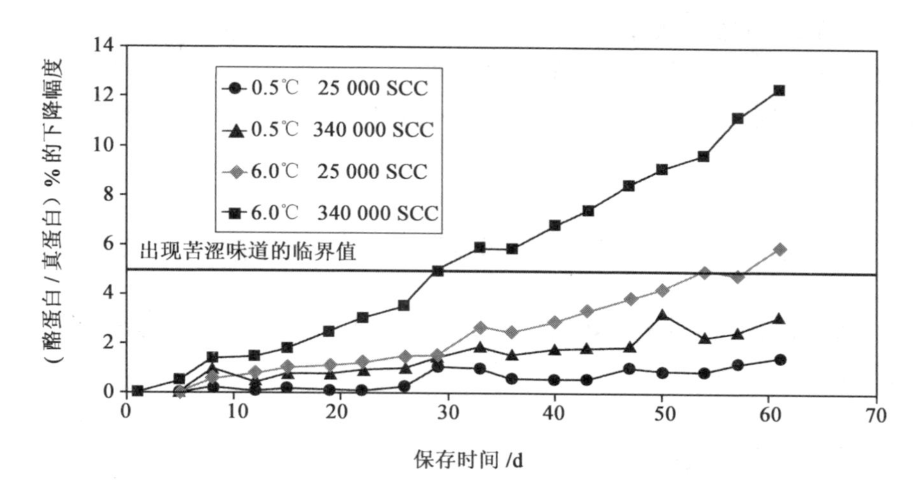

图 9-9　保存温度和 SCC 对 2%灭菌奶货架期

3. 卫生质量

对牛奶卫生质量和安全性的生物性评价主要包括牛奶中的体细胞数和细菌总数这两个指标。牛奶中体细胞数指的是每毫升奶中细胞总数，绝大多数是白细胞(巨噬细胞、嗜中性白细胞和淋巴细胞)，占总体细胞数的 98%～99%，其余的部分是乳腺组织脱落的上皮细胞。SCC 的数量反映奶牛乳房健康状况，是衡量原料奶品质的重要指标之一。表 9-13 显示了来自美国宾夕法尼亚大学和康奈尔大学对体细胞数与乳房感染情况的研究结果，可见乳房炎感染牛的比例越高，牛奶中体细胞数就越多。正常情况下，牛奶中的体细胞数应在 2 万～20 万个/mL，受年龄、胎次、泌乳期阶段、季节、应激、个体差异和挤奶操作等因素的影响。由于体细胞数值的大小不仅受奶牛健康状况的影响，还受其他非健康因素的影响，所以不能将牛奶体细胞数增大与乳房炎看成绝对的等同关系。美国农业部规定生乳中 SCC 不超过 7.5×10^5 CFU/mL，欧盟、新西兰和澳大利亚规定生乳中 SCC 必须小于 4×10^5 CFU/mL，中国一般规定收购生乳的 SCC 不可超过 6×10^5 CFU/mL。

表 9-13　体细胞数与乳房感染情况

体细胞数/(个/mL)	感染牛比例(Penn 大学)	感染牛比例(Cornell 大学)
0～99 000	6	5
100 000～199 000	17	12
200 000～299 000	34	33
300 000～399 000	45	38
400 000～499 000	51	58
500 000～599 000	67	53
>600 000	79	61

牛奶本身是无菌产品，营养丰富，因此也是细菌繁殖的天然培养基，在挤奶后保存、运输和加工过程中，由于环境和保存器具的不清洁不卫生，会导致牛奶被微生物污染，进而影响牛奶的品质。美国的《优质热杀菌奶条例(PMO)》中要求生乳活菌总数不可超过 10^5 CFU/mL，希腊的标准要求小于 4×10^5 CFU/mL，荷兰等国要求生乳的活菌总数低于 10^5 CFU/mL，欧盟 2010 年推出的进口牛奶新标准中要求牛奶中细菌总数不能超过 4×10^5 CFU/mL，中国在同年提出的牛奶新标准中将牛奶细菌总数标准提升到了不超过 2×10^6 CFU/mL。

9.2 影响畜产品品质的因素

畜产品品质受很多因素的影响，包括遗传、饲养管理、环境和加工工艺等方面，其中遗传、饲养管理是最主要的影响因素。

9.2.1 遗传因素的影响

每种畜禽肉产品都有其独特的风味，猪、牛、羊、鸡、鸭、鹅肉的味道各不相同。表 9-14 是鸡、猪、牛、羊达到屠宰体重时机体化学成分含量的差异。猪和羊的脂肪含量较高(分别为 32.7%和 52.8%)，其他动物的脂肪含量均低于 20%。随着集约化生产模式的发展，现在的畜产品逐渐失去其自身特有的风味，造成这种结果的原因，除了品种选育的因素之外，与畜禽的饲养有很大的关系。

表 9-14 不同动物达到屠宰体重机体的化学成分含量

项目	体重/kg	水分/%	蛋白质/%	脂肪/%	粗灰分/%	能量/(MJ/kg)
肉鸡*	1.66	63.7	20.4	11.9	4.0	9.08
肉猪*	120	50.4	14.1	32.7	2.9	16.34
肉羊**	59	25.1	15.9	52.8	6.3	20.80
肉牛**	450	55.2	20.9	18.7	—	12.35

* 数据引自 Kirchgessner M(1987)；** 数据引自 McDonald P(1988)。

同种畜禽，由于基因型不同，产品的品质也不同。表 9-15 为不同基因型对肉牛的生产性能、屠宰性能、胴体及肉品质的影响(Yuan Zhengrong，2013)。

禽蛋由蛋壳、蛋清和蛋黄组成。在蛋的养分分布情况中，蛋黄中干物质和能量含量最高，蛋清中水分、蛋白质和氨基酸含量最高，钙、磷和镁则主要存在蛋壳中。由表 9-16 可见，4 种禽类的蛋重差异较大，鹅蛋最重，鸡蛋最轻，但蛋壳、蛋黄和蛋清的百分含量非常接近。

表 9-15 中国商品牛基因 DGAT1 SNPs 与牛肉和胴体品质的关联分析

SNPs	基因型	N	Traits(least squares±SE)											
			LW/kg	ADG/kg	CW/kg	DP/%	MP/%	MW/kg	BFT/cm	LMA/cm²	MS(1～5)	MC(1～7)	FC(1～5)	WBSF/kg
c.572A>G	AA	242	579.28±8.32	0.6±0.02	352.46±4.99	56.21±0.36	46.28±0.61	271.16±6.76	0.97±0.05A	73.52±1.66	1.89±0.06a	4.55±0.12	1.39±0.07a	5.22±0.11A
	AB	135	569.32±11.02	0.57±0.04	332.12±5.66	55.76±0.23	45.28±0.46	265.79±5.89	1.01±0.04A	72.33±1.29	1.79±0.02a	4.45±0.13	1.35±0.06b	4.11±0.13B
	BB	106	553.63±13.55	0.51±0.08	329.23±7.98	53.22±0.36	42.39±0.31	261.49±5.85	1.29±0.06B	71.85±2.02	1.12±0.03b	4.52±0.10	1.09±0.07b	2.95±0.12B
	P value		0.158 7	0.321 2	0.231 1	0.212 8	0.251 2	0.594 3	0.007 9	0.332 8	0.045 4	0.568 1	0.045 6	0.009 8
c.124 1C>T	CC	323	572.22±12.45	0.58±0.02	349.34±6.34	56.78±0.55	48.83±0.48	273.47±6.37	1.15±0.08	72.44±1.54	2.16±0.10	4.53±0.11	1.26±0.05	4.63±0.19
	CD	94	563.31±11.12	0.55±0.03	331.12±6.91	53.35±0.55	46.19±0.41	265.62±5.54	1.16±0.05	71.65±1.72	1.98±0.09	4.55±0.16	1.29±0.06	4.42±0.16
	DD	66	553.11±9.32	0.51±0.10	322.32±6.82	51.67±0.23	44.31±0.38	261.42±6.43	1.2±0.08	70.84±2.12	1.87±0.14	4.49±0.12	1.21±0.08	4.33±0.20
	P value		0.652 1	0.452 2	0.327 8	0.318 8	0.125 4	0.489 1	0.35	0.194 2	0.127 3	0.436 8	0.097 1	0.249 8
c.141 6T>G	EE	187	575.521±8.34	0.59±0.05	359.41±3.81	57.32±0.81	47.26±0.38	278.33±6.37	0.91±0.03A	75.47±0.93a	2.06±0.08a	4.48±0.20	1.41±0.07a	5.19±0.13A
	EF	131	570.34±11.08	0.55±0.01	345.24±5.66	55.66±0.62	45.81±0.28	268.57±5.88	1.02±0.04A	74.32±1.12a	1.89±0.09a	4.53±0.17	1.16±0.06b	4.21±0.12B
	FF	165	559.22±10.23	0.52±0.02	324.26±7.22	53.43±0.63	44.53±0.29	261.51±6.69	1.27±0.03B	69.88±1.19a	1.79±0.05b	4.52±0.19	1.12±0.04b	4.06±0.11B
	P value		0.123 9	0.441 2	0.122 5	0.449 2	0.163 1	0.373 2	0.005 9	0.045 9	0.037 1	0.712 3	0.038 9	0.005 6

性状值后有不同大写字母(A 和 B)表示差异极显著($P<0.01$),有不同小写字母(a 和 b)表示差异显著($P<0.05$)。

SNPS:单核苷酸多态性;LW = live weight; ADG = average daily gain; CW = carcass weight; DP = dressing percentage; MP = meat percentage; MW = meat weight; BFT = backfat thickness; LMA = longissimus muscle area; MS = marbling score; MC = meat color; FC = fat color; WBSF = Warmer-Bratzler shear force。

表 9-16 4 种禽蛋的组成成分

蛋的种类	蛋重/g	蛋壳/%	蛋清/%	蛋黄/%	水分/%	蛋白质/%	脂类/%	糖类/%	灰分/%	能量/kJ
鸡蛋	58	12.3	55.7	31.9	73.6	12.8	11.8	1.0	0.8	400
鸭蛋	70	12.0	52.6	35.4	69.7	13.7	14.4	1.2	1.0	640
鹅蛋	150	12.4	52.6	35.0	70.6	14.0	13.0	1.2	1.2	1 470
火鸡蛋	75	12.8	54.9	32.3	73.7	13.7	11.7	0.7	0.8	675

杨凤.动物营养学.北京:中国农业出版社,1993。

不同种类的动物,其乳成分差异较大,这主要是由遗传因素决定的。表 9-17 为不同种类动物乳成分及其含量。由表 9-17 中数据可以看出,水牛奶的脂肪含量最高,高于绵羊、牦牛和奶牛。尽管水牛奶产量不及荷斯坦奶牛,但其牛奶脂肪、蛋白质含量高,品质较好;水牛奶的乳香味远远超过普通牛奶,从化学成分角度来看,是由于脂肪酸种类和含量不同造成的。因为乳和乳制品的风味主要来自于低分子的脂肪酸及其衍生物。乳脂肪和乳蛋白质是评价乳品质的主要化学指标,通过调整饲养水平以及饲料成分,可以适当提高乳脂肪和乳蛋白质的含量。日粮精粗比对乳成分含量的影响较大,当饲喂高粗料日粮时,乳脂率显著提高,原因是高粗料饲喂模式使瘤胃发酵的乙酸产量增加,为乳脂合成提供更多的底物。

表 9-17 不同种类动物乳成分及其含量

动物种类	水分/%	脂肪/%	蛋白质/%	乳糖/%	灰分/%	能量/(MJ/kg)
奶牛	87.8	3.5	3.1	4.9	0.7	2.929
山羊	88.0	3.5	3.1	4.6	0.8	2.887
牦牛	—	7.0	5.2	4.6	—	—
水牛	76.8	12.6	6.0	3.7	0.9	6.945
绵羊	78.2	10.4	6.8	3.7	0.9	6.276
马	89.4	1.6	2.4	6.1	0.5	2.218
驴	90.3	1.3	1.8	6.2	0.4	1.966
猪	80.4	7.9	5.9	4.9	0.9	5.314
骆驼	86.8	4.2	3.5	4.8	0.7	3.264
兔	73.6	12.2	10.4	1.8	2.0	7.531

许振英.家畜饲养学.北京:中国农业出版社,1979。

遗传因素对于畜禽产品品质的影响已被广泛用于畜禽的育种。早期的遗传因素对肉品质的研究主要集中在不同动物品种之间的差异上,这些差异被认为是由于复杂的遗传基因决定的,近年来,科学家发现许多特定动物品种对肉质的影响是基于单个基因的作用。例如,氟烷基因和 RN-基因是影响肉品质的主效基因,氟烷基因的表达调控导致 PSE 肉的产生,RN 基因则主要使肌肉的 pH 下降,从而产生酸肉。表 9-18 和表 9-19 分别是氟烷基因和 RN 基因对猪肉品质的影响。通过相关的基因技术,我们不仅可以对产肉动物的肉品质量进行分析预测,还能利用基因技术从根本上改善肉品质量,避免由遗传因素导致的劣质肉的产生,减少了肉品生产中的损失,提高了肉类加工行业的经济效益。

表 9-18 氟烷基因对肉质的影响[1](Pommier S A,1998)

影响因素	杂合子(Nn)	纯合子(NN)	显著水平(P<)
宰后 45 min pH	5.91	6.28	0.001
亮度值 L*	46.8	44.5	0.05
宰后 48 h pH	5.41	5.42	NS
滴水损失/%	5.02	3.62	0.001

[1]取样部位为背最长肌肉样。

表 9-19 RN 基因对肉品质的影响(Gariépy C,1999)

	RN^- (n=51)	rn^+ (n=35)	显著水平(P<)
背最长肌			
宰后 24 h pH	5.45±0.05	5.77±0.06	0.001
亮度值 L*	51.79±0.97	47.70±1.01	0.001
滴水损失/%	8.65±0.76	4.52±0.70	0.001
腿肌			
宰后 24 h pH	5.43±0.03	5.67±0.05	0.001
蛋白质含量/%	21.29±0.19	22.07±0.21	0.001
切片产率/%	73.04±5.80	57.31±7.53	0.008
工艺产率/%	113.47±1.99	121.00±0.88	0.001

9.2.2 日粮组成的影响

饲料是畜产品生产的物质基础,饲料成分及其饲喂量直接影响了畜产品的产量,同时也是影响畜产品品质的关键因素之一。目前,这方面的研究主要集中在日粮对肉、蛋及奶品质的影响。

1. 日粮对肉品质的影响

日粮蛋白质和氨基酸水平对胴体品质的影响很大,高蛋白饲料能提高胴体瘦肉率和眼肌面积,但肌肉大理石纹减少,嫩度下降;而饲料中氨基酸不平衡或蛋白质不足会引起动物采食量的增加,能量过剩,造成体脂肪沉积增多。此外,蛋白质摄入不足还会降低胶原蛋白的合成量,减少胶原蛋白交联结构的形成,改善肉的嫩度。某些氨基酸会影响屠宰后肌肉组织的理化特性和肉质。例如,日粮缺乏赖氨酸会显著降低蛋白质的沉积速度,影响胴体蛋白质含量;补充赖氨酸对肌肉纤维类型没有影响,但能增加某些肌肉面积和肌纤维的直径,降低肌肉的多汁性和嫩度。添加色氨酸则可有效降低与屠宰前应激相关的 PSE 肉的形成。

能量水平对胶原蛋白总量的影响较小,但可显著影响盐溶性和酸溶性胶原蛋白的比例及胶原蛋白的交联程度。高能日粮能提高胶原蛋白的溶解性,提高肉的嫩度。能氮比对肉品质有一定的影响,高能氮比促进脂肪沉积,低能氮比使肉鸡腹脂率下降。富含碳水化合物的饲料原料如薯类、麦类等可使猪体内沉积较硬的脂肪,常用这类饲料改善胴体品质。猪饲料中长期使用鱼粉、蚕蛹和鱼肝油下脚料、腐烂的块根等会使肉产生异味;豌豆、啤酒副产物、酵母浆等可使胴体中粪臭素含量升高，因此需要缩减此类原料的用量并且禁止使用霉变的原料。

日粮的脂肪含量和组成显著影响肉中的脂肪酸水平和类型。过多使用富含不饱和脂肪酸的饲料原料如鱼粉、大豆、米糠、饼粕（棉籽饼除外）会导致胴体变软、色泽不佳、风味降低且不便于肉品加工；但共轭亚油酸（conjugated linoleic acid，CLA）是一种不饱和脂肪酸，作为一种脂肪添加剂，可以提高胴体瘦肉率、降低氧化酸败程度、延长产品的货架期；此外，在日粮中添加鱼油、亚油酸等可以增加 CLA 在牛奶、鸡蛋和肉中的沉积，进而生产出富含 CLA 的功能性食品。日粮中添加饱和油脂或氢化油脂，可以减少不饱和脂肪酸的沉积，有利于产生硬脂肪，改善肉质，利于加工。

影响肉质的矿物质元素主要有钙、镁、铁、铜、锰、锌、硒和铬。钙是肌肉收缩和肌原纤维降解酶系的激活剂，对肉的嫩度影响很大。人们正试图探讨通过调节日粮钙水平来改善肉品质的可行性。镁是调节肌肉神经兴奋性、保证肌肉正常功能的重要元素。高剂量镁可提高肌肉的初始 pH 值，减慢糖酵解速度，从而延迟屠宰应激 PSE 肉的发生，提高猪肉品质。在生产上提高日粮铜的添加量能够提高动物的生长速度，但是高铜对肉品质有不利影响，使体脂变软的发生率高达 80%。同时由于不饱和脂肪酸含量和肌肉铜含量增加，脂类氧化程度增加，容易产生陈腐味。因此，高铜日粮在生产中应该慎重使用。铁是肌红蛋白和血红蛋白的重要组成部分，对肉色形成有决定性作用；铁还是抗氧化系统过氧化氢酶的辅助因子，对防止脂类氧化保持肉的风味有重要作用。硒是体内抗氧化谷胱甘肽过氧化物酶的组成部分，该酶能清除细胞内的过氧化物，保护脂类不被氧化。硒和维生素 E 协同，对防止细胞膜磷脂的氧化和保证细胞膜的完整性起到非常重要的作用。在猪日粮中添加有机硒能够显著降低猪肉的滴水损失（drip loss），改善嫩度。铬通过提高生长激素基因的表达，从而提高瘦肉率、眼肌面积、肉色评分、日增重和饲料转化率，降低胴体脂肪含量和肌肉大理石纹等级，但有可能会提高肌肉的滴水损失；另外，铬还参与抗热应激调节，在猪日粮中添加铬可以减轻运输和屠宰前应激，减少 PSE 肉和 DFD 肉的发生，有机铬的效果比无机铬显著。

肉牛日粮中添加维生素 A 对牛肉滴水损失、系水力、嫩度等均有显著影响；此外维生素 A 能够显著增加黄羽肉鸡皮肤色素的沉积，对类胡萝卜素有一定的保护作用，有助于维持肌肉细胞膜的完整性，减少滴水损失，改善肉品质；维生素 E 是重要的抗氧化剂，能降低脂类过氧化反应，延长理想肉色的保存时间，减少滴水损失。维生素 D_3 对肌肉钙的刺激性效应使肌肉中蛋白酶活性提高，促进肉的嫩化。维生素 C 参与体内抗氧化反应，具有抗应激、缓解屠宰后 pH 快速下降的作用。维生素 C 还有抑菌的效果，用维生素 C 处理鲜肉，能够有效抑制微生物生长。维生素 B_2 也有抗氧化作用，日粮添加维生素 B_2 可降低高铜引起的软脂发生率。

2. 日粮对禽蛋品质的影响

蛋鸡日粮中添加 50 mg/kg、150 mg/kg 和 250 mg/kg 的硫酸铜，蛋黄胆固醇含量线性下降，大蒜素、壳聚糖、茶多酚和大豆黄酮等均可降低胆固醇含量；日粮中充足的钙、磷及维生素 D 有助于蛋壳中钙的沉积，避免出现薄壳蛋、软壳蛋，进而避免病原微生物从残缺的蛋壳进入蛋内，保证蛋品质；随着日粮钙水平的提高，蛋壳强度增加（表 9-20）。日粮中脂肪酸、胆固醇、矿物元素硒和碘会在蛋中沉积，通过控制其在日粮中的含量，可以生产出对人类健康有益的功能性保健蛋，如富硒蛋、富碘蛋等。

表 9-20　日粮钙水平对蛋壳特性的影响

日粮钙/%	钙进食量/g	蛋壳强度/(kg/m²)	蛋比重	钙存留/%
2.0	2.0	3.132	1.074	74.5
3.5	3.0	3.586	1.080	60.4

蛋黄颜色除受品种差异的影响之外，饲料中的类胡萝卜素或者叶黄素等色素会在蛋黄中沉积，有一定的着色作用，可以提高蛋的感官品质。以麦类原料为主的日粮，在未添加任何色素情况下，蛋黄的罗氏颜色等级为 3～4；当该日粮中添加 25%的玉米，蛋黄颜色可提升到 6～7 级；若玉米比例占日粮的 70%，蛋黄颜色可达到罗氏 9～10 级。添加玉米使蛋黄颜色等级提高的原因是玉米中含有大量的黄色素，能够被吸收沉积在蛋黄里。另外，在日粮中添加 2.5%的苜蓿粉，也可以相应提高罗氏颜色 1～2 个水平等级。蛋黄颜色随日粮中叶黄素的增加变化不大，但当其添加量达到 30～35 mg/kg 时，蛋黄颜色可达到 9～10 级。由于单一产品往往不能达到理想的色素沉积效果，因而在实际应用中往往将两种胡萝卜素产品混合使用，以获得更高分值的色素沉积。棉籽油中含有两类会导致蛋品质下降的物质，当蛋鸡饲喂棉籽油时，其中的环丙烯脂肪酸、锦葵酸和苹婆酸会导致蛋清变成粉红色；少量的棉酚会导致蛋黄出现严重的蓝绿色以及严重的色斑，特别是在鸡蛋产出储存几天后更明显。因此，生产中不在蛋鸡日粮中添加棉籽油产品或者棉籽粕。此外，日粮含高水平的菜籽饼或者胆碱，鸡蛋会有鱼腥味，对蛋的食用品质产生不利的影响。

3. 日粮对乳品质的影响

乳成分除了受动物品种、泌乳期、胎次等影响外，很大程度上受饲料中各种营养成分的影响。乳中各种成分，以乳脂含量变化最大。

能量不足的情况下，用于合成乳蛋白的氨基酸会被动用作为能源物质使用，这不仅降低瘤胃微生物蛋白的合成量，还降低乳中蛋白质的含量。饲喂高能日粮有利于提高产奶量，但乳脂含量下降(表 9-21)。

表 9-21　不同能量水平下，干草和精料比例对产奶量及乳成分含量的影响

采食能量水平/(kg/d)	干草：精料	产奶量/(kg/d)	乳脂含量/(g/kg)	乳脂产量/(g/d)
低	40：60	16.4	39.7	651
	20：80	17.2	36.8	633
高	40：60	17.8	36.9	657
	20：80	19.1	31.0	592

数据源自：杨凤. 动物营养学. 北京：中国农业出版社，1993。

日粮蛋白质不足不但降低产奶量，还会影响乳成分。Emery(1978)研究发现，在奶牛日粮蛋白严重不足的条件下，日粮蛋白质每增加一个百分点，牛乳中蛋白质的水平就增加 0.02 个百分点，同时提高了奶牛的消化率和采食量，因此，可以认为产奶量和乳蛋白含量的增加，是饲料蛋白质直接效应和能量间接效应的双重结果。为提高瘤胃微生物蛋白合成量，在充分供给含氮物质的同时，碳源物质必须保证充足。饲料中蛋白质水平和碳水化合物来源的不同对产奶量、乳成分含量都有影响(表 9-22)。

表 9-22 饲料蛋白水平和碳水化合物来源不同对产奶量及乳成分含量的影响

	碳水化合物来源			
	压扁玉米为碳源		糖甜菜渣为碳源	
粗蛋白/（DM g/kg）	139	187	122	161
产奶量/（kg/d）	21.76	24.53	20.63	23.32
标准奶/（kg/d）	18.57	19.04	20.45	23.55
乳脂 /(g/kg)	28.4	26.6	39	40.9
乳蛋白/（g/kg）	29.6	30.1	29.2	30.1

数据源自：杨凤.动物营养学.北京：中国农业出版社，1993。

除了现期日粮营养水平对产奶量和产奶效率产生影响外，前期的日粮营养水平对其也有很大影响。表 9-23 为生长期饲喂不同营养水平日粮的乳牛各胎次的产奶性能的比较；低营养水平虽然在一定程度上延迟了产犊时间，但产奶量逐胎上升，产奶效率也高；而且，许多研究表明，乳牛生长期采用高能饲料，造成乳房脂肪沉积过多，影响分泌组织增生，导致产奶性能下降，产奶量减少和乳品质下降。可见，日粮营养水平对乳牛产奶性能的影响有着长效性，不同胎次乳牛的乳成分也有很大差异（表 9-24）。

此外，日粮的适口性也是一个很重要的影响因素。适口性好的日粮促进动物采食，增加营养摄入量，对泌乳初期的乳牛显得尤为重要，因为这一时期泌乳牛的采食量曲线滞后于泌乳曲线，机体处于能量负平衡状态。

表 9-23 乳牛生长期营养水平对产奶量的影响*

胎次	营养水平[1]					
	62		100		146	
	标准奶/kg	产奶效率	标准奶/kg	产奶效率	标准奶/kg	产奶效率
第一胎	4 010	53	4 120	50	4 185	48
第二胎	4 672	53	4 767	53	4 424	47
第三胎	4 981	53	5 088	55	4 882	50
第四胎	5 288	54	5 027	52	4 852	49
第五胎	5 631	55	5 700	58	4 872	47
第六胎	5 626	55	5 180	52	5 114	49

* 产奶效率：单位代谢体重的相对产奶量；[1] 营养水平以饲养标准规定需要量为 100。

数据源自：杨凤.动物营养学.北京：中国农业出版社，1993。

表 9-24 奶牛不同胎次乳成分含量的变化

胎次	脂肪	蛋白质	乳糖	非脂固形物
1	4.11	3.36	4.72	9.01
2	4.06	3.35	4.62	8.92
3	4.03	3.28	4.59	8.82
4	4.02	3.30	4.57	8.84
5	3.90	3.26	4.53	8.72
6	3.91	3.30	4.48	8.74
7	3.94	3.25	4.48	8.76
8	3.82	3.23	4.44	8.65

数据源自：杨凤.动物营养学.北京：中国农业出版社，1993。

9.2.3　环境的影响

畜禽饲养环境对畜产品品质的影响也很大。首先,饲养场不得建在工业区周围,因为工业区废水、废气和废渣的不合理排放及农药和化肥的不合理使用会直接污染饮水、饲料,从而导致有毒有害重金属和农药在植物性饲料中的残留。动物采食了这样的饲料,会使这些有害物质在动物体内富集,最终通过食物链进入人体,对人的健康造成重大的危害。其次,温度、湿度、光照、气流以及饲养场的氨气浓度在不同程度上影响畜产品品质。温度过高、湿度过大,使动物出现热应激,导致采食量下降,生产性能下降。现代化的集约化肉鸡生产管理模式对光照的要求较高,间歇光照或者限制光照强度会降低鸡胸肉产量。氨气浓度对肉品质影响的研究较少,但氨气浓度过高,使动物感觉不适,影响其生产性能。表9-25为不同出生环境的猪在不同环境下成长对肉质的影响(Gentry,2004)。

表9-25　生长环境对猪肉品质的影响

项目	出生环境		饲养环境		SEM	*P*-值		
	室内	室外	室内	室外		出生环境	饲养环境	互作效应
pH 24 h	5.6	5.6	5.6	5.6	0.02	0.66	0.88	0.07
肉色评分	2.8	2.9	2.7	3.0	0.22	0.69	0.34	0.34
大理石纹评分	1.3	1.3	1.5	1.1	0.13	0.96	0.05	0.31
亮度值(L^*)	47.3	47.8	47.9	47.2	1.50	0.73	0.77	0.89
红度值(a^*)	3.2	4.3	3.0	4.6	0.42	0.03	0.02	0.08
黄度值(b^*)	12.1	13.3	12.0	13.4	0.62	0.13	0.13	0.29

9.2.4　畜禽福利的影响

畜产品品质是由遗传、营养、饲养及管理等长期因素和农场处理、运输、屠宰等短期因素综合作用的结果,因而动物福利与畜产品品质有密切的关系,差的动物福利会导致动物产生应激和身体伤害,从而影响产品品质。例如,PSE和DFD肉的产生往往是由于在运输、屠宰操作及其他人为因素造成动物产生剧烈应激造成的,严重影响了畜产品品质,降低产品的价值,造成严重的经济损失。

9.3　畜禽产品质量安全的概念及存在的问题

9.3.1　畜禽产品质量安全的概念及意义

畜禽产品安全是评价畜产品品质的重要方面,对于消费者来说,更是关键的要素之一。畜产品安全指畜产品中不应含有可能损害或威胁人体健康的因素,不应导致消费者急性、慢性毒害或感染疾病,以及产生危及消费者身体健康的隐患。目前,在畜产品的生产、加工、销售各个环节均存在着不容忽视的质量安全问题,尤其是国内外不断出现畜产品安全问题的恶性事件,食源性疾病不断上升,畜产品污染事件时有发生,使得人们对畜产品安全的忧虑越来越多。

1.畜产品质量安全是维持人类健康的保证

肉、蛋、奶等畜产品是食物蛋白质的主要来源,中国人均摄入动物性蛋白量在1980年仅为12.9 g,到了2010年上升到30.0 g,人均每天摄入蛋白质77 g,其中动物性蛋白27 g,每年从畜禽、鱼类中生产动物性蛋白1 242万t。而发达国家的动物蛋白消费水平远高于中国。畜产品是改善居民膳食结构和营养水平的关键。畜产品品质和人类关系最密切的是其安全性品质。随着生活水平的提高,人们对畜产品的消费量也在不断增加,健康安全意识不断增强,对畜产品的要求也不断提高。畜产品安全与否直接影响消费者的身体健康。

2.畜产品质量安全是畜牧业健康发展的需要

据国家统计局统计数据,2004—2009年的畜产品产量逐年增加(表9-26),其中肉类产量增加了1 000万t,牛奶产量增加了1 200万t,产量的增加也说明国民消费量的增加。

表9-26 2004—2009年畜禽生产情况

指标	年份					
	2004	2005	2006	2007	2008	2009
肉类产量/万t	6 608.7	6 938.9	7 089.0	6 865.7	7 278.7	7 649.7
猪肉	4 341.0	4 555.3	4 650.5	4 287.8	4 620.5	4 890.8
牛肉	560.4	568.1	576.7	613.4	613.2	635.5
羊肉	332.9	350.1	363.8	382.6	380.3	389.4
禽蛋/万t	2 370.6	2 438.1	2 424.0	2 529.0	2 702.2	2 742.5
奶类/万t	2 368.4	2 864.8	3 302.5	3 633.4	3 781.5	3 732.6
牛奶	2 260.6	2 753.4	3 193.4	3 525.2	3 555.8	3 518.8

2009年平均年人均消费性支出中,食品占36.52%,所占比例最大,其中肉蛋奶类畜禽产品占食品消费性支出的32.5%。畜产品是人类赖以生存的动物性食品,畜禽产品安全已成为全社会关注的热点和农产品出口贸易争端的焦点。

3.畜产品质量安全是保证公共卫生安全的必要条件

美国“9·11”事件后,出现带有炭疽病毒的邮件,造成美国全社会的恐慌;禽流感和SARS的暴发都给全球造成了不可挽回的巨大损失,影响社会的稳定和经济的发展。由于饲养不当、环境差、运输过程条件恶劣等因素,导致畜产品品质大大下降,安全性问题频发。苏丹红、瘦肉精、链球菌、三聚氰胺、霉菌毒素等事件的发生,造成巨大的经济损失,严重影响畜牧业的发展。常规的食物生产方式已引起了人们广泛而深刻的反思,只关注食品生产的效益和效率已远远不够,还必须考虑生产方式对资源、环境、消费者的影响。世界各国相继制定了相关的法律法规来规范畜牧业生产过程的行为,以确保畜禽产品的卫生安全。中国制定了《饲料卫生标准》、《饲料添加剂使用规范》、《兽药管理条例》、《食品安全法》、《食品卫生标准》等相关法规和管理办法,规范我国的畜产品生产、加工和监督过程,保证公共卫生安全。

畜禽产品质量安全贯穿到产业链的各个环节,不同的环节影响安全的因素不同,产业链的前段引起的安全问题主要来自饲料和环境。兽药、饲料和添加剂、动物激素等的使用,为畜牧业生产和畜产品数量的增长发挥了积极作用，同时也给动物性食品安全带来了隐患。畜产品因兽药残留和其他有毒有害物质超标造成的餐桌污染和引发的中毒事件时有发生。表 9-27 为畜禽产品中的细菌对人类健康可能的威胁。

表 9-27　常见的细菌性食肉中毒

食物中毒菌	主要中毒食品	潜伏期	病程/d	主要症状
沙门氏菌	肉蛋类	最短 6～8 h，最长 2～3 d，平均 12～24 h	3～7	恶心、呕吐、腹痛、腹泻、发热(38～40℃)头痛、全身痛
变形杆菌	肉蛋水产品	一般 3～5 h，最长 16 h	1～3	恶心、呕吐、腹痛、腹泻、发热 38℃左右
致病性大肠杆菌	肉类、凉拌菜	2～24 h，一般 4～10 h	1～3	呕吐、腹痛、腹泻呈水样便或黏液便发热
蜡样芽孢杆菌	肉、乳、米饭	最短 30 min，长达 8 h	约 1	恶心、呕吐、腹痛、腹泻
副溶血性弧菌(嗜盐菌)	水产品、腌制品	3～24 h	1～3	呕吐、腹痛(以上腹痛为主)、腹泻，多为水样便
小肠结肠炎耶尔森氏病	肉、乳	6～18 h	1～2	右下腹疼痛、发热、腹泻呈稀便水样
链球菌	熟肉炼乳	2～3 h，长达 20 h，平均 8～12 h	1～2	上腹不适、恶心、呕吐、腹泻

饲料安全问题主要表现为植物性饲料毒素污染、金属和非金属元素污染、微生物污染、工业污染、饲料添加剂及兽药残留以及农药残留污染。

9.3.2　植物性饲料毒素污染

植物性饲料中的毒素不仅危害动物自身的健康，而且某些毒素大量沉积在畜禽体内，转移到畜产品中危害人类的健康，包括致癌、致畸、致突变以及抑制免疫力等危害。这些毒素包括饲料自身的毒素和霉变毒素。

植物性饲料中的多种次生代谢产物如生物碱、棉酚、蛋白酶抑制剂以及动物性饲料中含有的组胺、抗硫胺素也导致畜产品安全性降低，危害人们的身体健康和生命安全。棉籽中的棉酚，会破坏畜禽的肝细胞、心肌和性腺；猪对棉酚极为敏感，棉籽饼中含量超过 0.02%就会发生中毒，家禽的耐受力较高，反刍动物瘤胃微生物有一定的脱毒作用；菜籽饼中的硫葡萄糖苷本身无毒，但在芥子酶的作用下，水解产生有毒的恶唑烷硫酮和异硫氰酸酯等，损害动物的肝脏、消化道，致甲状腺肿。

植物性饲料的霉菌毒素中，以黄曲霉毒素的危害最大。玉米作为畜禽日粮中不可缺少的能量饲料来源，如果加工和贮存不当，非常容易感染黄曲霉，霉变的玉米等饲料原料含有很高浓度的霉菌毒素，动物采食这类饲料，对动物自身和人的健康有恶劣的影响；一些霉菌毒素损害动物的肝脏、肾脏和繁殖性能。目前发现，黄曲霉毒素是最强的致癌物。奶牛饲料中黄曲霉毒素 B_1 的含量和牛奶黄曲霉毒素 B_1 的残留量之比约为 200∶1，猪饲料与猪肝、肉鸡饲料与肉鸡肝中、蛋鸡饲料与蛋鸡肝中、肉牛饲料与牛肉中的残留量之比分别为 800∶1、1 200∶1、

2 200∶1、14 000∶1,因此,通过牛奶沉积的危害是最大的。表 9-28 列举了常见能量和蛋白饲料原料中主要霉菌的种类和数量(周永红,2005)。

表 9-28 常见能量和蛋白饲料原料中主要霉菌的种类和数量

饲料原料名称	霉菌菌量/(个/g)	霉菌种类
能量饲料		
玉米	$(1.0\times10^3)\sim(1.8\times10^6)$	单端孢霉、圆弧青霉、黄曲霉、镰刀菌、黑曲霉等
小麦	$(1.0\times10^4)\sim(4.6\times10^5)$	镰刀菌、黄曲霉、白曲霉、交链孢霉、圆弧青霉等
稻谷	$(2.5\times10^5)\sim(3.5\times10^5)$	白曲霉、烟曲霉、橘青霉、杂色曲霉、黄曲霉
蛋白饲料		
膨化大豆	$(2.0\times10^2)\sim(4.1\times10^2)$	黄曲霉、烟曲霉、圆弧青霉、橘青霉、白曲霉等
豆粕	$(4.6\times10^2)\sim(2.4\times10^5)$	镰刀菌、圆弧青霉、土曲霉、橘青霉、烟曲霉等
菜粕	$(1.7\times10^2)\sim(4.5\times10^5)$	镰刀菌、圆弧青霉、黄曲霉、交链孢霉、白曲霉等
棉粕	$(4.0\times10^2)\sim(1.5\times10^4)$	镰刀菌、毛酶、黄曲霉、橘青霉、圆弧青霉等
鱼粉	$(1.9\times10^2)\sim(2.0\times10^4)$	镰刀菌、毛霉、橘青霉、圆弧青霉、烟曲霉等
肉骨粉	$(3.2\times10^3)\sim(3.3\times10^5)$	镰刀菌、圆弧青霉、白曲霉、黄曲霉、烟曲霉等
羽毛粉	$(2.0\times10^3)\sim(7.4\times10^4)$	烟曲霉、圆弧青霉、橘青霉、赭曲霉、白曲霉等

9.3.3 重金属和非金属元素污染

高铜和高锌对畜禽生长都有一定的促进作用,但过量使用会造成该元素在畜禽肝脏中的大量蓄积,据报道,当饲料中添加铜 100～125 mg/kg 时,猪肝铜含量上升 2～3 倍;添加到 500 mg/kg 时,肝铜水平可达到 1 500 mg/kg,远远超过了人的食品卫生标准(2～5 mg/kg)。人食用含高铜的动物产品后,铜积累在肝、脑、肾等组织中,造成血红蛋白降低和黄疸等中毒症状,使动脉粥样硬化并加速细胞的老化和死亡,危害健康。砷的危害是非金属元素中最突出的,在饲料中添加砷制剂可以促进动物的生长,但砷制剂会引起动物的慢性中毒,出现失明、偏瘫,急性中毒时表现为运动失调、失明、皮肤发红等症状。为了改善畜产品的色泽,有的企业大量使用阿散酸、洛克沙生等有机砷制剂,而砷特别容易在动物体内蓄积,摄入砷残留的畜产品会影响人体健康。美国食品药品监督局(FDA)规定动物产品限量:蛋中砷的允许残留限量为 0.5 mg/kg,肝、肾允许残留限量 2 mg/kg;中国无公害食品国家标准中动物性食品中(含水产类)的允许残留限量为 0.5 mg/kg。

9.3.4 微生物污染

微生物污染主要包括细菌性污染、真菌及其毒素污染、病毒性污染和寄生虫性污染。畜产品中许多传染病和寄生虫病可以感染人和脊椎动物。目前,人畜共患病有 250 多种,包括艾滋病、口蹄疫、鼠疫、狂犬病、禽流感等,尤其是近年来疯牛病、口蹄疫等疾病的发生和蔓延,不仅给发病国家造成严重的灾难,而且波及世界各地,已引起世界粮农组织、世界动物卫生组织等国际组织的普遍关注和重视。表 9-29 为有可能通过食肉感染的常见人畜共患病及其病症。其中病原微生物的污染问题较严重，如疯牛病破坏人的神经系统，布鲁氏病导致感染者终身不孕，大肠杆菌 0157 导致急性腹泻。

表 9-29　常见人畜共患病及感染途径

人畜共患病	发病动物	主要感染途径	人的主要病症
炭疽	牛、羊、马、猪	接触、食入	炭疽痈、肠炭疽
布氏杆菌病	牛、羊、猪	接触	波状热、关节炎、睾丸炎
结核	牛、猪	食入	结模
沙门氏菌病	猪、鸡、牛	食入	肠炎、食物中毒
猪丹毒	猪、鸡、牛	创伤、食入	局部红肿疼痛、类丹毒
李氏杆菌病	牛、羊、猪	食入	脑膜脑炎
钩端螺旋体病	猪	接触	出血性黄疸
野兔热	兔	食入	局部淋巴肿胀、菌血症
鼻疽	马	接触	局部溃病
口蹄疫	猪、牛、羊	接触	手、足、口腔发生水泡、烂斑
旋毛虫	猪、犬	食入	初期腹痛、后期肌肉疼痛
囊尾蚴	猪、牛	食入	绦虫病、肌囊虫(极少)
弓形虫	猪	食入	脾肿、发热、肺炎

9.3.5　工业污染

环境中的化学污染物包括重金属和氟，主要是由采矿、交通、工业排污(三废：废水、废气、废渣)等人类活动带来的。有机污染物如亚硝基化合物、二噁英、多氯联苯等在环境、饲料中存在，并通过食物链逐级富集，这些污染具有毒性强、难分解等特点，对畜产品安全构成极大的威胁。1999 年 5 月比利时就曾发生因饲料污染而引发的二噁英严重中毒事件。为了促进畜禽生长、改善畜产品的外观而在饲料中过量添加的微量元素在畜产品中大量蓄积，会导致畜产品安全性的降低，危害人的身体健康和生命安全。

9.3.6　饲料添加剂及兽药残留

使用抗生素的效果是使动物不容易得病，促进肉用动物的生长，但抗生素、兽药在畜产品中的残留问题很严重，消费者食用这些畜产品可能引起中毒，甚至引起肿瘤等严重威胁人类健康的疾病。在畜禽饲养过程中使用违禁药物和长期超标使用兽药，尤其是抗生素、激素、药物性饲料添加剂等，使这些药物在畜产品中残留，导致畜产品安全性降低，不仅影响畜产品的出口贸易，造成直接经济损失，而且危害人们的身体健康和生存质量。畜禽耐药菌的耐药基因可以在人群、动物群和生态系统中的细菌间相互传递，导致病菌产生耐药性而引起人类和动物感染性疾病治疗的失败，这也是为什么过去较少发生大肠杆菌、沙门氏菌和葡萄球菌病，而现在却成为动物和人类主要的传染性疾病的原因之一。

许多抗生素如青霉素、四环素类、磺胺类等均具有抗原性，可引起人的抗原反应，这些药物使用后，均可从乳汁排出，敏感的人喝了含有青霉素的牛奶会出现过敏反应，轻者出现皮肤瘙痒、过敏，重者出现急性血管性水肿和休克，带来严重的后果。四环素类药物能够与骨骼中的钙结合，抑制骨骼和牙齿的发育，出现黄斑牙；磺胺类药物会破坏人的造血系统，导致溶血性贫血和血小板缺乏症等；大剂量的磺胺二甲嘧啶可引起大鼠的甲状腺癌和肝癌的发生率大大增加；氯霉素会造成人体骨骼造血机能的损伤；链霉素、庆大霉素和卡那霉素主要损害前庭和耳蜗神经，导致听力下降。20 世纪 50 年代欧美一些国家用激素来促进动物生长，通过食物摄入过多残留于畜产品中的生长激素会导致儿童的早熟和肥胖，对其生长和日后的生活带来严重的后果。20 世纪 80 年代，在不明确盐酸克伦特罗(瘦肉精)对人体的危害作用的情况下，向养殖户推广这一兴奋剂，尽管能够显著提高猪的瘦肉率，改善饲料利用率，但这类化学物质性质稳定，难分解，在体内蓄积性强，人食用后极易出现中毒症状，表现为头晕、恶心、呕吐、血压升高、心跳加快、体温升高和寒战等。

9.3.7 农药残留

出现农药残留问题的原因是在种植过程中滥用农药，使用后在一定时间内农药不能完全降解而残留在环境、生物体和食品中，包括农药本身及其衍生物、代谢产物和它与饲料中的其他反应产物的毒性。由于砷、汞很难被完全降解，我国已禁止使用含砷、汞的农药。在农药残留中，有机氯农药不易分解，在饲料中有残留，致使畜产品中也有残留，其中牛体内残留量最高，鸡次之，猪体内的残留量排名第三。人类吃了这种含有农药残留的畜产品，严重危害健康；人类常见的癌症、畸形、抗药性及某些中毒现象与畜产品中的农药残留有关。有科学研究表明，越来越多的孩子性成熟过早、男性生育能力降低、妇女更年期紊乱等，都和人食用有农药残留的畜产品有关。

9.3.8 畜禽福利

动物福利的一个基本要求是给动物提供符合营养需要的饲料，饲喂不符合要求的食物会使动物长期处于非正常生长状态，影响动物健康。例如，在动物饲料中长期使用抗生素导致畜产品的抗生素残留，严重影响了畜产品的安全性。饲养环境不符合动物福利要求，卫生条件差，很可能成为动物疫病发生与传播的诱因，影响畜产品的卫生质量。宰前不适宜的运输操作导致动物的剧烈应激反应，引起体内甲状腺素、肾上腺素等激素和毒素的大量分泌，严重影响屠宰后肉品的质量安全。

9.4 畜禽产品质量安全评价与监管

畜禽产品的质量安全受到多方面因素的影响，为确保进入消费市场的畜禽产品安全，需要对其进行安全性评价，即对畜禽产品及其生产原料中的污染源、污染物种类和污染程度进行定性和定量分析，确定其食用的安全性，并制定切实可行的预防措施。畜禽产品质量安全评价体系包括各种检验规程以及对人体潜在危害的各种污染因子的评估。

9.4.1 畜禽产品安全性评价指标

世界各国根据具体的情况和需要规定了畜禽产品安全性评价指标，多数发展中国家的规定只限于产品属性的评价，如规定了危害因子的种类及限量，主要关注的是卫生指标，而发达国家的评价不仅包含了对产品的危害物质的评价，还加入了生产过程的评价，如澳大利亚食品安全标准(Food Safety Practices and General Requirements，Australia only)中包括了生产、加工、处理、贮藏、展示、运输、人员、设备、企业、场地等等 22 项技术指标的具体要求；德国的兽医行政管理部门设有专门机构和人员负责畜产品从饲料、饲养、屠宰、运输到销售或进出口的全程监督管理，严格控制激素、药物、重金属等有害物质在动物及动物产品中残留；美国的肉类安全卫生控制包括了动物卫生控制、残留监控、食品源性微生物的监测以及在加工厂推行 HACCP 等诸多方面。从畜禽产品自身属性来评价其安全性的指标通常包括：原料来源、感官指标、细菌及其他生物指标、毒理学指标、间接反映食品卫生质量可能发生变化的指标和商品规格质量指标等。

(1)原料来源。原料是指待宰的畜禽或产乳或蛋的畜禽。屠宰前的活畜禽及其产品应来自非疫区，经检验检疫合格的健康的畜禽或产品。

(2)感官指标。与食品安全有关的感官指标主要是指通过感官可直接觉察到的产品特征。中国国家标准规定，鲜(冻)畜、禽肉及其副产品应具有正常的组织外观及色泽，无异味、无酸败味。生乳的感官标准呈乳白色或微黄色，具有乳固有的香味、无异味，呈均匀一致液体，无凝块、无沉淀、无正常视力可见异物。鲜蛋感官指标是具有禽蛋固有的色泽，蛋壳清洁、无破裂，打开后蛋黄凸起、完整、有韧性，蛋白澄清透明、稀稠分明，具有产品固有的气味、无异味、无杂质内容物，不得有血块及其他鸡组织异物。

(3)细菌及其他生物指标。畜禽产品中菌落总数、大肠菌群数及各种致病菌是产品质量安全控制的重要内容。中国目前的畜禽产品规定(GB 19301—2010)生乳中菌落总数限量为 2×10^6 CFU/g(mL)；畜禽冷鲜肉产品的菌落总数限量为 1×10^5 CFU/g(mL)，大肠菌群限量为 1×10^4 CFU/g(mL)，冷冻肉产品的菌落总数限量为 5×10^5 CFU/g(mL)，大肠菌群限量为 1×10^3 CFU/g(mL)，致病菌不得检出。表 9-30 为部分国家及其国际组织对猪肉中的微生物标准(黄彩霞，2012)。

表 9-30　部分国家或国际组织猪肉微生物标准

区域	类别	微生物限量标准
欧盟	①猪胴体；②机械分割肉；③碎肉	沙门氏菌不得检出[①]；大肠杆菌 $m=50$，$M=500$[②③]；肠杆菌科 $m=2.0$ log CFU/cm²，$M=3.0$logCFU/cm²[②]
中美洲	①生肉产品(带包装)；②冻肉	沙门氏菌 $M=0/25$ g[①]；李斯特菌 $M=0/25$ g[①②]；大肠杆菌 $M<3$ MPN/g[①]；粪大肠杆菌 $m=9.4$ MPN/g，$M=93$ MPN/g[①]，$m=3$ MPN/g，$M=93$ MPN/g[②]；金黄色葡萄球菌 $m=10$ CFU/g，$M=100$ CFU/g[②]；产气荚膜梭菌 $m=10$ CFU/g，$M=100$ CFU/g[②]

续表 9-30

区域	类别	微生物限量标准
挪威	①生肉(切碎);②机械去骨;③切碎肉制品原料	沙门氏菌 $m=0$,$M=0$①③;大肠菌群 $m=500$,$M=5\ 000$①,$m=10^3$,$M=10^4$②,$m=10^2$,$M=10^3$③;大肠杆菌 $m=0$,$M=0$①③;金黄色葡萄球菌 $m=500$,$M=5\ 000$①③(产肠毒素)
澳大利亚和新西兰	肉(包装、已烹煮、腌制/盐腌)	沙门氏菌 $m=0/25$ g;李斯特菌 $m=0/25$ g(单核细胞增生);凝固酶阳性葡萄球菌 $m=10^2/\mathrm{g}$,$M=10^3/\mathrm{g}$
智利	①生肉;②即食生肉;③成熟即食生肉;④酸化即食生肉	沙门氏菌 $m=1/25$ g①,$M=0/25$ g②③④;大肠杆菌 $m=50$,$M=500$④;金黄色葡萄球菌 $m=10^2$,$M=10^3$②,$m=10$,$M=10^2$③④;产气荚膜梭菌 $m=10^2$,$M=10^3$②
冰岛	生肉	沙门氏菌不得检出/25 g;大肠菌群 $m=10^3$,$M=10^4$;粪大肠杆菌 $m=10^2$,$M=10^3$;金黄色葡萄球菌 $m=10^2$,$M=10^3$;蜡状芽孢杆菌 $m=10^3$,$M=10^4$;志贺氏菌不得检出/25 g;亚硫酸盐还原梭菌 $m=10^3$,$M=10^4$;嗜冷菌 $m=10^7$,$M=(5\times10^7)\sim(5\times10^8)$
印度	肉	沙门氏菌不得检出/30 g;大肠杆菌不得检出/25 g;金黄色葡萄球菌不得检出/25 g;产气荚膜梭菌不得检出/25 g;肉毒杆菌不得检出/25 g
韩国	肉(用于进一步加工的原料除外)	沙门氏菌、李斯特菌、大肠杆菌 $O_{157}:H_7$、金黄色葡萄球菌、产气荚膜梭菌、副溶血弧菌、空肠弯曲杆菌、蜡状芽孢杆菌、小肠结肠炎耶尔森氏病均不得检出
日本	未加热处理的肉制品	沙门氏菌不得检出;大肠杆菌<100;金黄色葡萄球菌<$10^3/\mathrm{g}$
以色列	碎肉	沙门氏菌不得检出;大肠菌群<5 000;大肠杆菌 $O_{157}:H_7$ 不得检出;金黄色葡萄球菌<1 000;梭菌<100

注:(1)若非指定标准限量单位均为 CFU/g 或 CFU/mL。(2)日平均 LOG 值的计算方法:首先取每个样品检测结果的对数值,然后计算其平均数。(3)中美洲,适用国家:危地马拉、萨尔瓦多、尼尔拉瓜、洪都拉斯、哥斯达黎加。(4)CFU:菌落总数;MPN:最可能的数量;m:微生物指标可接受的限量值;M:微生物指标的最高安全限量值。(5)各地区微生物标准的检测项目和表示方法有很大差异。

(4)毒理学指标。毒理学指标是指各种化学污染物、食品添加剂、食品产生的有毒化学物质、食品中天然有毒成分、生物性毒素(如霉菌毒素、细菌毒素等)以及污染食品的放射性核素等在食品的容许量(表 9-31)。

表 9-31 中国国家标准规定的畜禽产品中有关毒理学指标

指 标	限 量(MLs)		
	冷鲜肉	鲜蛋	生乳
铅/(mg/kg)[1]	0.2	0.2	0.05
镉/(mg/kg)	0.1	0.05	—
总汞/(mg/kg)	0.05	0.05(去壳)	0.01
无机砷/(mg/kg)	0.05	0.05	0.05
铬/(mg/kg)	1.0	1.0	0.3
硒/(mg/kg)	0.5	0.5	0.03

续表 9-31

指 标	限 量(MLs)		
	冷鲜肉	鲜蛋	生乳
氟/(mg/kg)	2	1	—
亚硝酸盐(以 $NaNO_3$ 计)/(mg/kg)	3	5	—
黄曲霉毒素 M_1/(μg/kg)	—	—	0.5
α-硫丹和β-硫丹及硫丹硫酸酯之和/(mg/kg)	0.2(以脂肪计)	0.03	—0.01
五氯硝基苯/(mg/kg)	0.1	0.03	
艾氏剂/(mg/kg)	0.2	0.1	0.006
滴滴涕(DDT)/(mg/kg)	0.2	0.1	0.02
狄氏剂/(mg/kg)	0.2	0.1	0.006
林丹/(mg/kg)	0.1	0.1	0.01
六六六(HCB)/(mg/kg)	0.1	0.1	0.02
氯丹/(mg/kg)	0.5	0.02	0.002
七氯(heptachlor)/(mg/kg)	0.2	0.05	0.006

[1] CAC《食品中污染物标准》(CODEX STAN 193—2010)中规定了牛、猪、羊和家禽肉中铅的限量为≤0.1 mg/kg,根据欧盟 Commision Regulation(EC) No 629/2008 条例,牛、猪、羊和家禽肉中镉的限量已修订为 0.05 mg/kg。

(5)其他指标。主要是指间接反映食品卫生质量可能发生变化的指标、商品规格质量指标以及与产品生产过程有关的指标,如生产的场地、设备、产品的包装、运输等。

9.4.2 畜禽产品质量安全性监管体系

对于畜禽产品的质量安全各国都相继建立了科学完善的监管体系,制定了相关的监管法律法规。如美国主要包括《联邦肉类检验法》、《禽类产品检验法》和《蛋类产品检验法》,日本主要依据"肯定列表制度"来进行规范,德国的法规包括《畜肉卫生法》、《畜肉管理条例》和《食品卫生法》,澳大利亚有《安全食品法典》等。中国除了有国家食品安全标准外,还对畜禽产品制定了具体的标准。澳大利亚规定了一套好的食品安全监管体系要具有如下的功能:①能系统地鉴别可能发生在处理食品的所有过程中的潜在危害;②能够识别在处理食品的过程中哪个环节发生危害、危害可进行控制和控制的方法;③对这些控制措施进行系统的监控;④当发现危害或危害不能被控制时,能提供适当的纠正措施;⑤食品行业应定期对监管体系进行审查,以确保监管体系的有效性;⑥食品行业要对与食品安全相关的活动进行适当记录并存档保存。

思考题

1. 畜产品品质的概念是什么?
2. 肉质评价指标包括哪些?
3. 禽蛋品质评价指标包括哪些?
4. 鲜奶品质评价指标包括哪些?

5. 试分析影响畜产品品质的可能因素。

6. 简述畜产品质量安全的概念。

7. 畜产品质量安全的问题有哪些?

8. 简述我国与美国、加拿大、澳大利亚、日本等国的肉类分级标准的区别。

参考文献

1. 澳大利亚肉类分级标准网 http://mla.com.au/Guaranteeing-eating-quality/Meat-Standards-Australia.

2. 陈华林.体细胞数在奶牛乳房卫生保健工作中的应用,中国奶牛,2000,6:49-51.

3. 郭晓旭,郭凯军,郭望山,等.牛肉风味评价技术.中国畜牧杂志,2008,24:54-57.

4. 郭晓旭. 牛肉风味品质评价技术的建立和实践应用. 北京:中国农业大学,2009.

5. 顾宪红.畜禽福利与畜产品品质安全.北京:中国农业科学技术出版社,2005.

6. 穆怀彬,侯向阳,德英.从我国《生乳》标准谈奶业发展.中国畜牧杂志,2011,47(18):15-18.

7. 李伟跃.饲料营养素对畜产品品质的调控.中国畜牧兽医,2010,37(8):237-240.

8. 许振英.家畜饲养学.北京:中国农业出版社,1979.

9. 杨凤.动物营养学.北京:中国农业出版社,1993.

10. 张海军,尹君亮,陈宁.牛肉品质的营养调控研究进展.中国草食动物,2008:60-63.

11. 王海,沈秋光,邹明晖,等.各国乳品的生乳标准分析比对.乳业科学与技术,2011,34:293-295.

12. 周永红.饲料原料中霉菌及霉菌毒素对饲料产品适口性的影响.饲料工业,2005,26(5),51-55.

13. 黄彩霞,郎玉苗,张松山,等. 国内外猪肉微生物限量标准比较研究[J]. 猪业科学,2012,29(7):110-114.

14. 美国农业部肉类分级系统 http://meat.tamu.edu/beefgrading.html.

15. 普度大学动科院肉品质与安全网站 http://ag.ansc.purdue.edu/meat_quality/index.html.

16. 澳大利亚肉类分级标准网 http://mla.com.au/Guaranteeing-eating-quality/Meat-Standards-Australia.

17. 加拿大肉类协会 http://beefgradingagency.ca/grades.html.

18. 日本和牛牛肉分级标准网 http://www.blackmorewagyu.com.au.

19. 中华人民共和国国家统计局 http://www.stats.gov.cn/tjsj/ndsj/2010/indexch.html.

20. C O Schoonover, P O Stratton. A photographic grid used to measure rib eye areas. J. Anim. Sci, 1957, 16:957-960.

21. D M Barbano, Y Ma, M V Santos. Influence of raw milk quality on fluid milk shelf life. J. Dairy Sci, 2006, 89 (E. Suppl.): E15-E19.

22. Emery R S. Feeding for increased milk protein. Journal of Dairy Science, 1978, 61

(6),825-828.

23. Pommier S A,Pomar C,Godbout D. Effect of the halothane genotype and stress on animal performance,carcass composition and meat quality of crossbred pigs [J]. Canadian journal of animal science,1998,78(3): 257-264.

24. Gariépy C,Godbout D,Fernandez X,et al. The effect of RN gene on yields and quality of extended cooked cured hams [J]. Meat science,1999,52(1): 57-64.

25. Zhengrong Yuan,Junya Li,Jiao Li,et al. Effects of DGAT1gene on meat and carcass fatness quality in Chinese commercial cattle Mol Biol Rep,2013,40:1947-1954.

26. Gentry J G,McGlone J J,Miller M F,et al. Environmental effects on pig performance,meat quality,and muscle characteristics. Journal of Animal Science,2004,82(1):209-217.

第 10 章　畜禽福利与产品品质及安全

发达国家对畜禽产品已经制定了严格的质量标准，不符合标准的产品不会出现在消费市场上，所以消费者主要关注畜禽产品的安全性；而发展中国家的畜禽产品的质量和安全性参差不齐，二者成为消费者关注的主要问题。畜禽福利好坏与畜禽健康状况有紧密的联系，福利越好，动物越健康，畜产品品质也就越好，安全性越高；畜禽产品生产过程中涉及的饲料、饲养管理、运输、屠宰等环节的畜禽福利水平，都最终会影响到产品的品质及质量安全。目前，各类动物的疾病有 200 多种，60%～70%属于人畜共患病，如疯牛病、口蹄疫、禽流感等，不仅给畜牧业带来了严重的打击，对人类的健康也造成了很大的威胁，因此，保证畜禽福利和健康是获得优质安全畜禽产品的重要保证。

10.1　猪的福利和猪肉品质及安全

中国生猪存栏量居世界首位，2013 年前三季度，猪牛羊禽肉产量 5 803 万 t，同比增长 1.3%，其中猪肉产量 3 831 万 t，增长 2.1%。生猪存栏 47 541 万头，同比增长 1.5%；生猪出栏 50 259 万头，增长 1.9%。中国的养猪产业目前仍更多地注重产量，对动物福利的关注还比较薄弱；畜牧业发达国家对生猪福利的研究和实践早于我国，提出给猪提供“玩具”，有助于减少猪群互斗的发生。与猪肉品质及安全有关的福利问题主要发生在饲养管理、运输及屠宰过程中。

10.1.1　饲养管理福利与猪肉品质及其安全

生猪的饲养管理主要涉及饲料、生活环境及人为处置。

饲料安全是猪肉安全的前提。符合猪生长需要和卫生要求的日粮是生产安全猪肉的保证。若日粮不能满足猪的营养需要或被污染，猪的福利都会受到影响，从而影响到猪肉的质量安全。垃圾猪(图 10-1)事件对猪肉的质量安全造成了很大危害。

图 10-1　猪在垃圾场啃食垃圾

去势(阉割)是生猪饲养管理过程中一种处置。有研究表明,去势后的公猪肌肉内含有较多的肌肉脂肪,可提高肉品的多汁性和嫩度,对肉的其他方面的品质没有显著影响。目前大多数肉用公猪,在 10 日龄左右被去势以去除公猪膻味改善猪肉的品质,并减少互相打斗。蔡兆伟等研究表明,去势能够使血清睾酮水平降低,从而影响公猪的生长和胴体性状,提高肌内脂肪含量,并改变肌肉脂肪酸组成。表 10-1 为阉割对公猪胴体性状的影响。

表 10-1　阉割对公猪胴体性状的影响

胴体性状	21 周龄		30 周龄	
	去势	不去势	去势	不去势
胴体重/kg	60.39±2.49	58.21±3.82	85.02±3.97a	95.27±5.50b
体斜长/cm	85.25±1.56	86.25±2.03	94.69±1.51	97.5±1.57
头重/kg	7.24±0.33	7.98±0.54	10.88±0.45	12.47±0.63
前蹄重/kg	0.78±0.04	0.87±0.06	1.15±0.07a	1.41±0.09b
平均背膘厚/cm	2.62±0.21A	1.62±0.10B	2.78±0.22A	2.14±0.28B
平均皮厚/cm	0.28±0.01A	0.34±0.02B	0.37±0.02A	0.49±0.03B
板油重/kg	0.39±0.04A	0.18±0.02B	0.69±0.13	0.53±0.13
眼肌面积/cm^2	40.24±3.65	42.95±3.68	53.91±2.40a	59.73±3.14b
屠宰率/%	0.67±0.01	0.66±0.01	0.70±0.01	0.69±0.01
瘦肉率/%	56.85±2.13A	60.83±1.40B	56.67±2.17A	59.54±1.29B
脂肪率/%	19.03±1.46A	11.01±0.76B	16.52±1.51A	9.66±1.43B

同行数值不同小写字母表示差异显著($P<0.05$),不同大写字母表示差异极显著($P<0.01$)。

资料来源:蔡兆伟. 中国农业科学,2010,43(8):1688-1695。

不同的去势方法对猪肉的品质有不同的影响。袁亚利等研究了手术去势法和免疫去势法对猪肉中氨基酸、肌苷酸和脂肪酸含量的影响。结果表明,与手术去势猪相比,公猪异味控制疫苗可使免疫公猪肌肉肌苷酸含量和多不饱和脂肪酸含量显著提高,进而改善肉质。关于公猪去势,各国的规定也不一致,一些国家已经停止对公猪去势,原因是根据动物福利的规定,切除睾丸使动物感到剧烈的疼痛。

给仔猪断尾是许多规模化养殖场对仔猪的常规处置,其目的有两个,一方面是防止大群饲养模式下,相互咬尾;另一方面是为了保证猪体表的洁净,不会因为甩尾沾染粪污,破坏分割肉的安全性。不同国家农场的咬尾发生率不同,丹麦远低于 10%,但在寒冷季节,大群饲养体重超过 60 kg 的猪群容易发生大规模的咬尾问题。咬尾发生率的不同除了和营养水平、气候条件和饲养环境等有关之外,还和遗传因素有关,长白猪发生咬尾的遗传力为 0.27。咬尾除了引起猪的疼痛之外,还可能诱发脊骨脓肿,导致瘫痪,脓肿则会引起胴体品质下降。但有些国家认为断尾是不必要的程序,如瑞典的法律禁止对猪断尾的同时要求必须供给动物洁净的干草。事实上,断尾的疼痛感小于去势,因此在饲养场中给仔猪断尾还是一个常用的处置手段。

生猪的生活空间直接影响到猪的行为。在气温适宜的条件下,猪需要的躺卧面积为 $0.033\times$体重$^{0.66}$。集约化饲养模式下,随着体重的增加,体积的增大,圈舍没有及时调整,使猪的活动范围越来越小;动物运动受限后骨骼、肌肉和心血管变得很脆弱,繁殖和泌尿系统也容易紊乱。在拥挤的生活空间里(图 10-2),容易出现相互咬斗的现象,这些行为在小群饲养里尤为严重，从而加重了猪的应激反应，使体内甲状腺素、肾上腺素和毒素大量分泌，并造成大量的失水，使猪肉品质下降。拥挤的环境还容易造成疾病的传播，饲养者为了控制疾病，往往大量使用抗生素，残留于猪肉中，最终影响人类健康。

图 10-2 过于拥挤的饲养密度

环境影响主要包括圈舍温湿度、灰尘和氨气浓度及卧床等。猪舍温湿度过高，容易导致热应激，抑制采食量，导致猪烦躁，出现打斗和掉膘；空气中的灰尘不但降低环境的舒适度，还会增加猪呼吸道疾病的发生率；猪舍中的氨气主要来自于粪尿中氨气的挥发，具有辛辣刺鼻的气味，氨气是增加畜禽呼吸道疾病发生率的一个重要因素，长期暴露在高氨气浓度的环境下，对动物的眼睛、咽喉和鼻腔黏膜产生刺激，降低猪的嗅觉和采食量，还可能损伤淋巴组织，使免疫机能下降；水泥地面饲养模式和发酵床饲养模式是目前比较常见的饲养模式。和水泥地面相比，发酵床使猪感觉更加舒适。Rebecca S M 等研究了传统畜舍饲养与厚垫床大群饲养模式对猪行为、福利、生产性能以及肉品质的影响，结果表明，厚垫床饲养系统下，猪有更多的行为表现，更具有探究心理，同时也更容易适应新的环境（表 10-2），而两种饲养系统下对猪肉的品质没有显著的影响。

表 10-2 9 周、17 周和 22 周龄猪在大群厚垫草舍饲和集约化舍饲条件下的姿势和行为比较

姿势（%/观察次数）	厚垫床大群饲养模式	集约化饲养模式	SEM
站立			
9 周龄	50.8[c]	27.1[d]	4.79
17 周龄	52.0[a]	37.3[b]	4.03
22 周龄	41.9[a]	27.5[b]	3.86
坐姿			
9 周龄	6.6	3.9	1.19
17 周龄	8.8	10.6	1.4
22 周龄	8	7	1.37

续表 10-2

姿势(%/观察次数)	厚垫床大群饲养模式	集约化饲养模式	SEM
躺卧			
9 周龄	42.6[c]	69.0[d]	5.29
17 周龄	39.1	52.1	3.83
22 周龄	50.1[a]	65.5[b]	3.92
行为(发生频率-次数/(5 min·头))			
慵懒			
9 周龄	42.3[c]	70.9[d]	5.82
17 周龄	33.4[a]	50.5[b]	3.87
22 周龄	38.4[c]	67.0[d]	6.21
活动的			
9 周龄	10.2[c]	2.3[d]	1.66
17 周龄	9.4[c]	4.3[d]	1.2
22 周龄	7.9[c]	2.3[d]	1.14
自然圈间活动			
9 周龄	40.4[c]	22.7[d]	3.87
17 周龄	51.7[c]	32.5[d]	4.13
22 周龄	44.4[c]	20.5[d]	5.03
社交性接触活动			
9 周龄	8.5	6.5	0.88
17 周龄	7.9[a]	13.3[b]	1.25
22 周龄	10.9	10.8	1.77
攻击行为			
9 周龄	2.4	1.1	0.52
17 周龄	0.1	0.8	0.14
22 周龄	0.4	0.6	0.07

注:同行不同字母表示差异显著。

资料来源:Rebecca S M. Applied Animal Behaviour Science,2007,103 :12-24.

10.1.2　运输福利与猪肉品质及其安全

2002 年乌克兰农场主根据合同向法国出口活猪,经过 60 多个小时的长途运输后,被法国有关部门拒之门外,理由是乌克兰农场主在长途运输过程中没有考虑活猪的福利问题,即在途中没有给动物足够时间的休息,违反动物福利法而被拒绝入境。在畜产品流通中,经常要对活的畜禽进行长途运输,但是长途运输给动物会带来痛苦、损伤或疾病。动物对运输会产生不同程度的应激反应,运输时间的长短、装载厢空间的大小以及通风状况、路面情况和司机驾驶熟练程度、运输过程中是否供给水、饲料等都会影响应激反应的程度。应激反应除了使动物情绪发生变化之外，机体激素和代谢水平以及免疫抵抗能力都会相应地发生变化。宰前应激会提高真空包装肉中的肌血红素变绿的速度；应激严重的畜禽肉更容易腐败变质。肉腐败时（pH<6.0），硫化氢从含硫氨基酸中释放出来与肌血红素结合形成硫肌血红素，硫肌血红素呈绿色。

研究表明，和非运输的猪相比，在装车时血浆皮质醇水平达到高峰值，在出发后 5 h 内一直保持很高的水平；而血浆促肾上腺皮质激素水平在装车后逐渐上升，2 h 后达到峰值，之后缓慢下降，在下车 15 min 后恢复到上车前水平；同时由于混合运输，特别是路面不平坦时，猪会出现呕吐、呼吸频率升高的晕车现象，并伴随活动增加或打斗，这都是运输应激的反应，容易导致"猪应激反应综合征"，宰后肌肉苍白、柔软、渗水增多，蛋白质变性，猪肉品质大大降低。因此，为了尽量减少猪的运输应激，选择好的路面，超过 8 h 的路程要适当休息。运输前 4 h 采食的猪，在公路运输中很容易呕吐，所以通常在运输前一晚禁止饲喂，可以减少屠宰前的运动，降低胴体的污染，以及胴体重量的减轻和 PSE 肉出现的几率。

运输时间是影响运输过程中猪的福利的重要因素。Brown J 等研究了运输时间、运输季节以及运输车辆的结构对猪的应激及猪肉品质的影响。研究结果显示，运输时间与车辆结构影响猪的体力消耗及体内的肌酸激酶浓度，长时间的运输（12 h，18 h）增加猪的体力消耗需要、体内肌酸激酶的平均浓度，并且与季节存在互作效应。对肉质的滴水损失及颜色的影响规律性不强；运输时间与车辆结构在肉的 pH 方面也存在互作效应，运输时间为 6 h 时，各种车辆结构对猪背最长肌肉的 pH 没有影响，在 18 h，不同车辆结构对背最长肌肉 pH 影响显著（图 10-3）。

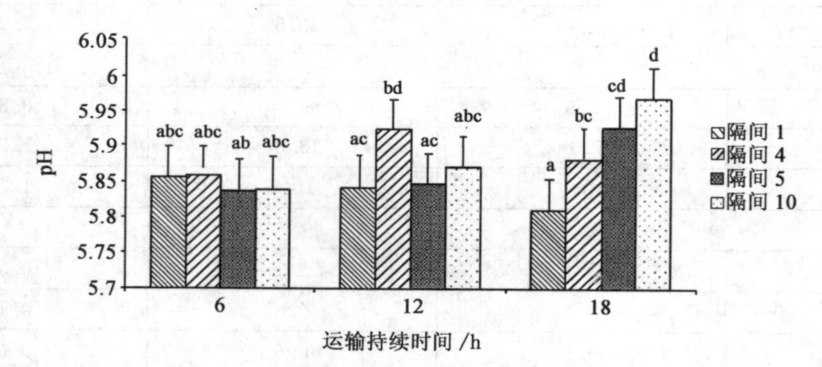

图 10-3 运输卡车不同隔间，运输 6 h、12 h 和 18 h 后对猪背最长肌 pH 的影响（$P<0.05$）

资料来源：http://www.thepigsite.com/articles/3983/effects of transport duration on the stress response and pork quality of pigs。

Hambrecht E 等研究了宰前运输、进入待宰圈的条件及应激对猪的福利及猪肉品质的影响，部分结果见表 10-3。长途运输有提高肌肉内糖酵解的趋势，并对肉色有影响；不符合标准的运输与应激会破坏肌肉的持水力，但对肉的剪切力没有显著影响。

运输中的热应激或者冷应激严重影响猪的福利，对猪肉的品质影响很大，热应激会导致 PSE 肉的产生，而冷应激则更多会产生 DFD 肉，甚至导致运输动物死亡。因此，需要根据季节的不同选择敞车或者篷车来保证通风降温或者保暖，减少运输途中的冷热应激。

表 10-3　运输(T),入圈(L)或者宰前应激水平(S)对猪背最长肌肉品质的影响

项目	宰前运输		进入待宰圈		应激		合并 SE	P		
	长途	短途	长时间	短时间	最小	较高		T	L	S
头数	174	184	179	176	176	181	—	—	—	—
FOP[b]	46	45	47	44	45	46	1.8	0.540	0.344	0.630
L*[c]	53.9	53.7	54.3	53.3	53.9	53.7	0.23	0.529	0.029	0.494
a*[c]	19.4	19.1	19.4	19.1	19.2	19.3	0.11	0.008	0.141	0.411
b*[c]	5.5	5.3	5.5	5.2	5.5	5.2	0.10	0.018	0.100	0.001
EC,mS[d]	8.0	8.5	7.9	8.6	6.3	10.2	0.64	0.083	0.536	0.001
FPM/mg[e]	67	65	67	65	53	80	3.6	0.437	0.727	0.001
24 h 滴水损失/%	1.96	2.01	1.89	2.08	1.25	2.73	0.12	0.757	0.331	0.001
WBSF/kg[f]	5.0	5.1	5.0	5.2	5.0	5.1	0.07	0.239	0.121	0.614

[a]短途(50 min)和平缓的,或者长途(3 h)和颠簸的;长时间(3 h)或者短时间(<45 min)进入待宰圈;最小或者高宰前应激;[b]FOP=用光纤法测定光散射度(数值高代表有较高的光散射度和颜色较亮);[c] L* =肉色黑与白的测定值(数值高代表颜色较亮);a* =红度(数值高代表颜色较红); b* =黄度(数值高代表颜色较黄);[d]EC=电导率(数值高代表保水能力较低;[e]FPM=用滤纸法检测水分含量;[f]WBSF=剪切力(数值高代表肉质较硬)。

资料来源:Hambrecht E. Journal of Animal Science,2005,83:440-448。

10.1.3　屠宰福利与猪肉品质及其安全

畜禽屠宰福利主要通过宰前处理和屠宰过程两个方面来影响畜产品品质和安全。宰前处理包括待宰休息、淋浴、驱赶等处置,屠宰过程主要的影响因素是击晕。每个环节处置的总原则是尽量降低猪的应激,保护其福利,从而保证猪肉的品质及安全。

生猪通过短途或者长途的运输到达屠宰场后,由于环境的改变和受到惊吓等外界刺激,容易感觉紧张和疲劳,机体代谢紊乱,如果此时不休息而直接屠宰会影响肉品质。合理的宰前休息时间可以使动物的心理、生理、行为恢复到正常状态。动物机体发生长时间或高强度的应激,体内的化学平衡会出现极大的变化,并产生强烈的毒素,污染猪肉。通常在屠宰前,猪在待宰圈中进行适当的休息。Honkavaara M(1989) 报道,猪宰前休息的最佳条件是温度 15~18℃、相对湿度 59%~65%、休息时间 3.5 h。报道称此条件下,肌肉内乳酸低、pH 较高、发生 PSE 肉的机会少。休息时间超过 12 h,动物容易发生饥饿、打斗的现象。

宰前通常要禁食一夜或者更长时间,目的是为了排空消化道的食糜,有助于取出内脏和减少食糜对分割肉的污染,保证产品的安全性。但宰前禁食能够显著改善猪肉肉色和保水性(许洋等)。如果禁食时间过长,会导致动物消耗过多的糖原,胴体重下降,还可能会增加动物之间的攻击行为(Faucitano L 等)。因此,有研究建议宰前禁食不要超过 12 h,避免长时间禁食导致动物消化道疾病和抵抗力下降。

驱赶猪群是宰前处置中的重要内容,驱赶人的态度和方法直接影响到动物福利,甚至影响到猪肉的品质。工作人员如果用粗暴的鞭打、吆喝和脚踹的方式驱赶动物前行,就会给动物造成应激,促使机体分泌肾上腺素。D'Souza D N 等研究了不同的宰前处理方式及宰后胴体处

置对猪肉品质的影响,结果显示,对宰前猪使用电棒驱赶至屠宰车间会导致宰后肌肉内糖原和乳酸浓度降低,并增加了肌肉表面渗出液和发生 PSE 肉的发生率(表 10-4)。

表 10-4 宰前处理方式和宰后胴体加工对胸最长肌和肱二头肌的影响

项目	处理[a](H)		胴体加工速度[b](CP)		肌肉[c](M)		Sed	F 概率		
	无外力驱赶	电棒驱赶	正常	延迟	胸最长肌	肱二头肌		H	CP	M
45 min pH	6.40	6.25	6.32	6.33	6.39	6.276	0.048	0.002	0.930	0.015
70 min pH	6.20	6.07	6.17	6.11	6.18	6.10	0.060	0.033	0.374	0.217
24 h pH	5.62	5.62	5.62	5.61	5.59	5.64	0.019	0.946	0.847	0.014
亮度(L^*)	47.2	48.1	47.0	48.3	51.2	44.0	0.478	0.069	0.007	<0.001
渗出液/mg	74.5	104.6	86.9	92.2	88.1	91.0	7.740	<0.001	0.489	0.700
%PSE/LT[d]	9	41	25	25				0.050	0.910	

[a]无外力驱赶,电棒驱赶;[b] 正常=胴体处理时间为 45 min,延迟=胴体处理时间为 70 min;[c]肌肉;[d]卡方拟合优度检验。
资料来源:D'Souza D N. Meat Science,1998,50(4):429-437。

屠宰过程分为击晕和宰杀,其中击晕方法和有效性直接关系到猪的宰前福利。如果没有击晕和屠宰隔间,畜禽排队直接进入屠宰场,看到自己的同伴被屠宰、分割流血,听到同伴的惨叫,会使它们处于极大的恐怖和痛苦状态之中,肾上腺素大量分泌,产生毒素,大量的激素和毒素会随血液循环的加速而迅速布满全身,残留在肉内。从生理学角度讲,如果动物在屠宰过程中受到较大刺激,处于高度紧张状态,会产生严重的应激反应,分泌出大量肾上腺素等激素和毒素,出现免疫力下降,胃溃疡,疲惫,组织出血,坏死,突然死亡等状态,同时,诱发产生 PSE 肉和 DFD 肉;食用这样的肉,会给人体健康带来危害。宰前击晕可避免猪的兴奋和焦虑,从而改善福利状况和保证肉品质,有研究表明,在屠宰场吆喝猪的声音越高,对猪肉品质的负面影响越大;此外,出现焦虑的猪其分割肉更硬,切开的边缘颜色更暗。欧盟专门制定宰杀动物的法规,严格要求在宰杀活猪之前,先用电棒将其击晕,让它们在无知觉意识的情况下走向生命的终点,从而保证畜产品的安全;高压电击也是美国使用最广泛的屠宰方式。气体窒息法是国外首先提出的安乐死屠宰法,免除绳捆、铁钩挂下颌、电击等导致宰前痛苦的残酷手段,缓解宰前痛苦导致的应激生理反应,抑制肌肉的无氧酵解代谢,有助于最大限度地保存肉中的肌糖原,使其用作风味物质的前体,也缓冲 pH 值的快速下降,保证肉色和系水力。与电击晕屠宰法相比,二氧化碳窒息法得到的肉品质较好。

将动物击晕,倒挂或平躺后颈动脉放血是规模化屠宰场常用的放血方式,除此之外,个体屠宰还使用刺杀心脏法。通常要求在击晕后 15 s 内快速放血,如果击晕和放血之间的间隔时间过长,会导致动物苏醒,引起血压急剧升高,导致毛细血管破裂,血液直接流入肌肉,放血不完全使肌肉有瘀血,导致肌肉色泽较暗,切面有血水流出,酸度增加,系水力下降。此外,这种悬挂式放血和让动物躺着放血相比,可能会提高 PSE 肉的发生率,但是可以尽量减少血液污染胴体。

10.2 肉鸡的福利和鸡肉品质及安全

肉鸡生长快、经济效益高,肉鸡饲养业相对来说是畜牧业发展最快的行业,全世界禽肉的供应量很大，其中以鸡肉为主(图 10-4)因此，家禽福利与禽肉安全受到了管理部门和消费者的高度重视，表 10-5 为欧盟国家屠宰场对涉及禽的福利检测频率。

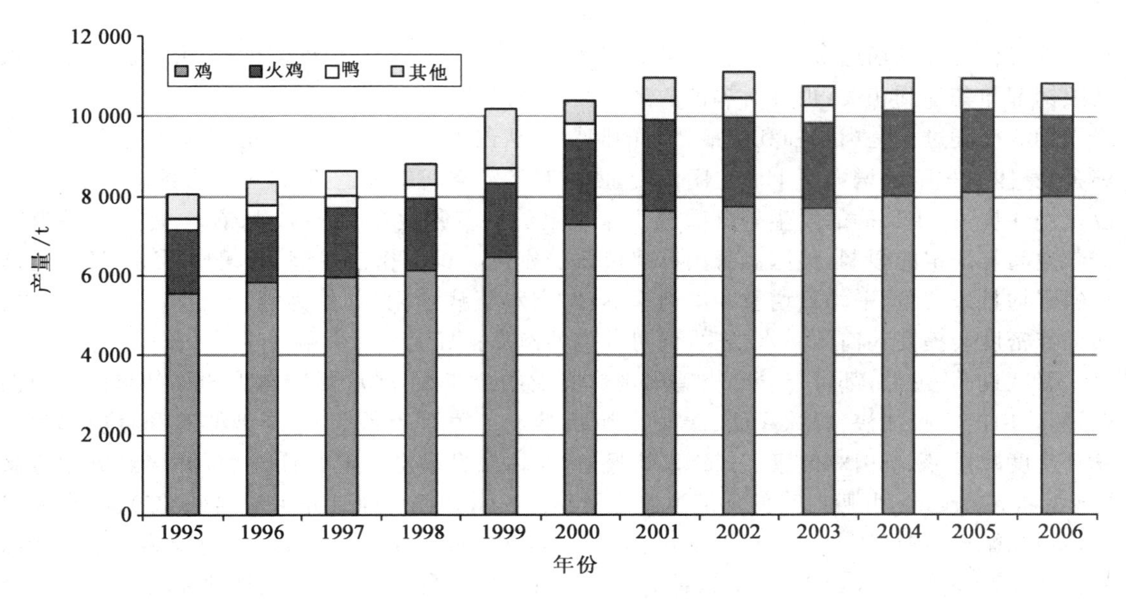

图 10-4　欧盟 1995—2006 年禽肉产量

资料来源：AVEC。

表 10-5　动物福利指标检测频率

动物福利指标	参考数量	检测频率
击晕后禽的迟钝程度	24	每周 4 次连续检测
肉品质(pH，DFD，PSE，血斑，骨裂)	18	每周 4 次连续检测
从接收到开始屠宰的等待时间	23	每栏每天一次
击晕设备的正确使用	26	每周 4 次连续检测
无效击晕频率(如需要二次击晕的情况)	13	每周 2 次连续检测
皮肤质量	21	每周 4 次连续检测
入栏的气候参数(温度、湿度、气流、噪声、光照强度、耗水量等)	18	每周 2 次连续检测
禽类福利工作者的能力	16	每年一次连续检测
击晕和放血时间	21	每周 1～60 次
击晕前禽类啄脚环的时间	18	每周每栏 1～20 次
其他	4	每周每天 1～200 次检测

数据来源：欧盟屠宰车间操作人员的调查报告(n=29)。

资料来源：European Commission，2007。

10.2.1 肉鸡管理福利与鸡肉品质及其安全

现代化的肉鸡场通常采用笼养、平地饲养的方式。饲养管理中的温度、光照、通风、垫料以及限饲都与其福利相关,也会对鸡肉的品质产生一定的影响。

饲养密度过大是肉鸡福利中最严重的问题。从出雏至6周龄屠宰,肉鸡一直生活在同栋鸡舍,身体体积不断增大而生活空间不变,使肉鸡活动空间越来越拥挤,可能导致腿病的增加,以及慢性皮炎、传染病的发生等。欧盟国家规定的饲养密度在22～42 kg/m^3,丹麦和瑞典对饲养空间有法定的限制,英国和德国有建议饲养密度。饲养密度过高,显著降低35日龄前肉鸡的平均日采食量、平均日增重和胸肉率,同时肉鸡腿病加剧(孙作为等)。也有研究表明,增加饲养密度会提高鸡肉的滴水损失,但对其他的肉品指标无显著影响。

温度过高、过低,都可能导致肉鸡出现热应激或冷应激,严重影响肉鸡的福利和健康。温度过高,肉鸡呼吸加快,食欲降低、饮水量增加,容易引发呼吸道疾病,导致雏鸡和育成鸡生长发育速度减慢,影响肉鸡健康。Hai L等报道,鸡体温升高会引起代谢改变,并导致氧化应激(oxidation stress),肝脏对高的环境温度更敏感。Zhang Z Y等研究了常温(23℃)、持续高温(34℃)和循环高温(从10:00到16:00为36℃,从16:00到10:00为23℃)对肉鸡的肌肉代谢与肉品质的影响,结果表明,持续的高温增加了肌肉内的乳酸浓度,通过加速肌肉的糖酵解降低其pH,最终导致肉品质下降。Attou S等的研究表明,高温环境会降低肌肉中UFA/SFA的比例。

适宜的光照时间和强度有助于肉鸡的健康,特别是自然光照能够促进维生素D的合成,促进骨骼的正常发育。此外,正常光照可以促进肉鸡的活动,减少腿病的发生。光照过低会导致肉鸡体增重降低以及眼病,光照过度,还会导致肉鸡打斗,引起应激反应,降低肉品质。Zhang L等比较了在胚胎发育期不同的单色光光照(黑暗对照、绿色光、蓝色光)对公鸡胸肌肉生产、化学成分以及肉品质的影响,结果显示,绿色光照能促进公鸡的体重、胸肌的生产及提高饲料转换效率,对肌肉的化学组成及肉品质影响不显著。Ke Y Y等研究不同单色光对肉鸡的肌肉品质及其抗氧化性能的影响,发现绿色光照能通过提高肌肉的抗氧化能力提高鸡肉的品质。

肉鸡接触性脚垫炎症(趾部皮肤炎)是肉鸡饲养中影响经济利益的重要因素,此经济损失是导致肉鸡胴体降级,尤其是脚爪市场,当染上接触性皮炎,皮肤会变黑、损坏和纤维化,在严重病例中会出现跛行和次级感染。欧盟国家大多采用垫料方式饲养,Kenny M指出趾部皮肤炎的严重程度和垫料水分含量、氮含量和pH有关,并提出增加日粮中平衡的蛋白质水平或者降低能量水平会增加趾部皮炎的发病率。使用垫料饲养时应该要注意及时清理和消毒垫料,防止寄生虫等有害微生物的污染和疾病的传播。同时,潮湿的垫料可能会造成鸡舍氨气等有毒有害气体含量增加。Cengiz O研究发现垫料的颗粒大小以及湿度对幼龄期肉鸡脚炎发病率及严重程度都有显著的影响。Nawalany G研究了垫料温度对肉鸡生长性能及死亡率的影响,控温的方法是在早期给垫床加热,在最后的两周给垫床降温。结果显示,与通常情况比,肉鸡增重约3%,降低饲料消耗约3%,死亡率降低50%。Simsek U G等报道,与木条床比较,具有较大空间的沙土的垫床能降低鸡的接触性皮炎的发生率,提高腿肉的蛋白含量,降低肉中的脂肪比例和胆固醇水平,提高血清中高密度脂蛋白的浓度。

限饲是饲养肉鸡常用的管理方式，可以防止肉鸡过肥、防止腿病、骨骼和心脏疾病的发生；但是如果在肉鸡生长快速期进行不科学的限饲，会导致肉鸡长期处于饥饿状态，不能满足肉鸡正常生长发育的营养需要，甚至造成应激，将会降低肉品质。Simsek U G 等研究发现，限饲可以增加肌肉中脂肪的比例、饱和脂肪酸的比例，降低总多不饱和脂肪酸（PUFA）和 n-3 脂肪酸的比例。王佳伟等研究结果表明，限饲降低了体重、平均日增重和腹脂率；提高血清 SOD 和 UA 水平，当 30％的能量限饲时，血清生化参数发生了很大的变化，说明在肉鸡快速生长阶段，限饲会引起严重的应激。

10.2.2　运输和屠宰福利与鸡肉品质及其安全

运输过程中引起的福利和肉品质水平下降是家禽运输过程中关注的重要问题。家禽在一生中通常至少要经历 2 次长途运输，在运输过程中装卸、高温、加速、颠簸、噪声、断水、断食等都是禽类产生运输应激的潜在因素。在运输前要抓鸡装车。抓鸡的方式有两种，人工抓鸡和机械抓鸡，这两种方式都会对鸡产生一定的应激。好的人工抓鸡方法应该是双手抱 1 只鸡，将鸡放到装载箱里，按顺序并列放好，而一般抓鸡的员工大多抓鸡的腿，一手抓 3～4 只，将鸡倒吊着丢到装载箱里，有的甚至抓住鸡的脖子，这给鸡带来了很大的惊吓，使鸡感觉惊恐，同时鸡在挣扎过程中还会受伤，皮肤划破，影响屠宰后鸡只的完整性。热应激容易导致禽类在运输过程中死亡。有研究报道，运输过程中死亡的原因，除了少部分是因为装车前已出现病症和捕捉损伤之外，95％以上都是因为运输过程的热应激导致的，并且常见于运输车辆的特定区域。热应激对禽类肌肉品质也有一定的影响。生长速率快的现代家禽品系，其先天性肌病或诱发性肌病的发生率较高，对应激的敏感性也较大。这些疾病由于细胞内钙稳态改变，随后由于肌纤维的膨胀和组织血液供应不足，导致肌纤维膜完整性遭到损坏；同时还影响畜产品的质量。宰前紊乱的肌细胞代谢情况、细胞完整性、组织结构的破坏引起的氧化性损伤和肌病，大大影响了屠宰产品的质量，如形成 PSE 肉。运输过程中不给水和饲料，也不休息，长途运输使动物到达目的地时非常虚弱，有的因为途中拥挤出现打斗受伤的现象，甚至有些动物在运输途中死亡。图 10-5 这种多层高密度运载的方式，使动物无法自由站立活动，互相碰撞、打斗，造成损伤出血，上层的粪尿直接排到下层，掉在其他动物身上，使动物痛苦不堪。欧盟最新的有关运输福利的规定指出：将不间断运输的允许时间缩短为 9 h，动物的休息时间延长至 12 h，加强司机的培训，规范动物的运输空间和供给饮水、饲料；禁止运输途中捆绑动物，禁止运输即将分娩的动物、新生幼畜和产蛋期的雌性禽类，要求参与运输的人员必须训练有素并给予合理的报酬以鼓励运输人员执行良好的操作规范。

图 10-5　公路运输拥挤的装载车

宰前击晕是动物福利屠宰的基本要求，击晕效率与肉鸡的福利直接相关。现在大型屠宰场使用比较多的击晕方法是电击晕和气体击晕。大多数文献报道，气体击晕比电击晕能更好地保护禽的福利和鸡肉的品质。Bianchi M 比较了电击晕和气体（CO_2）击晕法对胴体表面出现血斑和鸡肉品质的影响，与电击晕相比，气体击晕显著地降低了鸡胴体胸肉血斑的发生率，气体击晕的血斑发生率为18.8%，而电击晕的血斑发生率为61.8%，同时，气体击晕还降低了屠宰后熟化2.5 h时的剪切力，但对其他的肉品指标没有显著影响。电击晕的条件对鸡胴体品质也有影响(表10-6，Contreras C C和N J Beraque)。气体击晕方法中气体组成和梯度也直接影响禽的福利并对胴体或肉品质产生影响，与高浓度(50%，60%)二氧化碳比较，低浓度的二氧化碳(30%，40%)组成的击晕气体有助于提高肉的品质(胥蕾)。

表10-6 电击电压和频率对肉鸡胴体品质的影响

处理		红化比率/%				翼静脉充血/%	骨骼受损度/%		胸肌出血度/%	
Hz	V	红翅尖	红尾综骨	翅关节	胸肌肉		喙	锁骨	表面	深度
60	20	—	—	—	—	33.3	—	—	6.7	6.7
60	40	—	6.7	6.7	—	60.0	—	6.7	6.7	13.3
60	80	20.0	13.3	20.0	13.3	73.3	6.7	20.0	13.3	6.7
60	100	26.7	—	20.0	—	86.7	—	13.3	20.0	26.7
200	40	20.0	—	6.7	—	40.0	—	—	—	—
350	40	13.3	—	—	—	40.0	—	6.7	—	6.7
500	40	6.7	—	6.7	—	53.3	—	—	—	—
1 000	40	—	—	—	—	33.3	—	—	—	—
无电击	20	20.0	—	—	—	33.3	—	—	—	—

n=15/处理。

资料来源：Croxall R A. British Poultry Science，2007：94-97。

10.3 产蛋鸡的福利和蛋品质及安全

产蛋鸡在整个产蛋期都在鸡舍内，因此，其福利主要表现在饲养管理过程。表10-7列举了影响蛋品质的动物福利相关因素及解决措施。当禽类感染球虫病后，吸收色素能力减弱，或者某些霉菌毒素也会降低日粮中色素的吸收，导致蛋黄颜色等级偏低。当蛋鸡饲喂抗球虫药尼卡巴嗪会导致褐壳蛋的颜色几乎完全消失，导致蛋黄形成特征性色斑。

表10-7 影响蛋品质的动物福利相关因素及解决措施

症 状	和动物福利相关的原因	措 施
薄壳、沙壳、畸形、粗糙壳、皱纹壳、软壳	母鸡周龄过大	淘汰老龄母鸡
	磺胺类药物	控制用量
	长期高温	控制鸡舍温度，提供充足饮水
	呼吸系统疾病(新城疫、传支、喉气管炎、禽流感等)	遵循免疫和疾病防治措施
	高盐饲料	减少食盐喂量
	钙摄入少	寒冷季节提供3%的钙，炎热季节提供4%的钙
蛋黄颜色不正常	尼卡巴嗪，治疗球虫病药物	禁止用于产蛋鸡
	氯四环素、金霉素	控制用量
	日粮钙含量低	增加钙添加量

在 20 世纪中期，为了提高生产效率，降低饲养成本，蛋鸡养殖规模越来越大，出现了笼养蛋鸡的集约化饲养模式。笼养的饲养空间拥挤，限制蛋鸡的自由，导致蛋鸡在笼内不能正常伸展翅膀，不能转身，不能啄理自己的羽毛，给鸡带来痛苦和疾病，严重的会出现“笼养产蛋鸡疲劳征（cage lager fatigue）”，主要症状是蛋鸡不能站立，容易骨折，极度消瘦，甚至死亡，所产的鸡蛋品质差，即味道差、蛋清浑浊、蛋黄色泽不佳，煮熟后蛋白有不规则纤维。如果放到地面上饲养一段时间后，大多数患病鸡又能痊愈。瑞士已经通过立法禁止蛋鸡笼养和出售，或者进口由笼养生产的鸡蛋，欧盟从 2005 年起规定，市场上销售的鸡蛋必须标注“自由放养母鸡所生”或者“笼养母鸡所生”。

蛋鸡的饲养系统与饲养密度是影响蛋鸡福利及蛋品质的重要因素。研究笼养蛋鸡的密度对蛋鸡的生产性能及蛋品质的影响，发现每笼养 4 只鸡的处理组（500 cm^2/只）在蛋鸡体重、蛋重、日产蛋量、蛋总量、采食量、蛋表面积、单位面积的蛋壳重、蛋黄颜色、血浆钙、血浆中的尿酸都显著高于每笼 1 只鸡的处理组（2 000 cm^2/只），建议笼养蛋鸡的密度在 1 000～2 000 cm^2/只，这时蛋鸡的福利以及蛋品质和蛋鸡的生产性能都能得到保障。表 10-8 为笼养鸡饲养密度对蛋的外观及内在品质的影响。

表 10-8　笼养鸡饲养密度对蛋品质的影响

项　目	蛋鸡饲养密度（cm^2/只）				
	2 000	1 000	667	500	SEM
外观品质					
蛋重/g	63.9	64.1	62.9	62.8	0.12
蛋总量（蛋重×蛋产量）/kg	13.4[a]	13.0[a]	12.7[b]	12.2[b]	1.45
形状指数/%	78.1[a]	78.0[a]	77.9[a]	78.97[b]	0.13
比重/(g/cm^2)	1.10	1.09	1.10	1.10	0.001
硬度/(kg/cm^2)	3.14	3.12	3.13	3.21	0.02
蛋壳重/g	7.8	7.9	7.8	7.9	0.03
蛋壳比率/%	12.3	12.4	12.4	12.6	0.04
蛋壳厚度/mm	0.378	0.382	0.380	0.383	0.001
破损蛋比率/%	2.9	3.0	3.4	3.4	0.11
内在品质					
蛋黄比率/%	9.37	9.49	9.44	9.64	0.08
蛋黄指数/%	46.70	47.40	47.30	46.30	0.04
蛋黄颜色	10.80	10.90	10.80	10.90	0.2
蛋清比率/%	63.20	63.20	63.20	63.40	0.12
蛋清指数/%	23.40	23.60	23.60	23.60	0.16
哈氏单位	81.90	83.30	83.30	83.20	0.17
肉斑和血斑比率/%	1.70	1.80	1.90	1.90	0.01

[a,b]每行各处理间不同上标表示差异显著（$P<0.05$）。

资料来源：Sarica M S. Czech Journal of Animal Science，2008，53(8)：346-353。

不同的饲养系统对动物福利及蛋品质的影响的研究报道并不是很多。在英国、德国和荷兰进行了较多的研究，比较了传统笼养(conventional cages，CCs)、大型家具式笼养(large furnished cages，FC Ls)以及单层(in single level systems，NC)或多层的饲养场，有传统的和有机自由的饲养系统对福利及蛋品质的影响。他们发现，传统的笼养和大型家具式笼养系统的蛋产出以及饲料转化优于其他系统；大型家具式笼养系统中鸡的死亡率最低，而自由饲养系统鸡的死亡率最高(Croxall 和 Elson)。在比利时，De Reu K 等研究发现，与传统的笼养和大型家具式笼养系统比较，来自单层饲养系统鸡蛋受有氧菌群的污染程度高，存在更高的安全隐患。饲养鸡舍的设计包括钢丝网的大小、厚度和质量，是否有蛋挡板设计等都会对蛋的外观品质有影响。

应激也是影响蛋鸡福利及蛋品质的重要因素。在蛋形成的过程中单一应激或对鸡群的干扰都足以破坏蛋形成的同步性，从而影响到蛋的品质指标，如在产蛋前鸡受到应激会导致软皮蛋或薄皮蛋，因此应该尽量减少在鸡舍及其周围的活动 (Coutts 和 Wilson)。

10.4 肉牛的福利和牛肉品质及安全

牛肉生产涉及的产业链长，对其品质的影响因素多，因此肉牛福利的影响已被广泛关注。大量的调查表明，牛肉消费者越来越关注肉牛的福利问题，在国际上，多数消费者都将高的肉牛福利水平与安全的、健康的以及高品质的牛肉联系起来，因此，重视肉牛的福利对于牛肉的品质及安全以及赢得消费者的信任都十分重要。肉牛福利对牛肉品质及安全的影响方面主要涉及饲养管理、运输及屠宰时的应激程度，动物受到的应激越多，程度越高，福利水平越低，则牛肉的安全隐患越大。

10.4.1 肉牛饲养管理福利与牛肉品质及其安全

肉牛饲养管理中除了饲料因素与福利直接相关外，饲养密度、环境等都与福利及牛肉品质安全直接相关。Lee S M 等研究了不同饲养密度下韩国阉牛的生产性能及肉品质，结果表明，低密度饲养组(≥16 m^2/头)牛的饲料效率更高，生长的速度更快，胴体也更重。作者认为，低的饲养密度使牛有更多的空间，其福利得到了保证。不同的生产系统，对牛的健康影响很大。Blanco-Penedo I 等 2007 年对西班牙有机的、传统的和集约化 3 种肉牛饲养系统条件下动物的健康、管理及生产性能进行了评估。表 10-9 为宰后动物内脏器官情况记录。从表 10-9 中数据可以看出，有机饲养系统下，各种器官的健康状态更好，这归结为该系统下，高品质的饲料、适宜的畜牧系统和正确的生产管理产生的高标准的动物福利。

Tuomas H 等研究了农场福利与公牛屠宰胴体脂肪评分(图 10-6)。从图 10-6 中可以看出，随着福利指数的升高，胴体脂肪评分 3～5 出现的比例降低。

表 10-9　2007 年某屠宰场对不同饲养系统下(244 头来自有机饲养系统、2 596 头来自传统饲养系统和 3 021 头来自集约化饲养系统)的肉牛宰后内脏器官情况记录

项目	有机饲养系统	集约化饲养系统	传统饲养系统
肝脏			
n=826	26	431	369
脓肿	1.33%	37.5%	29.5%
寄生虫感染	0.73%	2.1%	4.7%
变性	0.4%	6.7%	6.2%
炎症	0%	0.24%	0.24%
其他	0.73%	5.7%	3.9%
肺脏			
n=1 507	59	912	536
肺炎	3.72%	59.9%	34.8%
炎症	0%	0.2%	0%
其他	0.2%	0.3%	0.8%
肾脏			
n=663	10	290	363
肾脓肿	0%	0%	0.2%
变性	0.2%	0.3%	0.2%
炎症	0%	0.4%	0%
其他	1.35%	42.8%	54.4%
消化道			
n=337	77	211	49
炎症	21.6%	61.7%	14.2%
其他	1.2%	0.9%	0.3%
心脏			
n=27	1	12	14
肺炎	0%	3.7%	3.7%
变性	0%	3.7%	7.4%
炎症	3.7%	3.7%	22.2%
畸形	0%	7.4%	7.4%
其他	0%	25.9%	11.1%
腿			
n=10	2	3	5
炎症	10%	0%	10%
外伤	10%	10%	30%
畸形	0%	10%	0%
其他	0%	10%	10%
药物残留	0	1	0

资料来源：Blanco-Penedo I. Animal，2012，6(9)：1503-1511。

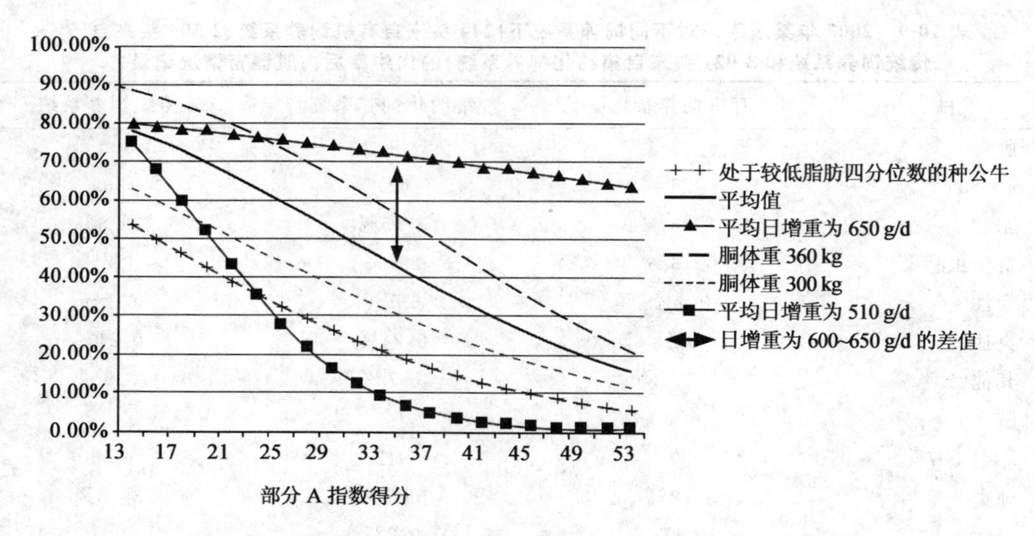

图 10-6　胴体重和平均日增重对脂肪评分为 3～5 出现率的影响

资料来源：Tuomas H. Livestock Science，2011，138：159-166。

通常情况下将出生 6 月龄内的牛称为犊牛，犊牛一般 2 月龄断奶，之后接触草料和精料，有助于瘤胃的正常生长发育。公犊由于没有产奶价值，通常出生后被直接屠宰或者育肥后再屠宰。而犊牛育肥也称小白牛育肥，指的是在公犊牛出生 5 个月内以全乳或代乳品为饲料，不提供任何草料和精料，并限制乳中和水中的铁含量，保证犊牛在缺铁的饲养条件下生长，育肥至 90～150 kg 后屠宰，得到的是鲜嫩多汁的高档白牛肉。尽管小白牛肉的生产能够给饲养者带来较高的效益，但这种特殊的饲养方法不能满足动物的天性，即食草咀嚼和反刍的天性，导致犊牛的消化道不能正常发育，瘤胃乳头稀疏，皱胃很可能出现溃疡和损伤，使犊牛感觉疼痛；其次，在整个育肥过程中犊牛始终处于缺铁状态，使血液中的血红蛋白和肌肉中的肌红蛋白无法正常合成，导致牛肉为白色；小犊牛的饲养为单栏甚至将动物局限在拥挤的木箱中限制活动，以保证牛肉的嫩度。以上这些方式都与动物福利的内涵相违背。

鉴于生产小白牛肉违背了动物福利的要求，2007 年欧盟已禁止用以上方式生产小白牛肉。尽管如此，欧盟对小白牛肉的标准化生产，尤其在动物福利方面做出了相关的规定和要求。选择 8 周龄左右的小公牛，分群饲养（规模在 80 头左右），犊牛必须有舒适的空间可以活动和躺卧；日粮中必须有符合瘤胃发育所需要的足够的纤维，同时适当降低日粮中铁的含量，直至 8 月龄左右出栏。美国和其他国家是允许生产小白牛肉的。

10.4.2　宰前福利与牛肉品质及其安全

肉牛宰前的运输及处理过程中的福利水平直接影响到牛肉的品质及安全。运输时间过长、动物装载密度过大、断食断水、没有休息等都能诱发动物应激，导致福利水平下降，情况严重会影响到产品质量与安全。装载密度过大是引起肉牛运输应激的重要因素。表 10-10 为阉牛装载密度对血浆中与应激有关的指标及胴体损伤的影响，从表 10-10 中数据可以看出，随着装载的密度增大，血浆中的皮质醇浓度升高，肌酸激酶浓度降低，胴体损伤评分升高。

表 10-10　24 h 的公路运输中，阉牛血浆组成随装载密度的变化

血浆组成	装载密度			显著水平
	低	中	高	
皮质醇/(ng/mL)	0.1	0.5	1.1	$P<0.05$
葡萄糖/(mmol/L)	0.81	0.93	1.12	$P<0.15$
肌酸激酶/(units/L)	132	234	367	$P<0.001$
胴体损伤评分	3.7	5.0	8.5	$P<0.01$

资料来源：Tarrant P V. Livestock Production Science，1992，30：223-238。

Weglarz A 研究发现，肉牛待宰时模式也会对牛肉品质产生影响，建议宰前待宰圈中肉牛饲养方式要根据性别分别处理，对于公牛要单独饲养，而对于母牛可以小群饲养。杜燕等报道了待宰时间与 DFD 肉发生率的关系，待宰时间 24 h DFD 肉的发生率显著低于待宰时间 48 h 的发生率。Luigi L 也研究了经过长途运输后，牛的待宰时间对牛的福利水平及肉品质的影响。结果表明，与 36 h 的待宰时间比较，更长的待宰时间在福利方面没有更多的优势，反而会降低牛肉的品质。

Schaefer A L 等研究了待宰时肉牛的营养水平对肉品质的影响，试验设计了 3 个营养水平，对照为工业标准实施的宰前 12～24 h 禁食，自由饮水；安慰组每头牛饲喂 2 kg 玉米和稻壳为基础的颗粒，自由饮水；营养处理组每头饲喂 2 kg 能量、氨基酸以及电解质平衡的饲料，自由饮水；试验结果表明，与其他两个组比较，营养处理组牛显示出 20%或更高的质量评分，并显著减少了 DFD 肉；另外与对照组比较，营养处理组还很好地保留了胴体重量。研究结果支持给予待宰牛合理的营养供给，尤其是要待宰过夜的牛，可以有效地减少胴体损伤和质量评分降低。

运输时间对肉的品质也有影响，María G A 等研究了运输时间及牛肉的熟化时间对牛肉品质的影响，发现运输时间对牛肉的压缩指标和颜色有影响，而对 pH 及剪切力没有影响(表 10-11)。而 Villarroel M 等的研究结果则表明，运输时间对牛肉的嫩度和外观有显著的影响，见表 10-12。

表 10-11　运输时间和熟化时间对肉品质指标的最小二乘均值的影响(K20＝20%压力，K80＝80%压力)

分析指标	短途运输(30 min)		中等时长运输(3 h)		长途运输(6 h)	
	熟化 7 d	熟化 14 d	熟化 7 d	熟化 14 d	熟化 7 d	熟化 14 d
压缩指标						
K20/(N/cm²)	7.82[a]±0.58	5.22[bc]±0.56	4.92[c]±0.58	4.62[c]±0.58	6.27[b]±0.56	4.86[bc]±0.57
K80/(N/cm²)	37.5[b]±1.94	40.1[ab]±1.89	35.1[b]±1.95	37.0[a]±1.94	39.7[ab]±1.89	43.1[a]±1.88
最大压力	50.8[ab]±2.86	57.4[ab]±2.78	50.0[b]±2.85	52.5[ab]±2.86	56.0[ab]±2.78	59.4[a]±2.77
剪切力						
最大承载力	5.26[a]±0.25	4.33[b]±0.24	5.00[a]±0.26	4.12[b]±0.26	5.30[a]±0.25	4.34[b]±0.24
韧性	1.76±0.07	1.60±0.06	1.72±0.08	1.56±0.07	1.76±0.07	1.60±0.06

资料来源：Maria G A. Meat Science，2003，65：1335-1340。同行不同字母表示差异显著。

表 10-12　运输时间对背最长肌肉风味指标的最小二乘均值的影响

风味指标	30 min	3 h	6 h	P
气味	49.7±0.97	50.2±1.27	50.1±1.12	NS
韧性	50.8x±1.24	56.7y±1.64	52.0x±1.44	**
咀嚼残留物	53.8±1.63	48.0±2.14	51.6±1.88	NS
多汁性	49.2±1.04	52.0±1.37	48.6±1.20	NS
风味浓度	63.5±0.72	62.6±0.94	63.6±0.83	NS
风味品质	61.6±0.76	64.3±0.99	61.6±0.87	NS
总体受喜爱度	57.4x±0.89	61.2y±1.17	57.0x±1.03	**

各组数值来自 128 个测定结果的平均值，评分范围是 1～100 分（数据来自 8 位品尝员对每种运输方式的每一头动物的肉样的品尝结果）。

同行不同字母表示差异显著（NS＝不显著，**＝$P<0.01$）。

资料来源：M Villarroel. Meat Science，2003，63：353-357。

10.4.3　屠宰福利与牛肉品质及其安全

在屠宰过程中击晕方式、击晕效率以及处置方式都涉及牛的福利，也可能影响到牛胴体和牛肉的品质。常见刺杀牛时背部撞在击晕棚和门上，因击晕引起的痉挛造成骨折、击晕的牛从击晕棚打滚重重跌落，从而引起胴体品质及肉品质的下降。

有关宰前击晕对胴体及牛肉品质的影响有许多报道，但结果并不完全一致。Önenç A 等研究了不击晕、电击晕和弹击击晕对土耳其公牛牛肉品质的影响，与不击晕和头部电击晕比较，机械弹击击晕可改善牛肉的品质（表 10-13）。

表 10-13　牛肉品质指标均值

指标	不击晕	电击晕	弹击击晕	S. E.	P
肝糖原/(mmol/L)	8.84[b]	10.12[a]	1.25[a]	0.51	0.01
pH 15 min	6.50[b]	6.59[b]	6.77[a]	0.06	0.01
pH 24 h	5.99	5.96	5.75	0.55	0.35
亮度*	36.79	36.78	41.00	1.41	0.07
红度*	14.87	15.08	16.51	0.97	0.44
黄度*	13.16	13.32	15.70	0.90	0.10
WHC/%	15.80	15.50	17.80	1.11	0.29
烹调损失/%	16.32	17.99	15.08	1.78	0.51
剪切力/kg	9.80[b]	13.83[a]	9.12[b]	0.94	0.01
接受度*	5.24[b]	5.86[ab]	6.43[a]	0.29	0.03

同行均值不同上标表示差异显著（$P<0.05$）；*数据来自 8 名品尝员的评价结果。

资料来源：Önenç A. 3rd Joint Meeting of the Network of Universities and Research Institutions of Animal Science of the South Eastern European Countries，2007。

澳大利亚肉品加工公司总结了 4 种机械击晕屠宰方式对牛福利及肉品质的影响。图 10-7 为 4 种方式对牛宰后血液中肾上腺素浓度的影响。从图 10-7 中可以看出，与其他 3 种方法比较，穿刺击晕法引起动物应激程度低，从福利的角度考虑是一种比较好的击晕法。4 种击晕方法对肉品质的影响与关注的指标有关，高强度无穿刺击晕（high power non-penetrative mechanical stun，HPP）和宰后穿刺击晕（unstunned slaughter followed by penetrative mechanical stun，US）的牛肉蒸煮损伤大、持水力低、脂肪的氧化程度高、肉色差以及剪切力大，并且这些对肉品质不利的影响对肌腱肉影响大于背最长肌。

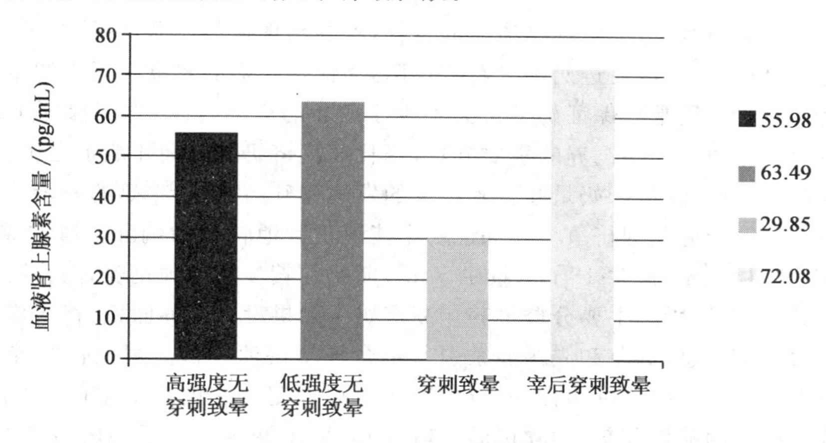

图 10-7　屠宰方式不同对血液肾上腺素浓度的影响

资料来源：Australian Meat Processor Corporation. AMPC. Meat technology update January，2011。

Maria D'Agata 等在意大利屠宰场比较了传统的屠宰方法（按欧盟的要求）和穆斯林屠宰方法对利木赞牛肉某些肉品指标的影响，发现传统屠宰方法的牛肉 pH 在宰后 6 d 内都保持稳定，而穆斯林屠宰的牛肉 pH 有升高，传统屠宰方法的牛肉滴水损失大于穆斯林屠宰法，不同的屠宰方法对肉色没有影响。

10.5　奶牛的福利和牛奶品质及安全

奶牛的福利尤其是高产奶牛的福利对奶品质和安全的影响主要表现在饲料组成、饲养管理方面。乳腺是合成乳的器官，而合成的底物主要来自于血液，血中成分及其含量和饲料组成密切相关；同时乳腺的健康与否，直接影响牛奶的品质和安全。奶牛管理福利与奶品质及其安全密切相关。

10.5.1　饲料组成

动物福利意识的强弱和法规的健全程度体现了国家畜牧业发展的文明程度，是对人类道德的考验。饲料组成中饲料本身的毒素、饲料霉变产生的毒素以及药物、添加剂毒素等，被奶牛采食吸收进入血液后，最终转移到牛奶中去，严重影响牛奶的品质和安全性，具体参见第 9 章。

10.5.2 饲养管理

奶牛饲养场根据奶牛的不同生产阶段配制不同的日粮，包括干奶期、泌乳前期、泌乳期、泌乳后期和围产期日粮，目的是为了尽量提高和延长高产奶牛的泌乳高峰值和维持时间，延长奶牛的产奶寿命，增加经济效益；各阶段日粮组成的不同主要表现在精粗比、粗蛋白水平等方面，其中奶牛对精粗比改变的敏感性很强，尤其是瘤胃微生物对精粗比改变的敏感性强；如果不是逐级而是快速提高精料水平，不给动物适应的过程，就会出现换料应激，导致奶牛瘤胃酸中毒，进而影响乳房健康；运动可以促进奶牛的新陈代谢，为保持旺盛的食欲和正常的生理机能提供保证，提高机体抵抗力，通常要保证奶牛每天不少于 6 h 的运动时间，才能保证生产性能的正常发挥。拴系舍饲是我国奶牛饲养的主要方式，每日 3 次挤奶的时间才能走出牛舍；运动量不足将可能导致奶牛过肥，降低产奶量并且乳房炎的发病率升高，影响牛奶的安全性。舍饲奶牛合理的饲养密度有助于避免拥挤争斗和保证奶牛能够正常地转身和躺卧。通常成年牛 8 m^2，育成牛 7 m^2，围产牛 9 m^2，病牛 15 m^2，犊牛 5 m^2，断奶前犊牛要单独饲养，防止腹泻传播。为了便于管理，不同生理阶段奶牛要分群饲养。高产奶牛如果没有足够面积，将造成奶牛无法自由运动、采食、饮水和休息，饲草和粪污混杂引起牛舍环境污浊。目前规模化饲养场大多都采用卧床来给奶牛营造舒适的躺卧条件，一方面卧床可以固定奶牛的生活空间，便于管理；另一方面卧床通常选用特制的橡胶垫，柔软保温，排出的粪尿由漏缝地板下的履带直接带出牛舍，使奶牛感觉舒适，有助于保证乳房的清洁和健康；如果在卧床上另外铺上木屑或者稻秸等垫料，除了柔软之外，粪便落入垫料内，可实现微生物发酵，不仅省去了粪便清理的麻烦，还为奶牛提供温暖的休息条件。因此，卧床的坡度、长度和舒适度设计是否合理，关系到奶牛的福利和健康。卧床过短，迫使牛在卧床边缘躺卧，增加对乳房的压力和粪尿沾染乳房导致乳房炎的可能性；卧床面过滑，牛躺卧不稳定也容易使牛在躺卧和站立过程中滑到，损伤机体和乳房。奶牛运动场的洁净度对奶牛福利也是至关重要的。奶牛在休闲和运动过程中难免排泄粪尿，如果不及时清理，粪便堆积过多，奶牛趴卧在满是粪污的地面，容易诱发乳房炎。同时，如果排水不畅，尿液聚集，牛蹄长期浸泡在尿液中可能诱发蹄病；严寒的冬季尿液结冰，奶牛行走在冰面上，容易滑倒，轻者骨折，重者死亡。奶牛的生产性疾病和产奶量密切相关，高产奶牛容易诱发乳房炎；奶牛休息时间减少，地面较硬，腐蹄病发病率提高。药物使用不规范，通常使用青霉素后 3 d 内挤出的奶都要单独存放处理，因为含有抗生素，是含抗奶，无法发酵，不能用作酸奶发酵。

10.5.3 环境因素

养殖场如果没有完善的污水排放系统，排放的废弃物处理不当而随意堆弃，不仅降低了奶牛的生活质量，还会引起大气、土壤、水体和动植物体的污染，导致机体免疫力下降易感染病菌，甚至引起大规模疫病的暴发，影响动物性食品的质量安全；奶牛运动场环境差，导致奶牛乳房炎发病率升高，乳中体细胞数和细菌数超标。热应激是影响奶牛福利和乳产品品质及产量的重要因素。当外界环境温度高于 30℃时，奶牛采食量和产奶量有明显的下降；当环境温度高于 35℃时，产奶量急剧下降。热应激主要影响奶牛的生产性能和繁殖性能，主要表现为呼吸频率和直肠温度升高、外周血液流速加快、出汗，饲料采食量下降，免疫力下降，抗病力减弱，容易发生疾病传播。因此，要保证牛舍的通风顺畅，阻断外部热源的进入，通过通风、喷水等方式给牛体降温，最大限度地给奶牛一个舒适的环境。挤奶应激指动物在挤奶前或者挤奶进行中受到惊吓或者感觉疼痛等刺激而产生的应激；乳的排出受神经-激素的支配，清洗按摩乳房增强刺激，促使催乳素分泌进入血液，最终流入乳房；乳腺细胞和乳小管在催乳素的作用下收缩，乳汁被挤出。在这个过程中，任何刺激或者应激都可能阻断排乳，引起乳房炎或者乳腺炎。同时，适当的挤奶频率可以有效降低乳房炎的发生率，提高乳腺抗感染的能力；通常奶牛厂每日挤 3 次奶是比较适宜的。奶牛喜欢安静，强烈的噪声会使奶牛出现应激，当奶牛受到惊吓时，刺激交感神经系统，使肾上腺素分泌过多，抑制垂体后叶分泌催产素，使泌乳量减少，乳汁滞留在乳腺组织中，易引起酒精阳性奶。

10.6　肉羊的福利和羊肉品质及安全

肉羊的福利与羊肉品质及安全问题和肉牛类似，本节不再详细赘述。有研究表明，羊比其他动物更能忍受公路运输应激，但运输应激依然会影响肉羊的福利及羊肉品质。G C Miranda-de la Lama 等研究了直接运输（DTS）和中途休息（TLS）两种不同的运输方式及在两个不同的季节对羔羊福利及羊肉品质的影响。结果表明，在冬季羔羊遭受更大的运输应激，产生品质较差的肉。主要测定指标的变化见表 10-14。

表 10-14　在两个季节两种不同的运输方式对羔羊福利及羊肉品质的影响

反应变量	运输类型		运输季节	
	TLS	DTS	夏季	冬季
动物福利				
NEFA/(nmol/L)	1.23±0.05[a]	1.01±0.05[b]	1.10±0.05	1.14±0.05
CK/(UL/L)	630±66	527±66	744±66[x]	412±66[y]
白细胞数/（×10³ μL）	6.01±0.37[a]	8.36±0.37[b]	6.81±0.37	7.56±0.37
红细胞数/（×10⁶ μL）	12.25±0.15[a]	11.15±0.15[b]	11.39±0.15[x]	12.01±0.15[y]
红细胞体积分数/%	36.80±0.71[a]	32.24±0.71[b]	33.40±0.71[x]	35.63±0.71[y]
肉品质				
bruising	0.31±0.09	0.34±0.09	0.25±0.09[x]	0.41±0.09[y]
WHC/%	18.55±0.38	17.52±0.38	19.48±0.38[x]	16.59±0.38[y]
yield point/kg	5.86±0.87	5.73±0.87	5.51±0.87	6.08±0.87

同行不同肩标表示处理间差异显著（$P \leqslant 0.05$）。NEFA：非酯化脂肪酸；CK：肌酐激酶；bruising（淤伤得分）；WHC（系水力）；yield point（肉的引力点）。

资料来源：G C. Miranda-de la Lama. Meat Science，2012(92)：554-561。

畜舍内环境丰富度是影响肉羊福利及肉品质重要因素之一。L A Aguayo-Ulloa（2014）等研究了畜舍内环境丰富度（饲喂坡道的影响）对羊的福利及肉品质的影响，结果显示，丰富的环境能够提高羊的生理适应性，在简单畜舍环境中的羊有与慢性应激相关的较低的免疫水平。图 10-8 为丰富的畜舍环境组，表 10-15 为不同环境丰富度对羊的生产性能和肉品质的影响。

图 10-8 畜舍中有木制的饲喂坡道

谷物秸秆和卧床(左侧)。羊利用饲喂坡道采食(右上)和利用游戏坡道玩耍(左下)。

表 10-15 传统空洞的畜舍与环境丰富的畜舍对育肥期羊的生产性能胴体性状的最小二乘法均值

反应变量	传统圈组	环境丰富圈组
初始体重/kg	17.16±0.19	16.92±0.19
终体重/kg	26.30[a]±0.39	27.40[b]±0.38
平均日增重/g	305[a]±10	361[b]±10
CCI/kg	3.30±0.10	3.14±0.10
屠宰率	46.37±0.32	46.50±0.32
冷胴体重/kg	11.88[a]±23	12.59[b]±0.23
擦伤评分(0～3)	0.13±0.12	0.43±0.12
胴体构型得分	5.90±0.27	5.90±0.27
胴体肥育得分	5.03[a]±0.18	5.53[b]±0.18

[a,b]:同行不同字母表示处理间差异显著($P<0.05$);

CCI:每千克日增重精料转化指数(kg)(concentrate conversion index expressed in kg of concentrate per kg of daily gain)。

10.7 其他畜禽的福利和品质及安全

作为农场动物,猪、鸡、牛、羊在畜牧生产及畜禽产品数量上占有主要的地位,因此,其动物福利及产品品质安全受到了更多关注。而真正为人类提供产品的畜禽远多于本章介绍的4种畜禽,如鸭、鹅、鸵鸟等禽以及骆驼、驴等畜都为人类提供优质的畜禽产品。鉴于资料收集的局限性,本节仅简单介绍一下肉鸭和鹅的福利与产品品质。

10.7.1　肉鸭福利与鸭肉品质及其安全

北京鸭是世界著名的优良肉鸭标准品种，是烤鸭的主要品种，此外美国的长岛鸭，英国的樱桃谷鸭都是由北京鸭选育而来的。肉鸭福利与鸭肉产品品质和安全的关系主要也是从饲养管理、运输和屠宰 3 方面来体现。

1.饲养管理

鸭为水禽，自然条件下主要生活在水里，由于水体的浮力使其不需要有强健的脚胫来支撑体重。随着集约化饲养的发展，为了提高饲养效益，进行平地饲养，同时通过选育增加肉鸭的生长速度和屠宰体重，使肉鸭极易出现腿病导致跛行。平地饲养的地面条件不同会影响肉鸭的脚胫健康，通常情况下板条或钢丝网格地面可以改善鸭舍的环境卫生，减少寄生虫的发病率，但同时也会使肉鸭不容易保持平衡而滑跌受伤。有研究表明，用稻草或木屑等作为垫料来替代木质板条地面，可以更好地发挥鸭子的觅食天性，增加运动量，同时减少啄癖的发生率；另外，鸭的粪便比鸡、火鸡等潮湿，如果不及时清理，鸭行走时容易打滑，摔倒受伤；舍饲和高密度饲养限制鸭的活动空间，可能会导致鸭群的神经质和恐惧，加剧啄羽癖的发生。有研究表明，低密度饲养(6.3 只/m^2)的啄羽发生率远远低于高密度饲养模式(11.6 只/m^2)。鸭嘴和脚爪的修剪，避免打斗受伤，但有一定的疼痛感，与鸡的断喙断趾类似。通常情况下，鸭子喜欢更多时间待在光照充足的环境里，并且表现得更加活跃，研究表明，充足的光照可以使鸭更健康，疾病发生率减少，但强光照会增加动物间的相互打斗现象，因此，建议鸭的光照时间通常应在 14～16 h，并最少有 25 min 的从弱到强的过渡期，使鸭的眼睛逐渐适应光照强度，到了晚间鸭舍内光线稍暗，有助于减少恐惧反应；有些饲养场限制鸭子接触水的机会，甚至用鸭笼饲养使鸭与水完全绝缘，这违背了水鸭生活的嬉水天性，可能诱发疾病，加剧热应激。2012 年 9 月，RSPCA 报告中指出，英国农场肉鸭因为不能自由接触水和自然光，使其福利越来越差。

噪声对鸭子来说是一个应激源。朱振等研究了急性噪声应激对肉鸭血液指标和肉品质的影响。试验设计 3 个处理组，组别：①对照组；②80 dB 噪声处理 20 min；③100 dB 噪声处理 20 min。结果见表 10-16 和表 10-17。从血液生化指标可以看出，与机体应激有关的指标都发生了显著的变化，说明噪声引起肉鸭的应激，并导致肉品质中的蛋白、pH 及脂肪和蛋白氧化指标的变化，从而影响了肉品质及安全性。

表 10-16　噪声应激对肉鸭血液指标的影响

组别	T_3 /(ng/mL)	T_4 /(μg/L)	ALT /(U/L)	ISN /(mIU/mL)	CK /(U/mL)	AST /(U/L)	GSH-PX /(μmol/L)
1	84.97 ± 3.96^{A}	257.33 ± 15.12^{Aa}	29.73 ± 1.20^{Aa}	8.84 ± 1.88^{Aa}	2.93 ± 0.10^{Aa}	6.05 ± 0.29^{Aa}	663.63 ± 18.22^{a}
2	72.51 ± 3.96^{B}	223.90 ± 14.56^{Bb}	31.72 ± 1.92^{Aa}	6.98 ± 0.53^{ABb}	3.08 ± 0.11^{ABa}	6.21 ± 0.78^{Aa}	674.34 ± 79.28^{a}
3	63.11 ± 3.96^{C}	203.78 ± 9.51^{Bc}	40.25 ± 3.85^{Bb}	$5.64\pm15,12^{Bb}$	$3.40\pm15,12^{Bb}$	9.15 ± 1.13^{Bb}	755.04 ± 168.49^{b}

* 同列数据肩标不同小写字母表示差异显著($P<0.05$)，不同大写字母表示差异极显著($P<0.01$)。

表 10-17 噪声应激对肉鸭鸭肉品质的影响

组别	水分/%	蛋白/%	脂肪/%	pH	MDA /(nmol/mg prot)	蛋白质羰基 /(nmol/mg prot)
1	74.54±0.39	22.42±0.21^{Aa}	1.81±0.27	7.37±0.04^{A}	0.36±0.02^{A}	2.78±0.09^{A}
2	74.54±0.52	22.28±0.23^{ABab}	1.68±0.18	6.82±0.03^{B}	0.44±0.04^{B}	3.05±0.06^{B}
3	74.39±0.48	22.12±0.17^{Bc}	1.68±0.17	6.49±0.07^{C}	0.55±0.02^{C}	3.73±0.15^{C}

同列数据肩标不同小写字母表示差异显著($P<0.05$),不同大写字母表示差异极显著($P<0.01$)。

2.运输和屠宰

肉鸭的运输和屠宰福利与鸭肉产品的品质和安全的关系与肉鸡类似,如运输前野蛮的抓鸭方式会导致鸭受惊吓,体内毒素分泌过多残留于肉中;车载密度过大、运输时间过长,导致鸭的免疫力下降,容易感染疾病,同时会出现打斗(图 10-9)和冷热应激等。电击晕后放血屠宰比颈部直接放血屠宰产生的应激更小,减少肾上腺素等有毒物质的分泌,保证鸭肉品质和安全。

图 10-9 肉鸭运输过程中的损伤

10.7.2 鹅福利与鹅肉品质及其安全

鹅肥肝曾经被美誉为"世界美食",是法国大餐中的顶级美食,口感细腻入口即化,价格昂贵。鹅肥肝起源于埃及,兴起于法国,最早是献给帝王的美食。生产一枚鹅肥肝,其经济效益超过饲养一只普通鹅的收入,因此,越来越多的饲养场趋于生产鹅肥肝。有报道称鹅肥肝中多不饱和脂肪酸含量较高,具有一定的食用功效,如降低血中胆固醇水平、减轻和延缓脂肪硬化的形成,富含卵磷脂可以降低血脂、软化血管、预防心脑血管疾病等,但过量食用会对健康产生负面的影响。尽管如此,由于鹅肥肝口感好、消费档次高,在一些国家仍然是被推崇的食品。全球鹅肥肝产量约 3 000 万 t,2006 年我国在 500 万 t 左右,居世界第三位。鹅肥肝不同于鸡肝、鸭肝,它不是屠宰的内脏副产品,而是通过反自然饲喂的方式,短时间内给鹅强制填饲大量的能量饲料(玉米糊),使鹅的肝脂肪转运功能出现障碍,大量脂肪在肝中贮存而产生,实际上就是鹅的"脂肪肝"。填饲过程对动物来说是极其残忍的,严重违反了动物福利的五大要求。鹅肥肝的生产过程,通常从 70～80 日龄开始填肥,用一根很粗的铁管插入鹅的食管中(图 10-10a),强制塞入玉米糊,每日 4 次,每日消耗 1 kg 左右的玉米,填饲期 3～4 周;鹅在被填饲的过程中十分痛苦,过量的能量饲料被塞到消化道内,机体代谢紊乱,脂肪肝越来越严重(图 10-10b);为了保证鹅肝的肥腻、细嫩的口感,强饲日粮中尽量减少钙的含量,导致鹅在发育期间无法摄入足够的钙,出现软骨症,无法正常站立,甚至无法动弹,体重成倍上涨;用于生产鹅肥肝的鹅从出生到死,一直生活在笼子里,脚蹼无法沾到一滴水,这阻断了水禽以水为生的天性。为此,国际上动物福利支持者呼吁停止食用鹅肥肝。

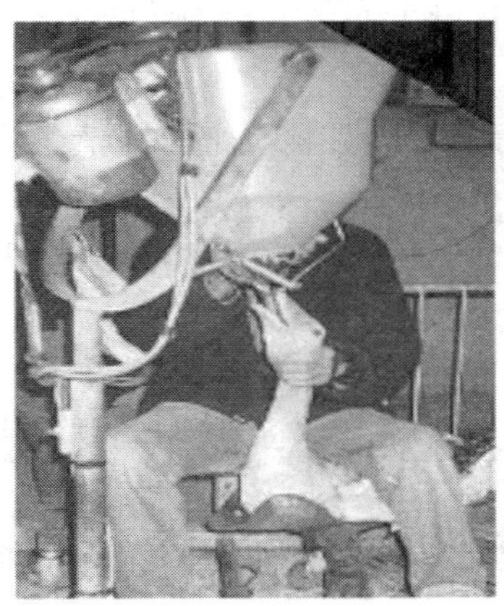
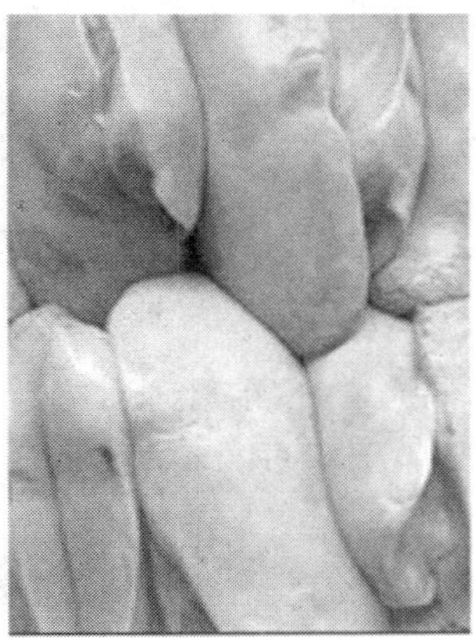

图10-10 鹅肥肝生产

思考题

1. 猪的福利与肉品质的关系如何?
2. 肉牛福利与肉品质的关系如何?
3. 奶牛福利与乳品质安全的关系如何?
4. 蛋鸡福利与蛋品质安全的关系如何?
5. 屠宰应激对肉品质安全的影响是什么?
6. 简述如何通过动物福利工作来保证畜禽产品品质和安全。

参考文献

1. 蔡兆伟,赵晓枫,姚玉昌,等. 阉割对公猪生长性能和胴体品质的影响. 中国农业科学,2010,43(8):1688-1695.

2. 淡江华,马启军,王树华. 浅谈动物福利与我国现代养猪工艺模式. 山西农业科学,2007,35(5):74-77.

3. 杜燕,张佳,胡铁军,等. 宰前因素对黑切牛肉发生率及牛肉品质的影响. 农业工程学报,2009,25(3):277-281.

4. 顾宪红. 畜禽福利与畜产品品质安全. 北京:中国农业科学技术出版社,2005.

5. 顾宪红. 长途运输与农场动物福利. 北京:中国农业科学技术出版社,2010.

6. 果戈理. 动物福利与肉类生产. 顾宪红,时建中,译. 北京:中国农业出版社,2008.

7. 李卫华. 农场动物福利研究. 中国农业大学硕士论文,2005.

8. 刘云国,李宏,刘帅帅,等. 动物福利对动物源性食品安全的影响. 检验检疫学刊,2011,21(1):71-73.

9. 孙作为，吕明斌，燕磊，等. 饲养密度和饲粮赖氨酸水平对公母分饲肉鸡生长性能、胴体组成和健康状态的影响. 动物营养学报，2011，23(4)：578-588.

10. 王国强，陆琳. 奶牛生产中常见应激及对生产的影响. 乳业科学与技术，2008，1：32-35.

11. 王佳伟，黄艳群，陈文，等. 限饲对肉仔鸡生产性能及部分血清生化指标的影响. 扬州大学学报（农业与生命科学版），2009，30(4)：30-34.

12. 胥蕾. 击晕方法影响肉仔鸡肉品质的机理及脂质过氧化调控. 中国农业科学院博士论文，2011.

13. 许洋，黄明，周光宏. 宰前管理对猪肉品质的影响. 食品科学，2011，32(23)：348-351.

14. 杨玲媛，谭支良，P C Glatz. 畜禽养殖中营养、生产环境与动物福利的关系. 中国兽医学报，2006，26(2)：226-228.

15. 袁亚利，李蛟龙，张卫辉，等. 免疫去势和手术去势方法对猪肉中氨基酸、肌苷酸和脂肪酸含量的影响. 肉类研究，2011，25(6)：5-8.

16. 中国农场动物福利网 http：//www. cfaw. net. cn.

17. 中华人民共和国国家统计局 http：//www. stats. gov. cn.

18. 朱振，张扬，陈阳，等. 急性噪声应激对肉鸭血液指标和肉品质的影响. 中国畜牧杂志，2013，49(21)：69-71.

19. Mitchell M A，Kettlewell P J. 家禽运输过程中的福利保障. 李亨，译. 中国家禽，2010，32(4)：38-39.

20. Attou S，G S Attou，K Bouderoua. Effects of early and chronic exposure to high temperatures on growth performance，carcass parameters and fatty acids of subcutaneous lipid of broilers. African Journal or Biotechnology，2011，10(57)：12339-12347.

21. Australian Meat Processor Corporation. AMPC. Meat technology update January，2011.

22. Blanco-Penedo I，M Lopez-Alonso，R F Shore. Evaluation of organic，conventional and intensive beef farm systems：health，management and animal production. Animal，2012，6(9)：1503-1511.

23. Cengiz O，J B Hess，S F Bilgili. Effect of bedding type and transient wetness on footpad dermatitis in broiler chickens. Journal of Applied Poultry Research，2011，20(4)：554-560.

24. Contreras C C，N J Beraque. Electrical stunning，hot boning，and quality of chicken breast meat. Poultry Science，2001，80：501-507.

25. Coutts J A，G C Wilson. Egg quality handbook. Queensland Department of Primary Industries. Australia，1990.

26. Croxall R A，Elson H A. The comparative welfare of laying hens in a wide range of egg production systems as assessed by criteria in Swedish animal welfare standards. British Poultry Science，2007，94-97.

27. D'Souza D N，F R Dunshea，R D Warner，et al. The effect of handling pre-slaughter

and carcass processing rate post-slaughter on pork quality. Meat Science,1998,50(4):429-437.

28. De Reu K,K Grijspeerdt,M Heyndrickx,et al. Bacterial eggshell contamination in conventional cages,furnished cages and aviary housing systems for laying hens. British Poultry Science,2005,46(2):149-155.

29. European Commission,2007.

30. Faucitano L,Chevillon P,Ellis M. Effect of feed withdrawal prior to slaughter and nutrition on stomach weight,and carcass and meat quality in pigs. Livestock Science,2010,127(2):110-114.

31. Hambrecht E,J J Eissen,D J Newman,et al. Negative effects of stress immediately before slaughter on pork quality are aggravated by suboptimal transport and lairage conditions. Journal of Animal Science,2005,83:440-448.

32. Herva T,A Huuskonen,A M Virtala,et al. On-farm welfare and carcass fat score of bulls at slaughter. Livestock Science,2011,138 :159-166.

33. Honkavaara M. Influence of lairage on blood composition of pig and on the development of PSE pork. Journal of agricultural science in Finland,1989,61(5):425-432.

34. http://www.ciwf.org.uk/farm_animals/cows/veal_calves/welfare_issues.aspx.

35. http://www.thepigsite.com.

36. Ke Y Y,W J Liu,Z X Wang,et al. Effects of monochromatic light on quality properties and antioxidation of meat in broilers. Poultry Science,2011,90(11):2632-2637.

37. Kenny M,C Kemp,C Fisher. Nutrition and pododermatitis in broilers. Proceedings of the XIII European Poultry Conference in Tours,France,August,2010.

38. L A Aguayo-Ulloa,G C Miranda-de la Lama,M Pascual-Alonso,et al. Effect of enriched housing on welfare,production performance and meat quality infinishing lambs:The use of feeder ramps. Meat Science,2014,97:42-48.

39. Lee S M,J Y Kim,E J Kim. Effects of stocking density or group size on intake,growth,and meat quality of Hanwoo steers (*Bos Taurus coreanae*). Asian-Australasian Journal of Animal Sciences,2012,25(11):1553-1558.

40. Lin H,E Decuypere,J Buyse. Acute heat stress induces oxidative stress in broiler chickens. Comparative Biochemistry and Physiology,Part A:Molecular & Integrative Physiology,2006,144:11-17.

41. Luigi L,L N Costa,B Chiofalo,et al. Effect of lairage duration on some blood constituents and beef quality in bulls after long journey. Italian Journal of Animal Science,2007,6(4):375-384.

42. Maria D'Agata,C Russo,G Preziuso. Effect of islamic ritual slaughter on beef quality. Italian Journal of Animal Science ,2009,8 (Suppl. 2):489-491.

43. Maria G A,M Villarroel,C Sanudo,et al. Effect of transport time and ageing on as-

pects of beef quality. Meat Science, 2003, 65: 1335-1340.

44. Nawalany G, W Bjeda, J Radon. Effect of floor heating and cooling of bedding on thermal conditions in the living area of broiler chickens. Archive Fur Geflugelkunde, 2010, 74 (2): 98-101.

45. ÖNENÇ A. Effects of sunning on beef quality. 3rd Joint Meeting of the Network of Universities and Research Institutions of Animal Science of the South Eastern European Countries, Thessaloniki 10-12 February, 2007.

46. Parker M. Windows boost poultry welfare. Poultry World, June 8, 2007.

47. Rebecca S M, J J Lee, M H Adrienne. The behavior, welfare, growth performance and meat quality of pigs housed in a deep-litter, large group housing system compared to a converntional confinement system. Applied Animal Behaviour Science, 2007, 103: 12-24.

48. Rodenburg T B, Bracke M B M, Berk J, et al. Welfare of ducks in European duck husbandry systems. World's Poultry Science Journal, 2005, 61(4): 633-646.

49. Saki A A, P Zamani, M Rahmati, et al. The effect of cage density on laying hen performance, egg quality, and excreta minerals. Journal of Applied Poultry Research, 2012, 21 (3): 467-475.

50. Sarica M, S Boga, U S Yamak. The effects of space allowance on egg yield, egg quality and plumage condition of laying hens in battery cages. Czech Journal of Animal Science, 2008, 53(8): 346-353.

51. Schaefer L A, R W Stanley, A K W Tong, et al. The impact of antemortem nutrition in beef cattle on carcass yield and quality grade. Canadian Journal of Animal Science, 2006, 86 (3): 317-323.

52. Simsek U G, B Dalkilic, M Ciftci, et al. Effects of enriched housing design on broiler performance, werlfare, chicken meat composition and serum cholesterol. Acta Veterinaria Brno, 2009, 78(1): 67-74.

53. Simsek U G, H Cerci, B Dalkilic, et al. Impact of stocking density and feeding regimen on broilers chicken meat composition, fatty acids, and serum cholesterol levels. Journal of Applied Poultry Research, 2009, 18(3): 514-520.

54. Siregar A P, Farrell D J. A comparison of the energy and nitrogen metabolism of fed ducklings and chickens. British Poultry Science, 1980, 21(3): 213-217.

55. Tarrant P V, Kenny F J, Harrington D, et al. Long distance transportation of steers to slaughter: effect of stocking density on physiology, behavior and carcass quality. Livestock Production Science, 1992, 30: 223-238.

56. Tuomas H, Arto H, Anna-Maija V, et al. On-farm welfare and carcass fat score of bulls at slaughter. Livestock Science, 2011, 138: 159-166.

57. Villarroel M, G A Maria, C Sanudo, et al. Effect of transport time on sensorial aspects of beef meat quality. Meat Science, 2003, 63: 353-357.

58. Weglarz A. Effect of pre-slaughter housing of different cattle categories on beef quality. Animal Science Papers and Reports,2011,29(1):43-52.

59. Zhang L,H J Zhang,X Qiao,et al. Effect of monochromatic light stimuli during embryogenesis on muscular growth,chemical composition,and meat quality of breast muscle in male broilers. Poultry Science,2012,91(4):1026-1031.

60. Zhang Z Y,G Q Jia,J J Zuo,et al. Effects of constant and cyclic heat stress on muscle metabolism and meat quality of broiler breast fillet and thigh meat. Poultry Science,2012,91(11):2931-2937.

第11章　畜禽福利研究进展

动物福利是社会、经济、文化等发展到一定水平的产物，随着人类进步的发展，动物福利已经由一个边缘性的话题转变到一个具有重要意义的综合性问题，其涉及国际贸易、自然规律，又与经济、人文和社会发展密切相关，关系到人与自然的长久和谐相处和人类可持续发展。只有充分重视动物福利，才能从根本上善待动物，仁慈、理性地对待动物，这不仅符合人类的天性，也符合人类发展的长远利益。近年来，从农场动物福利方面的研究论文的数量、福利法规的制定和完善、福利组织的发展、福利监管的力度等都可以看出人类对畜禽福利越来越重视。图11-1是近30年来每5年涉及动畜禽福利问题的论文数量，从图11-1中可以看出论文数量随着时间的推移增幅明显，增长速度较大。论文研究范围主要集中在动物福利中的饲养、运输、屠宰、评价方法和立法等，论文主要关注的是与人类生活息息相关的畜禽福利问题。目前，全世界大约有100多个国家制定了畜禽福利法，全世界有几千个动物保护团体，并且由农业或食品部门负责监管，依法律行政，确保畜禽福利，提高产品质量。

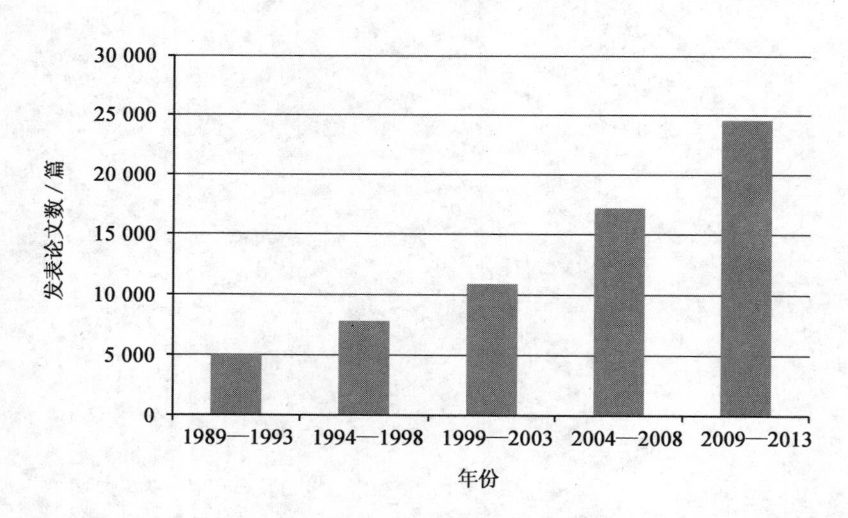

图11-1　近30年涉及畜禽福利方面的研究论文数量

畜禽生产一般包括育种、饲养、运输、屠宰等阶段，每个阶段都涉及福利的问题，人类从每个阶段畜禽生产的特点出发，研究影响畜禽福利的因素，探索保畜禽福利的方法。本章主要从以上4个阶段分别介绍近年来农场动物福利研究进展。

11.1 育种中的畜禽福利研究进展

在过去的很长一段时间，基因选择只是考虑到提高农场动物的生产性能，然而并没有意识到过高的生产性能严重影响了畜禽福利。极端地选择某一物理性状或者提高生产性能已经对动物正常的生理生化功能和福利状况造成了损害。因此，在设计育种目标时应该考虑到畜禽福利的有关性状。

11.1.1 家禽育种福利

现代肉鸡品种在40～42 d的时候就达到了2.5 kg的屠宰体重。几十年来，为了最大程度提高肉鸡生长速度，人们一直不断对肉鸡进行选种养殖，以使肉鸡可以把食物最快并最有效率地转化为肌肉。遗传选育和营养改善已经促进了商品肉鸡生长率的迅速增加，但也带来了许多问题，如骨骼生长的缺陷，造成腿病的发生，降低了肉鸡福利水平。研究认为，主要问题是肉鸡的腿骨不能很好地支持它们厚重的身体。它们的肌肉增长得非常快，而腿部鸡肉的生长速度跟不上身体其他部位的生长速度。肉鸡的快速生长超过了骨骼所承受的压力，骨头的生长严重变形。作为选育的结果，肉鸡的心脏和肺脏通常也跟不上它们身体的快速生长。当肉鸡仅1周龄时，它们就经常遭受心力衰竭，这严重地降低了肉鸡的福利。肉鸡遭受两种形式的心力衰竭，即人们所知的腹水症和猝死征(SDS)。

用来繁殖肉鸡的种鸡容易犯跛腿和心脏疾病。这些种鸡至少长到24周时，才能进入交配期。如果允许它们吃得足够多。它们的体重将在这个年龄的时候超过3 kg，跛腿症和心脏疾病也就会大幅度增加，而且，这些鸡也无法再生育了，控制生长以便使种鸡能成功繁殖后代的唯一办法，就是严格控制它们的饮食。因此，种鸡可能只能吃到正常食物供给的1/4～1/2，种鸡会一直处于饥饿和沮丧之下，这也严重影响肉鸡福利。

商品蛋鸡的骨质疏松症就由于基因选择高产蛋鸡而造成体内钙的重新分配，蛋壳利用钙比例升高导致体内钙含量不足(Webster，2004)。此外，骨质疏松提高了笼养蛋鸡在空中运输的飞行或者降落过程中骨骼断裂的风险(Lay等，2011)。

11.1.2 奶牛育种福利

现在奶牛育种追求牛奶的产量，奶牛可以生产12倍哺乳犊牛所需的牛奶。但是随之而来的是奶牛生育能力下降，奶牛体型过大，乳房负担加重并发各种乳房炎等炎症，同时还会造成跛行，骨骼受损等体况问题；高的泌乳量使得奶牛营养供给不足，能量长期处于负平衡的状态，产生多种代谢病如酮病等，危害动物的福利。因此，UKFAWC(英国农场动物福利委员会)在关于奶牛福利的报告中指出："在育种过程中，没有什么比良好的动物福利更重要了，育种公司应致力选择健康的基因品质，以期降低发病率，如跤足、乳腺炎以及不育，只有达到这些目标，才能考虑高产基因。"

生产能力与福利之间基因的负相关关系表明最有效的制止福利下降甚至使其上升的手段是决定于一个选择指数，这个指数要考虑与畜禽福利相关的基因品质，并且得到恰当的权重，这样总体的经济收益要优于只考虑一种基因品质的结果。畜禽福利经常被描述成动物生产能力的对立面，而且很多人认为畜禽福利方面的基因选择是不经济的。但是事实并非如此，Lawrence 等(2004)研究表明通过基因选择那些疾病抵抗力强、母性好的奶牛品种不仅能够有较好的福利保障，而且与追求高产的奶牛品种相比还可以提高经济效益。

11.1.3 肉牛育种福利

肉牛的育种目标是生长速度快、饲料转化效率高的大型牛，这对分娩母牛来讲负担很大，改良的牛在子宫内发育较大，虽然可以进行人工助产(拉拽、剖腹产等)，还是有可能会造成难产，甚至会危及母牛的生命安全。比如基因选择双臀肌的肉牛品种比利时蓝牛就会因为胎儿体型过大造成母牛难产风险提高(Murray 等，2002)，这对母牛的福利有严重的影响，因此，小型牛品种育种工作逐渐在许多国家受到重视。1992 年澳大利亚宣布育成小型 Low line 肉牛新品种。目前国际养牛界引用 Low line 牛作种用的国家包括美洲、欧洲、亚洲几十个国家。据 IM-CBR 2005 年估计，小型牛数量正以每年 20% 的速度增长。可见，在养牛产业中，小型牛也是牛品种组成的一个新补充。10 多年来，在美国和澳大利亚，一些饲养大型牛只的牧场，开始了引进小型牛种公牛或冻精，以减小牛的体型。

11.1.4 猪育种福利

基因工程和生物技术在农场动物育种中的应用大大提高了动物瘦肉率、生长速度和饲料利用率，但是后来却逐渐发现了一些影响动物健康的问题。由于瘦肉所占身体重比例的增加，导致了食欲下降。Smith 等 (1991)对 30～90 kg 的猪研究发现，公猪的食欲相对于对照组下降了 10%，母猪也出现了不同程度的食欲下降。

由于生长速度过快，当猪达到繁殖体重和体型时，身体仍然会处于生长阶段，因此怀孕期间用于胎儿发育的营养将被分出一部分来供母猪生长，繁殖系统缺乏营养，结果就是胎儿出生后体重减轻，身体衰弱，死亡率高。仔猪的身体素质和死亡率是养猪业中很严重的问题(Edwards，2002)。

猪的软骨病是由于高速生长对身体骨骼产生的影响造成的。此外，Breuer 等(2005)报道基因选择生长性能和瘦肉率高的品种咬尾率显著增加。

猪的应激综合征(PSS)是造成养猪业中经济损失最大的遗传性疾病。其产生的主要影响就是动物在运输屠宰过程中会产生应激，死亡率增加，并导致 PSE 肉和 DFD 肉的产生，严重影响肉品质量。PSS 的发生与动物的基因组成有密切关系，氟烷基因(halothane)阳性的猪会表现出较高的瘦肉率和生长速度，但是更容易死亡和出现 PSE 肉，近些年来，由于对瘦肉率、生长速度的选择导致了现在的品种中该基因有较高的存在几率。

畜禽育种技术的进步为育种过程中考虑畜禽福利提供了科技支撑。动物育种中基因选择应该考虑到动物的健康和福利，利用基因选择来改善动物的福利状况。比如通过基因选择那些疾病抵抗力强、母性好的奶牛品种一方面能够有较好的福利保障，另一方面与追求高产的奶牛品种相比还可以提高经济效益(Lawrence 等，2004)。基因选择还可以避免动物生产过程中的影响福利的操作程序。比如，无角的牛可以免受去角的疼痛(Stookey 和 Goonewardene，

1996)。因此,基因选择只是一个工具,我们是完全可以控制基因选择的目的来改善畜禽福利状况。

11.2 饲养过程中的福利

11.2.1 饲料和饮水

饲料、饮水是动物维持生命所必需的,也是畜禽福利中最重要的影响因素。动物的营养需求是由其品种和生理状态决定的。饲料中的能量、蛋白、氨基酸是决定动物生长、饲料转化率和有机体成分的主要因素。为维持动物良好的福利状况,应当保证动物营养的平衡,否则会导致一些营养性疾病。比如鸡软骨病,是由于体内的钙磷比例失调所致;猪相互咬尾等恶习可能是缺乏食盐(Fraser,1987)或过分拥挤(Blackshaw,1981)。

对于种用动物,为防止在达到性成熟时体重过大,常常通过限饲来控制其生长速度,否则会导致脂肪过度沉积、骨骼疾病、心脏疾病、免疫功能低下、繁殖能力下降。但是长期的限饲会造成动物长期处于饥饿状态,对畜禽福利产生负面影响。为解决这一问题,常用的方法就是减少饲料的营养成分,增加粗纤维含量,延缓动物的胃排空时间。这样,既可以保证动物体重不会过大,又不会造成动物的饥饿。

饲喂方法和饲喂空间对保障畜禽福利具有重要意义。奶牛的饲喂方式可分为人工饲喂和机械饲喂两种方式,不管采用哪种饲喂方式,最根本的是保障牛瘤胃环境相对稳定。采用干草、青贮和精料分批上料时,最好先饲喂干草,因为牛采食青贮和精料后,瘤胃内的 pH 会迅速降低,先上精料很容易导致奶牛精料采食过度而肥胖,先上青贮很容易导致青贮采食过量而出现酸中毒等。Manninen (2006)研究表明,不同的饲喂方式对动物的躺卧时间有影响,3 d 饲喂 1 次动物组的躺卧时间显著高于每天饲喂组($P<0.001$,9.1% 对照 4.5%),活动时间也更少($P<0.05$,32.9%对照 40.1%),更多的躺卧时间可以保证充分的反刍,有利于消化吸收。活动量减少,维持需要降低,可以提高饲料转化率。

饲喂空间较小会造成动物的进食竞争,进食竞争不仅可能造成动物因采食量不足引起的生产性能降低,而且还会造成躯体损伤。Hanekamp 等 (1990) 研究发现饲槽宽度从每头牛 75 cm 降至 55 cm 的时候,日增重、饲料转化率都显著下降。然而 Gottardo 等 (2004)的研究表明,忽略在采食区存在的任何类型的采食障碍物,饲槽宽度从每头牛 80 cm 下降到 60 cm 对牛的日采食量、饲料转化率、健康状况、血液指标均无显著性差异。从以上试验中可以发现饲槽宽度小于 60 cm 的时候,就有可能对肉牛的生产性能(日增重、饲料转化率等)产生不利的影响。

饮水的方法和质量也会对畜禽福利产生影响,应当定期对微生物及矿物质进行测定。通常情况下,在温度适宜时,动物的饮水量与饲料摄入量是相关的。应当保证动物在任何时候都有充足、洁净的饮水。常用的饮水器有杯状饮水器和饮水乳头,前者容易造成水的溢出或溅到饲料中,导致饲料变质,同时会造成大量蒸发,饮水乳头则可以保证饮水质量,减少蒸发和溢出。但是,随着饮水乳头高度的不断调整,地位低、生长缓慢的动物会够不着乳头,对畜禽福利也会造成危害。

11.2.2 环境

环境是保证畜禽福利的重要方面，良好的生存环境不会引起动物的躁热不安、恐惧和痛苦，并允许畜禽充分表达它们的天性。环境因素对畜禽福利包括很多方面，有自然环境、温度、通风、光照噪声、空间大小、地面及垫料等方面。

1. 自然环境

自然环境是畜禽生存的大环境。气候变化有可能严重影响到农场动物的福利（主要影响到放牧的动物，舍内养殖影响较小）。长时间的干旱意味着有更少的牧草可用于放牧和保存；由气候变暖引起的越来越多的昆虫传染病可能会对畜禽福利构成威胁。极端的气候条件是确保高水平的畜禽福利所面临的重大挑战之一（Petherick，2005）。

2. 温度

温度过高或过低会造成动物机体冷热应激，使动物抵抗力下降，这些应激本身会成为可能的致病因素，影响动物健康，危害畜禽福利。

现代鸡舍内应能很好地控制温度，避免温度过高或过低，使鸡受到热应激和冷应激，影响鸡的生产性能、产蛋性能和福利，当5%或更多肉鸡表现出持续喘气时，应该迅速采取行动来降低环境温度，出现反复战栗应该增加鸡舍内的温度。温度控制系统必须既能够升温又能够降温，来维持鸡的健康和福利所需的温度。

影响猪福利的环境因素中，温度是最重要的因素。由于皮肤毛发较少，保温能力差，热量可轻易散发出去，温度低时，对猪的健康和行为有负面影响。特别是初生仔猪，热调节机能不健全，体内脂肪及糖原储备量少，代偿性能差，对冷刺激非常敏感，所以一定要注意仔畜防寒保暖。猪的最适宜温度范围的下限对猪的生产是非常重要的，温度低于温度范围下限时饲料转化率会降低。伴随猪的生长，最适温度会逐渐地降低，一般的，仔猪生存最适温度为34℃，4～6周龄的猪为25～30℃，8～14周龄的猪为25℃，大于14周龄的猪为20℃。

牛对于低温有较大的耐受性，对高温敏感，所以夏季采取积极的防暑降温措施对生产性能及产乳性能具有重要的意义。一般奶牛在气温高于22℃时产奶量就会下降，产奶量随温度的升高而降低。

3. 通风

空气流动是影响畜禽福利的一个重要因素。Sallvik 和 Walberg（1984）提出了“致冷因子（chill factor）”的概念，可以表示出气流造成的影响。用公式表示为 $F=(t_a \times t_x) \cdot (v_x \times 10)$，其中 F 为致冷因子（W/m^2），t_a 为皮肤温度（℃），t_x 为空气温度（℃），v_x 为空气流动速度（m/s）。认为当 F 处于 60～80 W/m^2 时是比较理想的，此时动物有较好的行为反应。

良好的通风可以把温度和湿度控制到动物舒适和安全的水平。28 d 断奶的仔猪受到直接的风吹时会很少休息，拥挤扎堆。温度为24℃，空气流速为0.4 m/s时，仔猪的生长速度会减慢，因此在通风时应当避免气流方向直接对着猪，尤其是日龄较小的仔猪。牛舍的通风速度冬季0.3～0.4 m/s，夏季0.8～1.0 m/s为宜；冬季换气次数不宜超过5次/h，其他季节最好保持在3～4次/h。

通风对于保持畜舍中清新的空气质量也是非常重要的。畜舍中的灰尘及有害气体浓度过高会对动物健康产生影响。干燥、充满灰尘的环境容易导致动物情绪浮躁、发生打斗(Smith和Penny,1981)。高浓度的灰尘是造成动物和饲养人员呼吸道问题的主要原因。灰尘可以将病原带入呼吸道,导致呼吸道感染。较好的通风系统可以提供给动物足够的氧气,也可以维持较好的空气流通,驱走过多的氨、一氧化碳、二氧化碳、湿气、灰尘和热量,防止肉鸡暴露在污染的环境中,从而避免污染物质的危害和机体抗病能力的降低。

4.光照

可见光是机体生存所不可缺少的条件,通过生物眼睛的视网膜作用于中枢神经,经下丘脑—垂体系统,引起生物机体的反应,调节动物新陈代谢,影响整个机体的生理过程。可见光对畜禽具有重要的影响作用主要与光照强度、时间、周期和波长有关,光照环境的不合理会对动物正常的生活状态、健康状况产生不利影响,危害畜禽福利。

鸡对可见光非常敏感,照度较低时鸡群比较安静,生产性能和饲料转化效率都比较好,但是光照太低可能会降低肉鸡体增重、导致眼睛损害、增加死亡率和导致肉鸡的生理学变化,导致肉鸡的福利问题。光照过度,动物会兴奋不安,活力增强,休息减少,甲状腺的分泌增加、代谢率提高,从而影响了增重和代谢率。所以光照强度应该能够满足饲养管理、使动物能保持其采食活动及清洁习惯即可,一般产蛋鸡以5.8～20 lx较为适宜,肉鸡或小鸡以5 lx为宜;育肥猪40～50 lx,种猪舍可适当提高到60～100 lx。

光照时间的长短对畜禽可产生显著影响,适当的光照时间可提高畜禽的生产力和免疫力,光照时间不足和过长对家畜不利,危害畜禽福利。光照时间不足往往使性成熟推迟,降低繁殖能力;光照时间过长,动物不能得到充分的休息睡眠时间,妨碍动物享受睡眠本性的福利。有试验表明每天16～18 h光照的奶牛比8～10 h和24 h光照的奶牛,产量高7%;17 h光照的母猪窝产子数比8 h光照的母猪多1.4头,仔猪死亡率低0.4%。初生仔猪窝重高1.23 kg,可见合适的光照时间对畜禽的生产及福利都有至关重要的作用。

光照不仅直接作用在动物机体的代谢过程及生命活动中,还起着信号的作用,即光照的周期性变化,使动物按照光的信号,全面调节其生理活动。光照的周期性在养鸡中应用较为广泛。在蛋鸡养殖业中,为保证蛋鸡全年均衡生产,需要采取人工光照或补充光照,以克服自然光照的不足,一般生产中采用8D∶16L的光照制度,但是持续光照制度有许多缺点:肉鸡较少活动,腿部问题更加普遍,眼睛损害也可能发生,代谢问题普遍;肉鸡的休息被打扰,引起生理应激。现代畜禽业广泛应用“间歇光照法”,即光照和黑暗交替的灯光管理制度,渐增或间歇光照制度比持续的光照制度更能提高动物的福利。

5.噪声

噪声也是一个潜在的应激原,长时间高强度的噪声会造成动物恐惧、害怕,产生应激,严重干扰动物的休息和睡眠。噪声可以是动物自身造成的,也可能是来源于舍内的其他设备。当群体饲养时,尤其是在饲喂时,会发出许多噪声。猪舍内的一些机械设备如通风系统在长期运转时会发出噪声,饲养人员也是噪声的一个重要来源。高水平的噪声会对动物产生有害影响。连续的风扇噪声(85 dB)会使仔猪对母猪的奶头产生伤害。处于连续高水平噪声时母猪产奶量会下降。当暴露于高频率(500～8 000 Hz)、高强度(80～95 dB)的噪声中时,猪的心律会升高。

6.空间分配

空间分配是指每只动物所获得的有效面积(m^2/头),而饲养密度是指在给定的面积内所分布的动物数量(头/m^2)。农场动物的集约化饲养是为了充分利用有效空间,但同时也大大减少了个体动物的空间,动物表达正常行为模式所需的最低空间常常会受到限制,影响了畜禽福利。Broom(1981)列举出了动物个体有效空间减少后造成的5大缺点:身体接触造成伤害;进食受到干扰,产生竞争;逃避受到干扰;疾病的发生;产生掠夺行为。因此,有必要对这种限制因素给予充足的考虑,并保证个体的最小有效空间区域。

动物有效空间的减少造成的拥挤会产生一系列负面影响。将6周龄断奶的仔猪分别以0.5、1.1、1.7和2.3 m^2/头的空间设计围栏饲喂,发现后3个围栏中饲料消耗和体重增加情况良好(Beattie等,1999)。Brumm和Miller(1996)对同一组猪将空间从0.56 m^2/头增加到0.78 m^2/头,结果发现生长速度明显加快。Swonh(1986)记录将6头母猪分别饲喂在1、2、3 m^2/头的围栏中,1 m^2/头的血液考的松浓度明显升高,且表现出较低的交配频率,这种生理反应表明拥挤会造成慢性应激。身体的大小和空间的关系可以用公式 $A=kW^{2/3}$ 来表示,A 是所需面积(m^2),k 值随函数的改变而改变,比如猪侧躺和趴着时的 k 值是不同的,W 为动物的体重(kg),保证动物在任何时候可同时休息是动物空间分配的重要原则。猪在地板上躺的姿势会受到环境、围栏及温度等因素的影响。PellleIick和Baxter (1981)通过试验得出猪在侧躺时所需空间可以通过公式 $A=0.047W^{2/3}$ 计算,趴着所需的空间可以通过公式 $A=0.019W^{2/3}$ 计算。

Fisher等(1997)对育肥的母牛在1.5、2.0、2.5和3.0 m^2/头的地板空间内对不同处理的生长速度、行为表现、肾上腺素和免疫反应进行研究,结果表明,1.5 m^2 处理组的牛日增重和躺卧时间显著低于其他组。由此可以看出:1.5 m^2 空间使牛的舒适度下降,福利受到损害。Morrison和Prokop(1982)得出相似的结论,在采食量没有差异的情况下,1.5 m^2 处理组饲料转化率比3.0 m^2 低。RSPCA肉牛福利标准中按体重规定了每头肉牛的占地面积,见表11-1。

表11-1 每头肉牛的最少占地面积

动物体重/kg	动物最小占地总面积/m^2	动物体重/kg	动物最小占地总面积/m^2
<100	3.3	500～599	8.5
101～199	5.0	600～699	9.0
200～299	6.0	700～799	10.0
300～399	7.0	>800	11.0
400～499	8.0		

对于肉鸡来讲,随着密度的增加,肉鸡的运动越来越少,很少进行抓刨垫料和走动、打扮等活动。高密度限制了肉鸡的行为和引发健康问题。高密度导致腿病增加以及胸部水泡、慢性皮炎、腿关节灼伤和传染病的发生。拥挤的鸡舍使得垫料变湿,增加了氨气和灰尘微粒的污染,难以进行温度和湿度控制,所有这些都损害了肉鸡的健康和福利。研究认为密度小于25 kg/m^2(每平方米12.5只)时,肉鸡的大部分福利问题都可以避免;密度超过30 kg/m^2(每平方米15只)时,福利问题发生的频率直线上升。密度在一定范围内,有利于提高经济效益与福利,超过这一范围,增加密度就会极大地损害肉鸡的福利。

7. 地面及垫料

地面对动物身体舒适程度、体温调节、健康及卫生是非常重要的。规模化的牛场，肢蹄损伤和跛行严重影响动物生产性能以及牧场利益(Muphy，1987)。蹄尖的损伤容易造成动物跛行，硬的混凝土地板是造成蹄尖损伤的主要因素之一。与较硬的混凝土地板相比，牛更喜欢躺卧在软的地板上(Natzke 等，1982)。Graf(1979)、Andreae 和 Smidt(1982)研究发现在混凝土地板上饲养的牛比在麦秸上的牛躺卧时间减少，表现出更多的非正常行为。因此，在地板上加上适合的垫料会提高动物的福利，垫料的作用有：①隔热、排水良好，因此可以给动物提供舒适的感觉；②可以提供咀嚼材料，并可以作为娱乐道具；③可以充当临时性食物。一般的垫料都会采用稻草、麦秸等，虽然 Westendorp 和 Hakvoort(1997)实验证明木屑是保持牛体情节最好的材料，但是木屑中可能含有对牛造成损伤的尖末端。出于卫生原因，粪尿必须要及时清除，垫草要定期更新。否则，散发的有害气体会造成动物的呼吸道疾病，危害动物健康，损害畜禽福利。

11.2.3　管理

一个有效的管理系统对于保障良好的畜禽福利是至关重要的。动物的生产管理主要体现在人与动物之间的互作，一些简单的管理措施的改变都可以显著改善畜禽福利。合理的饲养管理及饲养人员和动物间的互作是影响畜禽福利的重要因素。饲养人员对动物的日常检查是保证畜禽福利的基本要求。对动物的忽略或漠视会影响畜禽福利，其中可能包括生病、受伤后没有及时护理，没有及时饲喂或清理打扫房舍。对于表现出差的福利差的迹象，如身体、运动姿势反常，食欲差，呼吸紧促，关节肿胀，瘸腿等，应当及时采取纠正措施。并对饲料、饮水的卫生加以注意。

1. 常规管理

在饲养过程中为便于管理或经济需要，通常会对畜禽进行一些外科手术，如去势、断尾、剪牙、打耳标、挂鼻铃等。这些操作会刺激动物的神经系统，造成动物的疼痛，引起福利问题。因此，这些管理中采取的技术及人文关怀对畜禽的福利的影响也是管理人员必须了解的内容。

(1)去势。去势的主要目的是为了减少公畜在达到性成熟后发生的打斗行为，保证肉品质量，便于管理。通常进行去势这种手术不进行麻醉，在操作过程中往往会造成动物的挣扎和尖叫，如果操作不当造成组织的撕裂则会更加严重。Braithwaite 等(1995)认为当仔猪尖叫时可以判定其正处于不好的福利状态。同时，刚刚去势的仔猪由于疼痛会表现颤抖、摇动和跌倒，有时会出现呕吐，避免躺下或躺下时伤口裂开。仔猪在去势时，特别是在切除睾丸感觉剧烈的疼痛时会发出痛苦的尖叫声(Weary，1998)。研究表明，仔猪在小于 8 日龄且没有使用麻醉药时去势产生的应激反应较大。3 日龄时去势会暂时降低体增重，而在 10 日龄时去势却不会(Kielly，1999)。有局部麻醉时去势要比没有麻醉时去势时心率低，且叫声也更少，这表明麻醉药的使用减少了去势的应激反应。欧盟关于猪福利的新法规规定，去势应该避免痛苦，并且必须在仔猪 7 日龄前和有经验的兽医使用合适的麻醉药条件下进行。

(2)剪牙。仔猪出生时锋利的犬牙会造成弱小仔猪的伤害、吸奶时损害母猪的乳头。犬牙一般都被剪掉，剪牙时一般从牙根部把牙剪掉，不只剪犬牙的尖锐部位，因此剪牙时可能会造成牙齿破裂，暴露牙龈，导致慢性牙痛。研究发现，当磨平而不直接剪掉犬牙时，牙齿和牙龈问题将会很少发生(Weary 和 Fraser，1999)。美国一般直接对仔猪进行剪牙，但在瑞典，农民喜欢利用电锉把犬牙锉平，避免了牙的破裂，因电锉只是锉掉犬牙的尖锐部分。欧盟新的法规在规定猪的福利时要求猪的犬牙被磨平或锉平而不是剪掉。

(3)断尾。猪的咬尾会导致严重的福利和经济问题，通过断尾可以减轻这一现象，但是会造成短期、剧烈的疼痛和痛苦。猪的尾巴是用来交流信息的，断尾后会受到影响。同时，断尾的切断面神经形成的神经瘤会造成长期的疼痛。受断尾影响，猪对其剩余的尾会更加敏感，总是会避开任何可接触到其尾巴的行为或物体。咬尾是由于猪舍环境的不舒服，猪受压抑而造成的，通过提供稻草或其他玩具丰富猪舍环境，满足其习性，保持适当的饲喂密度，咬尾现象可以大幅度减少。

(4)断喙与去爪。当鸡群已经发生自相啄食现象时，断喙可以作为一种处理的手段，但如何减少断喙对鸡群行为和生产长时间的影响是必须考虑的重要因素之一。去爪也是家禽生产中常用的一种方法，在生产中去除母鸡的中趾用以降低蛋壳的破损率，对种鸡进行去爪是为了防止种鸡对其他鸡的伤害，但对种鸡去爪要操作得当，避免引起种鸡的慢性疼痛。

(5)强制换羽。在家禽性成熟前会出现羽毛自然更替现象，这个过程称为换羽。换羽也可能发生于性成熟后，意味着产蛋期的暂时终止，自然条件下这个过程可能很长。因此，生产上为了缩短换羽时间，延长蛋鸡的生产利用年限，常对蛋鸡采取人工强制换羽。人工换羽的方法包括限饲、光照时间的调整、日粮成分如钙、碘、硫、锌的控制，以及影响神经内分泌的药品的使用等，这些方法都可以导致产蛋期的突然停止，并伴有体重的下降和羽毛的脱落。目前我国最常用的强制换羽方法是饥饿法，饥饿法强制换羽的方法在蛋鸡养殖场中广泛应用，这种方法强迫蛋鸡连续 9～13 d 不进食或许还会有 1～2 d 喝不到水，这种饲养方式严重损害了动物免受饥饿的自由。在强制换羽的过程中蛋鸡会遭受很多痛苦，许多蛋鸡将会减少大约 35%的活体重，还会大幅增加鸡蛋感染沙门氏菌的几率。因此，国际人道协会呼吁结束蛋鸡强制换羽。

2. 饲养方式

蛋鸡的饲养方式除了传统的笼养方式外，还包括厚垫料平养、栖架平养以及新近出现的新式笼养，其中地面平养方式包括户外散养。传统笼养方式下的鸡只活动空间非常狭小，并且被剥夺了表现自然行为的自由，生存环境较差。现在笼养方式可选的替代方式主要有新式笼养系统、单层地面平养系统、多层平养系统以及自由散养系统。

(1)新式笼养系统。新式笼养设备有不同的模型与规格，以期减少地面平养和传统笼养方式的弊端，并保持其优势。通过调整其模型与规格，新式笼养可以产生与常规笼养相近的生产性能、饲料转化率和死亡率，且新式笼养条件下骨骼强度的提高有益于蛋鸡福利。

(2)单层地面平养系统。作为笼养方式可选的替代方式之一，单层地面平养系统仍是较常见的饲养蛋鸡的方式。这种饲养方式下鸡只有较大的活动空间，并且骨骼不易受伤。从管理上讲也有利于观察鸡群。

(3)多层平养系统。为了充分利用鸡舍的空间，同时增加饲养密度，英国和瑞士在 20 世纪 80 年代就开始了多层平养系统的尝试，这样更加有效地利用鸡舍的空间，理所当然也降低了每只鸡的成本，但是从某种程度上讲，相对于单层平养系统，增加了设备的投资如垫料和板条。

(4)自由散养系统。自由散养方式在欧洲呈日益增加的趋势，在发展中国家地位也日渐重要。自由散养系统中鸡只被赋予完全表达自然行为的自由。这种生产系统依赖于所饲养地的气候,在气候温和的地区才可以用这种方式。无论如何,在理想的气候条件下,自由散养都是一种选择,这种饲养方式下,需要保证鸡只有一定的荫凉地并且保护鸡只不被捕食。

规模化牛场饲养方式可概括为放牧饲养、舍饲饲养、舍饲与放牧综合饲养3种方式。放牧饲养是完全利用天然草场或人工草场来饲养牛,一般用于气候温暖并具有大量草场的澳大利亚、印度等国家。舍饲与放牧综合饲养是在牧草生长期和气候较有利的情况下,将牛放在草场,夜间或气候恶劣时在牛舍内饲养。舍饲奶牛方式是我国奶牛饲养的主要方式,根据不同生产工艺模式,可将舍饲奶牛分为拴系式奶牛饲养、散放式奶牛饲养和散栏式奶牛饲养3种模式。

(5)拴系式奶牛饲养模式。拴系式奶牛饲养模式是传统的奶牛舍饲方式,目前仍是我国奶牛舍饲的主要生产模式,在国外也普遍使用。典型的拴系式饲养模式下,每头奶牛都有固定的牛床,床前设食槽和饮水设备,用颈枷或拴系链将奶牛固定在舍内,奶牛采食、休息、挤奶都在牛床上进行,牛床后侧为粪尿沟,敞开或盖有漏缝地板。此种饲养模式,舍外一般设有运动场,以增加牛的运动范围。在外界环境良好的情况下,牛在运动场上自由活动,以增强奶牛体质。

(6)散放式奶牛饲养模式。与拴系式饲养方式相比,散放式奶牛饲养模式具有以下显著的特点:奶牛不再被拴系在食槽前,可自由地出入牛舍和运动场之间;将挤奶地点与奶牛生产生活的环境分开,场区设有集中的挤奶厅,奶牛定时分批到挤奶厅进行挤奶,这种饲养方式极大地提高了牛奶的卫生质量;牛舍内通常铺设很厚的垫草,平时不清粪,只是添加新的垫草,定时用铲车将垫草和粪尿一同铲出并进行统一处置;与拴系式牛舍相比,牛群位次明显,采食竞争加大,很容易导致奶牛采食不均,影响奶牛的健康和产奶量。

散放式奶牛饲养模式有效地提高了牛的福利,同时提高了劳动生产率。然而,随着饲养密度的增加,牛舍内垫草的需要量越来越多,很多奶牛场自己生产的垫草不能满足本场需要,以外购为主,这增加了牛场的生产成本和后续的粪污处理费用。另外,由于垫草来自场外,给牛场的防疫造成不利。由于垫料不足又导致牛舍环境恶劣,牛体肮脏,疾病不断增加。

(7)散栏式饲养模式。散栏式饲养模式是在散放式奶牛饲养模式的基础上,增加了卧栏供牛休息,是目前世界上最先进的、集约化程度最高的饲养模式。由于这种饲养方式,更符合奶牛的行为习性和生理需要,奶牛能够自由饮食与活动,很少受到人为约束。

这种饲养方式为每头奶牛提供独立的卧栏供其休息,使奶牛躺卧和活动的地方分离,奶牛有序地在卧栏内休息,较少相互干扰,此外,奶牛不用躺卧在混有粪尿的垫草中休息,有效地减少了乳房炎的患病率。其采用自由采食方式,有效地减少了采食竞争,降低位次对牛群整体的影响。饲养员每天早晨将一天需要的饲料堆放在食槽前,只需定时拌料,奶牛可全天候自由采食饲料。特别是TMR日粮,避免了奶牛挑食的可能,更好地保证了奶牛的营养均衡。

3.饲喂人员和畜禽福利

在畜牧业生产中,家畜是依靠饲养人员的饲养和管理生长发育的,受人的控制与使用。因此,人畜关系是畜牧业生产中最基本的关系。大量研究表明,在人-畜关系中,饲养人员的行为对农场动物的福利和生产性能有重要的影响,其中饲养人员的态度和行为是人-畜关系中的决定性因素。饲养人员的负向行为,例如抽打、快速移动、吆喝和噪声等,这些都会增加动物的恐惧,造成躲避、应激和管理困难。负向行为可以引起应激,显著加剧动物的皮质醇反应。饲养人员的正向行为,例如轻轻地拍打、抚摸说话、把手放在动物的背上缓慢而谨慎地动作,这些都有助于减少动物对人的恐惧,降低动物的应激水平,使动物更容易管理。

Mickael Mazurek 等(2010)在对 194 个农场进行畜禽福利指数评价(AWI)时发现,两种不同管理模式(全天管理和部分时间管理)的 AWI 没有明显差异。但是部分时间管理模式有高的动物间互作、产犊和断奶得分,可能的原因是部分管理模型对于动物正常行为的干扰较小,动物表现出来的互动行为、生产性能较高。在实验室进行的许多研究都已经证实,对猪进行负向或令猪厌恶的操作,将会增加猪对人的恐惧程度,并降低猪的生长性能和饲料转化率。进行对奶牛的负向操作会增加奶牛对人的恐惧并且抑制奶牛的产奶量。用蛋鸡进行了类似的研究,结果表明,接受正向操作的母鸡更愿意与人接触,它们对饲养人员的恐惧程度较轻,并且在鸡笼前部停留的时间较长。与接受正向操作的母鸡相比,接受负向操作的母鸡皮质醇应激水平要高得多。接受正向操作母鸡的产蛋量比接受负向操作的母鸡高 8%。

综上所述,负向操作可以影响动物对人的恐惧,引起应激,进一步影响动物的健康,损害畜禽福利。因此,改善人-畜关系是保障畜禽福利的一项重要措施。国际上重视动物福利国家的畜禽福利条例中,都明确规定了与畜禽有密切关系的人的行为。

11.2.4 疾病预防

畜禽福利是动物个体适应环境的情况,当然也包括与病原的适应情况,因此,疾病也是畜禽福利必须考虑的重要因素。疾病会给动物造成痛苦,对畜禽福利产生影响。疾病通常有传染病、地方性流行病以及营养性疾病等。管理和卫生条件对于任何疾病的发生都会起到关键作用。如猪流感、地方性肺炎、断奶仔猪综合征以及一些营养性疾病是由于差的气候环境、卫生条件和管理措施造成的。由于畜禽福利和疾病有密切关系,因此疾病监测也是评估畜禽福利的一个重要手段。疾病可以说明动物现在所处的福利状态,也可以说明动物在过去一段时间内的福利状态。对动物发病情况的详细记录可对畜禽福利的评估提供非常可靠的信息。采取预防和治疗措施是非常重要的,农场中常常采用的预防性措施有全进全出制度、空舍消毒、早期断奶等。母体内储存了大量的病原,仔畜的感染有相当部分是通过吃奶感染的,早期断奶并饲喂在适当设施中是有利于健康的。疾病治疗的关键在于早期准确诊断,以及综合考虑药物及管理、环境因素。群体的卫生状况也是指导治疗措施的重要因素。

11.3 运输福利

家畜的运输包括运输前准备、装载、运输、卸载、目的地一系列操作过程(Tarrant 等,2000)运输过程中的装载密度、运输时间、运输工具、运输条件和运输动物的大小以及健康状况都能够影响畜禽的福利,比如应激、健康、挫伤、疲劳、脱水、发烧、死亡等,而且还影响胴体性状和肉品质(Bench 等,2008)。近年来调查表明,0.25%的猪在运输过程中死亡,0.44%的猪在到达目的地以后不能行走(Ritter 等,2009)。在加拿大,每年有 17 000(0.08%)头猪在运输过程中死亡,给生产者和运输者造成巨大的经济损失。因此,运输是畜禽生产过程中影响畜禽福利的重要过程并且应该给予高度重视。

制订一份详细的运输计划对于保证畜禽福利是非常必要的。运输计划应当包括详细的运输路线、运输时间、中转点、休息、进食和饮水、运输检查、护理、紧急处理等。根据动物的品种、年龄和数量,车辆上应当准备充足的饮水、饲料及垫料。在畜禽运输福利中,关注比较多的有运输车辆、装车前畜禽的检查、禁食及围栏处理、畜禽装载和卸载、装载密度、运输时间和运输距离、运输检查、休息、饲喂和饮水、运输与疾病以及对人员的要求等方面。

11.3.1 运输车辆

运输车辆是畜禽运输的主要工具，运输车辆的设计及质量直接影响到被运输畜禽的福利。各种畜禽运输福利条例中都对运输车辆有明确的规定，内容包括车辆内小气候、地板材料及结构、防震性能、车厢的隔热性、内部通风情况等。

运输车辆内部的小气候（温度、湿度、温湿指数等）受到外界环境、装卸密度、空气流通以及动物本身呼吸、出汗以及排泄物的影响。White 等（2009）研究发现在运输车辆内部的环境是不一致的，而且差的外界环境会提高运输过程中肉牛的发病率。Haley 等（2008）报道在加拿大死亡率最高的月份是 8 月，气温超过 33.6℃。Sutherland 等（2009）发现冬季温度低于 5℃的运输的时候，到达目的地的动物不能行走的概率大大增加。Kettlewell 等（2000）研究表明，运输过程中死亡的 40%是由于运输过程中车辆没有温度调节和通风装置引起的热应激造成的。因此，运输车辆的设计在运输过程中对畜禽福利有重要的影响。Brown 等（2011）建议夏天的运输车辆可以增加通风降温，冬天的运输车辆做好绝缘保暖设计。

地板要防滑且材料要保证在装卸动物时不会产生太大的噪声。车厢的大小应当与所运输的动物的数量适应。防止出现拥挤和过于松散的情况，否则容易导致动物受伤。

车辆的震动会影响动物的舒适。震动主要是与车辆的缓冲装置有关。农用运输车的缓冲装置是不理想的，会给畜禽福利带来很大的影响。因此运输动物的车辆应当装有缓冲装置。车辆的内部要光滑，不能有突出物。木屑、稻草等垫料通常被各福利组织推荐使用，因为垫料具有一定的防震作用，而且在温度低于 10℃的时候还具有保暖作用。

车厢的地板，墙壁及顶棚，应当是隔热的，能保持车厢温度，保证在炎热的夏天和寒冷的冬天动物不会产生冷热应激。Bryan 等（2010）研究表明体重损失与温湿度有相关的关系。大量的研究表明，热应激（25～34℃）和冷应激（－5～－18℃）都会造成家禽在运输过程中 3%～5%的体重损失。原因是在热应激的条件下动物增加了呼吸损耗，而在冷应激下代谢活动增加保持体温恒定。20～100 kg 的猪在运输过程中温度保持在 26～31℃，但是车内的温度不能超过 30℃。小于 4 周龄的仔猪由于其体温调节能力差，在寒冷条件下运输时，除了应具备隔热装置，还应提供热源。Haley 等（2008）研究表明运输过程中温度在 26.3℃，每升高一度到达目的地的死亡率增加 1.26%。

车辆的通风效果对动物死亡率有很大的影响。Giguere（2006）研究发现运输过程中增加通风可使运输车内的温度下降 0～4℃，氨态氮水平下降，并且有较低的体重损失。Nielsen（1981）发现使用通风系统可以使死亡率降低 50%（从 0.046%降到 0.024%）。车辆在运动时，通风孔应当足够大，且高度要与动物相适应。但车辆保持静止时，应当使用机械通风系统。运输猪时应当保证温度在达到 20℃时开启通风装置。有研究表明强制通风结合间歇性的喷雾系统使得温度保持在 25℃时可以降低运输过程中的死亡率（Christensen 和 Barton-Gade，1999）。

11.3.2 装车前畜禽的检查

动物的年龄、大小以及身体的健康状况都会对运输过程中的福利问题产生影响。显而易见刚出生的动物比成熟动物在运输中有更多的福利问题，因为初生动物下丘脑-垂体-肾上腺轴调节系统没有发育完全，对应激的调节能力较弱（Eicher 等，2006）。González 等（2012b）研究结果表明，育肥牛（>500 kg）运输超过 400 km 与犊牛、青年牛和淘汰牛相比有较少的福利问题（失重、跛行、死亡）。淘汰牛在长途运输过程中有最高的福利风险，其次是犊牛和青年牛。青年牛与育肥牛相比有两倍的死亡率和较高的体重损失。所以动物在运输前应当由兽医检查动物身体的状态，决定动物是否适于运输。

欧洲兽医联盟（The Federation of Velerinarian of Europe，FVE）提出了许多不适于运输的情况：包括：怀孕后期的动物，8 h 内曾分娩过的动物，新出生的脐带没有完全愈合的动物，小于 7 日龄的犊牛，由于疾病和受伤而不能自己走进车辆的动物。同时提出了在特定条件下可进行短程运输的一些情况：包括：严重受伤而不能独自走上/下车辆的动物，不能站立但仍可饮食的奶牛，动物在行走时感到极大的疼痛，较大、较深伤口的动物，失血过多的动物，系统严重紊乱的动物，身体非常虚弱只有在强迫情况下才可站立的动物，瘸腿而不能负担体重的动物，子宫下垂的动物，断角的动物，呼吸及循环系统明显失调的动物，有严重炎症的动物，如乳房炎和肺炎，严重直肠脱落的动物。

11.3.3 禁食及围栏处理

为便于运输，减少晕车和打斗现象，动物尤其是猪在运输前通常会禁食一段时间，并进行适当的围栏处理。猪在运输前禁食可以保证动物良好的福利状态，减少运输死亡率，减少晕车现象，便于取出内脏，减少屠宰场废弃物处理成本。

有关运输禁食时间与晕车之间关系的科学证据较少。建议最后一次饲喂应当在围栏处理前 4～12 h。路面较差以及车辆容易震动的，10～12 h 的禁食时间是比较合理的。禁食时间过长，对猪的福利同样会产生影响：时间过长，动物会有饥饿感，并造成胴体及体重损失。WardSS(1982)认为由于进食造成的胴体损失是从禁食后的 18 h 开始，以每小时 13%的比例损失。

动物运输前，有时为了获得统一的体重或体型，或为了适应车厢的容量，会将动物混群运输。混群会造成动物的打斗、皮肤、身体伤害，严重影响畜禽福利。为减少影响，可以在运输前将动物赶到临时围栏，适应一段时间，使动物心率恢复到正常水平，然后装车。临时围栏中的条件要考虑动物的福利要求，根据时间的长短可以配备通风和排水系统。

11.3.4 装载及卸载

动物运输过程中的操作被认为是一个显著的应激因素。应激的强度与操作者的经验、操作质量和运输动物的性情有关。运输条件比较好而且路程较短，装卸将成为运输过程中影响畜禽福利的最重要因素。María 等（2004）研究发现，装车过程中的应激远远超过卸载过程。

装车过程中差的畜禽福利主要表现为动物停止移动、发出叫声、心率升高、血液考的松浓度水平升高等(Booth-Mclean 等,2007)。过程中几个应激原(驱赶、空间、环境等)的联合作用将会给畜禽福利带来更大的影响。

装卸动物时坡道的坡度非常重要。Warris 发现,当坡度在 0～20°时,动物爬坡所需时间会直线上升,尤其是携带有氟烷基因(halothane)的猪更容易发生应激。绵羊的爬坡能力要比猪和牛要强。RSPCA 规定通道不能有尖的东西以免造成外伤,斜坡要平缓,不能太陡。通道和门的设计必须使动物在必要的时候能无障碍地通过。开关门时,必须尽可能降低使动物不适的多余噪声,发现问题后,必要时要安装降噪设备;所有装载坡道和卡车后挡板必须经过合理的设计,以防止动物跌倒或滑倒。同时,当动物进入到车厢后,车厢内的环境对动物来说是陌生的,如车厢内的阴影会使动物感到恐惧。由于动物的混群容易造成打斗,一些动物会感到恐惧或受到伤害,造成 DFD 肉的出现。装卸过程中不正确的人工操作会导致动物产生应激。用棍棒打击动物尤其是动物的敏感部位会造成动物的疼痛。当绵羊被抓住毛提起时,会造成疼痛和局部的皮肤损伤。电磁棒的使用会使猪的心率升高,产生恐惧和疼痛,造成差的肉品质量。

不同品种、不同个体动物对装车的反应也不尽相同,动物是否有运输经历也是重要的。曾经历过运输的猪在装车时要比初次运输的猪出声的几率小,经历过几次运输的绵羊很少表现出运输福利不良的现象。Grandin(1997)同样报道有运输经历的动物应激反应会降低。很多研究表明,肉牛在装卸载的过程中行为反应差异很大并且具有遗传性。关于运输牛性情差异的研究表明,温顺的牛比攻击性的牛运输中体重损失少,而且恢复快。

装卸过程的时间和距离拖延可能会对畜禽福利造成影响。González 等(2012a)报道牛在运输过程中装载和卸载的平均时间为 20 min 和 30 min,但是最高可达 3～5 h。可见,在装载和卸载过程中所需时间的变异还是相当大的。所以如何缩短装载和卸载过程中的时间也是保障畜禽福利的一项重要措施。Chloupek 等(2008)研究表明家禽在 4 h 的装车过程中血浆皮质酮的水平提高了 3 倍。Ritter 等(2008)发现猪在装载过程中的移动距离对畜禽福利有显著的影响:0～30 m 的组中的猪比 61～90 m 组的疲劳程度降低(张嘴呼吸和皮肤血点;11%对照 25%)并且在到达目的后的受伤率和不能行走率显著降低(0.04%对照 9.24%)。Nijdam 等(2004)研究表明,在装载过程中每增加 15 min,运输过程中的死亡率将会增加 3%。

11.3.5　运输过程中空间对畜禽福利的影响

动物运输时的空间是影响畜禽福利的重要因素。空间要求主要是指两个方面:一是指动物在站立或躺下时所占的地板面积,即装载密度;二是指动物所在车厢的高度。给动物提供空间的原则就是使动物可以保持自然姿势站立。

动物运输所需的地面面积(A)与动物的体重(w)呈一定的线性关系(Petherick 和Phillips,2009)。英国动物福利委员会建议使用 $A=kW^{2/3}$ 来确定动物运输所需的最小面积。公式中的系数 k 因动物的类型而定。

大量的研究表明装载密度对于家禽的福利具有重要的影响。一个最佳的装载密度可以让家禽在运输过程中减少热损耗,维持能量平衡,保证舒适。但是受到外界温度、通风以及动物本身条件等因素的影响,很难确定一个最佳的装载密度。Nijdam 等(2004)研究表明降低装载密度可以降低运输过程中的死亡率。Poultry Industry Council (2010)规定肉鸡运输过程中，在温度低于－15℃装载密度不能超过 70 kg/m^2，中等温度条件下不能超过 63 kg/m^2，超过 30℃的极端条件下不能超过 54 kg/m^2。

当猪在运输过程中不需要休息、进食和饮水时，可以通过公式 $A=0.019\ 2\ W^{2/3}$ 来计算动物所需的面积。此时可给 100 kg 的猪提供 0.42 m^2 的空间。Ritter 等 (2006)研究结果表明，每头猪(平均体重为 120 kg)0.48 m^2 是降低死亡损失的最佳空间大小。Guàrdia 等(2004)发现，短途运输 1 h，运输空间越大 PSE 肉的发生率越低。欧盟建议为避免 PSE 发生，运输 3 h 以上的猪空间大小为 0.425 m^2/100 kg(CEC，2005)。但是 Pilcher 等(2011)研究发现，与长途运输相比，短途运输在相同的运输空间大小条件下有更高的受伤率。因此，当长途运输时，空间要求必须保证所有的猪都能同时进食和饮水，此时可用公式 $A=0.027\ W^{2/3}$ 来计算空间，可给 100 kg 的猪提供 0.60 m^2 的空间。

绵羊在运输时所需空间大小主要取决于体重、温度、行为、是否剪毛及有无角、运输时间及路面情况。运输时间小于 4 h 时，则没有必要保证所有的绵羊在运输时都有可趴下的空间，对于剪毛的绵羊空间要求可以通过 $A=0.021\ W^{2/3}$ 来计算。此时可给 40 kg 的绵羊提供 0.24 m^2，给30 kg 的绵羊提供 0.21 m^2。当运输时间超过 4 h，应保证所有的动物都能趴下，对剪毛的绵羊空间要求可以通过公式 $A=0.026\ W^{2/3}$ 来计算，此时可给 40 kg 的绵羊提供 0.31 m^2，给 30 kg 的绵羊提供 0.25 m^2。对于行程超过 12 h，则需要提供休息、进食和饮水，此时可以通过公式 $A=0.037\ W^{2/3}$ 来计算。对于未剪毛的绵羊所需的空间则应相应地提高 20%。

Eldridge 和 Winfield(1988)测定 400 kg 肉牛在低(0.89 m^2/头)、中(1.16 m^2/头)、高(1.39 m^2/头)的空间运输中的挫伤率。研究结果表明，0.89 m^2/头组的挫伤率显著高于其他组。1.16 m^2/头组挫伤率仅有低空间组的 1/3。如果牛在运输中摔倒，则爬起来会有较大的困难。相对于中(505 kg/m^2)、低(440 kg/m^2)密度，在高密度(570 kg/m^2)运输达到 24 h 后，会出现高的血液皮质醇水平、CK 水平，出现较多的胴体损伤、平衡失调和跌倒现象。White 等(2009)研究了把犊牛从田纳西州运到堪萨斯以后 40～60 d 的健康状况，发现相同空间内运输小于 15 头的犊牛发病率显著低于 16～30 头的犊牛。Randall(1993)发表了第一篇数学模型预测 500～600 kg 肉牛运输空间的文章。考虑到牛需要在车上休息、进食和饮水时所需空间要求比保持站立姿势时大，所以 CARC(2001)和 USDA(1997)建议比计算的运输空间值大 5%～10%。González 等(2012a)研究发现从阿尔伯塔运输到加拿大其他城市和美国中西部和北部犊牛(<275 kg)的空间计算公式为 $A=0.015\ W^{2/3}$ 和 $0.026\ W^{2/3}$，育成牛(275～500 kg)$A=0.016\ W^{2/3}$ 和 $0.028\ W^{2/3}$，育肥牛(>500 kg)$A=0.018\ W^{2/3}$ 和 $0.038\ W^{2/3}$，淘汰牛 $A=0.019\ W^{2/3}$ 和 $0.047\ W^{2/3}$，从以上实验结果中可以看出畜禽运输空间需求受到运输距离和动物本身的影响。

运输过程中需要充足的头部空间来保证充足的通风，并保证动物能以正常的姿势站立。Barton Gade 认为动物的体重与头部的高度之间有一定的关系，可以用公式表示为：$H(\text{cm})=38.863\ 9+0.427\ 2\ W(\text{kg})-0.000\ 873\ 5(W(\text{kg}))^2$。对于动物头部以上的空间，机械通风系统可以让自然通风系统低一些。对于 100 kg 的猪，100 cm 的车厢高度就足够了，但人员进行检查时则是不够的。对于绵羊，在有机械通风系统时，头部以上空间至少需要 15 cm，当没有机械通风系统时，至少要有 30 cm。

11.3.6　运输时间和距离对畜禽福利的影响

目前研究运输时间和距离对畜禽福利影响主要考虑的是运输距离的经济效益以及动物在运输过程中的体重损失。一般来说，运输距离越长，运输时间越长。但是严格意义的运输时间是包括动物装车的等待时间、运输时间以及等待卸载的时间，所以运输距离并不能决定运输时间的长短。因此，我们主要讨论运输时间对畜禽福利的影响。一系列的研究表明运输时间会对畜禽的生理、行为以及产品品质产生不利的影响。

根据 Whiting 等(2007)报道，运输时间是影响家禽运输过程中死亡率的重要因素。Vosmerova 等(2010)指出短期运输因为没有足够的时间恢复可能会造成更大的应激。Nijdam 等(2004)研究表明，家禽运输时间每增加 15 min 运输过程中死亡率增加 6%。Zhang 等(2009)研究表明，在运输的前 45 min 内应激造成肝糖原分解血浆葡萄糖的含量显著增加，然后在以后的长时间内肝糖原的储备量不足以弥补运输过程中动物能量的消耗导致血浆葡萄糖含量持续降低。同时研究发现在运输以后恢复一段时间，血浆皮质酮水平能够恢复到正常水平，但是肌肉内糖原含量进一步降低。运输应激造成肌肉的 pH 升高，L^* 降低(Owens 和 Sams，2000)，a^* 值降低(Bianchi 等，2006)，滴水损失增加(Debut 等，2003)。

有研究表明，猪运输超过 2 h 特别是在冬季会增加 DFD 肉产生几率，可能的原因是长时间的运输应激对肌肉中糖原消耗的影响(Fortin A，2002；Leheska 等，2003)。因此，运输时间和运输距离是能够显著影响畜禽福利的重要因素。运输过程中的饲料、饮水以及休息等因素控制不当都可以导致动物能量损耗，离子失衡、蛋白质分解等生理反应会对动物的行为以及产品质量产生不利影响。

González 等(2012b)研究表明运输时间和运输过程中的温度对肉牛体重损失具有协同效应，而且在运输时间超过 30 h，温度低于－15℃或者高于 30℃的时候会造成一系列的福利问题，比如造成动物跛足、疾病甚至死亡。以上结果表明，在某些条件下要禁止 30 h 以上的长途运输。Cook 等(2009)研究表明犊牛运输 8～15 h 以后血浆皮质醇显著升高。Schwartzkopf-Genswein 等(2006)发现肉牛在运输 15 h 以后采食时间增加而用于站立和咀嚼的时间减少。不同国家对于肉牛运输时间规定是不一样的。加拿大规定的肉牛最大运输时间是 52 h 或者卸载进行休息给予饲料和饮水(CARC，2001)。根据美国 28 h 法律规定，肉牛运输时间不能超过 28 h(USDA，1997)，但是这项规定不是强制实施的。欧盟规定肉牛运输不能超过 30 h (European Commission (EC)，2005)。欧洲食品安全局(EFSA)最新规定肉牛运输不能超过 29 h，如果超过 29 h 要休息 24 h，并且给予饲料和饮水进行恢复。

11.3.7　运输检查

负责运输的人员应当在经过一定时间间隔，或在出现一些紧急情况后对动物进行检查。比如在车辆过度颠簸后，出现道路交通事故后，都要对动物进行检查。有必要对每只动物都进行检查，发现受伤、生病和死亡的动物，运输人员应当采取相应措施。对没有治疗价值的动物，为减少其痛苦，可以进行人道的紧急屠宰。并对处理措施做好记录，这对于评估运输福利是非常重要的。运输车辆中的高温高湿环境会造成差的畜禽福利和高的死亡率。此时如果车辆的通风系统不好，则影响更坏。运输动物的车辆在炎热的天气时直接暴露在太阳下会对动物产生严重影响。

11.3.8 休息、饲喂和饮水

在长途运输中，给动物一定的休息时间并提供适量饲料和饮水对维持良好的畜禽福利是有益的。对于待宰猪，在运输过程中由于车辆的震动，即使动物口渴，饮水也不会顺利。水的供给通常是在车辆第一次停下休息时。欧盟 No. 3820/85 指令要求，经过 8 h 运输后应当给猪提供清洁的饮水，并在车辆静止时提供饮水。关于猪的食物供给，存在一定的矛盾。不补充食物，动物会感到饥饿，但是胃里太多的食物会容易造成晕车和高的死亡率。建议 24 h 的运输后，至少提供 8 h 的休息时间，并提供饲料，但应当定量少给。

对于牛和绵羊，由于其瘤胃的“缓冲”作用，对饲料和水的要求相对低一些。但是长期缺少饲料、饮水也会造成差的福利。经过 12 h 的运输后，绵羊会有强烈的进食欲望。但是休息的前 2～3 h，绵羊是不会饮水的，在短期休息时绵羊的进食会加剧其缺水情况。因此绵羊的休息时间至少要 4 h。运输过程中休息、饮食时，不建议将动物卸下后再装车，反复的装卸会增加动物产生应激和受伤的危险，并且可能会造成疫病的传播。动物福利理事会 2005 年一号条例规定：小于 10 d 的犊牛运输不能超过 100 km；小于 14 d 的犊牛除非在母牛的看护下否则不能超过 8 h。

11.3.9 运输与疾病

健康是畜禽福利的重要组成部分。运输过程中差的畜禽福利会导致健康问题，导致动物发病或是病原的传播，甚至造成动物死亡。运输过程中常常会出现“运输热”，是动物在运输后的几小时或几天内表现出来的一种运输综合征，是由于运载程中动物携带的病原活化所致。比如应激会导致疱疹病毒从潜伏的神经中枢中活化，会使肠道中的轮状病毒和大肠杆菌活化。运输过程中的各种应激原是通过降低动物的免疫力而提高了动物对病原的易感性。比如猪在混合后的打斗会造成抗病毒免疫能力的降低，增加对病原的易感性，运输过程中会增加由于牛肺炎及牛疱疹病毒造成的死亡率。运输过程中，由于动物的混群，会增加病原在不同个体动物间的传播几率。当运输动物处于病原增殖期或亚临床感染状态时不会表现出临床症状，但是会排出病原，增加了传播机会。

尽管动物在运输前会接受工作人员的检查，但动物在经过市场、中转点及到达目的地后仍然可能感染疾病或传播病原。因此，应当明确的是，兽医检查可以减少疾病的发生率，但是不能阻止疾病的发生。应当采取适当的措施减少疾病的发生和传播。

11.3.10 人员要求

负责运输的人员和车辆的司机也是影响畜禽福利的重要因素。运输过程中不恰当的操作会造成动物的恐惧或受伤。装卸过程中人员的态度会影响动物的福利。尤其是电刺棒的使用会导致动物发生生理和行为反应。

司机的态度及驾驶质量也会对动物产生影响。González(2012a)发现驾驶员驾龄在 6 年以上的比 5 年以下的在运输过程中动物的体重损失更低。主要的原因归功于有经验的司机更好的驾驶技术。但是,不具备相关知识的司机可能将动物暴露在炎热或寒冷的天气下,驾驶过程中急转弯、突然刹车或减速。Christensen 和 Barton Gade(1996)报道在运输中的突然刹车会造成动物身体受伤,心率的增加,以及血液考的松水平的升高。

运输人员的工资支付方式也会影响动物运输过程中的福利。Gradin(2000)报道如果运输后的肉品质量高于一定的标准则给予司机奖励,畜禽福利会有明显的提高。同时发现,当对动物的死亡、受伤、骨折、DFD/PSE 肉造成的损失有保险时,司机及其他负责运输的人员将不会细心照料动物。

由于许多装卸人员和司机仍然不清楚动物是有知觉、有意识的,不知道动物在运输过程中需要照料,因此有必要对从事此项工作的人员进行培训,并进行必要的考核和认证。

11.4 屠宰福利

屠宰过程具有时间短、环境变化快的特点。因此处理不当会在很大程度上影响畜禽福利。规范化的屠宰流程和标准化的屠宰设备能够最大程度保障畜禽福利,减少应激,改善肉质。

11.4.1 卸车及待宰

尽管卸车要比装车的应激性小,但是处理不当,如斜坡坡度过大,电刺棒的使用等仍然会造成拥挤、身体的受伤。卸车后,动物会需要一定的休息时间从运输应激中恢复。因此,卸车后在待宰圈待宰对保证畜禽福利是非常必要的。通常认为 2～ h 的待宰时间可以实现畜禽福利、肉品质量及经济利益的平衡。一般情况下动物在经过长时间的运输之后会产生脱水、虚弱等症状,所以在待宰圈应该补充一定的水分。屠宰前短时间的禁食可以避免动物呕吐以及体温过高,还可以节约饲料成本,具有一定的经济效益。但是禁食时间过长,会造成动物的饥饿感及打斗数量的增加(Warriss 等,1994)。

待宰圈的条件会对畜禽福利产生影响。好的圈舍条件包括舒适的休息区、适宜的温度和运动区。休息区可以保障动物的休息时间对于缓解运输过程中的应激具有重要的作用。舒适的温度是指圈舍温度控制在动物的等热区范围内,如果温度过高可能会产生热应激,相反则会造成冷应激。造成热应激的原因可能是温湿度过高、通风不良、动物密度过大等。所以根据待宰时间、动物品种的不同,待宰圈应当配备一定的通风系统。待宰圈的大小应当与运输车辆一致,减少混群造成的打斗。对于待宰猪,密度不能超过 2 头/m^2,同时过大的空间也会造成打斗数量的增加。根据季节的不同,卸车后对猪淋浴 10～20 min,可降低体温,减少待宰时的热应激发生率和死亡率。

11.4.2 击晕

减少动物在屠宰过程中的活动、痛苦和疼痛,通常在屠宰前将动物击晕。现在常使用的击晕方法有电击晕、CO_2 击晕和枪击击晕等方法(见第 7 章)。

电击晕是利用一定强度的电流在很短的时间内将动物电击致昏迷的操作。电击过程中的电流强度、固定装置及电极位置对畜禽福利是很重要的。不同的动物所适用的电流强度和时间是不同的。为保证击晕效率，尤其是大动物，击晕前将动物固定是必要的，但是固定操作限制了动物的自由，导致动物产生恐惧，心率会升高。Dunn(1990)发现直立固定比吊起和倒挂的应激小。电极位置的不同会影响到击晕效率。在屠宰场有时会发生击晕不彻底的情况，需要再次电击，会给动物造成痛苦。这主要是由于电极的位置或电极接触不良所致，应当尽量避免这种情况的发生。Grandin(2010)研究表明，好的技术和差的技术使动物在 30 s 内失去知觉的比例分别是 90%和 68%。

枪击击晕是通过对动物大脑的打击导致动物昏迷。当采取这种方法时，选择准确的位置是保证击晕效果的关键，同时枪械的质量也是影响击晕效果的重要因素。为保证击晕效率，防止人员受伤，负责击晕的人员应当经过良好的培训。这项操作容易导致人员疲劳，因此建议应当至少 2 个人员轮流操作，同时应当根据动物品种的不同来选择不同类型的枪支类型，比如猪、牛的头颅较大，击晕时应当选择力量较大的弩枪。

对于猪和禽的击晕，有时会采用 CO_2 击晕的方法，这种方法由于代价昂贵，因此一般只适用于大型屠宰场。为使动物昏迷，对猪需要 80%的 CO_2 浓度保持 45 s，对禽则需要 65%的 CO_2 浓度保持 15 s。使用 CO_2 击晕会导致一定的畜禽福利问题，因为击晕并不像电击晕和枪击晕那样是瞬间完成的，而是经历丧失痛觉、兴奋和麻醉 3 个阶段，这个阶段需要一定的时间(大约 40 s)。但是这种方法的优点是可以将动物以群体赶入击晕室，同时也减少由于固定给动物造成的应激。

11.4.3 放血

放血是将动物的主要血管割断，并最终导致动物死亡的过程。为保证放血过程中的畜禽福利，放血与击晕之间的时间间隔应当尽量短，因为较长的时间间隔动物会恢复知觉，比如禽的放血通常是在击晕后的 15 s 内进行。同时，放血的刀子应当锋利，下刀要准确，否则会延长放血的时间，导致动物感觉到疼痛，并且可能会导致血管破裂，肌肉溶血。击晕后放血前判定动物是否处于昏迷状态是非常重要的。牛、绵羊、山羊、猪在枪击后会立即瘫倒，呼吸停止，触摸其眼睛时不会出现眨眼或其他反应。当使用电击时，最初的 30 s 是不能判定动物是否处于昏迷状态的，如果动物出声或试图抬头则表明动物没有致晕，仍然可以感觉到疼痛，对致晕后仍然有知觉的动物应当重新致晕。

屠宰过程中为保证良好的畜禽福利，FAO 推荐使用 HACCP 体系来评价动物屠宰过程中的福利情况，提倡重点对以下 5 个关键控制点进行评估：

①击晕率，即第一次击晕致昏率。②放血时昏迷率，即动物在放血前后仍保持清醒的百分比。③发声率，即牛或猪在受到打击、电刺棒使用、固定装置造成的过大压力等原因时的发声率。每一动物在装运和屠宰过程中都可以判定为是发声还是不发声。发声评定不能用于绵羊的屠宰中。④滑倒或跌倒率，动物在运输或屠宰时的滑倒或跌倒的比率。⑤电刺棒使用率，动物在运输及屠宰过程的电刺棒的使用频率。

11.5　畜禽福利的评价技术研究进展

对动物福利的定义，Broom(1986)认为个体动物的福利就是动物与其所处的环境适应后所达到的状态。当前国际上比较通用的一个定义是1968年由英国的农场动物福利委员会(FAWC)提出的“5F”定义：享有不受饥渴的自由(Freedom from hunger and thirsty)；享有生活舒适的自由(Freedom from thermal and physical discomfort)；享有不受痛苦伤害和疾病威胁的自由(Freedom from pain，injury and disease)；享有生活无恐惧和应激的自由(Freedom from fear and stress)；享有表达天性的自由(Freedom to express normal behaviour)。由此可以看出，动物适应环境所达到的状态不同，其福利状态也会有所差别，科学家们一直在寻找能够对动物福利进行客观的评价的指标。

11.5.1　行为指标

对于周围环境的变化，动物最初的反应就是其行为模式的改变。因此，行为模式的改变可以作为一项福利指标，对畜禽所处的福利水平进行评价。当动物受到周围环境的限制时，其行为的正常表达方式会受到限制，动物便表现出一系列的反常行为。这种行为往往是在受到严重、长期的挫折、压抑时才会发生。最常见的一种反常行为就是动作的反复，即动物无目的的重复动作。这种行为的出现表明动物在适应其环境时遇到了困难，福利状态不理想。Heike等(2009)研究表明，与舒适组(有垫料)比较，贫瘠组公牛表现出对新奇事物更多的探索行为，可能是由于饲料中有效物理纤维不足，反刍减少，口腔刺激减少，表现出较多的咀嚼水龙管的行为。Weary等(1998)利用猪的叫声作为评价动物疼痛和需要的指标。Grandin建议在屠宰场可以通过叫声来判断屠宰程序是否符合畜禽福利标准。

11.5.2　生理指标

常用的生理指标是肾上腺皮质反应、心律变化以及FS值。肾上腺皮质反应在对动物有害、无害的情况下都会发生。因此，有时候出现肾上腺皮质反应并不意味着动物受到了刺激。但是在实际操作中，周围环境对个体是否有害是非常明显的，因此，当动物受到打击、追逐、限制时出现的肾上腺皮质酮水平的升高，毫无疑问是动物的福利受到了影响。但是为了客观、全面地评估畜禽福利，最好是综合其他的指标一起考虑。使用肾上腺皮质激素来评估畜禽福利时应当注意反应持续的时间，每天的波动程度及不同品种、不同个体对应激产生反应的不同。Knowles和Broom(1990)研究发现肉鸡的肾上腺皮质酮水平在运输2 h后是正常水平的3.5倍，运输4 h后是正常水平的4.25倍。Buckham Sporer等(2007)报道，血浆皮质醇在运输4.5 h显著增加，证明运输是肉牛的一个重要的应激因子。K R Buckham等(2008)对6头将要进行9 h长途运输的比利时蓝和黑白花杂交公牛进行采血，采血时间分别是－24、0、4.5、9.75、14.25、24 h和48 h(以开始运输的时间为零点)，测定血液中的皮质醇浓度、脱氢表雄酮(DHEA)、孕酮、睾丸激素、并且计算皮质醇和DHEA的比值。研究结果表明，运输中的肾上腺雄激素脱氢表雄酮比运输前24 h降低了1.6倍；血浆皮质醇与DHEA的比值增加了接近

8倍。

心律水平反映了动物的代谢机制，同时也会受到生理节奏的影响，因此应当注意区分代谢和动物情绪变化对心律的影响。心律可以对动物受到的短期影响提供一些信息，但是却不能反映出动物受到的长期影响。Parrot(1998a)发现绵羊在装车时心率从100次/min上升到160次/min。

FS(flight speed)是测试牛性情的一个指标，是一个相对稳定的性状，具有中等遗传力指标。FS具有高度的可重复性，与育肥期肉牛的日增重、饲料转化率等生产性能相关。FS测量方法就是将被测动物固定在一个限制区域内几秒钟，然后打开门(不可以让动物见到人)让其出来。在离开限制区1.01～1.73 m处设置一道光束，当牛通过时开始计时，到2.56～2.78 m处的第二条光束停止计时，记录通过两条光束之间所需的时间即为FS (Burrow等，1988；Petherick等，2002)。FS值越高表明牛的性情越偏兴奋型，可能产生较多的福利问题。

11.5.3 受伤和疾病

受伤和疾病会严重影响动物的福利。由动物自身、人为或环境造成动物的受伤是可以量化的。deKoning(1983)描述了一种对母猪不同受伤程度的量化方法。评估畜禽福利时另一个常用的指标就是咬尾。咬尾造成的后果是非常严重的，会导致动物的疼痛，影响生产性能，造成感染。疾病是考虑畜禽福利的一个重要方面。动物饲养过程中常发生有传染性疾病和一些生产性疾病，如腿脚跛行、繁殖系统紊乱、乳房炎等。这些疾病产生的影响不仅取决于发生率，而且取决于疾病持续时间的长短和造成痛苦的程度。

11.5.4 生产力及产品质量

动物在生产过程中，如果不能正常发育或繁殖，或者是动物的寿命比正常寿命短，则动物的福利状况受到了负面影响。动物在屠宰后的胴体特征可以反映出动物在运输及待宰时的福利状况。胴体的瘀伤、破口、表面污点以及PSE及DFD肉都可以用来评估动物的福利状况。DFD肉主要是由于牛(猪)之间的打斗造成的，但是牛在受到威胁而没有发生打斗时也会出现DFD肉。PSE猪肉与动物本身携带的基因有关，但主要是由于差的福利导致的。

传统的畜禽福利评价方式主要是依据大量的动物性指标。欧盟现在也强调使用动物性指标评价畜禽福利(European Union Welfare Quality,2009)。动物性评价指标有：体况评分、动物行为、动物叫声、血液激素浓度等。为了更加准确和全面地评价肉牛福利，评价方法也在逐渐完善。近年来，评价方法已经从以前的片面的、单一的依靠动物性指标过渡到了全方位、多元化、采用统计学变量分析的方法，有效克服了过多动物性指标带来的试验实践性不强的问题。Mickale Mazurek等(2010)用AWI指数(从TGI35L/2000中分离出的指标)对来自13个国家194个农场的放牧牛和舍内养殖牛的福利状况进行评估。33个来源于TGI35L/2000评价因子被分为5个大的部分：运动方面、动物行为、地板、环境以及人畜和谐。通过对各个环节的具体情况进行专业的打分，分数总和即AWI指数，指数越高表明福利状况越好。

11.6 福利法规的发展趋势

畜禽福利立法是人类对于自然界观念的更新，是社会文明进步的象征。社会在发展，人类文明在进步，人类在关心食物充足、经济发展的同时，也要善待为我们提供物质产品和精神产品的动物朋友。关注畜禽福利也是关注人类自己。我们要善待生命，与动物和谐相处，实现人和动物的双赢，人类也会受惠其中。

目前在畜禽福利立法方面，欧盟是体系最健全、水平最高的。继“马丁”法案后，英国在1911年制定了动物保护法，之后又制定了一系列的法律法规。欧盟在动物保护和畜禽福利方面的立法始于1974年，至今已历经30多年。美国早在1966年就颁布了动物福利法（Animal Welfare Act，AWA），至1990年已经有5次修订。1955年生效的《阿姆斯特丹条约》附件中包括“动物保护和动物福利协定”。2004年签署的《欧洲宪法条约》第三条第121款规定，欧盟及其成员国在制订和实施欧盟有关农业、渔业、运输、内部市场、研究和技术开发以及空间政策时，要充分重视动物福利的要求。在2007年开始实施的共同体农业政策（CAP）改革措施中明确提出要满足动物福利的要求。除欧美外，澳大利亚、新西兰等国家对动物福利问题也非常重视，都已经颁布了动物福利法。

另外，联合国粮农组织（FAO）、世界动物卫生组织（OIE）以及许多非政府组织（NEG），如“皇家反虐待动物协会（RSPCA）”、“农场动物福利理事会（FAWC）”、欧盟的“动物福利欧洲集团”及美国的“美国反虐待动物协会（ASPCAA）”等都制定了肉牛福利标准。

1988年，我国颁布《实验动物管理条例》，1989年，我国颁布《野生动物保护法》，此外，我国还先后颁布了《动物检疫管理办法》、《陆生野生动物保护实施条例》、《水生野生动物保护实施条例》和《国内贸易部饲料管理办法》等一系列法律法规。对于畜禽福利没有专门的法规条例。为了与国际接轨，我国也需要尽快制定适合我国国情的有关畜禽福利规范。

思考题

1. 简述影响农场动物福利的几个方面。
2. 简述饲养过程中影响动物福利的因素。
3. 简述在运输过程中保障畜禽福利的措施。
4. 简述评价动物福利的主要指标。
5. 总结畜禽福利对畜产品品质的影响。
6. 讨论：中国作为最大发展中国家的农业大国，我们应该怎么对待动物福利。

参考文献

1. 李卫华. 农场动物福利研究. 北京：中国农业大学，2005.
2. 李英，谷子林. 规模化生态放养鸡. 北京：中国农业大学出版，2005.
3. 刘记强，康相涛，孙桂荣，等. 发展放牧养鸡改善蛋鸡福利. 河南畜牧兽医，2009(7).

4. 刘向萍. 聚焦家禽福利. 中国家禽,2004,26 (6):35-42.

5. 王永康,徐新红. 未来蛋鸡笼养的发展趋势和动物福利问题. 中国家禽,2002,24(20):1-4.

6. 张心壮,孟庆翔,任丽萍,等. 国内外肉牛福利研究进展. 中国畜牧兽医,2012,4:215-220.

7. 张增玉,顾宪红,赵恒寿,等. 现代肉鸡生产中的福利问题. 家畜生态学报,2006,27(2):5-12.

8. A D Fisher, M A Crowe, P O Kiely, et al. Growth, behaviour, adrenal and immune responses of finishing beef heifers housed on slatted floors at 1.5, 2.0, 2.5 or 3.0 m^2 space allowance. Livestock Production Science, 1997(51):245-254.

9. Bench C, Schaefer A L , Faucitano L. The welfare of pigs during transport. In L Faucitano, A L Schaefer (Eds.), The welfare of pigs — From birth to slaughter (pp. 161-195). Wageningen: Wageningen, Academic Publishing, 2008.

10. Bianchi M, Petracci M, Cavani C. The influence of genotype, market live weight, transportation, and holding conditions prior to slaughter on broilers breast meat color. Poultry Science, 2006, 85:123-128.

11. Booth-Mclean M E, Schwartzkopf-Genswein K S, Brown F A, et al. Physiologic al and beh avioural re-sponses to short-haul transport by stock trailer in finished steers. Canadian Journal of Animal Science, 2007, 87:291-297.

12. Bradshaw R H, et al. Behavioural and hormonal responses of pigs during transport: effect of mixing and duration of journey[J]. Animal Science, 1996b, 62:547-554.

13. Breuer K, Sutcliffe M E M , Mercer J T. Heritability of clinical tail-biting and its relation to performance traits. Livestock Production Science, 2005, 93:87-94.

14. Brown J A, Samarakone T S, Crowe T, et al. Temperature and humidity conditions in trucks transporting pigs in two seasons in Eastern and Western Canada. Transactions of ASABE , 2011, 54, 2311-2318.

15. Bryan M, Schwartzkopf-Genswein K S, Crowe T, et al. Effect of cattle liner microcli mate on core body temperature and shrink in market-weight heifers transported during summer months. Journal of Animal Science, 2010, 88(E-Suppl. 2).

16. Canadian Agri-Food Research Council (2001). Recommended code of practice for the care and handling of farm animals— Transportation. Accessed Jun. 2, 2009. http://www.nfacc.ca/pdf/english/Tra nsportation2001.pdf.

17. CEC (2005). Regulation No 1/2005 relative to the protection of animals durin g trans-portation. The Council of the European Communities. December 22, 2004. Amends Directives 64/432/EEC and 93/119/EC and Regulati on (EC) No. 1255/97.

18. Chloupek P, Vecerek V, Voslarova E, et al. Effects of different crating periods on selected biochemical indices in broil-er chickens. Berliner und Münchener Tierärztliche

Wochenschrift,2008,121:132-136.

19. Christensen L,Barton-Gade P. Temperature pro file in double-decker trans-porters and some consequences for pig welfare during transport. Occasional Publication of the British Society of Animal Science,1999,23:125-128.

20. Cook N J, Veira D, Church J S. Dexamethasone reduces transport-induced weight losses in beef cattle. Canadian Journal of Animal Science,2009,89:335-339.

21. Council Regulation (EC) No. 1/2005 of 22 December 2004 on the protection of animals during transport and related operations and amending. Directives 64/432/EEC and 93/119/EC and Regulation (EC) No 1255/97. Off J,Le 5/01/2005 (pp. 1-44)).

22. Debut M,Berri C,Baéza E,et al. Varia-tion of chicken technological meat quality in relation to genotype and preslaughter stress conditions. Poultry Science,2003,82:1829-1838.

23. Edwards S A. Perinatal mortality in the pig:Environmental or physiological solutions? Livestock Production Science,2002,78:3-12.

24. EFSA Panel on Animal Health ,Welfare (AHAW) (2011). Scientific opinion concerning the welfare of animals during transport. [125 pp]. EFSA Journal ,9 (1),1966,http://dx. doi. org/10. 2903/j. e fsa. 2011. 1966 A vailable online:www. efsa. eur opa. eu/efsajournal. htm.

25. Eicher S D,Cheng H W,Sorrells A D. Behavioral and phys-iological indicators of sensitivity or chronic pain following tail docking. Journal of Dairy Science,2006,89:3047-3051.

26. F Gottardo,R Ricci,S Preciso,et al. Effect of the manger space on welfare and meat quality of beef cattle. Livestock Production Science,2004(89):277-285.

27. Fortin A. The effect of transport time from the assembly yard to the abattoir and resting time at the abattoir on pork quality. Canadian Journal of Animal Science,2002,82:141-150.

28. Fraser A F,et al. Farm animal behaviour and welfare[M]. London:Ballière Tindall, 1990.

29. Giguere N M. Increasing ventilation in commercial cattle liners to decrease shrink, morbidity,and mortality. MSc. Thesis. (pp. 87). Texas A & M University,2006.

30. González L A,Schwartzkopf-Genswein K S,Bryan M,et al. (2012a). Space allowance during commercial long distance transport of cattle in North America. Journal of Animal Science,2012,90:3618-3629.

31. González L A,Schwartzkopf-Genswein K S,Bryan M. Factors affecting body weight loss during commercial long haul transport of cattle in North America. Journal of Animal Science,2012(b),90:3630-3639.

32. Guàrdia M D,Estany J,Balash S. Risk assessment of PSE condition due to preslaughter conditions and RYR1 gene in pigs. Meat Science,2004,67:471-478.

33. Haley C, Dewey C E, Widowski T. Association between in-transit losses, internal trailer temperature, and distance travelled by Ontario market hogs. Canadian Journal of Veterinary Research, 2008, 72: 385-389.

34. http://awionline.org/.

35. Jensen P, Buitenhuis B, Kjaer J. Genetics and genomics of animal behaviour and welfare-Challenges and possibilities. Applied Animal Behaviour Science, 2008, 113: 383-403.

36. Kettlewell P J, Hoxey R P, Mitchell M A. Heat produced by broiler chickens in a commercial transport vehic le. Journal of Agricultural Engineering Research, 2000, 75: 315-326.

37. Kielly J, et al. Castration at 3 days of age temporarily slows growth of pigs[J]. Swine Health and Productoion, 1999(7): 151-153.

38. Lawrence A B, Conington J, Simm G. Breeding and animal welfare: Practical and theoretical advantages of multi-trait selection. Animal Welfare, 2004, 13: 191-196.

39. Lay D C, Fulton R M, Hester P Y, et al. Hen welfare in different housing systems. Poultry Science, 2011, 90: 278-294.

40. Leheska J M, Wulf D M, Maddock R J. Effects of fasting and transportation on pork quality development and extent of postmortem metabolism. Journal of Animal Science, 2003, 80: 3194-3202.

41. M Manninen, R Sormunen-Cristian, L Jauhiainen, et al. Effects of feeding frequency on the performance and welfare of mature Hereford cows and their progeny. Livestock Science, 2006(100): 203-215.

42. María G A, Villarroel M, Chacon. Scoring system for evaluating the stress to cattle of commerci al loading and unloading. Veterinary Re-cord, 2004, 154: 818-821.

43. Murray R D, Cartwright T A, Downham D Y. Comparison of external and internal pelvic measurements of Belgian blue cattlefrom sample herds in Belgium and the United Kingdom. Reproduction in Domestic Animals, 2002, 37: 1-7.

44. Nijdam E, Arens P, Lambooij E. Factors in fluencing bruises and mortality of broilers during catching, transport, and lairage. Poultry Science, 2004, 83: 1610-1615.

45. Owens C M, Sams A R. The influence of transportation on turkey meat quality. Poultry Science, 2000, 79: 1204-1207.

46. Perremans S. Influence of vertical vibration on heart rate in pigs[J]. Journal of Animal Science, 1998(76): 416-420.

47. Petherick J C, Phillips C J C. Space allowances for con fined livestock and their determination from allometric principles. Applied Animal Behaviour Science, 2009, 117: 1-12.

48. Pilcher C M, Ellis M, Rojo-Gómez A, et al. Effects of floor space during transport and journey time on indicators of stress and transport losses of market-weight pigs. Journal of Animal Science, 2011, 89: 3809-3818.

49. Ritter M J, Ellis M, Berry N L, et al. Review: Transport losses in market weight pigs: I. A review of defi nitions, incidence, and economic impact. Professional Animal Scientist, 2009, 25: 404-41.

50. Ritter M J, Ellis M, Bowman R, et al. Effects of season and distance moved during loading on transport losses of market-weight pigs in two commercially available types of trailer. Journal of Animal Science, 2008, 86: 3137-3145.

51. Ritter M J, Ellis M, Brinkmann J, et al. Effect of floor space during transport of market-weight pigs on the incidence of transport losses at the packing plant and the relationships between transport co nditions and losses. Journal of Animal Science, 2006, 84: 2856-2864.

52. Sallvik K, Walberg K. The effects of air velocity and temperature on the behaviour and growth of pigs. Journal of Agriculture Engineering Research, 1984, 30: 305-312.

53. Scahaw. Scientific Committee on Animal Health and Animal Welfare. The Welfare of Chickens Kept for Meat Production(Broilers). European Commission, Health and Consumer Protection Directorate-General, March, 2000.

54. Schwartzkopf-Genswein K S, Booth M E, McAllister T A, et al. Effects of pre-haul management and transport distance on beef cattle performance and welfare. Applied Animal Behaviour Science, 2006, 108: 12-30.

55. Smith W C, Ellis M, Chadwick J P. The influence of index selection for improved growth and carcass characteristics on appetite in a population of Large White pig. Animal Production, 1991, 52: 193-199.

56. Stookey J M, Goonewardene L A. A comparison of production traits and welfare implications between horned and polled beef bulls. Canadian Journal of Animal Science, 1996, 76: 1-5.

57. Sutherland M A, McDonald A, McGlone J J. Effects of variations in the en-vironment, length of journey and type of trailer on the mortality and morbidity of pigs being transported to slaughter. Veter inary Record, 2009, 165: 13-18.

58. Tarrant P V, Grandin T. Cattle transport. In T. Grandin (Ed.), Livestock handling and transport. Oxford: CAB International, 2000: 109-126.

59. United States Department of Agriculture. Agricultural Marketing Services, 1997.

60. Vosmerova P, Chloupek J, Bedanova I, et al. Changes in selected bio-chemical indices related to transport of broilers to slaughter-house under different ambient temperatures. Poultry Science, 2010, 89: 2719-2725.

61. Weary D M, et al. Vocal responses to pain in piglets[J]. Applied Animal Behaviour Science, 1998, 56(2-4): 161-172.

62. Weary D, Fraser D. Partial tooth-clipping of suckling pigs: effects on neonatal competition and facial injuries[J]. Applied Animal Behaviour Science, 1999, 65: 21-27.

63. Webster A B. Welfare implications of avian osteoporosis. Poultry Science, 2004, 83, 184-192.

64. White B J, Blasi D, Vogel L C. Associations of beef calf wellness and body weight gain with internal location in a truck during transportation. Journal of Animal Science, 2009, 87:4143-4150.

65. Whiting T L, Mairead E D, Rasali D P. Warm weather transport of broiler chickens in Manitoba Ⅱ. Truck management factors associated with death loss in transit to slaughter. Canadian Veterinary Journal, 2007, 48:148-154.

66. Zhang L, Yue H Y, Zhang H J, et al. Transport stress in broilers: I. Blood metabolism, glycolytic potential, and meat quality. Poultry Science, 2009, 88:2033-2041.

附　　录

附录1　脚垫损伤评估指南

英国防止虐待动物协会(RSPCA)鸡福利标准　2008年2月

得0分:无损伤

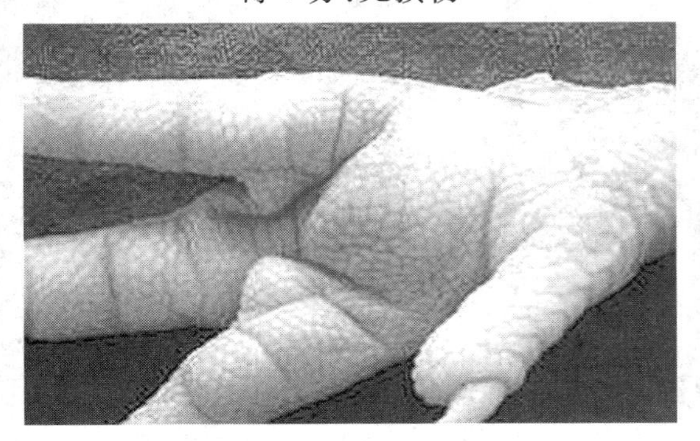

得1分:在局部区域有非常小、轻微的变色

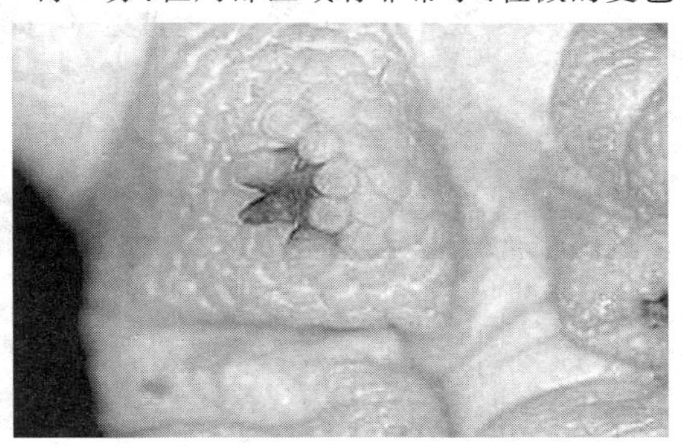

得2分:表面损伤,黑暗的乳头状突起,大量变色

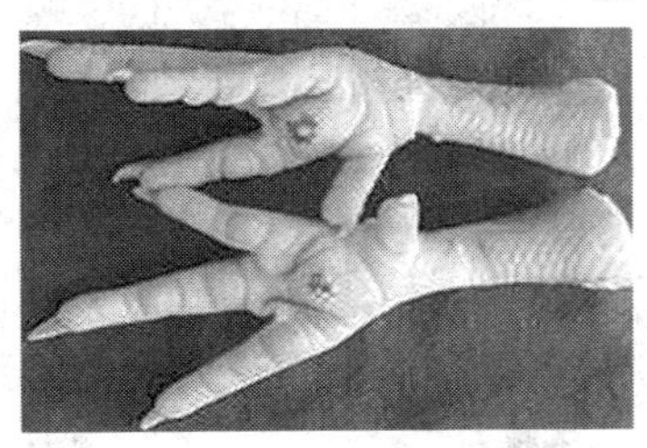

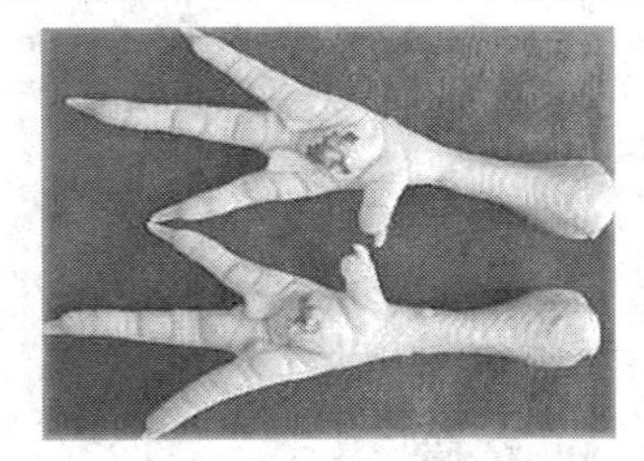

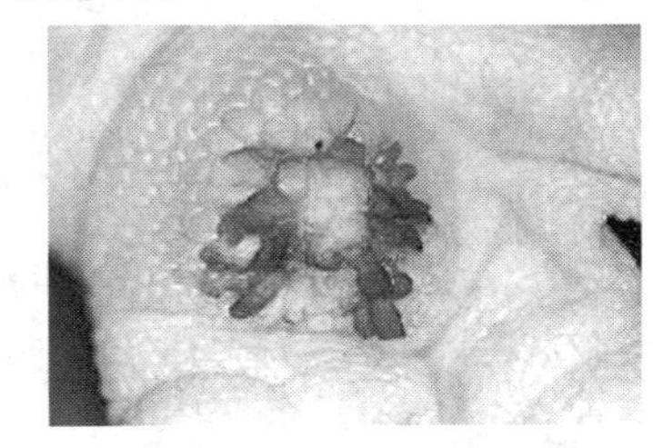

得3分:溃疡或大规模结痂,出血迹象,脚垫肿胀

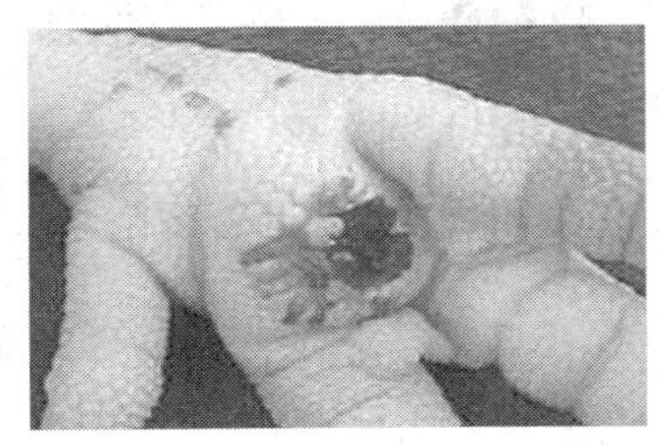

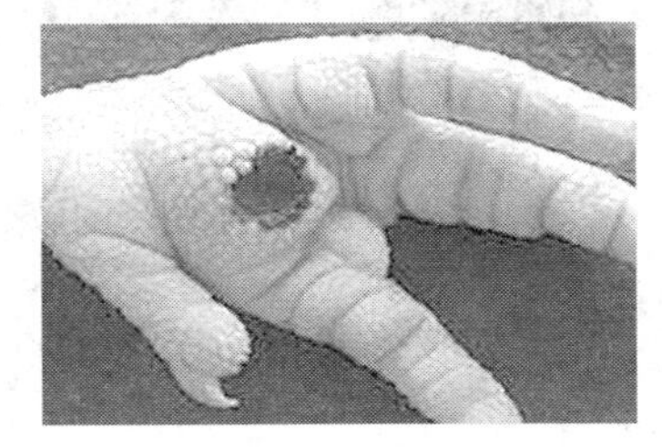

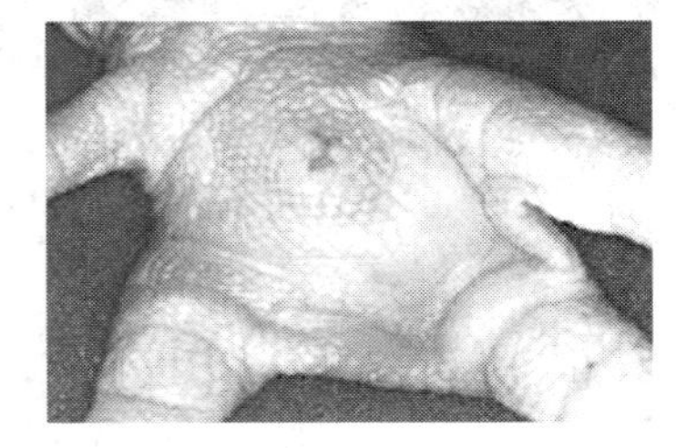

(图片由Lotta Berg博士提供,2008年瑞典农业委员会;另见彩图附录1)

附录 2 羽毛清洁度评估指南

英国防止虐待动物协会(RSPCA)鸡福利标准 2013 年 11 月

腹部

得 1 分:较少(光亮)

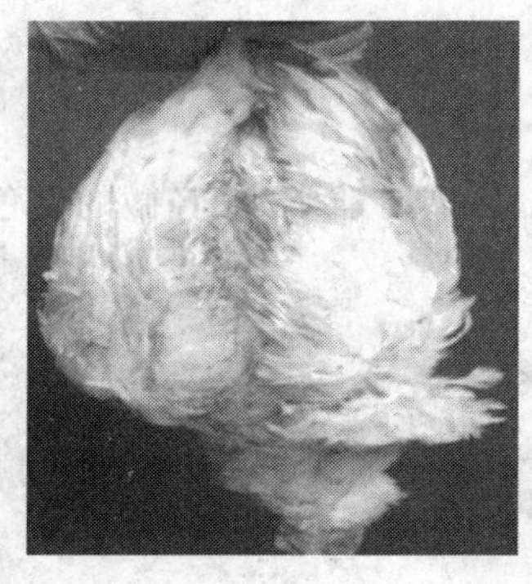

得 2 分:轻微(中等)

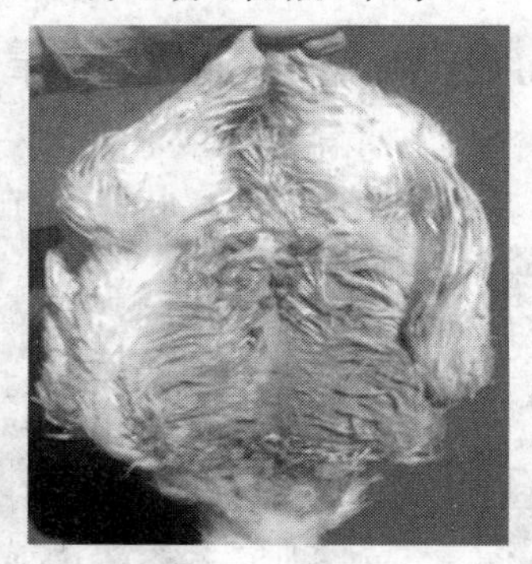

得 3 分:严重(大量)

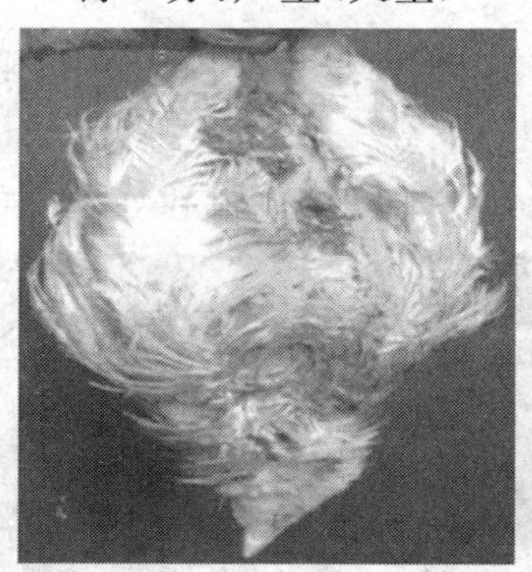

背部

得 1 分:较少(光亮)

得 2 分:轻微(中等)

得 3 分:严重(大量)

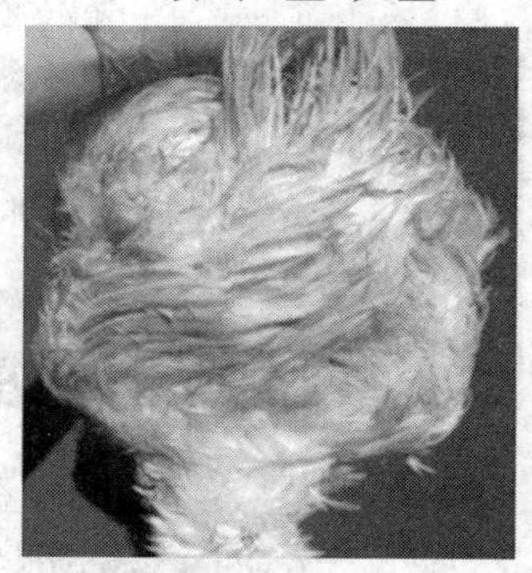

(图片由 2 姐妹食品集团提供;另见彩图附录 2)

附录3 猪的体况评分

http://www.biosecurity.govt.nz/files/regs/animal-welfare/req/codes/pigs/pigs-code-of-welfare。

体况	评分	骨盆,尾根	里脊(腰部)	脊椎	肋骨
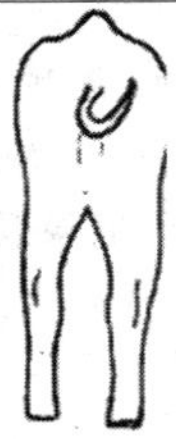	1	骨盆突出,尾根部有深腔环绕	腰窄。脊柱横突边缘尖凸。腹侧凹陷	整个脊椎尖凸	肋骨突出
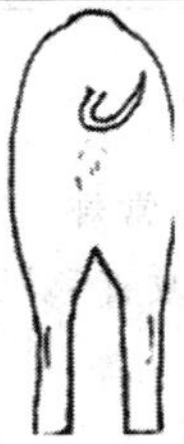	2	骨盆明显但是有些轻微的脂肪覆盖。尾根部有腔	腰部狭窄。脊柱横突边缘只有轻微的覆盖。腹侧凹陷	突出	胸腔不明显。很难观察到每根肋骨
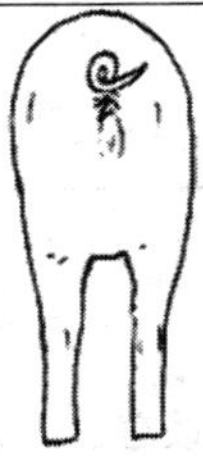	3	骨盆覆盖	脊柱横突边缘有脂肪覆盖并且圆润	从肩上看是可见的。背部有脂肪覆盖	脂肪覆盖,但是能触摸到
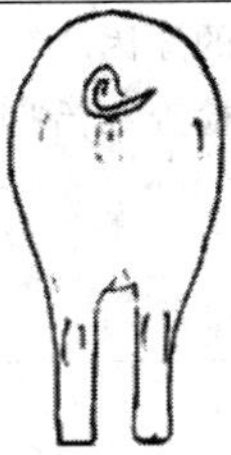	4	挤压时能触摸到骨盆。尾部无腔	挤压时能触摸到脊柱横突	挤压时能触摸到脊椎	胸腔不可见。肋骨难以触摸到
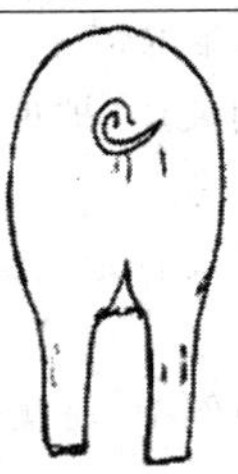	5	不能触摸到骨盆。尾根周围脂肪沉积	不能触摸到骨骼。腹侧丰满圆润	不能触摸到脊椎	不能触摸到肋骨

附录4 奶牛移动能力评分

英国防止虐待动物协会肉牛福利标准 2010年3月

评分类型	评 分	奶牛行为描述	建议措施
移动性好 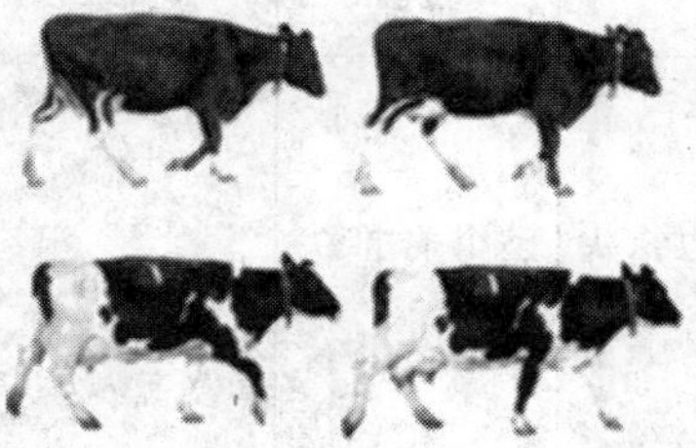	0	即使负重走路，四肢节奏统一，背部齐平。 可以长时间、流畅地走路	·无建议措施。 ·如果需要则进行常规（预防）修蹄。 ·在下一个评分季记录移动能力
移动能力不完全 	1	脚步节奏不均衡（节奏或负重）或步伐缩短；患肢或四肢不能立即识别	·如果需要则进行常规（预防性）修蹄，可得到改善移动能力。 ·建议进一步观察
移动能力受损 	2	单肢负重走路不均衡可以立即识别患病肢蹄，可以观察到步伐缩短（通常情况下背中部呈弓形）	·跛足，治疗可以改善。 ·抬蹄检查跛足的原因。 ·尽可能快开展检查和治疗
移动严重受损 	3	不能像人类步伐一样轻快行走（不能跟上健康牛群）并且有得2分的记录	·跛足严重。 ·治疗能改善奶牛的情况。 ·奶牛需要特别关注、护理以及进一步的专业建议。 ·奶牛不宜远距离行走，在草地或草原上饲养。 ·在最严重的病例中，淘汰可能是唯一解决的办法

附录5　肉牛体况评分

http：// www. biosecurity. govt. nz/files/regs/animal-welfare/req/codes/sheep-beef-cattle/sheep-beef-cattle-code-2010. pdf。

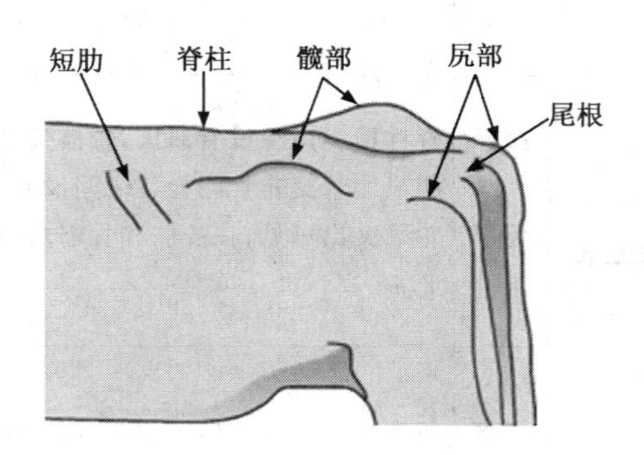

体况得分	描　　述
0	瘦骨嶙峋，将要死亡
1	很瘦，在脊柱、髋部和肋骨上没有脂肪覆盖。尾根部和肋骨突出明显
2	临界状况，肋骨仍然突出但是触摸起来不再那么锋利。脊柱仍然突出但是感觉稍圆润而不那么明显尖凸。髋骨和尾根部有些脂肪覆盖
3	良好的整理外观。只有当用力下压时，才能触摸到脊柱，很容易触摸到肋骨和尾根部两侧区域有一些脂肪覆盖
4	体况良好，肉牛外观丰满并且有一些脂肪覆盖。触摸肋骨和尾根部周围脂肪柔软。脂肪斑块越来越明显
5	肥胖。脊柱几乎触摸不到。大量的脂肪堆积在肋骨、尾根周围和阴户下面。骨架结构不明显

附录6 山羊体况评分(BCS)

动物(山羊)福利标准,2012。http://kinne.net/bcs.htm http://www.fao.org/filead-min/user_upload/animalwelfare/CodeofWelfareforGoats2012web.pdf。

评分	图示	部位	描述
0 (消瘦)			内部和外部没有脂肪储备
1 (瘦弱)		腰部 臀部 尻部	脊柱横突边缘没有肌肉,骨骼尖凸。脊柱上肌肉很少并且凹槽明显。棘突非常明显且之间没有肌肉。 轮廓突出可见;在皮肤和骨骼之间没有肌肉。 非常尖凸,没有填充
2 (瘦)		腰部 臀部 尻部	肌肉延伸到脊柱横突边缘,能触摸到两脊椎间的间隔,皮薄。 轮廓明显;有少许填充但是骨骼仍然明显突出,很容易触摸。 突出,少许填充
3 (良好)		腰部 臀部 尻部	棘突边缘有肌肉和皮下脂肪覆盖;每个骨骼可触摸到。 平滑,脂肪不明显;骨盆骨和脊柱触摸可辨别。 需要用手轻压才能触摸到坐骨结节
4 (肥)		腰部 臀部 尻部	脊柱不明显,需要向下压才能触摸到。腰角丰满,但是不突出于棘突。棘突间隔不易发现;触摸脊柱像摸到一条硬直线。 填充大量脂肪;只有用力下压才能触摸到骨骼。 填充大量脂肪;需要用力下压才能触摸到
5 (肥胖)		腰部 臀部 尻部	棘突和椎骨间有大量脂肪而不能触摸到骨骼。腰角丰满突出于脊柱横突。 脊柱位于脂肪凹槽的中心。 覆盖在脂肪下,骨骼不可辨,很难定位

附录7 鹿的体况评分

http://www.deernz.org/productivity-improvement-hub/deer-information/reproduction/body-condition-score#.U2TcA7K1u1Q。

1分 消瘦 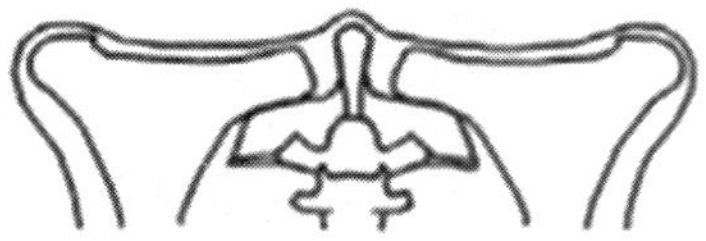	没有脂肪覆盖； 骨盆、肋骨和脊柱突出明显； 臀部有凹槽
2分 瘦 	极少脂肪覆盖； 骨盆、肋骨和脊柱突出但是相对圆润不那么尖凸
3分 体况良好 	脂肪覆盖适中； 骨盆、肋骨和脊柱不容易辨别； 臀部周围有脂肪覆盖
4分 稍肥 	肥； 骨盆和臀部圆润； 脊柱周围有脂肪覆盖
5分 过肥 	过肥； 骨盆周围覆盖脂肪； 臀部突出； 脊柱很难触摸到

No.1	No. 2	No.3	No.4	No.5	No.6	No.7
2-3	4	5	5	5	4-3	2

彩图 9-1 日本牛肉颜色标准（Beef Color Standard,BCS）

图中第一行是牛肉颜色等级，第二行是牛肉品质等级。

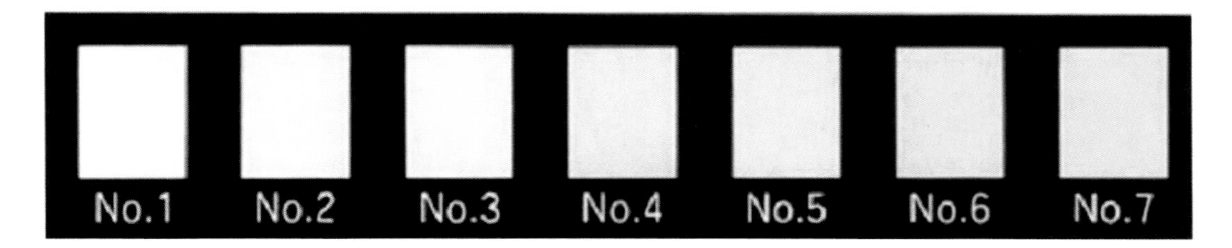

彩图 9-2 日本牛肉脂肪颜色标准（Beef Fat Standard,BFS）

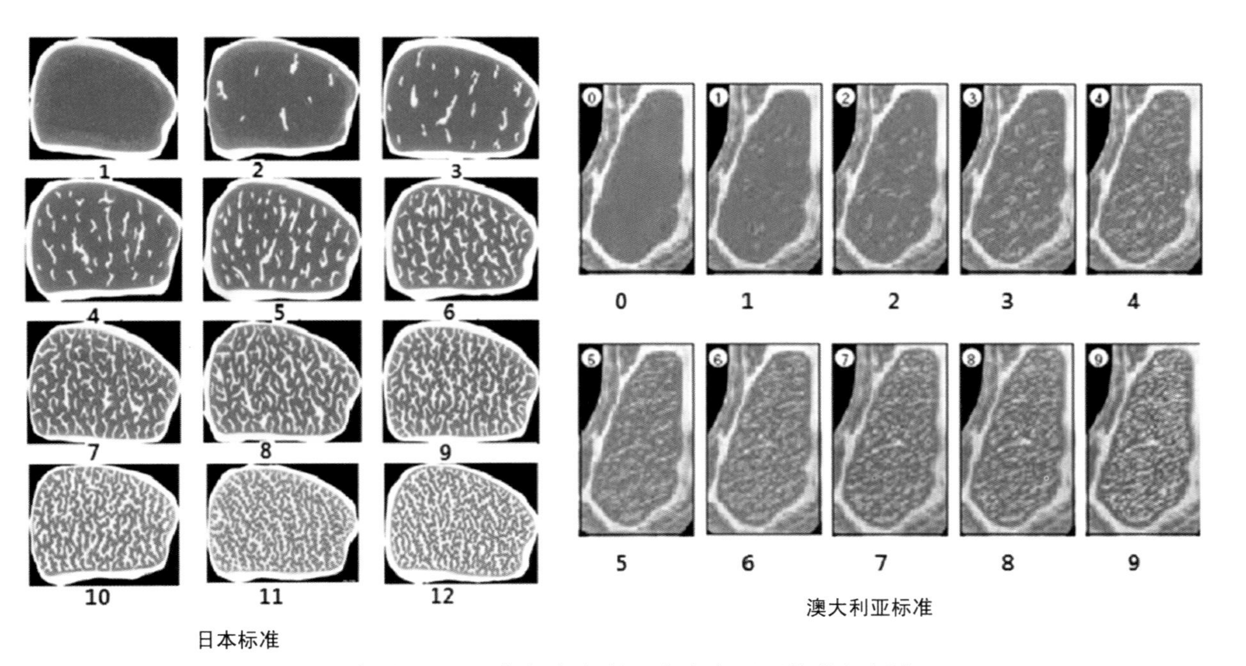

彩图 9-3 日本和澳大利亚牛肉大理石纹分级标准

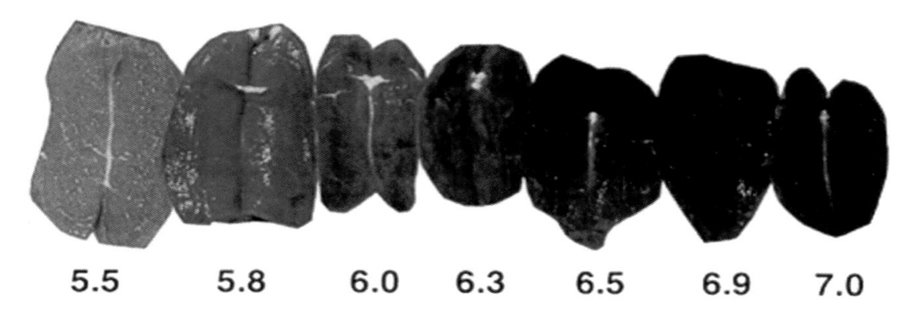

彩图 9-4 肉色随pH值变化而变化

附录1　脚垫损伤评估指南

英国防止虐待动物协会（RSPCA）鸡福利标准　2008年2月

得0分：无损伤

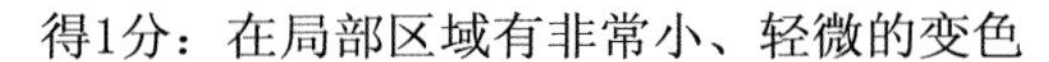
得1分：在局部区域有非常小、轻微的变色

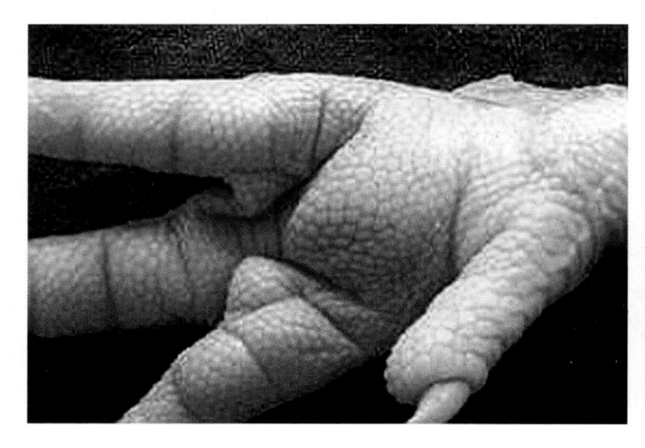

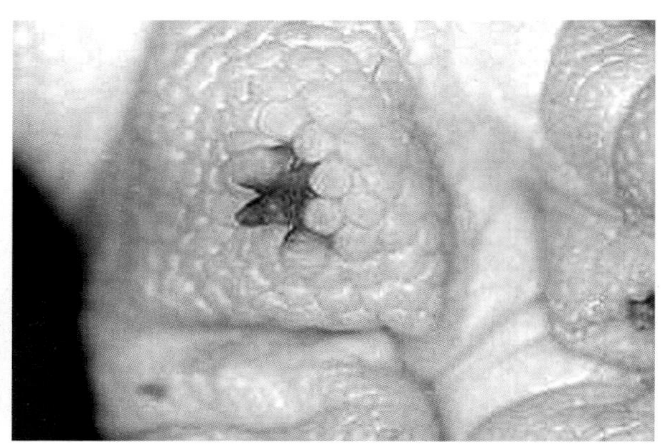

得2分：表面损伤，黑暗的乳头状突起，大量变色

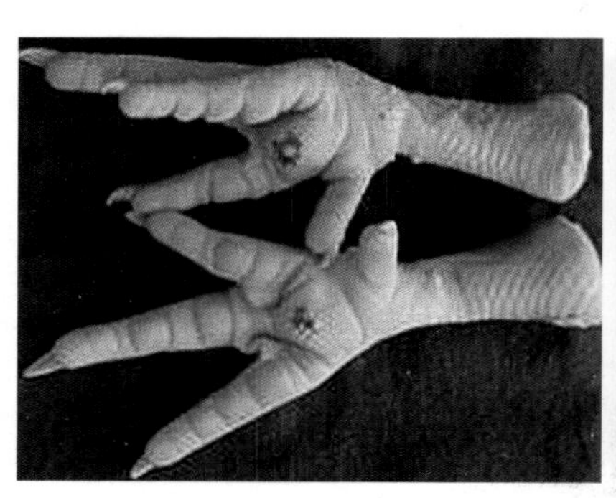

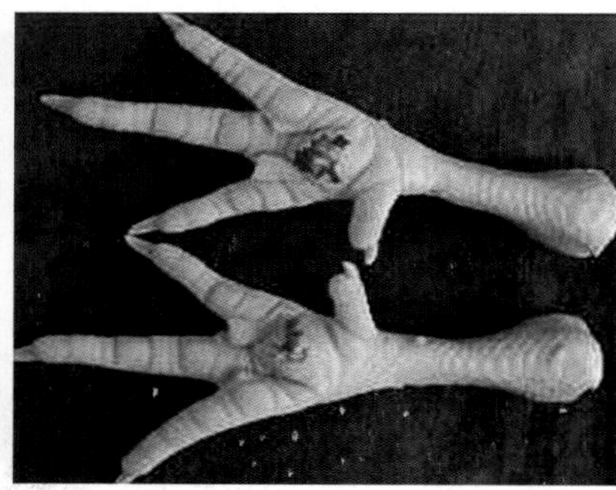

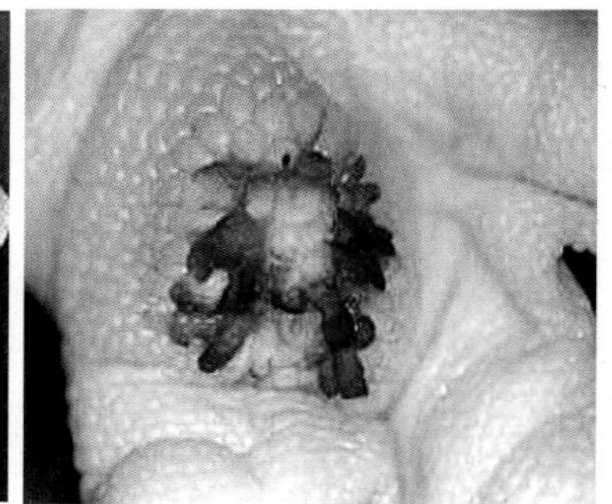

得3分：溃疡或大规模结痂，出血迹象，脚垫肿胀

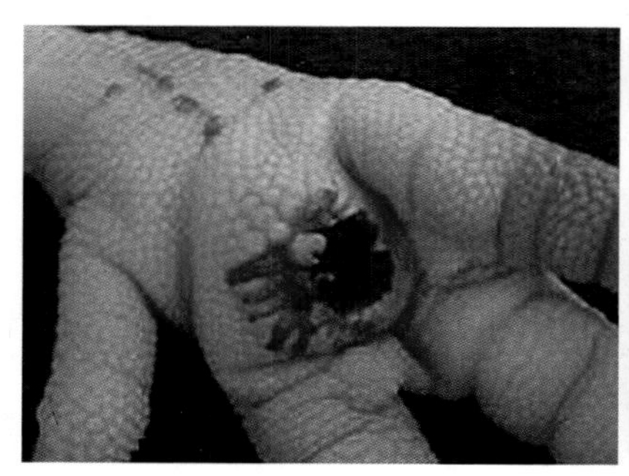

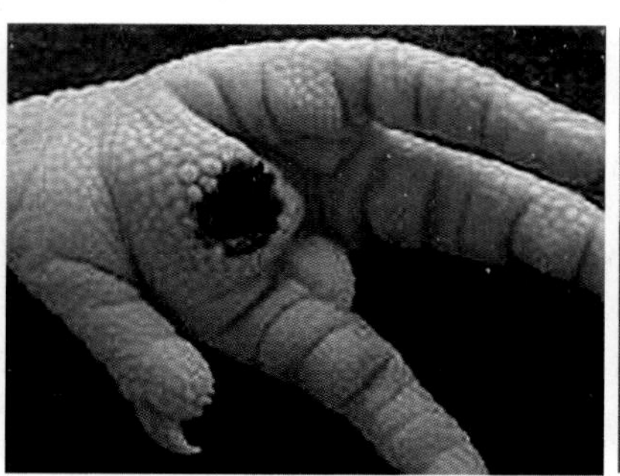

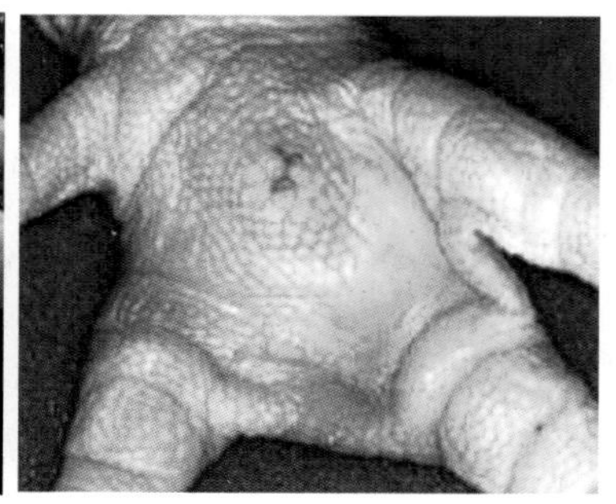

（图片由Lotta Berg博士提供，2008年瑞典农业委员会）

附录2　羽毛清洁度评估指南

英国防止虐待动物协会（RSPCA）鸡福利标准　2013年11月

腹部

得1分：较少（光亮）　　得2分：轻微（中等）　　得3分：严重（大量）

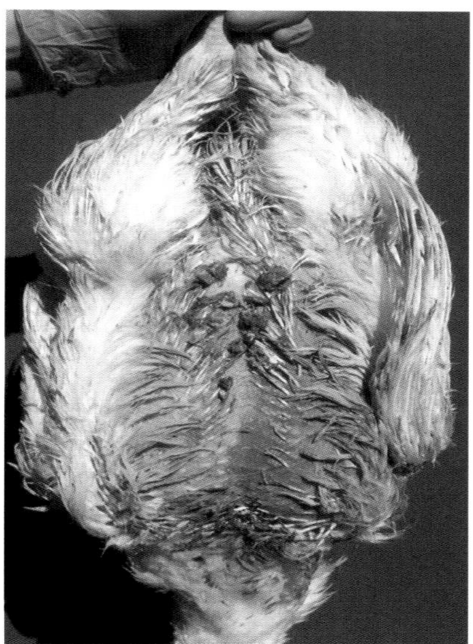

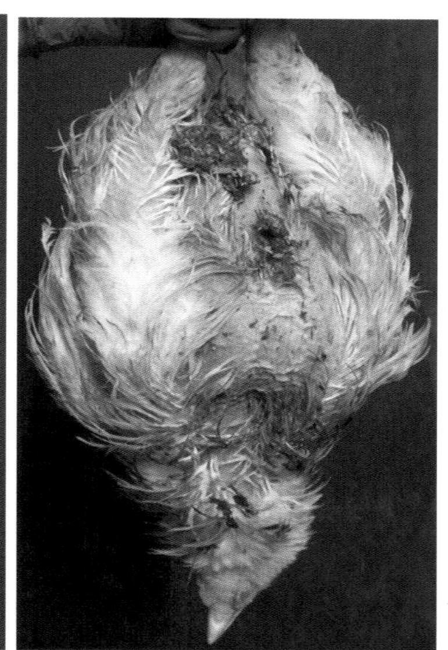

背部

得1分：较少（光亮）　　得2分：轻微（中等）　　得3分：严重（大量）

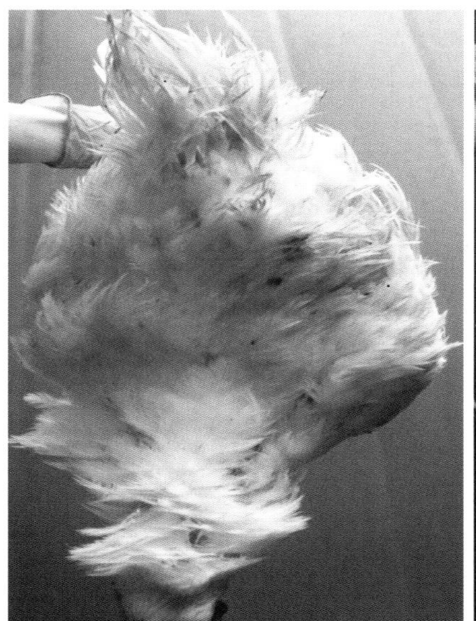

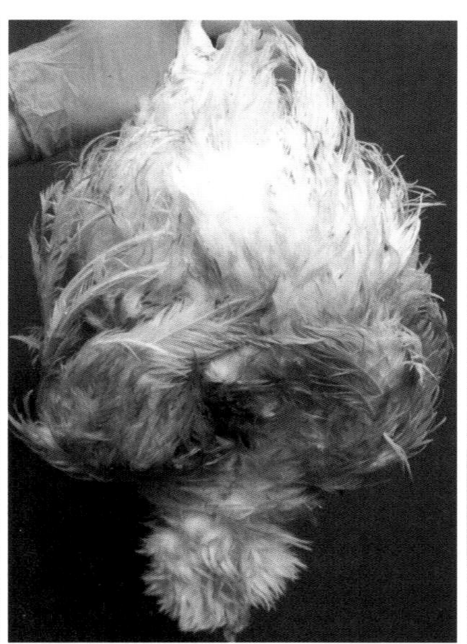

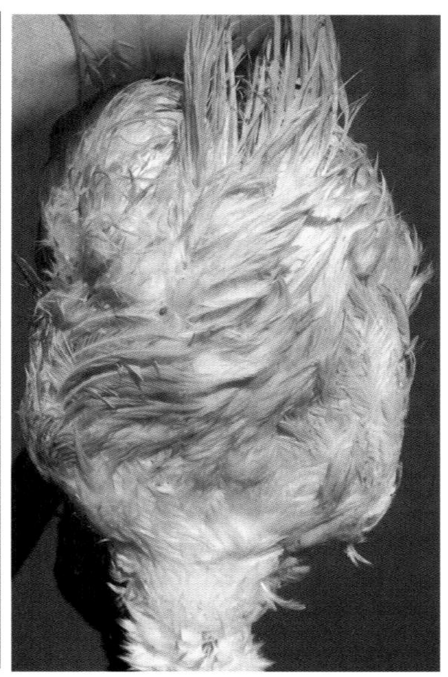

（图片由2姐妹食品集团提供）